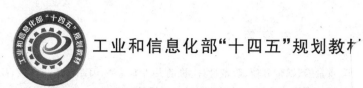

工业和信息化部"十四五"规划教材

U0204312

仿生扑翼微型飞行器概论

主　编　吴江浩
副主编　张艳来　周　超

北京航空航天大学出版社

内容简介

仿生扑翼微型飞行器具有体积小、重量轻、携带方便、隐蔽性好、机动灵活等优势,因此在单兵作战、反恐作战、情报侦查等军事领域以及灾害救援和环境监控等民用领域都具有广泛的应用前景,是未来最具潜力的一种微型飞行器。扑翼微型飞行器在力学机理、控制方式与控制算法以及材料和加工工艺等方面都与常规飞行器不同,对多个学科前沿技术与理论提出了不小的挑战,相关研究近年来进展迅速,因而有必要系统地将相关理论、研究方法、前沿技术和最新进展融入到航空航天类专业的教学中,从知识、能力、思维方式和综合素质等多个角度对学生进行全面培养,以贴近科学前沿、理论实践结合和自主探究解决方案等手段锻炼学生的综合能力。本书从仿生扑翼微型飞行器总体设计的角度介绍仿生技术在飞行器中的应用,包括动物的飞行特点和其在飞行器设计中的应用原理、动物飞行的空气动力学原理和飞行力学基本原理,仿生扑翼飞行器设计中的各大系统的实现方式,包括动力系统、升力系统、传动系统、能源系统、控制系统、导航系统和有效载荷等,增强读者对仿生扑翼微型飞行器的基本原理、组成、关键技术和应用的全面认知。

本书可作为低年级本科生、航模爱好者、高等学校有关专业教师的教学参考书,也可作为相关专业研究生、本科高年级学生和工程技术人员的科研参考资料。

图书在版编目(CIP)数据

仿生扑翼微型飞行器概论 / 吴江浩主编. -- 北京 :
北京航空航天大学出版社, 2024. 12. -- ISBN 978-7
-5124-4304-4

Ⅰ. V276

中国国家版本馆 CIP 数据核字第 2024JZ2316 号

仿生扑翼微型飞行器概论

主　编　吴江浩

副主编　张艳来　周　超

策划编辑　蔡　喆　　责任编辑　蔡　喆

*

北京航空航天大学出版社出版发行

北京市海淀区学院路 37 号(邮编 100191)　http://www.buaapress.com.cn

发行部电话:(010)82317024　传真:(010)82328026

读者信箱: goodtextbook@126.com　邮购电话:(010)82316936

北京时代华都印刷有限公司印装　各地书店经销

*

开本:787×1 092　1/16　印张:15.5　字数:397 千字

2024 年 12 月第 1 版　2024 年 12 月第 1 次印刷　印数:1 000 册

ISBN 978-7-5124-4304-4　定价:59.00 元

前　言

在人类发展的历史长河中，飞行始终是人们梦寐以求的能力。自然界的鸟类、昆虫、蝙蝠等生物经过数亿年的自然选择才拥有了如今高超的飞行技能，支持它们完成迁徙、捕食、逃脱等行为。人类探索飞行奥秘与实现飞行也经历了千年的发展历程。1903 年，美国莱特兄弟首次成功试飞了依靠自身动力的第一架飞机——“飞行者一号”，迈出了人类研制飞机、实现飞行的第一步。现如今，常规客机的研制技术已非常成熟，乘坐客机穿梭于城市之间甚至是跨越大洋都已不是难题。如果仔细观察客机布局，会发现它们实现飞行的原理与自然界的生物完全不同。鸟类、昆虫、蝙蝠等生物主要依靠扑动的翅膀完成飞行，而客机主要依靠固定的机翼和航空发动机来分别产生升力和推力。因此，虽然客机的出现在一定程度上满足了人类飞行的需求，但科学家们依然热衷于探索由扑翼驱动的飞行方式并研制相应布局的飞行器。

在不断探索与尝试的过程中，科学家们意识到，自然界的生物可以依靠扑翼实现飞行，很大程度上是由于它们身体尺寸较小、飞行的速度较低。如果在常规客机尺寸和飞行速度范围内设计扑翼，其飞行效率将非常低。因此，扑翼通常作为尺寸更小的微型飞行器的布局形式之一。微型飞行器是由美国国防部高级研究计划局(DARPA)提出的一类新概念无人飞行器，通常要求最大尺寸在 15 cm 以下且具备仿生特质，在战场侦察、反恐救援、灾害救援等军事与民用领域拥有广阔的应用前景。进入 21 世纪后，仿生扑翼微型飞行器发展迅猛，在国际范围内出现了多款功能样机，已能够实现稳定悬停和基本的机动飞行动作。然而，这些样机大多还未完全满足 DARPA 关于微型飞行器的尺寸和续航要求，提升它们的飞行性能需要综合运用生物学、力学、电学、机械设计、控制理论等学科的理论知识。

作者多年来一直从事仿生扑翼微型飞行器的教学与科研工作，在北京航空航天大学主讲“仿生飞行器”本科生核心通识课。尽管国内已有研究团队开展仿生扑翼微型飞行器的研制工作，但截至 2023 年，国内高校尚没有一本相关教材，使得选修通识课的本科生只能通过阅读论文获得片面信息。仿生扑翼微型飞行器在气动、驱动、控制等方面的原理均与固定翼或旋翼飞行器显著不同，故若以现有的固定翼或旋翼飞行器教材作为学习的参考资料，可获取的知识不够全面。因此，作者深感有必要编写一本仿生扑翼微型飞行器概论，作为“仿生飞行器”通识课及其他院校选择相关课程学生的入门学习资料，也可指导从事仿生扑翼微型飞行器研制的科研人员。

为了使读者更清晰地理解本书内容，作者尽可能少地涉及数学知识，尽量以通俗的语言进行介绍。本书共9章，各章要点如下。

第1章介绍了自然界昆虫、鸟类、鱼类、哺乳动物以及早期翼龙飞行的演化历史，概述了人类探索扑翼飞行的历史进程并重点介绍仿生扑翼微型飞行器概念，简要介绍了仿生扑翼微型飞行器研制的关键理论与技术，列举了目前国际上已公开的样机。

第2章简要介绍了鸟类和昆虫飞行的扑翼运动特征及空气动力学基本知识，重点介绍了扑翼悬停与前飞的非定常空气动力学原理，包括昆虫悬停飞行的高升力机制，鸟类滑翔、群体飞行的基本气动原理等。

第3章以鸟类和昆虫翼的生理学构造和特征为基础，重点介绍目前仿生翼的设计方法、材料制备、加工工艺以及性能测试；

第4章介绍了仿生扑翼微型飞行器能源系统的主要类型、性能指标与选型准则，简要介绍了仿生扑翼微型飞行器动力系统的常见类型及其匹配设计方法。

第5章以鸟类和昆虫驱动翼拍动的生理结构为出发点，铺垫了若干典型机械传动形式的原理与应用案例，重点介绍了仿鸟与仿昆虫扑翼微型飞行器传动系统的设计案例及其设计流程。

第6章以飞行控制的基本原理为基础，简要介绍了飞行器控制系统的常见软硬件，重点介绍了仿生扑翼微型飞行器的控制方法及其响应控制器设计方法。

第7章以仿生扑翼微型飞行器的应用需求为牵引，简要介绍其可能装载的图像采集系统、声音采集系统、导航系统、武器系统等常见机载系统。

第8章简要介绍仿生扑翼微型飞行器传动系统、升力系统、控制系统的地面测试试验布置方案与流程，重点介绍其悬停、起飞等重要试飞科目的试飞流程；对试飞阶段常见问题进行解答并提出解决措施。

第9章围绕仿生扑翼微型飞行器在军民领域的应用前景，描述其未来在变体、轻量化、降噪、新能源、隐身等方面的技术发展趋势，描绘了在军事与民用领域的若干假想应用场景。

附录提供了仿生扑翼微型飞行器样机制作与基本试飞测试的流程，为读者装配随书附赠的零部件提供指导。

本书第1、2、7、9章由本人负责撰写，第3、4章由北京航空航天大学张艳来副教授负责撰写，第5、7章由北京航空航天大学周超副教授负责撰写，第6、8章由北京航空航天大学唐鹏副教授负责撰写，附录部分由北京航空航天大学杜锋助理教授负责撰写。感谢研究团队的陈隆助理教授负责统稿与校对工作，感谢博士研究生程诚、盛世杰、姚荟、曹赫宇、逄泽鹏绘制图片、整理附录并审阅全书。他们从读者角度为本书提出了许多宝贵意见，对提高本书质量帮助很大。

限于个人水平和时间仓促，书中难免存在疏漏，欢迎读者批评指正。

吴江浩

2024年5月

目　录

第1章 绪 论

自然界的许多生物都拥有飞行的能力。飞行对于它们来说是再寻常不过的日常活动,但却令无法飞行的人类魂牵梦绕。自有历史记载起,人类便在探索可行飞行方法的道路上不断尝试。时至今日,人类虽然已经可以借助多种载运工具完成飞行,但仍未曾减弱进一步探索飞行的兴趣。其中,研制一种与自然界飞行的小型鸟类和昆虫相似的扑翼微型飞行器便是热点问题之一,且仍处于蓬勃发展阶段。

本章围绕扑翼微型飞行器的仿生生物原型、发展历史与现状,以及潜在应用场景等方面进行简要介绍。首先介绍从古至今自然界出现过的飞行生物(昆虫、翼龙、鱼类、鸟类和蝙蝠)飞行能力的演化历史;其次介绍人类探索扑翼飞行的历史及仿生扑翼微型飞行器的概念;再次简要介绍研制仿生扑翼微型飞行器需要解决的若干重要理论和关键技术,以及目前国内外已公开的样机情况;最后结合仿生扑翼微型飞行器的特点,描述其在未来军用与民用领域的应用优势和潜在场景。

1.1 动物飞行的演化

1.1.1 昆虫的飞行

昆虫是自然界中最为常见的飞行动物,也是最为古老的生物之一。它们广泛地分布于世界各地,紧密融入人们的生活之中。无论是形容春天的美好,还是夏日的躁热,或是秋天的悲凉,都会有昆虫的身影。春暖花开,人们总会提起翩翩起舞的蝴蝶及花丛间辛勤劳作的蜜蜂;燥热的盛夏,映入脑海的是聒噪的蝉鸣,以及驱散不尽的蚊虫;一场秋雨过后,天气转凉,大部分昆虫都将面临生命的终结,人们也喜欢用“秋后的蚂蚱”来形容一时得意但又没有前途的人或事。人们通过观察昆虫发现,具有它们顽强的生存能力,而这种能力多依赖于它们的飞行技能。

与鸟、蝙蝠等其他飞行动物相比,昆虫是最早演化出翅膀并实现飞行的生物。从已发掘的昆虫化石推测,大约在3.5亿年前,就出现了拥有翅膀的昆虫。它们的出现要远远早于可以飞行的恐龙、鸟类及哺乳类动物。昆虫的飞行能力使它们在温度适宜的情况下能够迅速扩张领地,占领广阔的大陆,从而遍布地球的每一个角落。经过上亿年的演变,它们在生理结构、运动方式、传感与飞行控制等方面得到了充分进化,在适应环境方面达到了登峰造极的水平,令人叹服。例如,人们一直致力于消灭蚊子以切断某些传染病的传播路径,但这些努力最终都以失败告终,人们不得不妥协而与蚊子共同分享这片天地。

从莱特兄弟第一次实现带动力的载人飞行,至今也不过百余年的时间,而昆虫却占领了天空上亿年。因此,人们对昆虫的飞行着迷不已,希望能够知道它们是如何练就飞行技能的。早期人们希望用飞机的飞行原理来解释昆虫的飞行但未能成功,例如:人们以当时飞机的飞行原理来估计熊蜂飞行产生的升力,在这一假设条件下只能得出“熊蜂不能飞行”的荒谬结论,这显然与实际情况不符。以熊蜂为代表的昆虫飞行力学机理直到近二三十年才得到了较为清楚的认识,并继续吸引着大批科学家去探索其中的奥秘。研究昆虫的飞行原理,一方面是为了满足人类的好奇心,从而更好地了解地球上生物的演化;另一方面,工程师们希望设计出如昆虫一般的飞行器,利用它们小巧灵活的特点,在军事侦察、反恐救援、跟踪毁伤等方面大展拳脚。在民事应用上,也希望它们能够在生态监测、灾害救援、危险物品的识别与定位等方面发挥作用,服务于人们的生活。

昆虫的飞行技艺高超,除了常规的悬停(即昆虫身体相对地面的速度近似为0)和前飞外,昆虫还可以进行倒飞、侧飞、原地转弯及快速躲避等运动。机动灵活的飞行方式赋予了它们极强的环境适应能力,例如:苍蝇曲折多变的飞行轨迹,以及可在光滑的玻璃或天花板倒立起飞/着陆,极大地提高了它们的生存能力;蜻蜓利用机动飞行动作进行捕食的成功率高达90%。为了认识昆虫实现这些灵活飞行的原理,人们付出了近百年的努力,才在近些年得以一窥其中的部分奥秘。昆虫翅膀扑动的方式与鸟类明显不同。人们可以观察到鸟类通过上下扑动翅膀实现空中盘旋与滑翔,但却无法直接用肉眼看到大多数昆虫翅膀的扑动过程,只能观察到昆虫身体的运动。大多数昆虫翅膀的扑动频率通常很高,在几十赫兹到几百赫兹之间。在高速摄影技术出现之前,人们无法清楚地得知昆虫翅膀是如何运动的,这也直接限制了人们对昆虫飞行原理的认识。昆虫拥有各式各样的翅膀,但这些翅膀是怎样运动的?如何在空中产生平衡自身重量的升力?昆虫的肌肉怎样驱动翅膀实现高频扑动?昆虫如何控制飞行?昆虫怎样感知自己在空中的位置和姿态?人们对昆虫飞行的认识,离不开对上述问题的解答。

人们对昆虫飞行问题的讨论从19世纪一直延续至今。昆虫化石为研究其飞行起源提供了第一手资料。基于昆虫的化石记录,人们提出了若干种假说。大家普遍认可有翅昆虫是由无翅昆虫进化而来的,但是有翅昆虫的翅膀是如何进化出来的则众说纷纭。19世纪,人们认为昆虫的翅膀完全由新结构进化而来,但后来发现并非如此。昆虫的翅膀是由气管腮或者胸背部的侧背板演化而来。随后,人们发现了一种石炭纪古鞘翅目的有翅昆虫化石,如图1-1所示。古鞘翅目具有两对展开的翅膀和前胸上的脉状背板侧叶,有力地支持了翅是由侧背板发展来的假说。到了20世纪,人们进一步提出有翅昆虫进化发生在陆地的“飞鼠说”和进化发生在水中的“飞鱼说”,这两种假说都支持扩展的侧背板使昆虫能够滑翔和机动飞行的观点。近年来,有学者对图1-1中的若虫化石进行仔细研究,发现若虫翅片不是固定的,而是包含关节,并且随着若虫成长,翅片的关节数量也会发生变化。因此,这些学者认为昆虫的翅膀和铰链关节是由胸背板和侧体壁共同发展来的。虽然目前有翅昆虫的翅膀起源仍不明确,但相信随着越来越多的新化石被发现,这一问题最终会被解释清楚。

古老昆虫通常都有两对轻质翅膀,和现存的蜻蜓类似,如图1-2所示。在演化过程中,有些昆虫的一对翅膀逐渐退化为感受功能器官,丧失了扑动产生升力的能力,如双翅目的蚊、蝇等。这种感受功能器官被称为平衡棒,用来感受昆虫飞行时的身体角速度。还有一部分昆虫,后翅和前翅在演化过程中逐渐连接在一起,宛如一整对翅膀,如膜翅目的蜜蜂。对于鞘翅类昆虫,它们的前翅演化成一对硬化的鞘翅,主要起保护作用且在飞行时几乎不扑动,如瓢虫、甲虫等。

昆虫翅膀主要通过往复扑动,与周围空气形成相对运动而产生所需要的升力。在悬停飞行时,大部分昆虫的翅膀近似在水平面内扑动,见图1-3。在每次扑动临近极限位置时,翅膀

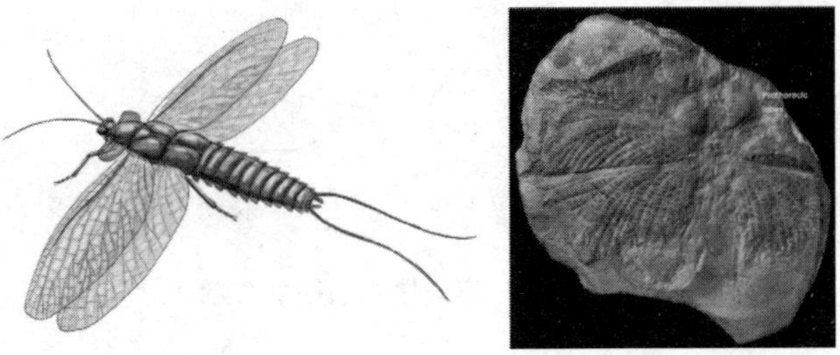

图 1-1 石炭纪古鞘翅目的有翅昆虫及若虫化石的翅膀结构[1]

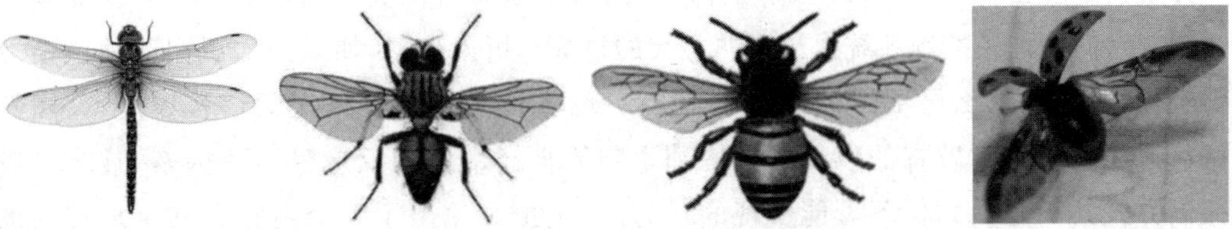

图 1-2 不同昆虫的翅膀特点

翻转并进入下一次扑动。在这种近似水平的扑动方式中,往复两次扑动对升力的贡献几乎相等。还有一些昆虫,悬停时翅膀的扑动平面与水平面呈一个较大的夹角,使得翅膀倾斜扑动甚至垂直扑动,如蜻蜓。在大多数情况下,昆虫翅膀的扑动平面与身体纵向轴的夹角是近似不变的。如果昆虫想要实现水平前飞,它们将前倾身体,使扑动平面同步前倾,从而产生推进力。

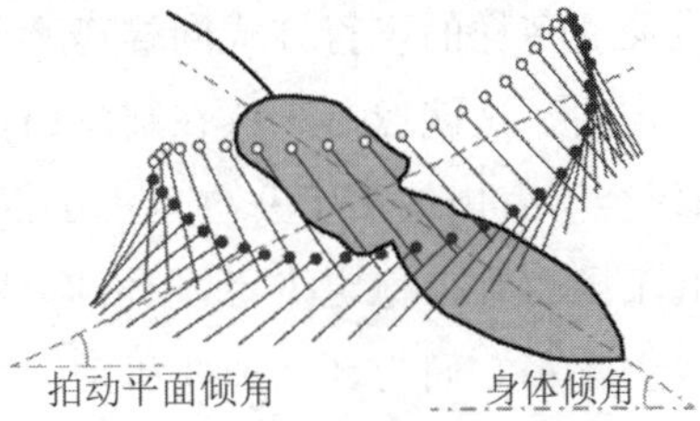

实心:上拍;空心:下拍

图 1-3 昆虫飞行的典型翅膀扑动运动

此外,像蝴蝶这类翅膀质量占总重比例较大、扑动频率相对较低的昆虫,翅膀扑动运动与身体的俯仰运动是耦合在一起的。而像蜻蜓这类昆虫,除了可扑动飞行,还可以滑翔飞行,即在空中展开翅膀停止扑动,借助上升气流来降低飞行的能耗。这种节能的滑翔飞行方式是其他昆虫不具备的,与它们肌肉驱动翅膀运动的方式息息相关。

漫长的进化历程也使得昆虫翅膀的形态呈现较大分化,但从统计角度来说,昆虫翅膀重量与展长、身体重量与身长,以及翅膀外形等参数仍有基本规律可循。研究发现,昆虫翅膀重量一般占身体总重的1%～5%,展弦比(翅膀长度与平均宽度之比)一般介于1和5之间,大部分约为3(见图1-4)。由于昆虫飞行主要靠翅膀的高频往复扑动,肌肉需要克服翅膀的惯性力做功,这类克服惯性效应的能量消耗有时甚至超过克服空气阻力的能量消耗。因此,相对于同样采用扑翼方式飞行的鸟类,昆虫翅膀重量的占比要低得多。这些轻质的昆虫翅膀进化形成褶皱形态和网状翅脉,以承受远大于身体重量的气动载荷。这些翅膀在结构形式和重量分配上都达到了登峰造极的程度,是现阶段人造仿生翼设计一直努力追赶的目标。

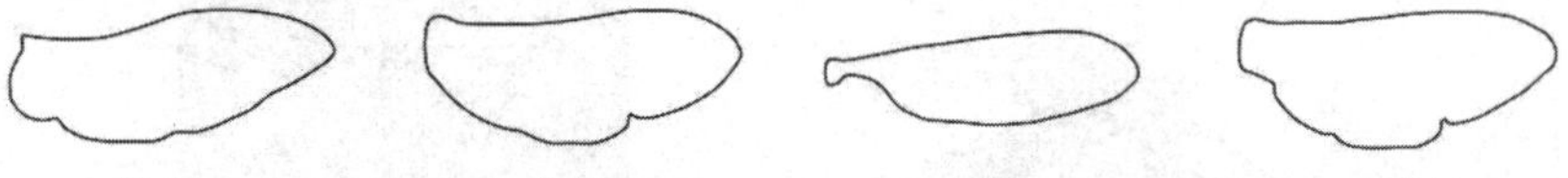

图 1-4　不同昆虫翅膀的形状

昆虫翅膀的扑动频率一般与翼展相关。通常,翼展越小的昆虫扑动频率越高,但并不绝对。蜻蜓、蝴蝶、鹰蛾等昆虫翅膀的扑动频率多在几十赫兹;苍蝇、蜜蜂、食蚜蝇等较小昆虫翅膀的扑动频率多在100～200 Hz,而同样尺寸的蚊子翅膀可以高达1 000 Hz。昆虫翅膀的高频扑动对它们的神经控制系统提出了非常大的挑战。可以想象,如果一次肌肉收缩就需要一个神经信号刺激,那么昆虫的神经系统需要实现每秒几十至几百次的信号控制,高频扑动飞行将成为一个非常费神的事情。考虑到生物体神经细胞的反应延迟等因素,这类高频信号控制方式几乎是生物体不可能实现的。为此,昆虫进化出了一套更符合其生理特征的驱动方式,使其翅膀的高频扑动并不时刻需要神经信号刺激。昆虫驱动翅膀的方式可以分为两类,分别是直接肌肉驱动和间接肌肉驱动。这两种驱动方式的特点和异同将在后文具体展开介绍。

昆虫灵活多样的飞行方式同样离不开它们优秀的飞行控制系统。研究表明,昆虫在飞行时是不稳定的。这就像一个放在陡峭山坡顶点的小球,一旦出现任何使之偏离初始状态的扰动,小球便会沿着山坡滚下并再也无法仅仅依靠自身恢复到初始状态。虽然这种不稳定性看起来不利于昆虫维持稳定飞行,但恰恰是这种特性为昆虫飞行引入了足够强的机动性,可以在一定程度上解释它们为什么如此机动灵活。为了维持稳定飞行并应对突然出现的扰动气流,昆虫在飞行时需要时刻感知飞行的状态信息并进行增稳控制,以免显著偏离预定的飞行状态。研究表明,昆虫身上往复振动的触角或平衡棒等可以充当陀螺仪的角色来测量角速度,例如:鹰蛾通过触角反馈身体的角速度信息、双翅目的蚊蝇等通过平衡棒来感受角速度。飞行姿态信息对昆虫稳定飞行同样至关重要,但昆虫通常没有类似人类脑垂体的器官来感受重力加速度,它们如何准确快速地估计空中的飞行姿态仍是个未解之谜。当然,昆虫也可以通过视觉传感器来感受姿态,但通常这类传感器的时间延迟较大,并不足以供飞行控制系统进行增稳控制。因此,目前也有学者认为昆虫可以通过融合视觉传感器和角速度的信息来获得准确的姿态信息。

另一类值得关注的现象是昆虫在进化过程中的演变。现如今,昆虫身体尺寸通常较小,最大的昆虫也不超过人类的手掌大小。但是,已发掘的昆虫化石表明,生活在大约300万年前的古巨蜻蜓的翼展近70 cm(见图1-5)。为什么现代的昆虫尺寸都变小了?目前得到普遍认可的解释是远古大气成分与现今不同造成的。远古大气的氧气浓度较高,可以支持更大体型昆虫飞行的高能量消耗;而现今大气的氧气浓度降低,已不足以支持如古巨蜻蜓般大小的昆虫实现飞行。

图 1-5　古巨蜻蜓化石

1.1.2　翼龙的飞行

翼龙(见图 1-6)是恐龙的近亲,也是目前认可的第一种会飞行的爬行动物。其生存于三叠纪晚期至白垩纪末期,主宰了天空 1 亿 6 000 万年。在这段时期,翼龙通过进化不断提高飞行能力,从最初只能短距离飞行,逐渐进化成可以长时间、长距离飞行。翼龙的体型差异较大,较小的翼龙只有现代鸟类大小,而最大的翼龙翼展超过 12 m,如风神翼龙(见图 1-6(a))。对于小型翼龙来说,它们可以扑动翅膀实现机动灵活的飞行;但对于大体型翼龙来说,尽管它们也能扑动翅膀进行飞行,但如果可以的话,采用翱翔的方式飞行会更加省力。

(a) 风神翼龙　　(b) 喙嘴龙　　(c) 翼手龙

图 1-6　翼　龙

翼龙的祖先可能是一种滑翔动物。为了延长空中飞行时间,它们前肢的指头和肌肉逐渐进化,直到足以持续扇动翅膀实现主动飞行。早期的喙嘴龙(见图 1-6(b))有很长的尾巴,又被称为长尾翼龙。它们的尾部末端存在叶片状的结构,能够起到类似飞机垂尾的作用。到了侏罗纪中晚期,翼手龙(见图 1-6(c))开始出现。它的尾巴很短,几乎可以忽略尾巴的作用。在侏罗纪晚期,喙嘴龙灭绝,翼手龙开始统治天空。

长久以来,科学家们普遍认为翼龙的翼膜和头冠会显著影响其飞行性能。翼龙的翼膜由一种排列紧密的强韧纤维构成,从第四根手指末端开始,连接到身体侧面,并延伸到膝盖以下。从腕关节到肩膀部分的膜是翼膜的前膜,手臂前边的一小块翅状骨头可以让这块膜变硬并改变角度,起到类似飞机襟翼的作用。许多大型翼手龙头上都有冠,有些冠的位置在喙上,有些则在头后方。研究人员推测冠可起到区分种群、发出求偶信号、保持身体平衡等作用。对于飞行来说,翼龙的冠可以调整飞行方向并稳定飞行。由于大多数翼龙的体型庞大,研究人员推测,如此大的体型能够实现飞行需要满足几个必要条件:一是骨骼密度较低,即翼龙的骨头和鸟类的一样，是中空的；二是高升力能力，以承载身体重量和实现机动飞行；三是起飞能力，翼龙可能采用弹射起飞的方式，起飞前将身体呈预备状态，再利用腿部的力量跳跃起飞。

1.1.3 鱼类的飞行

众所周知，鱼离不开水。然而在大海中，有一种鱼既可以在水中游动，又可以在海面飞行，它就是飞鱼（见图1-7）。它的飞行并不是真正意义上的主动飞行，而是一种滑翔飞行。飞鱼的胸鳍十分发达，又宽又长。当它准备飞出水面时，胸鳍会贴在身体两侧，以最高可达10 m/s的速度高速游动，随后跃出水面、张开胸鳍，在几米到十几米的空中高度滑翔多达40余秒（最远可达400 m）后，落向水面。从图1-7中可以看到，飞鱼尾鳍的下半部分很长，而且很坚硬。在它落回水中的过程中，若想重新起飞，则会在身体尚未入水时，再用尾鳍拍打水面，重新跃起。需要注意，飞鱼在飞行过程中并未扑动胸鳍，只靠尾鳍的推力在空中短暂滑翔。

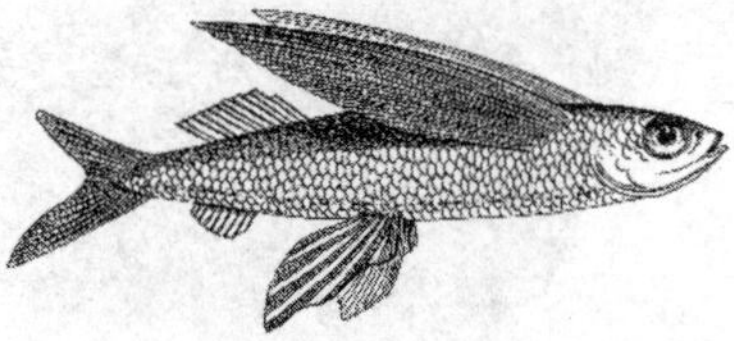

图1-7 飞 鱼

1.1.4 鸟类的飞行

鸟类通常指的是生物分类学中脊椎动物亚门的鸟纲，主要分为平胸总目（如鸵鸟）、企鹅总目（如企鹅）和突胸总目（绝大多数鸟类）三个总目，只有突胸总目具备飞行能力。由于现存的完整古鸟化石非常稀缺，有关鸟类的起源一直众说纷纭。目前普遍认为，鸟类的直接祖先是一种小型兽脚类恐龙，后演化为始祖鸟（生存于距今约14亿年的中生代晚侏罗纪），最后进化为新鸟类。针对始祖鸟化石（见图1-8）的研究表明，这种鸽子大小的生物表现出从爬行类向鸟类过渡的重要特征，即前肢变形为翅膀并出现羽毛。始祖鸟出现后约200万年（早白垩纪），出现了鸟类演化历史的大规模适应进化，这一时期的古鸟类群已经具有类似现代鸟类的喙和弯爪。进入新生代后，各种各样的鸟类陆续出现。

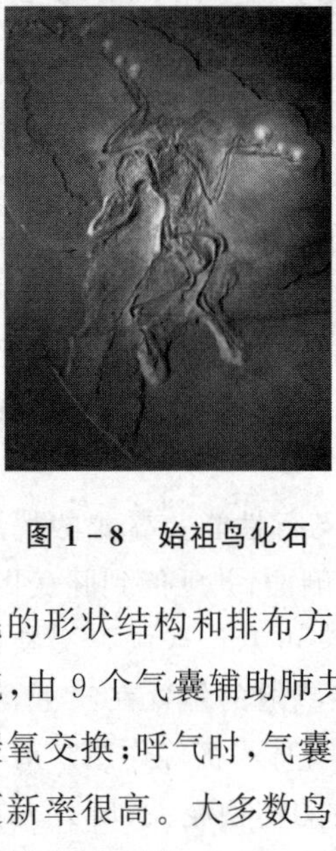

图1-8 始祖鸟化石

为了适应飞行，鸟类进化出了很多独特的生理结构（见图1-9）；身体呈流线型，有利于减少飞行中的阻力；大部分骨骼很轻，很多骨骼是中空的，有利于减轻身体重量；强壮的肌肉包裹着轻而坚硬的胸骨，为飞行提供动力；体表覆盖着羽毛，羽毛的形状结构和排布方式有利于降低空气阻力、控制飞行方向等。鸟类还拥有高效的呼吸系统，由9个气囊辅助肺共同作用。吸气时，一部分空气贮存在气囊中，另一部分进入肺部进行碳氧交换；呼气时，气囊中贮存的空气进入肺部继续进行碳氧交换，这种“双重呼吸”使得气体更新率很高。大多数鸟类都具有敏锐的视觉，能够在飞行过程中及时感知周围环境的变化，有效规避障碍物。

图1-9 鸟类与飞行相适应的结构特点

鸟类在飞行中需要产生平衡身体重量的升力，以及克服各部分阻力的推力，其主要飞行原理见图1-10。一些大型鸟类可以利用与飞机相似的原理产生升力。但是小型鸟类的飞行可能依赖于挥动翅膀产生的瞬时变化的气动力。比较有代表性的小型鸟类之一是蜂鸟，它们也能够悬停，飞行原理和昆虫类似，表现为翅膀更多采用高频的前后扑动。总体上，鸟类的飞行模式可分为两大类：无动力飞行和动力飞行。无动力飞行即指鸟类借助自然的风获得能量，从而完成滑翔等行为。无动力飞行模式常见于翅膀展弦比（展长与弦长之比）较大的鸟类，如信天翁（展弦比高达19）、鸥、鹰等。动力飞行指鸟类通过扑动翅膀来飞行，需要调整翅膀的弯曲和扭转变形、扑动幅度、扑动频率等参数。

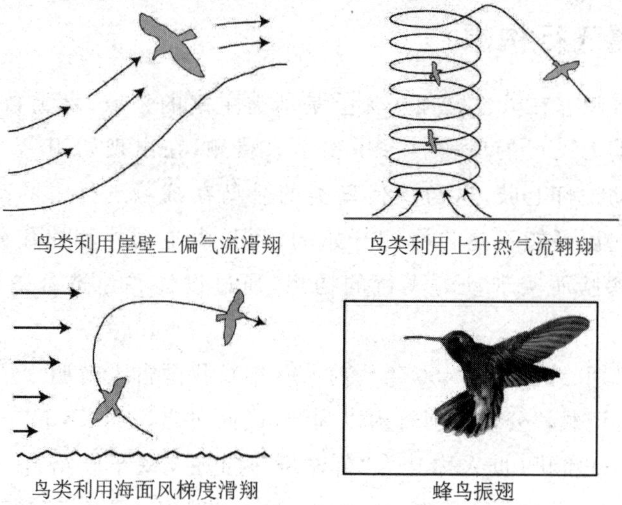

图1-10 鸟类部分飞行原理的示意图

1.1.5 哺乳动物的飞行

在哺乳动物中，翼手目（通称蝙蝠）是唯一能够主动飞行的类群（见图1-11）。蝙蝠的祖先是一种小型哺乳动物，它们在夜间活动，可能在树上栖息，以吃小虫为生。新生代早期，气候逐渐温暖，在5 600万年前古新世至始新世极热事件发生后，飞行的昆虫极为繁盛。蝙蝠为了捕食昆虫，从在树间跳跃中逐渐进化出了飞行能力。

蝙蝠的翅膀是一块柔软有弹性的薄膜，由手骨和臂骨支撑，向内连接到身体侧面，向后直到脚踝。薄膜内部嵌有弹性纤维和肌肉纤维，用于绷紧表面并在需要时改变翅膀的形状。蝙蝠手臂的骨头相对较短，而手指的骨头大大延长。其中，第二指组成翅膀的前缘，第三指延伸到翅膀尖端，第四、第五指则向后延至后缘，可用来控制翅膀的弯度。蝙蝠手指里有很多块骨头，有助于在飞行过程中调整翅膀形状。由于薄膜中嵌有肌肉，翅膀能够得到更精细的调节，使蝙蝠可以做出螺旋、转身等机动动作，比鸟类更加灵活。蝙蝠的后腿退化严重，难以像翼龙那样四肢弹射起飞，反而是倒挂在树上，通过坠落加速进入飞行状态。

图 1-11 蝙 蝠

1.2 人类探索扑翼飞行的历史

1.2.1 扑翼飞行构想

人类一直梦想着能够在天空翱翔。天空是鸟类主宰的领域，鸟类数千万年来的进化历程引导着人类发掘动力飞行的奥秘。古生物学家猜测，在出现始祖鸟之前，小型双足恐龙在奔跑过程中会主动拍打上肢，这与现代鸟类的雏鸟在练习飞行时的动作相似，故科学家们猜测鸟类飞行的起源可能不是自滑翔开始的，而是由主动扑动演化而来。至此，人类萌生了模仿鸟类拍打翅膀而实现动力飞行的构想，通过设计并建造扑翼装置来实现飞天的愿望。

早在春秋战国时期(约公元前 450 年～前 400 年)，我国古人就萌生了扑翼飞行的早期设想。据《墨子·鲁问》记载，“公输子削竹木以为鹊，成而飞之，三日不下”。这句话讲述的是我国建筑与木匠鼻祖——鲁班(世人称其为“公输班”)向好友墨子介绍自己的新发明——竹木鹊，可以在空中飞翔盘旋三日而不降落。《太平御览·文士传》记载：东汉时期的科学家张衡曾经制作过一只“木雕”，通过开动“木雕”腹部的机械机关，它就能够独自飞出好几里远。尽管这些记载的真实性有待考究，但足以证明我国古人早在公元前 400 年就已经开始思考如何模仿鸟类飞行。在西方，古希腊神话中也有一则关于飞翔的故事。伊卡洛斯(Icarus)贪恋使用由蜡和羽毛制成的翅膀，在飞行过程中飞得过高，导致蜡做的翅膀被太阳融化，最后跌落摔亡。这个故事虽然充满了浪漫主义色彩，但充分展现了古代人类对天空的向往。有文献记载，古希腊数学家、哲学家、物理学家阿尔希塔斯在公元前约 375 年制造出一只能够飞行的机械鸽。根据后人的研究，这只机械鸽采用蒸汽动力，在试飞时完成了约 200 m 的飞行距离。然而，由于年代久远、记述不清，以当时的科学技术能否实现这一发明现今仍存在争议。约 1250 年，英国修道士罗杰·培根在发表的《工艺和自然的奥秘》中描述扑翼装置为“供飞行用的机器，上坐一人，靠驱动器使人造翅膀上下扑打空气，尽可能地模仿鸟的动作飞行”。这是他对载人扑翼动力飞行的初步构思，但未提供机构的任何设计细节。在此之后的1505年，意大利文艺复兴时期画家、自然科学家、工程师列奥纳多·达·芬奇研究鸟类翅膀并撰写出一本关于鸟类飞行的法典，并在书中设想出一种称为“扑翼机”的飞行装置（见图1-12）。这种装置外形似燕子，由一个丁字形支架支撑一双宽大的翅膀和三角形尾翼。人俯卧在扑翼装置的支架中部，脚蹬后顶板，手扳前部装有鸟羽的横杆，就像划桨一样扇动空气，推动飞行。可惜的是，该设计图一直夹在达·芬奇的书本中，在当时并不为人们所知，直到目前仍没有研究证明当时曾有人真正建造过达·芬奇所设计的扑翼飞行装置。

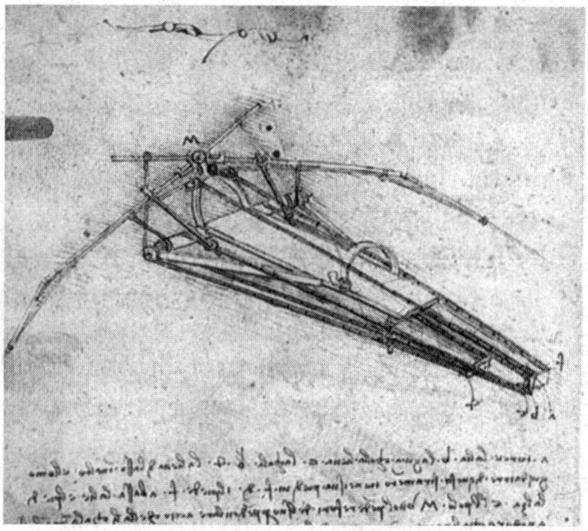

图1-12　达·芬奇的扑翼机设计图

尽管鸟类为人类构思飞行装置提供了最原始的灵感——扑翼，但这一灵感在客观上能够真正帮助人类实现飞行的前景却不明朗，甚至为人类的飞行梦设下了障碍。美国史密森国家航空航天博物馆首席馆长彼得·雅卡布曾评论道：“将自然飞行的灵感转化为人类飞行的绊脚石是模仿鸟类拍打翅膀的飞行方式”。在扑翼飞行原理得到深刻阐释的今天，这句话中的奥秘已不难解释，即：如果扑翼的重量、形状不合适或驱动装置无法提供充足动力，人类利用扑翼装置实现飞行将注定失败。17世纪，意大利科学家博雷利曾深入探讨了人类肌肉、骨骼与利用扑翼装置实现飞行的关系。他在《运动的动物》一书中指出，人类缺少如鸟类一般轻盈的骨架、发达的胸肌和光滑的流线型身体。一个体重60 kg的成年人至少需拥有宽1.8 m的胸腔才具备足以扇动翅膀所需的肌肉量。因此，博雷利认为人类的肌肉不足以像鸟类那样振动翅膀，必须依靠扑翼机械装置的帮助才可能在空中飞行。后人对扑翼动力飞行的实践也证明直接模仿和复制鸟类飞行不是人类在天空中翱翔的最有效途径。1873年，法国生物学家、医生马雷利用定时连续摄影技术拍摄了鸟类飞行时的翅膀运动，发现这种扑动运动十分复杂，在当时的科技水平下实现这种复杂动作几乎是不可能的。尽管如此，人类从鸟类飞行获得的灵感以及在实践扑翼动力飞行时积累的宝贵知识与经验，为日后真正实现扑翼飞行带来了一丝曙光。

1.2.2 扑翼飞行尝试

科学与技术发展到一定程度之后，人类开始尝试设计一些扑翼装置来实现飞天的梦想。在第一次工业革命前，人类设计的扑翼装置大多由飞行者人力驱动。据史料记载，人类最早依靠扑翼装置的飞行尝试出现在中国。西汉末年（约公元 19 年），王莽在与匈奴作战时发现了一位可一日飞行千里的能人。这位飞人将大型鸟类的鸟羽制成了两只人工翅膀，借此飞越数百步才落下来（“取大鸟翮为两翼，头与身皆著毛，通引环纽，飞数百步堕”——《汉书·王莽传》）。同时期（约公元 20 年）意大利的一位演员从高处跳下并扇动一对鸟翅来尝试飞行，结果失败而身亡。公元 875 年，西班牙人阿布尔·卡希姆将羽毛粘贴制成的翅膀捆绑在双臂并从高处跳下，成功滑翔了一段距离。公元 1000 年前后，阿拉伯人阿尔达瓦里尝试使用木制翅膀进行滑翔飞行，结果坠地身亡。公元 1010 年，英国僧人艾默尔将两对人造翅膀捆绑在四肢，从一座塔顶跳下。他成功向前滑翔一段距离后完成着陆，可惜的是由于着陆过猛，艾默尔摔断了腿。此后，人们逐渐意识到依靠在肢体上捆绑翅膀或粘贴羽毛等方法是不可能实现飞行的。于是，人们开始着手设计有助于实现飞行的扑翼机械装置。1678 年，法国一名为贝尼埃的锁匠制作了一套扑翼装置。他在肩上担两根杆子，杆端各装一对铰接的矩形翼片。当杆端向上摆动时，翼片收拢，而其当向下摆动时，翼片展开。然而他未能借助该装置成功实现飞行。1742 年，62 岁的法国人巴凯维尔在自己四肢捆绑了四个扑翼机构，从巴黎旅馆屋顶上奋身一跃，试图飞越塞纳河，但仅飞行一半便坠河并撞上过往船只，摔断了腿。

随着工业革命的兴起，人们在扑翼装置的研究上投入了更多精力，并采用蒸汽动力替代人力驱动扑翼。1841 年，从伏伊伏丁那来到贝尔格莱德的铁匠马诺伊洛尝试用一种扑翼装置飞行，他偷偷爬上了进口税务总公司的屋顶起飞，最终降落在雪堆中。1871 年，法国人约伯特用一根橡皮筋给一只小鸟模型提供动力，这是第一架能够飞行的扑翼机；维克多·塔廷等人制造了一款橡胶动力的扑翼机。1890 年，古斯塔夫制作了一个使用内燃机作为动力的扑翼机，该模型在法国科学院的演示中飞行了 80 m。1894 年，德国工程师奥托·李林塔尔制作了一个带有一把大伞的扑翼机（见图 1-13），但也只是实现了滑行，并不能像鸟儿那样进行扑动飞行。弗罗斯特从 19 世纪 70 年代开始制造扑翼机（见图 1-14），其最初的模型是由蒸汽机提供动力的，直到 1902 年，他才制造出一艘足以容纳一个人的内燃扑翼机，但仍不能实现飞行。

自莱特兄弟发明世界上第一架飞机起，人们逐渐将焦点转向固定翼飞机并迅速推动了类似飞行器的飞速发展。即便如此，人们仍未放弃扑翼飞行的尝试。

20 世纪 30 年代，亚历山大·利比施和德国的国家社会主义飞行队建造了一系列内燃动力的扑翼飞机并成功实现了飞行，这些扑翼机使用了哈格雷夫的小扇动翅膀的概念，并且通过系统研究对这些扑翼机进行了空气动力学的改进。1942 年，德国人阿德尔伯特·施密德利用自己设计的扑翼飞机，成功飞行 900 m，飞行高度约 20 m。1960 年前后，珀西瓦尔·斯宾塞成功试飞了一系列使用内燃机的无人扑翼飞机，翼展达 2.44 m。1961 年，珀西瓦尔·斯宾塞和杰克·斯蒂芬森成功驾驶了第一架由发动机驱动、远程操控的扑翼机 Spencer Orniplane。该扑翼机翼展约 2.30 m，重约 3.4 kg，由一个排量约 57.35 cm^3 的两冲程发动机提供动力。

图 1-13　奥托·李林塔尔和他设计的人力扑翼机

图 1-14　弗罗斯特和他设计的人力扑翼机

1995 年,法国发明家卢梭尝试了他的第一次人类肌肉动力飞行。2006 年 4 月 20 日,在法国航空俱乐部官员的观察下,他的第 212 次试飞成功,飞行距离 64 m。不幸的是,在他的第 213 次飞行尝试中,一阵风导致机翼断裂,他本人因此严重受伤并截瘫。1996 年,来自加拿大的詹姆斯·德拉瑞尔研制了一台"大扑翼",由 17.90 kW(24 hp)的两冲程超轻发动机借由机械装置驱动机翼扑动。当发动机达到每分钟 3 800 转的最大转速时,机翼可以实现每秒 1.3 次扑动。在设计过程中,德拉瑞尔认识到最大的难点是机翼的运动,想要完全模仿鸟类复杂的翅膀运动实在不易。经过多年研究,德拉瑞尔提出只要将机翼的扑动和俯仰运动巧妙组合就可以产生足够升力,并验证了一种"剪切-弯曲"机翼设计和三轴控制方案。在这种控制方案中,飞行员通过操纵水平安定面控制俯仰,偏航控制通过尾部的方向舵实现,滚转控制则依靠偏航-滚转耦合的方式。虽然德拉瑞尔围绕"大扑翼"开展了大量理论研究和模型实验,但"大扑翼"的首次试飞和改进型的后续试飞均未达到设计要求。2006 年 7 月,在多伦多唐斯维尤公园的庞巴迪机场,德拉瑞尔对设计的扑翼机进行了一次喷气辅助起飞和 14 s 的飞行。据德拉瑞尔说,喷气式飞机是持续飞行的必要条件,但扑动的翅膀在其中起到了主要作用。2010 年 8 月 2 日,多伦多大学航空航天研究所的托德·赖切特驾驶了一架名为"雪鸟"的人力扑翼机。这架翼展 32 m、重 42 kg 的飞机由碳纤维和泡沫材料建造而成。飞行员坐在一个悬挂在机翼下方的小座舱里,用脚操作一套使机翼上下摆动的操纵系统。它被一辆汽车拖至空中,然后持续飞行了近 20 s,总计飞行了 145 m,平均速度为 25.6 km/h。

纵观人类扑翼飞行的历史,尽管无数人在扑翼载人飞行的道路上进行了诸多尝试,但这些扑翼机基本上都没能真正实现载人飞天的梦想。20 世纪 80 年代以来,随着动物飞行的空气动力学原理的逐步揭示,动物如何飞行的原理逐步清晰。研究发现,扑翼在低雷诺数条件(即微小尺度、慢速)下飞行的气动优势更为凸显。在这一理论的支撑下,并随着微机电、微传感、微制造技术的创新发展,仿生扑翼微型飞行器得到关注,诸多飞行器原理样机不断推出,现其已经成为飞行器设计的一个重要分支。

1.2.3　仿生扑翼微型飞行器的基本概念提出

最初,微型飞行器的出现是为了解决军事战场的单兵作战需求。在 20 世纪 90 年代相继爆发的海湾战争和科索沃战争中，军队使用了大量各类型的无人飞行器来进行侦察、监视、目标搜索和攻击等作战任务。与传统载人飞行器相比，这些无人飞行器的体积、质量更小作战系统更加简单，且无需担心飞行员的安全保障问题。这两场战争充分展现了无人飞行器的优势，并促使研究人员将目标投向由单兵直接操纵的微型无人飞行器，即微型飞行器（Micro Air Vehicle，MAV）的研发。微型飞行器的概念最早由美国兰德公司和美国国防高级研究计划局（DARPA）在1992年举办的未来军事技术研讨会提出。会后，美国兰德公司对微型飞行器在原理上是否可实现展开了研究，最终提出了3年内可实现的微型飞行器的主要参数和性能指标：翼展6～20 cm、质量10～100 g、有效负载1～18 g、在30～60 km/h的巡航速度下实现20～60 min的有效巡航时间、最大航程为1～10 km。1995年，DARPA组建了微型飞行器可行性研究小组，并在1997年制定了为期4年微型飞行器的研制和验证计划。在该计划中，DARPA将微型飞行器的概念定义为：长、宽、高在15 cm以下、质量10～500 g、飞行高度低于150 m、飞行速度10～20 m/s、最大续航时间2 h以上、最大航程约10 km的飞行器。其中，与1992年DARPA首次公开的概念相比，DARPA最终放宽了微型飞行器的重量限制，但提高了续航能力要求，这也是目前研究人员普遍接受的微型飞行器设计指标。

然而，在后续微型飞行器的研制过程中，部分样机未能严格符合DARPA提出的设计指标，主要体现在尺寸较大、续航能力不足。因此，有些研究人员将翼展不超过60 cm的无人机均归为微型飞行器范畴。随着21世纪以来微机电、微传感、微制造技术的不断进步，微型飞行器的尺寸得以大幅减小，甚至与真实昆虫的尺寸相差无几。这使得微型飞行器进一步衍生出纳米飞行器（Nano Air Vehicle，NAV）与极微小型飞行器（Pico Air Vehicle，PAV）的子类。2017年，来自美国新墨西哥州立大学的哈桑纳利安和阿卜杜勒卡夫回顾了微型飞行器的发展历程，并依据翼展和重量提出微型飞行器、纳米飞行器与极微小飞行器的分类标准[2]，如表1-1所列。这一分类标准涵盖了DARPA针对微型飞行器提出的尺寸与重量要求，同时还囊括了部分尺寸更大和更小的无人飞行器。在哈桑纳利安和阿卜杜勒卡夫的分类中，微型飞行器还包括传统固定翼和旋翼布局，它们的翼展和重量都显著大于扑翼布局。为尽可能严谨，本书着重介绍翼展小于20 cm、质量小于50 g、由生物飞行获得设计灵感的微型扑翼飞行器。在这种尺寸和重量限制下，仿生扑翼微型飞行器的生物原型大多为飞行的昆虫和蜂鸟，其在悬停时采用水平扑动模式产生足够升力，不需要尾翼来产生飞行控制力矩。值得一提的是，仿生扑翼微型飞行器还包括一部分采用竖直扑动模式产生升力和推力、借助尾翼产生飞行控制力矩的仿鸟布局。由于它们在气动原理和飞行控制原理等方面与以昆虫和蜂鸟为生物原型的扑翼布局存在显著差异，因此本书在后续章节不再重点介绍这些仿鸟布局的扑翼微型飞行器，仅在本章介绍两类布局的差异与典型案例。

在美国国防部预研局开启微型飞行器研制工作初期，微型飞行器的气动布局设计大多参考常规载人固定翼或旋翼飞行器，使得20世纪末涌现出一批固定翼和旋翼布局的微型飞行器（见图1-15）。这两种气动布局的设计思路是将民用客机和直升机已经成熟的设计方案缩小至微型飞行器量级。尽管这些早期样机大多可实现飞行，但随着飞行器尺寸的缩小、飞行速度的降低，固定翼和旋翼的流动雷诺数显著降低至10^3～10^4量级（常规民用客机和直升机的雷诺数高达10^6～10^7）。雷诺数是衡量流动中惯性力与黏性力影响相对强弱的一个无量纲表征参数，雷诺数越小，流动中黏性力的影响越显著。当雷诺数降低至10^3～10^4量级，微型飞行器在空气中飞行就像人类在充满糖浆和蜂蜜的泳池中游泳。显然，这种低雷诺数效应会显著增大微型飞行器的阻力和维持运动所需能量，不利于产生高升力、保持高效率。

表1-1 哈桑纳利安和阿卜杜勒卡夫提出的微型飞行器分类标准

飞行器类型	翼展/cm	质量/g
微型飞行器	15～100	50～2 000
纳米飞行器	2.5～15	3～50
极微小型飞行器	0.25～2.5	0.5～3

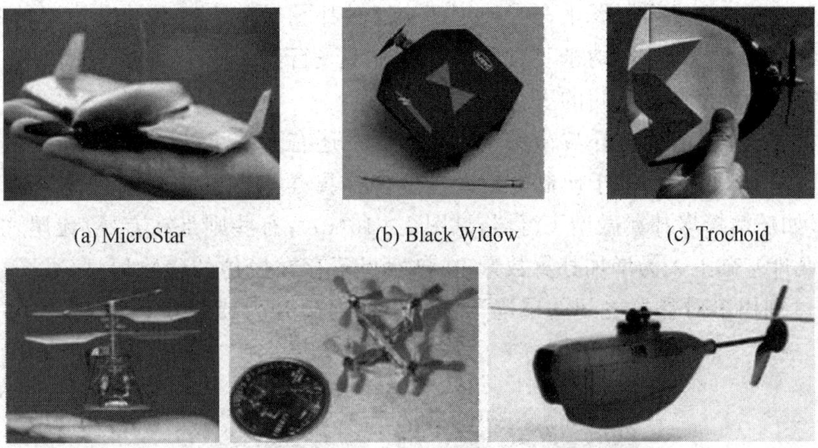

(a) MicroStar (b) Black Widow (c) Trochoid

(d) μFR-Ⅱ (e) Mesicopter (f) Black Hornet

图1-15 采用固定翼与旋翼布局的微型飞行器样机

此外，固定翼布局的微型飞行器大多由小展弦比（展长与弦长之比）机翼产生升力，由单独的螺旋桨产生推进力。与民航客机的大展弦比机翼相比，小展弦比机翼会受到更强烈的翼尖涡流影响，具有更低的升阻比（升力与阻力之比）和气动效率。同时，固定翼布局的微型飞行器需要具备一定初速度才能够产生足够升力起飞，从原理上无法实现垂直起降与悬停飞行。旋翼布局的微型飞行器虽然可以轻易实现垂直起降与悬停飞行，但却存在机动性能差、飞行效率低、噪声较大等问题。随着非定常空气动力学理论的逐步完善，人们逐渐弄清自然界飞行生物（如鸟类和昆虫）扑动翅膀飞行的力学原理，并意识到这些飞行生物就是通过进化获得的天然"微型飞行器"，在低雷诺数效应下仍能够产生较强升力并拥有灵活的机动性。

因此，研究人员开始尝试模仿自然界的飞行生物来设计微型飞行器，即仿生扑翼微型飞行器。仿生扑翼微型飞行器所模仿的对象主要集中于鸟类和昆虫。这些生物的飞行升力（或推力）和姿态控制都是通过调整翅膀扑动或者身体的运动来实现的，因此仿生扑翼微型飞行器只需设计一套合适的扑翼机构，而不需要额外的推进装置。与固定翼和旋翼布局的微型飞行器相比，仿生扑翼微型飞行器的这一特点使其结构设计更加紧凑复杂，更具有微小型化的特点，在预期的军事领域应用场景中也更具有优势。

到了21世纪，微型飞行器进入了仿生扑翼布局研究热点的时代，研究者们提出了不少设计样机或原理机。这些作品依据扑翼扑动方向的特点大致可分为两类：一类是仿鸟扑翼微型飞行器，也被称为有尾式仿生扑翼微型飞行器（见图1-16(a)），其仿生对象多为普通鸟类，通过一对上下扑动的翼同时提供前飞推力与克服自重的升力，由尾翼（模拟鸟类尾部）提供控制力矩。这种扑翼微型飞行器的尺寸通常较大（翼展常超过20 cm限制），不便于在室内或其他狭小空间内飞行。同时，这类扑翼微型飞行器无法悬停，但可实现盘旋和常规机动飞行动作。另一类是仿昆虫扑翼微型飞行器，也被称为无尾式仿生扑翼微型飞行器（见图1-16(b)）。这类飞行器的仿生对象主要为飞行的昆虫或蜂鸟，仅通过一对前后扑动的扑翼来同时提供升力与控制力矩，无需尾翼来充当控制面。这种扑翼微型飞行器的尺寸相对更小，可实现的翼展范围横跨微型飞行器、纳米飞行器与极微小型飞行器三个子类别，既可悬停又能机动飞行，有望能够胜任各种狭小空间的飞行任务。

除以上两大分支外，仿生扑翼微型飞行器布局中还有多扑翼的形式，但样机数量与前两大分支相比十分有限，目前仍处于研制初期。这些多扑翼样机有些是直接模仿自然界存在的多对翅膀昆虫（如仿蜻蜓多扑翼微型飞行器，见图1-16(c)）；有些则是在有尾/无尾式仿生扑翼微型飞行器的设计基础上人为增加扑翼数量，在自然界不存在模仿的生物原型（见图1-16(d)）。这些样机通过利用多对扑翼之间的尾迹干扰作用来提高升力或效率，运动机构与控制策略也会相应改变。

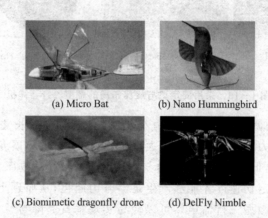

(a) Micro Bat　(b) Nano Hummingbird

(c) Biomimetic dragonfly drone　(d) DelFly Nimble

图1-16　采用扑翼布局的仿生微型飞行器原型机

仿生扑翼微型飞行器在低雷诺数条件下拥有的高升力、高机动性、高隐蔽性的特点使其成为战场上最适合单兵作战使用的无人飞行器，从地形火力侦察到远程精确打击都可以通过加装相应的机载任务组件完成。除军事领域的应用外，仿生扑翼微型飞行器在民用领域也具有广阔应用前景，如管道探测、交通监控等，甚至可以直接以玩具的形式商品化。近十年来，随着新材料、新工艺和新技术的不断涌现，仿生扑翼微型飞行器研制已经获得了长足发展，其尺寸和质量进一步缩小、续航性能得以提升。在不久的将来，仿生扑翼微型飞行器有希望服务于生活中的各行各业，为人类的生活提供更多便利。

1.3　仿生扑翼微型飞行器发展现状

1.3.1　非定常空气动力学理论

仿生扑翼微型飞行器的飞行性能由产生空气动力的主要部件——扑翼决定。设计性能优异的扑翼中蕴含着复杂的非定常空气动力学原理。在具体介绍扑翼所利用的非定常空气动力学原理前，首先介绍它所属的学科——空气动力学。按照中学物理所学知识，力学是研究物体平衡和机械运动规律及其应用的一门学科。在大自然中，物体最常见的物质形态为固态、液态和气态，即固体、液体和气体。从宏观角度来讲，液体和气体在静止状态几乎无法承受剪力，所以人们通常将液体和气体统称为流体。这种物质分类方法也促使力学分化出固体力学和流体力学两大重要分支。在流体力学中，空气动力学是非常重要的组成部分，着重研究空气与物体（多为固体）之间存在相对运动时，空气内部的运动规律及空气对物体产生作用力所遵循的规律。在空气动力学中，空气与物体间的相对运动既可以是物体在空气中运动，亦可是空气流经静止的物体。

空气动力学能传统研究对象是各类飞行器如大家平时见到的民航客机。随着空气动力学的蓬勃发展，科学家们开始重新审视自然界鸟类和昆虫的飞行行为，希望通过弄清它们飞行所蕴含的空气动力学原理来指导扑翼装置的设计。早期非常有代表性的研究是德国生物学家莱茵哈德·德莫尔（Reinhardt Demoll）在 1918 年对飞行生物进行的观测实验。他的研究记录了多种鸟类和昆虫的飞行姿态、飞行速度和翅膀扑动频率，并提出了悬停、滑翔、类风筝（kite-flight）等多种飞行模式。最为重要的是，德莫尔的研究指出，苍蝇（housefly）如果采用类似飞机的模式实现飞行，它们的翅膀面积需要增大 42 倍之多！这个结论让他意识到传统定常空气动力学可能无法解释昆虫如何实现飞行。德莫尔的研究随后得到了空气动力学家威廉·霍夫（Wilhelm Hoff）的关注。通过计算，霍夫得出花粉蜂飞行时翅膀的升力系数高达 1.9，这大大超出了当时机翼在定常流动下可达到的最大值。在 20 世纪 30 年代，法国昆虫学家奥古斯特·马格南（August Magnan）甚至提出昆虫在理论上完全不可能实现飞行，但生活中却真实存在飞行的昆虫。这一悖论随后引起了大量生物学家和空气动力学家的持续关注，直至 20 世纪后半叶才得以充分解释。

对比昆虫飞行时的翅膀运动与飞机机翼运动发现，飞机巡航飞行时，机翼速度基本保持不变，机翼周围产生的流动是定常的；昆虫飞行时，翅膀以较高频率周期性扑动，速度和加速度随时间显著变化，产生的流动必然是非定常的。那么，运动和流动的非定常特征能够为昆虫翅膀提供哪些不同于飞机机翼产生升力的空气动力学原理呢？1973 年，英国剑桥大学教授韦斯·福格（Weis－Fogh）在观测小黄蜂（Wasp）飞行的翅膀运动时，提出了一种在翅膀扑动极限位置发挥作用的非定常高升力机制——“打开-合拢”机制。这是第一个得到证实的非定常高升力机制。1996 年，来自英国剑桥大学的 Ellingto 教授观察到鹰蛾翅膀在扑动过程中，前缘附近会形成一个明显的分离涡并跟随翅膀运动直至扑动停止。这一现象在仿鹰蛾扑翼装置上同样存在。他们将这种现象类比三角翼依靠前缘涡产生高升力的情况，提出了另一个昆虫飞行的非定常高升力机制——“不失速”机制，也称“动态失速”机制。这里提到的涡是非定常流动常见的流动结构之一。为了便于理解，可以将涡暂时理解成如龙卷风一般整体旋转的流体微团，涡中心的压强往往较低。

自“不失速”机制提出起至今，科学家们还发现了许多新的非定常高升力机制，如“旋转升力”机制、“附加质量”机制、“尾迹捕获”机制、“划桨”机制、“快速加速”机制、“快速上仰”机制等。这些高升力机制是昆虫飞行非定常空气动力学原理的重要组成部分，将在第 2 章详细介绍。昆虫翅膀的扑动会产生多个分离涡结构，在深入分析高升力机制时需要建立涡结构演变过程与翅膀产生瞬时动力的联系。1981 年，著名空气动力学家吴镇远教授提出经典涡量矩理论（Vorticity Impulse Theory），建立了运动物体所受动力与流体域涡量演变的数学联系。这一理论随后被广泛应用于解释昆虫飞行的非定常高升力机制，在“不失速”“划桨”“快速加速”“快速上仰”等机制的论证过程中发挥了至关重要的作用。进入 21 世纪后，北京大学吴介之教授带领团队进一步完善该理论，并提出了以有限域涡量矩理论为代表的现代涡量矩理论。这些理论在建立运动物体所受气体作用力与涡量演变的关联时不再需要全部流体域的流场信息，极大简化了数据储存和计算需求，使得运用粒子图像测速法（Particle Image Velocimetry，PIV）、粒子追踪测速法（Particle Tracking Velocimetry，PTV）等流动显示实验获得的局部流场数据计算气动力成为现实。

尽管上文介绍的非定常空气动力学原理能够基本解释常见昆虫在飞行时如何利用翅膀产生高升力，但由于自然界昆虫纲的种目繁多、飞行状态各异，科学家们普遍认为现阶段昆虫飞行的非定常空气动力学原理仍不够充分，还需要针对昆虫纲中的特殊种类展开进一步研究，如拥有两对细长翅的蜻蜓目昆虫、尺寸十分微小的双翅目飞蠓、翅膀边缘有细长缨状缘毛的缨翅目蓟马等（见图 1－17）。它们在翅膀形态和运动所具有的独特特征，可能蕴藏着未知的非定常高升力机制。除了探索特殊种类昆虫飞行奥秘外，昆虫飞行非定常空气动力学原理的完善还包含理论分析工具的持续升级。如何更加简洁直观地建立涡量演变与产生气动力的联系、如何解释不同昆虫飞行所利用的非定常高升力机制不完全相同的现象、如何总结归纳适合不同尺度下昆虫飞行的高升力机制等都是现阶段昆虫飞行非定常空气动力学原理研究的热点方向之一。只有对上述原理拥有充分认识，才能根据仿生扑翼微型飞行器的性能指标确定气动设计所需利用的空气动力学原理，进而指导翼结构、翼运动与动力系统设计。

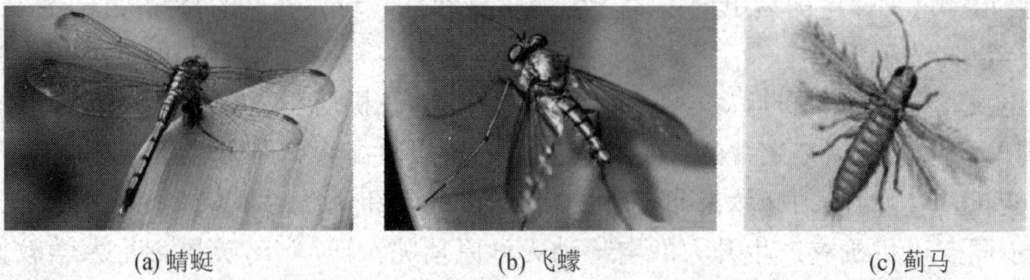

(a) 蜻蜓　(b) 飞蠓　(c) 蓟马

图 1－17　飞行原理独特的昆虫

1.3.2　微机电、微制造、微能源技术

低雷诺数非定常空气动力学理论的逐渐发展为设计仿生扑翼微型飞行器，使其克服显著的黏性影响、产生飞行所需的升力和力矩提供了切实的理论依据。但事实上，仅解决飞行器如何高效产生升力和飞行控制力距是远远不足以支持设计一款仿生扑翼微型飞行器的。这是因

为飞行器产生升力和操控力矩必须借助电机和传动机构驱动翼往复扑动实现。如何设计电机和传动机构以高效实现翼的预期扑动运动是另一大难题。此外，飞行器要想飞得好还需要借助高精度传感器实现飞行状态感知，并通过微型舵机执行精准飞行控制等重要功能。在仿生扑翼微型飞行器的重量和尺寸限制下，借助微型化机构和高精度微型传感器来实现上述功能的难度大、挑战性高。因此，研制仿生扑翼微型飞行器，必须设计制造出多个功能高度集成化的自定义微系统，如研制微型能源动力、高精度集成的微型传感器等，并实现高精度微型零部件加工制造(见图1-18)。

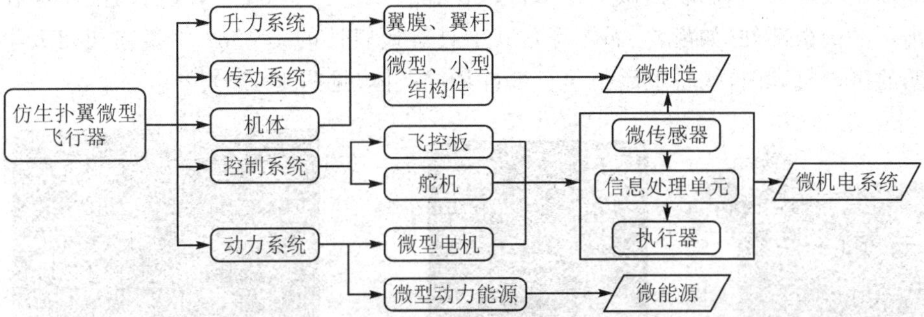

图1-18　仿生扑翼微型飞行器包含的主要微系统及其部件

以设计扑翼微型飞行器所需的微机电系统为例，一个简单直接的想法是：能否将传统固定翼或旋翼飞行器上成熟的机电系统缩小，并直接应用在仿生扑翼微型飞行器上呢？这个想法很好，但可惜传统机电系统受工作原理、材料及加工工艺等方面的限制，在微型化方面仍存在技术瓶颈。除微机电系统外，仿生扑翼微型飞行器的零件也无法采用常规“大飞机”零件的加工制造技术。传统技术(如切削、磨削等)加工制造的零件大多以铁、铝等金属为原材料，加工获得的单个零件重量大多在几十克量级以上，这显然是仿生扑翼微型飞行器无法使用的。事实上，在低雷诺数非定常空气动力学理论用于解释昆虫飞行高升力机制前，微型传感器、微型加工制造工艺、微型机电装置就已经兴起并逐步发展、完善，并在20世纪90年代末期进入相对成熟期。这最终为仿生扑翼微型飞行器概念的提出、非定常高升力机理的实现以及样机研制提供了坚实的技术基础。

微型传感器的发展一直伴随着微机电系统(Micro-Electro-Mechanical System，MEMS)和集成电路技术的发展。尽管目前MEMS技术已发展到可以设计制造尺寸在微米甚至纳米量级的独立智能系统，但其概念的提出最早可追踪至1954年。当年，贝尔电话实验室的史密斯教授在Physical Review期刊上撰文提出了硅和锗的应力敏感效应(即压阻)。这一发现随即引发研究人员思考如何应用该原理对当时仍十分笨重的机电传感器进行轻量化设计。此后的1960至1970年，人们对硅传感器技术的兴趣急剧增长，霍尼韦尔研究中心和贝尔实验室发表了一系列研究论文介绍首个硅隔膜压力传感器和应变计，从而验证了压阻原理的可实用性。随后，研究人员积极寻求突破上述测量原理技术的应用场景，例如：1967年各向异性深硅蚀刻实现；1968年首个微静电执行器——硅谐振栅晶体管(RGT)获得专利，该执行器最早应用了表面微加工技术。至1970年，批量化的微加工工艺得以实现，使得批量蚀刻的硅片被广泛用于压力传感器。尽管20世纪70年代初制作的传感器以现在的角度看来是粗糙的，但这些具有优异性能的非平面压力传感器被认为是第一批真正意义的MEMS传感器。这类传感器主要基于结构参数变化来感受和转化信号，被广泛用于基本物理传感场景中，如图 1-19 所示。

之后，人们积极探索更小尺寸传感器的设计方法，不久便提出了固体型传感器。这类传感器由半导体、电介质和磁性材料等固体元件构成，利用这些材料的某些物理特性进行传感。1977 年，美国斯坦福大学首先基于硅材料，采用各向异性蚀刻与微光刻技术研制出一种微型加速度计，使得利用微型传感器测量飞行器运动参数成为可能。1982 年，“微机械”概念的首次提出进一步提高了各国对 MEMS 技术的重视程度。随着 X 光、LIGA 光刻以及原子力显微镜技术等加工技术的出现，表面微纳技术得以快速发展。至 1987 年，人们已经能够在硅芯片上研制出可动的微部件(如齿轮、涡轮等)，其中具有代表性的是 1987 年美国加州大学伯克利分校发明的微电机，其首次将电路与执行部件集成一体(见图 1-20)。

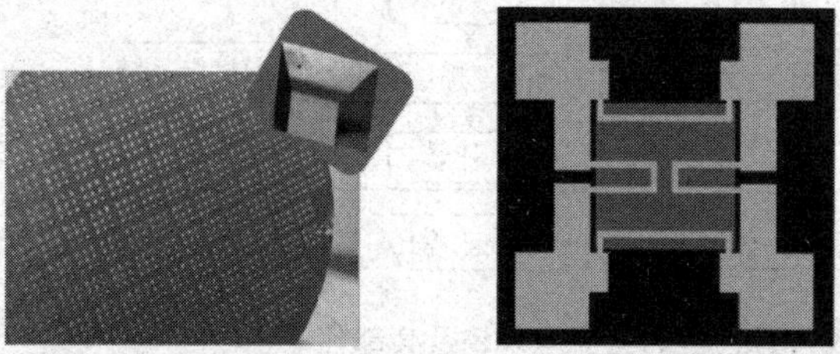

图 1-19　利用金属压阻效应的压力传感器

图 1-20　美国加州大学伯克利分校发明的微电机[8]

进入 20 世纪 90 年代，伴随着计算机和信息技术的兴起，具有更复杂测量功能的微型传感器不断涌现。其中，1992 年问世的 MEMS 光栅光调制器充分代表了这一时期传感器从物理传感向光学传感扩展的趋势，为使用 MEMS 传感器实现红外光谱探测等打下基础。通过安装不同类型的微型传感器，飞行器也已能够以极小的空间和负载实现更多的功能、完成更多的飞行作业，如搭载微型红外传感器的无人机可用于识别森林中的火源、搭载微型摄像头的无人机可用于巡查等。MEMS 技术的不断成熟一方面促进了机械、航空等应用领域传感器的微型化发展，另一方面也从需求面反向促进了硅材质的微加工技术和光刻技术发展，带动了芯片集成度的提高。

微型传感器的发展和演变历程清晰地折射出 MEMS 技术的成熟和发展，其中最典型的代表之一便是陀螺仪。陀螺仪是飞行器惯性系统的核心部件。即便在无外界参考信号的情况下，陀螺仪也能提供准确的方位、水平、位置、速度和加速度等信号，以便辅助驾驶员或自动导航仪来完成飞行器的姿态和轨道控制。自 1910 年首次被用于船载指北以来，陀螺已有 100 多年的发展史。第二次世界大战期间，德国使用滚珠轴承支承的陀螺仪首次为 V-2 火箭装备了惯性制导系统，实现了陀螺仪技术在导弹制导领域的应用。然而，这类陀螺的摩擦力矩过大，漂移误差通常在 1～15°/h，远达不到惯性制导要求。后来人们又发明了液浮、气浮陀螺和挠性陀螺，通过降低内部陀螺转子摩擦而降低漂移误差。这类陀螺的精度能够达到0.001°/h，尺寸也得以缩小。至 20 世纪 60 年代，第一代光学陀螺仪出现，这些体积更小、成本更低的光纤陀螺仪(FOG)为惯性技术领域带来重大变革。然而，尽管理论基础的完善促使陀螺仪尺寸得以逐渐减小，但传统加工制造技术依然限制着它的最小尺度。直到 20 世纪 80 年代末，在 MEMS 技术的推动下，微机电系统陀螺仪(简称 MEMS 陀螺仪)出现，由此开启了陀螺仪技术的新篇章。MEMS 陀螺仪最早出现在 1988 年，该时期人们刚刚掌握在硅材质上制作微型机械部件的相关技术。MEMS 陀螺仪以振动陀螺为主，利用科里奥利力进行能量传递，通过测量陀螺振幅来测量角速度。

陀螺仪的新测量原理使得人们可以通过在硅表面生成薄膜再刻蚀的方式制作出微小扁平的结构来测量角速度。由此设计的新型陀螺仪更易与集成电路结合，使惯性测量单元体积和质量进一步减小。虽然 MEMS 陀螺仪的精度相对较低，但小尺寸、低成本的优点让它在无人机领域大放异彩(见图 1-21)。通常情况下，一个 12 mm×12 mm 的 MEMS 测量模块即可做到根据用户需求集成陀螺仪、加速度计和磁力计，实现姿态、角速度、加速度和磁场的测量，在获取飞行信息的同时有效降低了测量模块的尺寸和重量(一款高精度六自由度惯性测量模块的质量仅为约 10 g)。当前仿生扑翼微型飞行器的飞行控制主板大多集成了 MEMS 陀螺仪，可根据需求进一步集成加速度计、电子气压计等 MEMS 元器件。

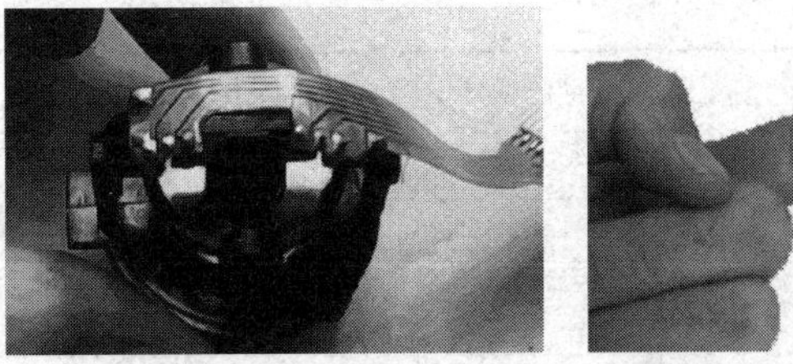

图 1-21　四旋翼采用的机械陀螺仪和 MEMS 测量模块大小对比

设计制造微型传感器和微型执行器件需要高精度的硅材质微加工技术。考虑到整机厘米级的仿生扑翼微型飞行器需要的传动机构部件多为毫米量级，高精度微加工技术同样发展用于加工制造其传动机构，以降低装配误差、减小结构振动、实现精准传动。在传统飞行器制造领域，传统金属机械加工技术适用的零件尺寸较大，加工精度受工人技能熟练程度的影响显著，这显然不能满足仿生微型飞行器微型化和轻量化部件的高精度加工要求。20 世纪中后期，随着数控机床加工和 3D 打印增材制造技术的发展和成熟，微型制造与加工能力也得到了显著提升，使得高集成度、微小尺寸的零件加工成为现实。

除微传感、微传动部件外，飞行器还需要设计一套性能强劲的微机电系统作为它的“心脏”和“血管”。典型的微机电装置是 20 世纪 50 年代由德国冯哈伯博士研发的空心杯电机。受机械损耗等影响，普通铁芯电机的能量转化效率一般在 10%～50%，而空心杯电机可以达到 70%甚至 90%以上。相同输出功率下，相比普通铁芯电机，空心杯电机的重量和体积均可减小 1/3～1/2。此外，空心杯电机机械时间常数可以达到更低的 28 ms，甚至低于 10 ms，实现迅速制动及极快响应。综上，空心杯电机所具有的功率密度和电机效率高、响应快、波动小、抗干扰强等优点使其在航空航天领域拥有了不可替代的地位，在许多小型无人机上都可以发现它的身影。20 世纪 70 年代，随着数字集成电路被大量应用于设备各类控制，独立的空心杯电机数控绕圈产业也相继出现。数控绕线机取代了早期手工配合机械的绕线工艺，使得空心杯电机批量生产的效率和质量稳定性大幅提高，空心杯电机的大规模应用也得以实现。

当微传感、微传动部件、微动力齐备后，设计制造一款仿生扑翼微型飞行器还缺少合适的微能源供给。作为锂电池的代表之一，聚合物锂电池是微能源中极具竞争力的选项。该类型电池的理论研究同样始于20世纪70年代。1973年，Wright等报道了PEO-碱金属盐的络合物具有离子导电行为；1978年，法国科学家预言了此类材料可用作储能电池的电解质，提出了采用固体聚合物电解质的电池设想。而后，人们不断探索更加合适的正负极和电解质材料，直至1980年被称为锂电池之父的John B·Goodenough提出钴酸锂作为正极材料时电池可产生约4 V的电压。至此，锂电池的相关技术进一步成熟并在1991年由索尼公司实现商业化。随后，Goodenough和同伴在1989年发现使用聚电解质类材料（如硫酸盐）能让阳极产生更高的电压，于是索尼公司自1995年起带头研制聚合物锂电池并成功在1999年实现了聚合物锂电池的商业化。聚合物锂电池的理论放电量较同大小的常规锂离子电池高10%，在满足3.6 V、250 mAh的容量需求时仅厚0.5 mm，并且能够按需设计成各种形状，安全性更高。目前，单颗聚合物锂电池的工作电压一般可达3.6～3.8 V，远高于镍氢和镍铬电池的1～2 V，能量密度也是这些常见电池的1.5～2.5倍，如表1-2所列。

表1-2　聚合物锂电池与其他类型电池性能对比

电池类型	安　全	工作电压/V	重量能量比/(Wh·kg^{-1})	体积能量比/(Wh·l^{-1})	循环寿命	毒性	形状
酸性电池	好	2	35	80	200	有毒	固定
镍铬电池	好	1.2	41	120	300	有毒	固定
银锌电池	好	1.5	60	150	200	有毒	固定
镍氢电池	好	1.2	50～80	100～200	300	轻毒	固定
液态锂电池	好	3.7	120～160	200～300	＞400	轻毒	固定
聚合物锂电池	优秀	3.7	140～200	300～420	＞500	无毒	任意

总的来看，在微制造、微能源和微机电系统等相互促进并共同发展几十年后，至20世纪90年代末，人们终于实现了高精度制造加工水平，拥有微传感、微执行器、微结构零件和微能源的丰富制造经验以及更近一步的研发能力。这为仿生扑翼微型飞行器的研制提供了充分的技术保障。随着对非定常空气动力学原理的认识逐渐清晰，微传感、微制造、微机电等技术的相对成熟，微型飞行器特别是仿生扑翼微型飞行器的研制，自DARPA提出其概念之后便很快成为飞行器科技的前沿领域，并在进入21世纪后得到迅猛发展。仿生扑翼微型飞行器的快速发展依赖其各系统专项技术的微型化发展与性能提升，同时这类尺寸与重量设计约束更强的飞行器研发需求也深入带动了微传感、微制造、微机电系统自身的进步。

仿生飞行理论和MEMS技术的成熟成功解决了仿生扑翼微型飞行器飞得起的问题，但这类飞行器能否飞得好还有赖于控制功能的实现和控制元件的应用。目前，仿生扑翼微型飞行器的飞行控制主板在充分集成惯性测量单元、磁力计、高度计、GPS单元后，可借助MEMS的芯片封装技术在硅基芯片上制造（见图1-22）。微型化的飞行控制主板已能够将尺寸控制在16×16 mm以内，处理器计算能力达到216 MHz、拥有1 MB内存。DARPA支持研制的Nano Hummingbird，其机身重量低于20 g，其中飞行控制主板的重量仅为0.65 g，并集成了微控制单元（Microcontroller Unit，MCU）、三轴MEMS陀螺仪、接收器、功率调节器和驱动电路等多个元器件。

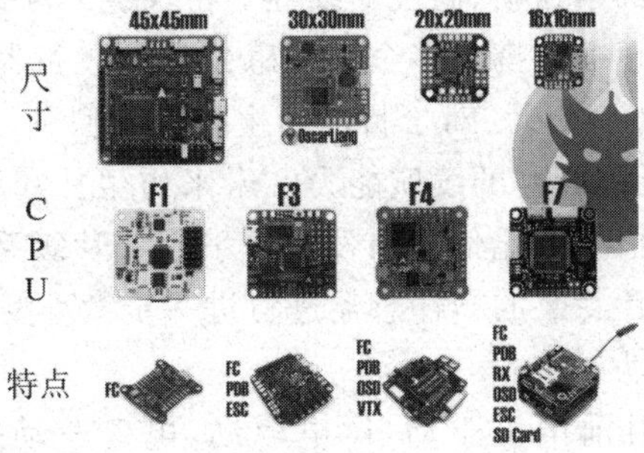

图1-22　飞行控制主板的尺寸和性能演变历程

伴随着仿生扑翼微型飞行器的发展，除在飞行控制主板深度集成微控制器与微传感器外，微型任务载荷也逐渐兴起、发展并得到应用，这极大提升了飞行器的功能性和实用性。荷兰代尔夫特大学在2005年、2007年、2008年分别推出了DelFly I、DelFly Il及DelFly Micro三款仿生扑翼微型飞行器。DelFly Micro仅重3.07 g(电池占1/3重量)，续航可达3 min，配备了微型舵机及摄像头，在2009年经吉尼斯认证成为世界上最小的搭载摄像头的飞行器。DelFly Micro通过搭载的微传感器、微执行器以及微摄像头实现小尺寸悬停和拍摄。在DelFly Ⅱ的基础上，该团队在2013年又进一步推出DelFly Explorer。DelFly Explorer搭载了质量约为4 g的立体视觉系统，并设计实现了飞行器避障和自主飞行功能。

如今，现代高端制造业正处在高速迭代时期，微制造可实现的微型零部件已比较成熟。低成本、高精度的3D打印喷头能将打印精度控制在0.03 mm以下，而数控加工方面，超精密加工的精度已经达到了纳米量级。高精度零部件微加工制造技术的发展成熟使设计更高集成度的仿生扑翼微型飞行器微型驱动及传动系统成为可能。各国的科学家在仿生扑翼微型飞行器的设计实践中摸索了更多类型的微尺度驱动和传动机构设计方案。2007年，哈佛大学Wood所领导的Microrobotics实验室成功实现了当时世界上最轻的(仅重60 mg)仿生扑翼微型飞行器(命名为RoboBee)的垂直起飞。该飞行器成功的关键技术之一是借助基于多层平面材料的“智能复合微结构(Smart Composite Microstructures，SCM)”工艺加工微型位移的放大装置。RoboBee飞行器的两个翼由压电驱动器驱动，传动装置采用连杆机构，机构铰链采用碳纤维-高分子膜-碳纤维的“三明治”型柔性铰链。当飞行器运行时，传动机构中的放大装置将压电驱动器的微小尖端位移转化为翼的大幅度扑动以产生升力。

相比微传感器和微加工制造工艺的迅速发展，微型电机和微型电源的发展相对缓慢。电池技术看似简单，却一直都是仿生扑翼微型飞行器发展的关键瓶颈问题。仿生扑翼微型飞行器对减重及续航时间要求苛刻，长期以来科研人员都不得不在体积、容量、耐久性和充电速度上对电池进行痛苦的取舍。但随着微型电池的研究越来越成熟，聚合物锂电池的广泛应用也在一定程度上提高了仿生扑翼微型飞行器可用电池的能量密度。

尽管目前已经有为数不多的几款仿生扑翼微型飞行器实现了可控自由飞行，但它们在尺寸、重量和性能上与真正的生物仍有一定差距。微传感器、微执行器、微机电装置的性能仍是制约这些飞行器发展的关键因素。

就微传感器而言，尽管当前小尺寸、高信噪比、低延迟的MEMS传感器已经得到广泛应用，但在振动、非线性、受温度影响漂移、精度、灵敏度、功耗等方面仍有改善空间。一方面，仿生扑翼微型飞行器自身固有的强振动、高度非线性等特征容易导致微传感器出现功能失效、精度不够等问题；另一方面，由于需要携带多个微传感器保障飞行器的飞行，微传感器的功耗已经约占飞行器总功耗的10%～20%。对于目前仿生扑翼微型飞行器的输出功率而言，这仍是一个不小的负担，将显著降低飞行器的续航能力。未来仿生扑翼微型飞行器可携带的微传感器仍需进一步向低功耗、集成化、智能化方向发展。采用芯片级系统集成(SoC)技术和3D集成封装技术对现有晶圆级芯片封装的微传感器进行进一步微小型化、集成化设计仍有必要，以进一步减小传感器的体积和功耗。

就微驱动器而言，尽管目前电机驱动、压电驱动、电磁驱动等方案都已成功应用，但能够实现带动力飞行的仿生扑翼飞行器仍主要由电机驱动。这类驱动器通常要辅以机械传动装置，具有零部件加工制造简单、成本低、鲁棒性高等特点，结构尺寸通常在厘米量级，但加工精度要求在微米至毫米量级。受限于目前的加工制造技术，一方面电机驱动方案难以进一步微小型化至1 cm以内、达到昆虫的尺寸水平；另一方面，该方案的加工精度不易满足要求，常导致机械结构间的配合具有不可控间隙，带来结构振动、寿命降低、翼运动变形等问题。若能实现更加精密、适用尺寸更微小的微制造技术，将有希望为传统机械式微驱动器带来新的突破。

就微能源而言，尽管在仿生扑翼微型飞行器上应用的聚合物锂电池与传统铅蓄电池相比已具备重量轻、能量密度较高、安全性好的优势，但仍存在功率密度不够高、结构自重大、循环寿命低等缺陷。同时，锂电池敏感的温度特性(工作温度通常为0～60 ℃)使其性能在温度恶劣的情况下急剧下降，导致飞行器无法正常工作，从而严重限制了应用场景。因此，在满足聚合物锂电池的微型化设计需求下，进一步提升聚合物锂电池的比功率方面仍有很多工作要做。除此之外，更广泛地探索仿生扑翼微型飞行器动力能源的其他可行方案同样值得期待，如轻量化的光伏薄膜电池，可集成充电储能、供能及结构承载等多功能于一身；再如具有更高功率密度、更大比能量、更广温度工作特性的燃料电池，也可使飞行器的续航时间大幅增长。

总之，仿生扑翼微型飞行器的研制水平与微机电、微制造和微能源技术息息相关，更加成熟的先进技术将让人类有望研制更小、更轻、更像生物、具备更多功能的仿生扑翼微型飞行器。

1.3.3 具体案例

前文介绍了仿生扑翼微型飞行器通常定义为翼展小于20 cm的无尾式布局。这些布局的仿生对象主要是蜂鸟和昆虫，其升力(或推力)和姿态控制都是通过翼或者身体的运动来产生。需要注意的是，部分学者将大部分有尾式布局划入仿生扑翼微型飞行器范畴。为更好地概述现阶段仿生扑翼微型飞行器已提出的具体布局形式及其原型机，本节简要介绍并对比有尾式与无尾式两种仿生扑翼微型飞行器布局，方便读者进一步理解和区分两种布局的特色和区别。

1. 有尾式布局

目前，世界各国已成功研制的有尾式仿生扑翼微型飞行器原型机汇总如图1-23所示。下面对各个典型原型机进行简要介绍。

2003年，美国AeroVironment公司、加州理工学院和加利福尼亚大学洛杉矶分校联合研

(a) 美国 AeroVironment "MicroBat";(b)南京航空航天大学"翠鸟";(c)南京航空航天大学"金鹰";
(d)南京航空航天大学"翔鹰";(e)荷兰代尔夫特大学"DelFly Ⅰ" 和"DelFly Ⅱ";
(f)荷兰代尔夫特大学"DelFly Micro";(g)荷兰代尔夫特大学"DelFly Explorer";
(h)西北工业大学柔性扑翼飞行器;(i)西北工业大学"ASN－211";(j)德国 Festo 公司仿生扑翼鸟;
(k)印度佛陀大学"Falcon";(l)美国哈佛大学仿鸟扑翼飞行器;(m)荷兰特文特大学"Robird"

图 1－23　有尾式仿生扑翼飞行器[9]

制了 MicroBat 仿生扑翼微型飞行器。其总质量仅为 14 g,展长为 23 cm,机身结构主要由碳纤维构成;翼结构主要由聚酯薄膜铺层制造;飞行器采用曲柄滑块机构将电机输出的转动转换为翼的扑动运动,设计扑动幅度在 40 °～ 60 °,与常见鸟类的扑动幅度相近。该飞行器由一对串联的锂电池提供动力,通过增加串联的电池组可实现的最大续航时间超过 22 min,创下了当时世界上扑翼微小型飞行器的续航记录。

2003 年,南京航空航天大学开始研制一款名为"翠鸟"的仿生扑翼微型飞行器。其展长为 25～40 cm,由单自由度扑动机构实现翼的扑动,飞行高度可达 100 m,最大飞行速度约 11.1 m/s。随着对鸟类飞行偏航控制机理的深入研究,该团队于 2010 年设计了一款名为"金鹰"的新型仿生扑翼微型飞行器,具有 V 型尾翼及舵面,飞行器翼展 65 cm,飞行高度可达 100 m,最大飞行速度提高至 13.9 m/s。2012 年,参考海鸥翅膀结构,他们又设计出一款扑翼能够主动变形的仿生扑翼飞行器"翔鹰"。这款仿海鸥飞行器的翼展为 220 cm,平均弦长为 40 cm,自重达 440 g,尺寸和重量已明显不在仿生扑翼微型飞行器的范畴。

2005 年,代尔夫特大学的团队研制出仿生扑翼微型飞行器 DelFly Ⅰ。该飞行器采用 X-型双扑翼布局,翼展达到 50 cm;机身采用碳纤维和轻木制成,扑翼主要采用聚酯薄膜作为铺层,整机自重 21 g。在此基础上该团队衍生发展了 DelFly 系列飞行器:DelFly Ⅱ的翼展仅 28 cm,重量降低至 16 g,前飞速度可达 15 m/s;最轻的 DelFly Micro 仅重 3 g,翼展 10 cm。该团队 2014 年基于 DelFly Ⅱ 研制出 DelFly Explorer,除悬停、最高速度达 7 m/s 的前飞和倒飞等飞行功能外,飞行器还配备了质量为 0.98 g 的自动导航仪和质量为 4 g 的机载视觉系统,并实现了少量障碍物环境下的自动避障。

2007 年,西北工业大学团队研制出一款仿生扑翼微型飞行器。该飞行器整机质量为 15 g,翼展 20 cm,扑动频率在 15～20 Hz,之后对飞行器的传动系统、扑翼等进行了优化设计,飞行器续航时间已提高至 2 h 以上。此外,西北工业大学团队还研制出可自主飞行的 ASN-211 仿生扑翼飞行器,其翼展为 60 cm,整机质量达 220 g,可在 20～200 m 的高度内飞行。

2012 年,德国 Festo 公司设计出一款翼结构可扭转变形的仿生扑翼鸟。该机身采用 3D 打印制造,翼展为 200 cm,平均弦长为 25 cm,质量为 480 g。该飞行器的扑翼由多段结构组成,但是尺寸和重量已超出仿生扑翼微型飞行器的范围。

2014 年,印度佛陀大学的 Sachin Mishra 等人研制了一款带尾翼的仿生扑翼微型飞行器 Falcon。该飞行器翼展为 30 cm,整机质量为 24 g,扑翼扑动幅度为 55 °,扑动频率为 17 Hz。该飞行器由一块 1 000 mAh 的 3.7 V 电池提供动力,在携带有效载荷的情况下可以持续飞行 15 min。

2016 年,美国哈佛大学设计了一款可实现无系留飞行的仿鸟扑翼微型飞行器,其机身采用碳纤维结构加工制造,整机质量仅有 3.2 g,在扑动频率达到 25 Hz 时能够产生 4 g 升力。该飞行器主要用于验证设计的微传感器以及控制算法。

2017 年,荷兰特文特大学设计了一款仿鸟扑翼微型飞行器 Robird,整机重量为 730 g,翼展为 112 cm。双翼扑动频率达到 6 Hz 时,前飞速度可达到 16 m/s。同样地,该飞行器的尺寸与重量也已超出仿生扑翼微型飞行器范围。

2. 无尾式布局

目前,世界各国已成功研制的无尾式仿生扑翼微型飞行器原型机汇总如图 1-24 所示。下面对各个典型原型机进行简要介绍。

2008 年,美国哈佛大学团队研制的 Robobee 仿生扑翼微型飞行器首次公开亮相。Robobee 全机质量仅为 86 mg,翼展 3 cm,扑动幅度大于 50 °,扑动的频率为 110 Hz。当时这款飞行器只能通过外接电源驱动且升力勉强克服自身重力,未设计任何飞行控制装置。2013 年,该团队通过分别控制两个扑翼,首次实现 Robobee 的可控飞行。2017 年,该团队通过增加电解装置,使得 Robobee 可以进入水中和浮出水面飞行,从而实现两栖作业。2019 年,该团队毕业的 Sawyer B·Fuller 在美国华盛顿大学设计了一款四扑翼飞行器 Robobee-X。该飞行器的翼展为 56 mm,整机重 143 mg。由于增加了一对扑翼,该飞行器拥有一定的负载能力来搭载传感器等设备。

2013 年,美国 DARPA 支持 AeroVironment 公司研制出名为 Nano Hummingbird 的可实现无束缚自由起飞的无尾式仿生扑翼微型飞行器。这款飞行器以蜂鸟为原型,翼展16 cm,全机质量为 19 g,扑动频率 30 Hz,可实现定点悬停、翻筋斗等多种飞行动作,最大续航时间约为 11 min,最大前飞速度可达 6.7 m/s,有效操控距离 1 km 左右。

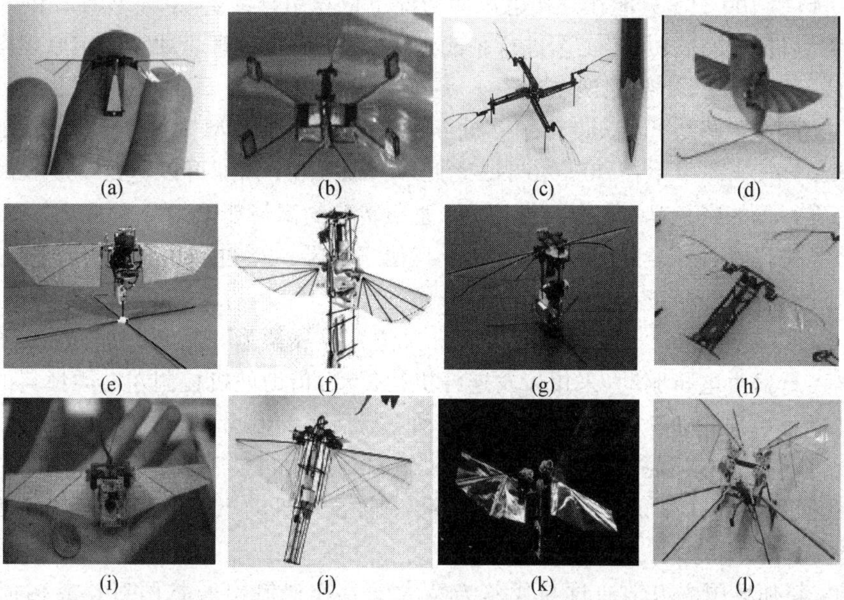

(a)美国哈佛大学“Robobee”;(b)美国哈佛大学两栖仿生扑翼飞行器;
(c)美国华盛顿大学“Robobee - X”四扑翼飞行器;
(d)美国 Aero Vironment“Nano Hummingbrid”仿蜂鸟微型飞行器;(e)美国马里兰大学“Robotic Hummingbird”;
(f)比利时布鲁塞尔大学“Colibri”;(g)韩国建国大学“KU - Beetle”;
(h)上海交通大学压电式扑翼飞行器;(i)美国普渡大学“Robotic Hummingbird”;
(j) 新加坡国立大学“NUS - Robotic bird”;(k)荷兰代尔夫特大学“DelFly Nimble”;(l)荷兰代尔夫特大学四对扑翼飞行器

图 1 - 24　无尾式仿生扑翼微型飞行器[9]

2015 年,美国马里兰大学研制出名为 Robotic Hummingbird 的仿生扑翼微型飞行器。该飞行器采用了一种新颖的传动装置——使用额外的五连杆机构放大传统四连杆的末端位移幅度,并且分别控制两个翼的扑动以产生全机的控制力矩。这款飞行器全机质量为 62 g,翼展约为30 cm,扑动频率 22 Hz 左右,由无刷电机提供动力,已能够实现给定高度的悬停和机动飞行。

2016 年,比利时布鲁塞尔大学研制了一款名为 Colibri 的仿蜂鸟扑翼微型飞行器,翼展约为 21 cm,扑动频率 22 Hz 左右,总质量约为 22 g。这款飞行器也可实现定点悬停、滚转和俯仰等机动飞行,但是受电池容量限制,该飞行器续航时间仅 15～20 s。后来,该团队在此款飞行器的基础上增加了偏航控制方案,并对传动系统和动力系统进行了改进。2019 年,Colibri 的续航时间增加到 1 min,并且能够实现偏航控制。

2017 年 3 月,韩国建国大学研制了一款名为 KU - Beetle 的仿甲虫扑翼微型飞行器。该飞行器整机质量为 21 g,扑动频率约为 30 Hz,扑动幅度高达到 190 °,可利用“打开-合拢”机制提高升力。该飞行器采用三个舵机分别控制翼根在三个方向的偏转,以此产生飞行控制所需力矩,进而实现定点悬停、偏航、滚转和俯仰等机动飞行。该飞行器初始版本的续航时间仅有十几秒,但该团队在 2018 年对飞行器的控制系统和驱动系统进行了改进,设计了质量为 17.6 g 的 KU - Beetle - S,使飞行时间增加到 2.5 min,同时姿态控制也更加精准。

2017 年,上海交通大学团队设计了一款压电式的仿生扑翼微型飞行器。该飞行器的整体构型与哈佛大学团队研制的 RoboBee 相似,翼展仅有 35 mm,质量为 84 mg,两翼的扑动幅度为 60°，扑动频率 100 Hz，只能在外接电源的情况下依靠引导线起飞，不包括控制装置。该团队在 2018 年对机构设计及加工工艺进行了改进，利用传统折纸理念的“折叠”原理来制造飞行器的机身，从而减少了人工装配误差。

2017 年，美国普渡大学团队设计了一款新的仿蜂鸟扑翼微型飞行器 Robotic Hummingbird，仅重 12.5 g，扑动频率在 30～40 Hz 之间，单翼的扑动幅度可以达到 150°，最大升力可达 20 g。该飞行器的特色是，通过两个可控转速和转向的高性能电机分别驱动左右翼，极大地简化了驱动机构，从而使飞行器质量显著低于其他飞行器。通过利用飞行空间内的外部传感器指引，该飞行器可实现定点悬停的飞行任务。

2018 年，北京航空航天大学团队设计了一款仿生扑翼微型飞行器，其外观及飞行行为模仿蜂鸟。该飞行器由电机驱动，采用齿轮连杆机构传动，借助舵机控制左右柔性翼的变形实现上下拍运动过程中的翼迎角控制，进而产生机动飞行所需控制力矩。这款飞行器质量为 35 g、翼展 20 cm、单翼扑动幅度超过 150°，扑动频率 25 Hz 左右，可携带 3 g 有效载荷、以 5～6 m/s 的最大前飞速度飞行 0.5 km，已具备室内外悬停、前飞及机动飞行的能力并且可携带摄像头完成实时图像传输。

2018 年，新加坡国立大学通过与代尔夫特大学合作研制出一款两对扑翼构成的 NUS-Robotic bird 仿生扑翼微型飞行器。整机质量为 27 g，翼展 22 cm，扑动频率在 12～14 Hz，可以携带 4.5g 重的板载摄像头飞行 3.5 min，最大前飞速度可达 5 m/s。该飞行器也利用两对翼之间的“打开-合拢”机制提高升力，与代尔夫特同年研制的 DelFly Nimble 异曲同工。该飞行器的偏航和滚转控制由调整两对翼的扑动平面实现，俯仰控制通过改变两对翼的扑动频率，从而改变两对翼的升力实现。

2018 年，代尔夫特大学在 DelFly 系列的基础上进一步研制出一款无尾式仿生扑翼微型飞行器，名为 DelFly Nimble。该飞行器整机质量约为 29 g，翼展长约为 33 cm，扑动频率仅为 17 Hz，同样利用“打开-合拢”机制提高升力，可以在相对较小的频率下产生同等量级的升力。该飞行器同样可实现快速转弯、翻转等高机动飞行动作，之后通过改进机构设计与控制算法，该飞行器第一次在真正意义上实现了昆虫的机动飞行动作。同时，他们还研制了一款由四对扑翼组成的无尾式仿生扑翼微型飞行器，整机质量为 37.9 g，由四个质量为 5 g 的基础扑翼单元组成。由于采用了四对扑翼，所以该飞行器的负载能力更强，续航时间可达 9 min。该飞行器的优点是制造相对简单，同时兼具无尾式布局的高机动特性，能够在室内外具备一定抗风能力。此外，由于该飞行器可直接沿用传统四旋翼的控制策略，其控制方法也较其他无尾式仿生扑翼微型飞行器更加简单。

2019 年至今，上述研究团队持续推进无尾式仿生扑翼微型飞行器的设计迭代。飞行器的飞行性能逐渐提升、功能逐步完备，已经开始在部分军民领域开展测试应用。此外，上海交通大学、哈尔滨工业大学、西北工业大学等国内高校近三年也相继公开了无尾式仿生扑翼微型飞行器的原型机。这类飞行器即将在国内步入快速发展阶段。

1.4 仿生扑翼微型飞行器用途

仿生扑翼微型飞行器质量轻、体积小，具有仿生外形并运用生物飞行原理，经过特殊处理的仿生扑翼微型飞行器在实际应用过程中甚至可以“以假乱真”，在隐蔽性方面较传统飞行器更具优势，被普遍认为能够完成很多普通飞行器不能胜任的军事任务。仿生扑翼微型飞行器易携带、易投放、操作简单，在城市巷战、丛林或室内等复杂环境下，配合单兵作战可以进行前沿阵地侦查、情报获取等，亦可作为攻击型武器，携带高能炸药进行定点攻击。它们还可以进行自动边境巡检或分布式定点组网监测，自主完成能源补充，可长时间不间断执行边境任务，显著降低边防管控的人力消耗，并提高监控覆盖率。此外，仿生扑翼微型飞行器成本低廉，再加之其体积小，因此将其以集群的方式进行投放应用极具优势。

在民用领域，仿生扑翼微型飞行器便于在狭小空间内飞行的性能优势，使其可通过集群释放可在灾害救援及反恐救援等场景发挥极大作用。例如，在厂房或室内火灾现场等空间狭小并有潜在危险的区域，可在第一时间投放仿生扑翼微型飞行器，对现场状况进行评估，确定受灾人员位置、受伤情况，为救援提供保障，为救援策略制定提供依据。此外，利用仿生的隐蔽性，在反恐救援行动中可以释放仿生扑翼微型飞行器并使其隐蔽接近敌方，待抵近后对反恐救援中恐怖分子的具体位置、武器部署、人质状况等进行隐蔽性侦查，获取准确的现场情报，为反恐救援决策提供指导。

本章小结

自古以来，飞行都是人类梦寐以求的能力之一。在经历数个世纪的理论研究和勇敢尝试后，人类终于借助飞行工具实现了飞行，并使其成为现代社会最重要的交通运输方式之一。与这些载人飞行工具相比，尺寸更加微小的无人飞行器在原理、设计和制造等环节更具挑战性，尤其是模仿自然界飞行的小型鸟类与昆虫提出的仿生扑翼微型飞行器。本章以自然界生物飞行能力的演化进程为参考，依次介绍了载人扑翼飞行的若干尝试以及仿生扑翼微型飞行器的概念与发展现状，并描绘了其未来在军用与民用领域的应用场景。

思考题

1. 常规飞机飞行的空气动力学原理为何不能解释昆虫飞行？
2. 动物翅膀运动过程中有哪些变形特征，这些变形对扑翼气动性能有哪些影响？
3. 研制仿生扑翼微型飞行器所需的微系统及部件有哪些？其微型化发展还面临哪些瓶颈技术的制约？
4. 除文中提到的应用场景外，仿生扑翼微型飞行器的具体应用场景还有哪些？

参考文献

[1] Ross A. Insect evolution：the origin of wings[J]. Current Biology，2017，27(3)：R113-R115.

[2] Hassanalian M，Abdelkefi A. Classifications，applications，and design challenges of drones：A review[J]. Progress in Aerospace Sciences，2017，91：99-131.

[3] Chen L，Zhang Y，Zhou C，et al. Aerodynamic mechanisms in bio - inspired micro air vehicles：a review in the light of novel compound layouts[J]. IET Cyber - Sys-

tems and Robotics, 2019, 1(1): 2-12.

[4]Keennon M, Grasmeyer J. Development of two MAVs and vision of the future of MAV design[C]//AIAA International Air and Space Symposium and Exposition: The Next 100 Years. 2003: 2901.

[5]Keennon M, Klingebiel K, Won H. Development of the nano hummingbird: A tailless flapping wing micro air vehicle[C]//50th AIAA aerospace sciences meeting including the new horizons forum and aerospace exposition. 2012: 588.

[6]Chahl J, Chitsaz N, McIvor B, et al. Biomimetic drones inspired by dragonflies will require a systems based approach and insights from biology[J]. Drones, 2021, 5(2): 24.

[7]Karásek M, Muijres F T, De Wagter C, et al. A tailless aerial robotic flapper reveals that flies use torque coupling in rapid banked turns[J]. Science, 2018, 361(6407): 1089-1094.

[8]Fan L S, Tai Y C, Muller R S. IC-processed electrostatic micromotors[J]. Sensors and actuators, 1989, 20(1-2): 41-47

[9]程诚. 仿蜂鸟微型飞行器悬停飞行动稳定性与控制研究[D]. 北京:北京航空航天大学, 2020.

[10] Alexander D E. On the wing: insects, pterosaurs, birds, bats and the evolution of animal flight[M]. Oxford University Press, USA, 2015.

[11] Videler J J. Avian flight[M]. Loncdon: Oxford University Press, USA, 2006.

[12] 石庚辰. 微机电系统技术[M]. 北京:国防工业出版社, 2002.

[13] 章吉良. 微机电系统及其相关技术[M]. 上海:上海交通大学出版社, 2000.

第2章 动物飞行的基本空气动力学原理

设计仿生扑翼微型飞行器需要充分认识并理解自然界动物飞行的基本原理，尤其是动物翼或翅膀扑动产生升力的空气动力学原理。从运动学上讲，鸟类、蝙蝠和昆虫的翼或翅膀虽然都以扑动为基本运动形式，但在运动规律细节上仍有许多差别，这说明它们利用了不同的空气动力学原理来实现飞行。本章简要介绍这三类生物飞行时翼或翅膀的运动特征和所蕴含的基本空气动力学原理。首先介绍鸟类、蝙蝠和昆虫飞行时翼或翅膀的运动学特点。随后，简要介绍空气动力学概念及以上生物在不同飞行状态利用的基本空气动力学原理。最后，以自然界两大类飞行生物——鸟类和昆虫为例，详细介绍它们悬停飞行或前飞时的基本力学原理。通过本章学习，读者能够初步理解生物如何实现飞行。

2.1 动物飞行的运动特征

自然界飞行的鸟类、蝙蝠和昆虫通过操控翼或翅膀（对于鸟类还有尾翼）来实现飞行。这些生物的翼或翅膀的运动可以统称为扑动运动，但事实上它们的翼或翅膀的运动有许多差别。本节将介绍上述三种生物飞行时翼或翅膀的运动特征，包括：运动学特征及描述方法、变形特征与描述方法、一些具有代表性的生物种群所独有的特殊运动特征等。

2.1.1 鸟类翼的扑动特征

本节主要以鸟类的翼为例对扑动运动进行介绍。读者需要明确的一点是，由于不同种类的鸟类在体型、飞行环境和翼的外形、结构和功能上存在差异，因此它们的运动模式并非完全一致，甚至对于同种鸟类，在不同的飞行条件下（如起飞、前飞、滑翔等）翼的运动模式也不相同。本节只能定性地对鸟类的翼的运动模式所共同具有的特点进行介绍，如果读者想要进一步了解某种生物的翼的详细运动过程，可以查阅相关的研究文献。

扑动主要产生克服自身重力的升力和克服前飞气动阻力的推力。如图2-1所示，以水平向前飞行状态下的鸟类为例，翼的扑动过程可以分为下扑和上扑两个过程，翼尖的运动轨迹近似为向后倾斜的直线或以该直线为长轴的椭圆。在下扑过程中，鸟类的翼向前方和向下方运动（这也是为什么将该过程称为下扑的原因，对于上扑同理），翼的前缘略微向下倾斜。如图2-2所示，观察下扑时鸟类的翼上靠近外缘的弦向截面，该截面翼型的俯仰角为绝对值不大的负值。由于鸟类前飞时向下方扑动翼，迎角为正值，如若只考虑该截面在此过程中产生的升力（这里的“升力”是有严格定义的，特指与来流速度方向垂直的气动力，读者要将此“升力”与之前提到的平衡鸟类自身重力的“升力”加以区分；与升力相比，该过程中产生的阻力较小，这里暂时忽略不计，阻力的作用会在后文指出），则该升力在竖直方向上的分量用于平衡鸟类自身重力，而水平方向的分量用于克服前飞中受到的阻力；由于在翼的大部分截面上产生气动力的情况与上述过程类似，则整个翼产生的气动力为竖直向上的升力和水平方向的推力。大多数鸟类在前飞过程中所需的大部分升力和全部推力均在下扑过程产生。

图 2-1　鸟类的翼的扑动过程示意图

在上扑过程中,鸟类的翼向上方和后方运动,翼的前缘向上大幅度倾斜。如图 2-2 所示,取上扑时鸟类的翼上靠近外缘的弦向截面观察,与下扑不同的是,上扑过程可以分为被动上扑和主动上扑两种形式。其中被动上扑多见于大型鸟类,而一些小型鸟类采用主动上扑形式。在被动上扑中,尽管截面翼型具有较大的俯仰角,但几乎不存在迎角,因此在被动上扑的过程中几乎不产生或产生很小的升力。部分鸟类(如雀形目的鸟类)的初级和次级飞羽散开且飞羽会绕着羽轴转动,以便于空气从飞羽之间的空隙流过以进一步减小上扑过程受到的气动阻力。被动上扑的主要作用是将翼重新移动到下扑的起始位置,为下一个下扑过程做准备。在主动上扑中,翼的前缘大幅度向上倾斜,翼迅速向上和向后运动(这种运动的速度必须大于鸟类自

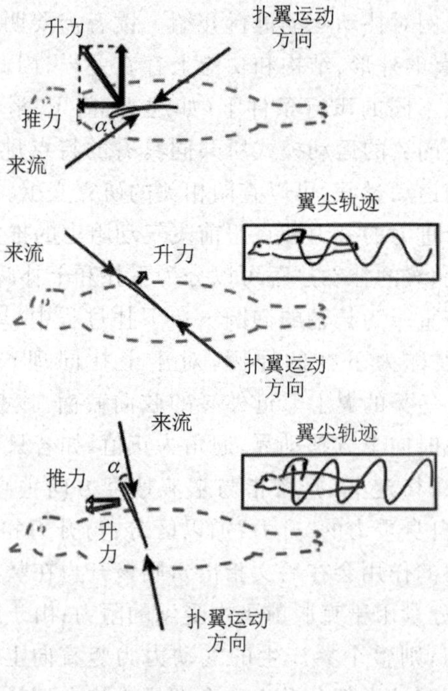

图 2-2　在下扑和上扑过程中鸟类的翼受到的气动力示意图

身前飞的速度)，这一过程能够产生较强的推力，但几乎不产生升力。可以看到无论是被动还是主动的，上扑过程基本不怎么产生升力。

在鸟类翼的扑动中，翼的肘关节和腕关节能够在一定范围内改变翼的扭转角，扭转角的存在能调整翼在不同弦向位置的迎角。扭转角的大小和方向与当前的飞行速度有关(或者说与迎角有关，这是因为扑动时翼与空气之间的相对速度是翼扑动运动的速度与前飞速度的矢量和)。图 2-3 较好地解释了鸟类翼产生扭转的作用。以前飞时处于下扑过程的鸟类翼为分析对象，若不考虑气流的扰动，翼相对于空气的速度(V_r)是前飞速度(V)和翼扑动速度(V_f)的矢量和，靠近身体部分的翼由于扑动的速度较小，这里的翼相对于空气的速度主要由前飞速度提供，即来流速度是接近水平的，该部分翼产生的气动力(F)在竖直方向的分量为升力(L)、水平方向分量为阻力(D)。中间部分的翼受扑动运动的影响更加显著，因此翼相对于空气的速度方向不再是水平的。该部分翼产生的气动力合力方向近似为竖直方向，又因为来流速度更大，因此该部分翼产生的气动力较靠近身体部分的翼产生的气动力更大一些。对于翼尖部分的翼，扑动速度与来流速度的大小十分接近，在扭转角的作用下，气动力合力的方向前倾，竖直方向的分量提供升力，而水平方向的分量提供推力。考虑翼根、翼中段和翼尖三部分的气动力合力，尽管靠近身体部分的翼根产生了鸟类并不希望的阻力，但总体的合力方向是前倾的，因此下扑过程中能够产生升力和推力。如果翼在下扑过程中不存在扭转角，翼的外侧部分将有可能在大迎角下失速，这种情况不仅不利于产生升力，且下扑过程无法产生推力(反而会变成阻力)，因此，翼的扭转在鸟类飞行中起到了非常重要的作用。虽然扭转也存在于民航客机的机翼中，但它们的扭转角没有鸟类的翼这么夸张。这是因为民航客机产生推力的任务不由机翼承担，而是交给了螺旋桨或喷气式航空发动机。

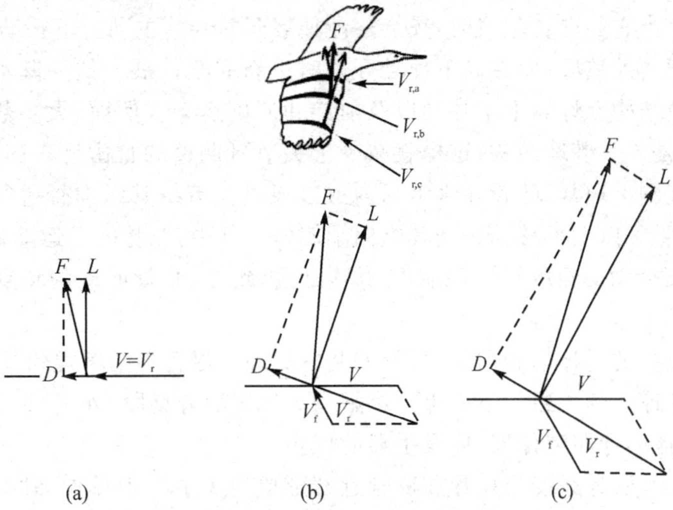

图 2-3　在鸟类的翼不同弦向位置的速度与气动力[1]

在研究鸟类翼的扑动运动时，除了具体的运动过程外，翼的扑动频率也是值得关注的运动参数。在仿生飞行器的初期设计阶段，飞行器扑动频率是至关重要的设计参数，这是因为扑动频率与升力和扑动消耗的能量存在紧密的联系。不同种类鸟类的扑动频率存在较大差异，一般来说，体型较小的鸟类的扑动频率较高，如雀形目的鸟类。这些鸟类的翼面积小且翼载荷大,需要快速地扑动翼才能产生足够的升力和推力,而体型较大的鸟类和蝙蝠扑动频率较低,如信天翁和鹰等鸟类,它们的翼面积很大,因此不需要太高的扑动频率就能够产生较大的升力。即使对于同一个物种,由于飞行状态和飞行速度不同,扑动频率也会不一致,通常在起飞和加速飞行阶段的扑动频率较高,而在滑翔阶段几乎不怎么扑动翼。

大量的统计数据表明,飞行生物的扑动频率与自身质量存在一定的关系。如图 2-4 所示,扑动频率与身体质量近似负相关,且这一关系存在上下限。在上限约束范围内,扑动频率与自身质量的$-1/3$次方成正比,由生物的肌肉、肌腱和骨骼的力量所决定;在下限约束范围内,扑动频率与自身质量的$-1/6$次方成正比,与悬停飞行或较低速度飞行有关。在悬停和低速飞行状态下,扑翼存在一个最小的扑动频率,以产生最基本的升力和推力。

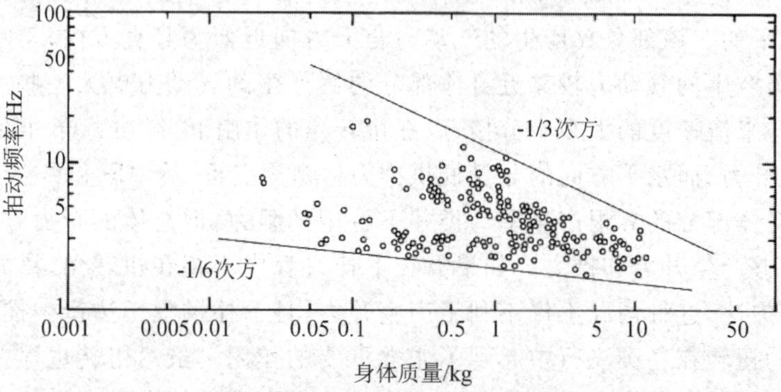

图 2-4　生物的扑动频率与自身质量的关系

下面简要介绍鸟类是如何实现扑翼运动的。通过观察鸟类飞行可以发现它们的翼在起飞之前会紧贴身体。当它们准备起飞时,翼会逐渐伸展开并开始主动上下扑动,并且翼在向上扑动时往往会向内弯曲外翼段,而在向下扑动开始时重新完全伸展。这一基本扑动规律的实现是因为翼的肩关节结构允许翼上下扑动以及前旋和后旋运动。然而,大多数鸟类的肱骨头不是完美的球形,而是一个椭球结构,这样就减少了关节可调整的自由度。同时,关节周围的韧带也会限制运动范围。通常,肱骨在水平面内可以通过关节绕其纵向轴进行前旋和后旋。当翼完全伸展时,肱骨可以上下移动并绕其纵向轴旋转。其中,肱骨向上运动带动翼扑动的角度可超过 90°,而向下运动的角度往往限制在 35°以内。此外,肱骨前旋的角度限制也会比后旋的限制大得多。

以上是大多数鸟类翼扑动和前旋、后旋的基本原理。尽管不同鸟类的尺寸相差非常大,但它们扑翼的机制却惊人的一致。下面重点讲解鸟类扑翼的臂翼段(外翼)和手翼段(内翼)的运动原理,对应翼整体的弯曲和伸展,以及手翼的旋转。

如图 2-5 所示,肱骨远端与尺骨和桡骨近端形成肘关节。当翼伸展时,这个关节的形状将显著限制臂翼外侧段相对于臂翼内侧段的旋转角度。同时,这个关节在水平面内的自由度允许臂翼外侧段伸展和弯曲。在扑动时,桡骨和尺骨近似平行移动,引起手翼的弯曲和伸展。这种平行移动通常被认为是由肱骨远端头部的形状决定的,由头部的一个骨节将桡骨向外推。

当翼弯曲且肘部弯曲角度小于 60°时,臂翼外侧段和内侧段部分凸起的肌肉碰撞导致桡骨和尺骨的拉伸和平行移动。仅靠肌肉的压力使得桡骨从肱骨的踝端开始移位,并将其推向尺骨。在展翅过程中,肘部和腕部的运动也是耦合的。当肘关节角度变大时,由于尺骨侧副韧

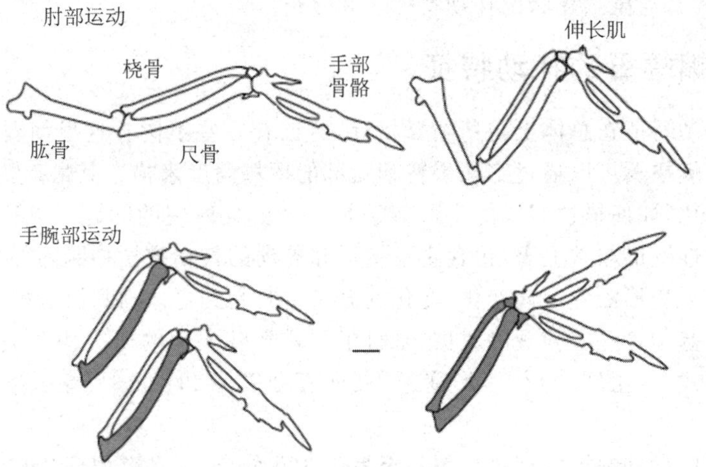

图 2-5　鸽子右翼的骨骼运动示意图

带附着在肱骨上，桡骨会沿着尺骨滑行。手翼的伸展是通过前肌腱的拉力完成的，腕关节随着肘部的加宽而远离肩部。前肌腱在拍动时会出现两次滑脱，一次出现在腕掌骨的伸展过程，另一次发生在桡腕骨和桡骨的末端。

对于手翼段，小羽翼手指通常由 1 或 2 个指骨支撑，指骨关节为鞍状关节，拥有两个自由度。小羽翼手指与腕掌骨之间的关节复杂，它允许小羽翼外展或者内收到翼前端，还可以上下移动。同时这个关节还允许小羽翼向上或向下俯仰。手翼骨骼远端的主要手指通过一个相当复杂的关节连接到腕掌骨。手指可以在手翼段所在平面上稍微弯曲和伸展，但垂直于这个平面的运动是受限制的。

以上解释介绍了鸟类翼的臂翼段和手翼段收缩和伸展的过程，通常可以定义两个折叠角来分别描述臂翼内段与外端，以及臂翼外端与手翼之间的夹角。显然，这两个角度定义在翅膀所在平面内且在扑动时是随时间变化的。此外，臂翼段的上下扑动还需要定义一个扑动角来进行描述。对于翅膀的前旋和后旋，还可以用翅膀剖面相对于水平面的迎角进行描述。需要注意的是，臂翼段和手翼段的前旋和后旋角度往往不相同，也就是说臂翼段和手翼段需要分别定义迎角。

根据上述角度定义，可以初步描述鸟类翼的扑动运动，但这不意味着上述角度可以完全定义鸟类翼的扑动运动。有些鸟类（如雨燕）在飞行时常常高速滑翔并且将翼向后倾斜，类似飞机的后掠翼。这时就需要再定义一个后掠角来描述臂翼段纵向轴与身体横向轴之间的夹角。对于非后掠翼，这两个轴通常是平行的。

不同种鸟类的手翼段的相对大小是不同的。这说明，有些鸟类在飞行时几乎不扑动臂翼内侧段，而仅仅扑动臂翼外侧段和手翼段，甚至仅扑动手翼段就可以实现飞行。对于这样的翼运动形式，可以将上文定义的描述运动的角度系统进行简化，忽略臂翼段与手翼段之间的折叠角，并将扑动角定义在上下扑动的翼段。

综上所述，鸟类翼的骨骼和肌肉系统复杂，同时具有主动收缩-伸展变形、被动气动变形、部分主动运动等特点，想要清楚描述其翅膀运动所需的角度多且时变规律复杂。需要注意，蜂鸟虽然是鸟类，但它们的翼主要在水平面内扑动，且具体运动特点和规律与大部分昆虫翅膀相近，因此在 2.1.3 节与昆虫翅膀的扑动特征一并介绍。

2.1.2 蝙蝠翼的扑动特征

蝙蝠翼的扑动特征在总体上与鸟类翼相近，但也有一些不同。这里简要介绍它们的翼扑动特征的区别。蝙蝠翼可以通过定义手臂和腿部的挥舞角度来描述其最重要的扑动运动。与这些扑动运动相比，如何描述翼膜的变形似乎是一个更难处理的问题。以往研究表明[2-3]，蝙蝠翼扑动时的柔性变形非常显著，包含主动变形和被动的气动弹性控制两部分，呈现弓形的弯度变形。这种弓形变形沿着展向变化，变化的分布主要受到身体、腿、第五根手指、翼前缘和翼尖的弯曲影响。基于这些实验观测数据，来自中国科学院大学的研究团队提出了描述翼膜的四种主要变形方式[4]：扭转变形、弓形变形、展向弯曲变形和由于手指张合导致的翼膜面积变化。

扭转变形即假设蝙蝠翼的迎角从翼根至翼尖线性分布，并且翼根迎角与身体倾斜角相同。在一个扑动周期内，翼尖迎角呈周期性的简谐变化（由扑动频率决定周期）。弓形变形描述的是由手指控制的弦向弓形弯曲，并把这种弯曲近似看作一段圆弧。展向弯曲变形表述的是翼沿着展长方向的弓形变形，同样也采用圆弧近似，并且展向弯曲变形在下扑过程变形量相对较小。最后，由手指张合导致翼膜面积地变化也可以简化为周期性的简谐变化（由扑动频率决定周期）。

将以上四种变形特征与主动扑动运动相结合，便可以基本描述蝙蝠翼在扑动过程任意瞬时的形态。这种方法为开展蝙蝠形态学、运动学和后续空气动力学研究提供了极大便利。但需要注意的是，这种描述方法是由大量已知的实验数据规律而逆推获得的，而不是依据蝙蝠手臂骨骼和肌肉结构直接得出的。因此，这套方法无法清楚表征蝙蝠手臂各个骨骼和肌肉在操控翼膜时的作用。

2.1.3 昆虫翅的扑动特征

前面介绍的鸟类（除蜂鸟外）和蝙蝠能实现前飞，却无法实现悬停飞行。自然界中能够实现悬停飞行的生物主要是昆虫和蜂鸟，这是它们与大部分鸟类和蝙蝠之间最大的差异，本节重点介绍昆虫和蜂鸟在悬停飞行时的翅膀运动特征。

在前文中已经提到，昆虫中仅有一小部分能使用两对独立的翅膀飞行（如蜻蜓、豆娘），大多数昆虫使用一对翅膀飞行，如双翅目昆虫。这些采用一对翅膀飞行的昆虫与同样只有一对翼的蜂鸟在运动模式上具有相似之处。通过对它们中具有代表性的案例进行介绍，能够帮助读者初步认识蜂鸟和这些昆虫在飞行时翅膀的运动模式，并对仿生扑翼飞行器的设计提供一些启发。

以只有一对翅膀的果蝇为例，图 2-6 是果蝇在悬停飞行时翅膀的运动模式示意图。这里引入一个原点，位于翅膀的腋区与背板连接处（为了便于说明，之后将这一部分统称为“翼根”）与昆虫身体固连的空间直角坐标系 $Oxyz$，当果蝇悬停飞行时可以将坐标系 $Oxyz$ 视为惯性坐标系。定义昆虫翅膀绕 z 轴转动的这种运动模式为扑动，与鸟类翼的扑动过程类似，果蝇翅膀的扑动过程也可以分为上扑和下扑两部分。由果蝇的背部向腹部的扑动运动为下扑，由果蝇的腹部向背部的扑动运动为上扑。翅膀在扑动的同时会绕着翼上一根经过翼根处的直线转动，将该直线称为羽轴，定义果蝇翅膀绕羽轴的转动称为俯仰。在多数情况下，羽轴不会严重偏离平面 Oxy，因此将平面 Oxy 称为扑动平面，定义羽轴偏离平面 Oxy 的运动为抬升。

通常扑动平面与昆虫身体的纵向轴不是垂直的，而是稳定在某一个角度。这个角度可以根据扑动平面和身体纵向轴各自相对于水平面的夹角——拍动平面倾角和身体姿态角来计算获得。

当扑动平面与水平面近似平行时，昆虫或蜂鸟悬停飞行；当扑动平面与水平面存在明显的夹角时，昆虫或蜂鸟一般处于前飞或其他机动飞行状态。图 2-7 所示为昆虫悬停飞行时翅膀某个弦向截面在一个周期内的运动过程。在下扑过程中昆虫翅膀产生偏向于身体后方的气动力，气动力在竖直方向的分量提供克服昆虫自身重量的升力，在水平方向上的分量是阻碍翅膀下扑的阻力；而在上扑过程中昆虫翅膀产生偏向于身体前方的气动力，气动力同样可以分为升力和阻力两个部分，由于在上扑和下扑过程中阻力的大小相同而方向相反，两个翅膀在上扑和下扑的阻力相互抵消，可以认为昆虫在水平方向上不受到力的作用，因此昆虫能够在空中保持悬停状态。

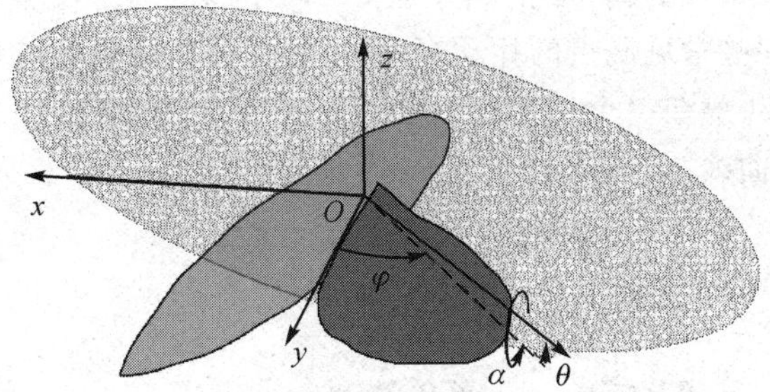

图 2-6　昆虫在悬停时翅膀的运动过程

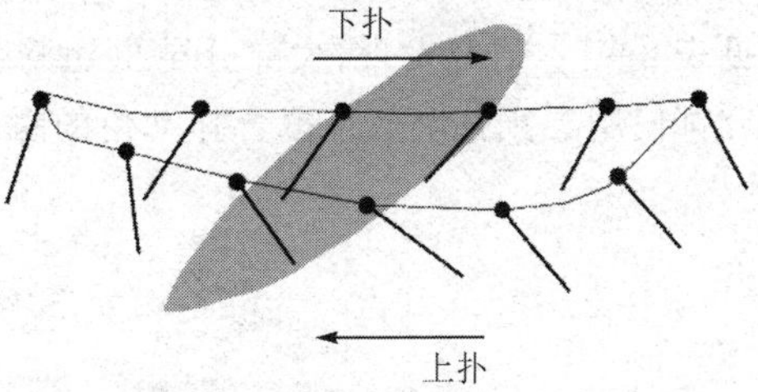

图 2-7　昆虫悬停飞行时翼上某个弦向截面在一个周期内的运动过程

蜻蜓、豆娘这类蜻蜓目的昆虫可以采用独立的两对翅膀飞行。与前文介绍的一对翅膀的运动模式不同，它们的两对翅膀可以形成两个扑动平面，每一对翅膀的扑动过程与上文介绍的果蝇翅膀的运动过程相仿，两对翅膀的扑动平面近乎平行，前后翅膀的扑动频率也非常接近(见图 2-8)。

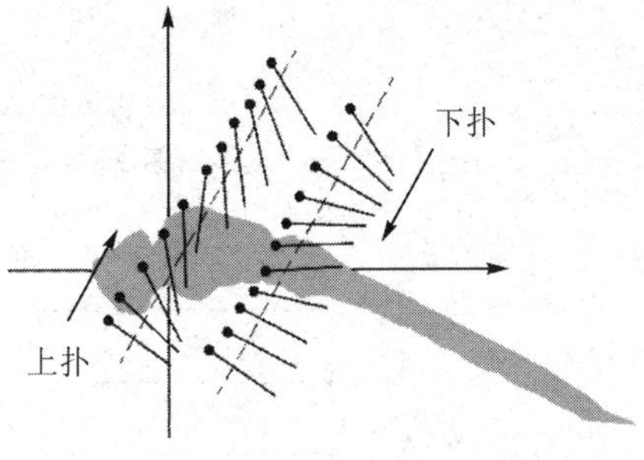

图 2-8　蜻蜓的身体与翼运动

两对可以独立扑动的翅膀产生的一个问题是，前翅与后翅的扑动会相互影响，更为确切地说，两对翅膀在扑动相位上的差异会影响二者的气动性能。研究表明，当前后两对翅膀的扑动完全同步时(相位差为 0°)，两对翅膀能产生较大的气动力；当后翅落后前翅 1/8 个扑动周期时(相位差为 45°)，两对翅膀产生的气动力最大；而后翅落后前翅 1/4 个扑动周期时(相位差为 90°)，后翅可以从前翅的尾迹中获得最高的能量，飞行效率更高。蜻蜓在飞行时两对翅膀的扑动通常是不同步的，相位差接近于 90°；而豆娘的两对翅膀近乎同步扑动，即相位差接近 0°。目前人们对蜻蜓目昆虫采用前后两对翅膀飞行的空气动力学原理还没有非常明确的认识和结论，因此还需要对其进行深入研究，研究结果能够更好地指导仿蜻蜓扑翼飞行器的设计工作。

描述俯仰运动的羽轴由翅根指向翅尖，可近似认为翅膀在扑动极限位置的翻转是绕着这根轴进行的。当翅膀扑动时，俯仰轴也会在扑动平面的一定角度范围内往复摆动。通常，这个摆动角称为翅膀的扑动角 φ，对应的幅度称为扑动幅度。此外，描述翅膀的扑动运动还需要知道扑动频率 f。

昆虫和蜂鸟的翅膀扑动的幅度和频率在不同种类之间也存在差异，例如，蜂鸟的扑动幅度约 120°，但不同种类蜂鸟的扑动频率差异较大，例如，体型较大的巨蜂鸟的扑动频率约15 Hz，而体型很小的红喉北蜂鸟的扑动频率可以达到 52 Hz；蚊子的扑动幅度仅为 44°左右，但扑动频率很高，部分蚊子的扑动频率甚至能达到 700 Hz；即使对于外形非常相似的蜻蜓和豆娘，它们在扑动频率和扑动幅度上也存在明显差异，蜻蜓的扑动幅度较小但扑动频率高，而豆娘与蜻蜓恰恰相反，扑动幅度较大但扑动频率低（豆娘扑动频率几乎是蜻蜓扑动频率的一半）。由于豆娘的扑动幅度更大，因此在豆娘翼下扑的过程中可以利用打开-合拢机制产生更大的气动力，这在一定程度上解释了尽管豆娘的扑动频率仅为蜻蜓的一半，但豆娘产生的气动力仍然与同等质量的蜻蜓不相上下。图 2-9 给出了一些常见昆虫的扑动幅度，翅膀具体扑动幅度与频率见表 2-1。研究发现，大部分昆虫翅膀扑动角在一个周期内的变化是类正弦的，所以许多研究都使用类正弦函数来拟合扑动角的瞬时曲线。

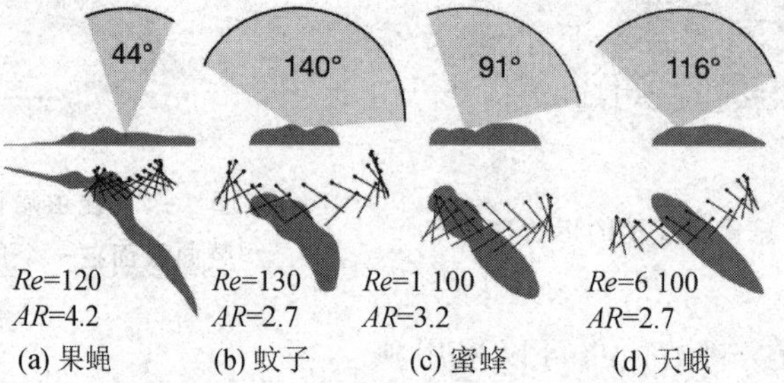

Re：雷诺数；AR：展长与弦长之比（展弦比）

图 2-9　不同昆虫的翅膀扑动幅度

表 2-1　常见昆虫翅膀的运动学数据

名　称	扑动频率/Hz	扑动幅度/(°)
果蝇	212	147
食蚜蝇	178	85
蜜蜂	230	90
蚊子	681	46
蜻蜓	38	45
鹰蛾	26	114

图 2-10 展示了多种昆虫翅膀扑动幅度与身体重量和翅膀展长的关系。从总体规律上来说，昆虫的重量越大、翅膀越长，扑动频率越低。这从直观上来讲是非常合理的，因为以相同的

频率扑动时，越重越长的翅膀肯定会消耗更多的能量。同时，昆虫翅膀扑动频率分布的范围非常广，从十几赫兹（蝴蝶）到高达 600 多赫兹（蚊子）。

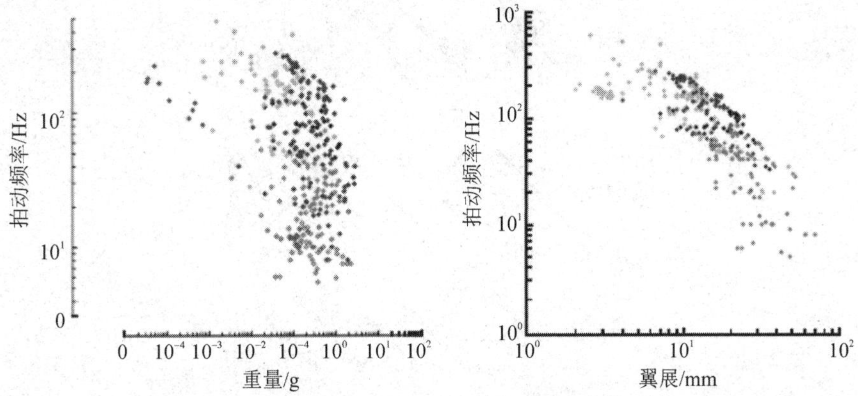

图 2-10　昆虫翅膀拍动频率与身体质量与翅膀长度的关系

昆虫翅膀相对于身体的运动除了最显著的扑动运动外，通常还需要额外两个欧拉角来表述其他两个自由度。这两个欧拉角分别是抬升角 θ 和俯仰角 φ。如图 2-6 所示，抬升角 θ 定义为俯仰轴偏离扑动平面的角度，而俯仰角 φ 描述翅膀平面与扑动平面法线方向的夹角（默认翅膀平面在静止时应严格垂直于扑动平面）。有些研究采用迎角 α 来替代俯仰角 φ，迎角 α 描述翅膀平面与扑动平面的夹角（迎角 α 与俯仰角 φ 是互为余角的关系）。与扑动角相比，大多数昆虫的抬升角幅度都小于 10°，明显小于扑动幅度，且在一个扑动周期内的变化规律复杂。北京航空航天大学孙茂教授的团队发现，对于雷诺数小于 100 的极小昆虫来说（见图 2-11），它们的翅膀拍动具有非常明显的抬升角变化，幅度甚至与拍动幅度相当[6]。孙茂教授认为，这种奇特的翅膀拍动轨迹有助于提高在如此低雷诺数下产生的升力，他将这种高升力机制称为“划桨”机制。

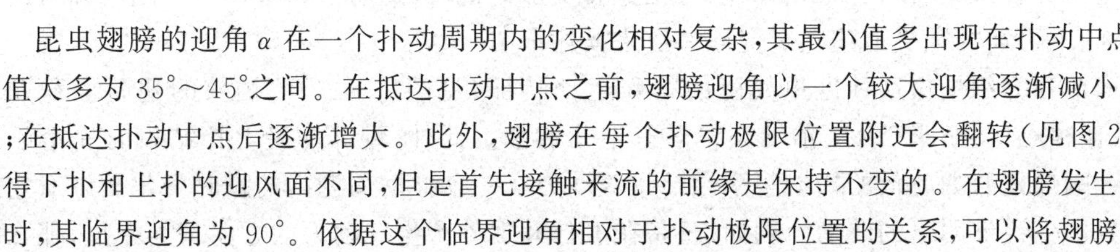

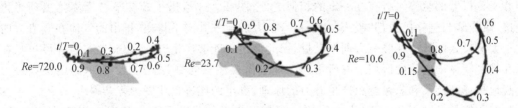

图 2-11　昆虫翅膀尖端拍动轨迹随雷诺数减小的变化[6]

昆虫翅膀的迎角 α 在一个扑动周期内的变化相对复杂，其最小值多出现在扑动中点附近，幅值大多为 35°～45°之间。在抵达扑动中点之前，翅膀迎角以一个较大迎角逐渐减小至最小值；在抵达扑动中点后逐渐增大。此外，翅膀在每个扑动极限位置附近会翻转（见图 2-12），使得下扑和上扑的迎风面不同，但是首先接触来流的前缘是保持不变的。在翅膀发生翻转的瞬时，其临界迎角为 90°。依据这个临界迎角相对于扑动极限位置的关系，可以将翅膀翻转模式大致分为三类。其中，超前翻转和滞后翻转分别对应于临界迎角出现在扑动极限位置之前和之后的情况；而对称翻转意味着临界迎角恰好出现在扑动极限位置。对于迎角在一个扑动周期内的瞬时变化规律，目前研究大多采用梯形变化规律的函数来进行拟合。这种函数符合迎角在翻转阶段快速变化并在扑动大部分阶段保持不变的特点。

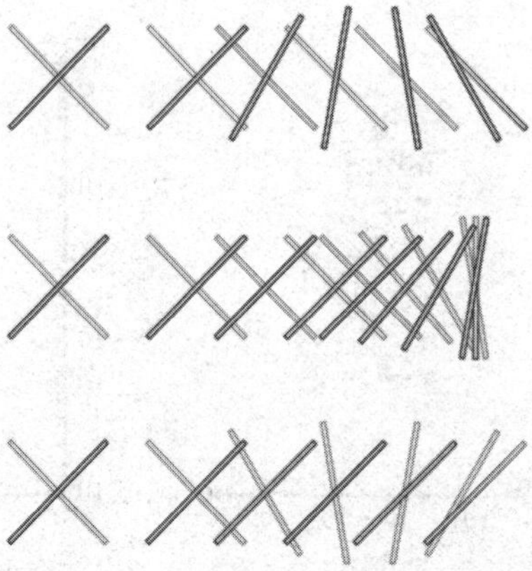

图 2-12　昆虫翅膀在扑动极限位置翻转的二维示意图

上面介绍的扑动角、抬升角和俯仰角（或迎角）是忽略翅膀变形时定义的刚体旋转角，但昆虫翅膀是柔性的，在扑动时一定会产生被动变形。通常将翅膀变形划分为展长方向的扭转变形、弦长方向的正弯曲变形和展长方向的弯曲变形。如果考虑翅膀柔性，在描述翅膀运动时还需要额外定义三个变形参数。第一个参数是扭转角，这个角度衡量展长方向某一剖面在出现扭转后相对于未扭转的翅膀平面的俯仰角之差。第二个参数是弦向弯度，代表展长方向某一剖面在出现正弯度变形后，其中心线偏离原中心线的最大距离。弦向弯度通常会将这个最大偏离距离除以弦长得到一个相对于弦长的无量纲量。第三个参数是展向弯曲角。在沿着展长方向截断翅膀后，可以在剖面弧形中心线的任意位置做切线，这条切线与翅膀平面的夹角即为当地的展向弯曲角。根据定义可知，这三个角度在不同展向位置的值是不同的。

上述昆虫悬停飞行时翅膀的基本运动特征描述表明，昆虫（或蜂鸟）悬停飞行在宏观上与带螺旋桨飞行器的悬停飞行存在一定的相似之处，图 2-13 给出了螺旋桨与悬停昆虫理想化的尾迹，螺旋桨与悬停昆虫都“吸入”位于自身上方的空气并向下排出，排出的气体在竖直方向的动量大于吸入的气体在竖直方向的动量，因此该过程能够产生升力，螺旋桨与悬停昆虫只在吸入和排出气体动动量的区域上有所不同。这里需要注意的是，图 2-13 所示的尾迹只是为了直观地解释螺旋桨和悬停昆虫产生升力的原理，真正的尾迹远比图中复杂得多。

随着图像技术的不断进步，人类能够运用高速摄像技术获得更加清晰的翅膀扑动图像。基于这些图像，可以直接提取翅膀的瞬时位置和变形。此时，翅膀可以看作一个随时间自由变形的曲面，不再需要定义上述三个变形参数来描述。

下面单独介绍蝴蝶这种昆虫翅膀的特殊运动特征（见图 2-14）。蝴蝶的翅膀面积非常大、展弦比很小（甚至小于 1），拍动频率只有十几赫兹。此外，蝴蝶翅膀上扑结束时完全贴合在一起。蝴蝶翅膀如此低的拍动频率会导致气动力在一个扑动周期内的瞬时变化足以对它的身体位置产生足够明显的波动。例如，翅膀在上扑和下扑产生气动力的方向基本相反，那么蝴蝶身体在这两个扑动过程也会出现明显的前后或上下移动，同时伴有身体俯仰运动的波动。而这些身体姿态的波动也会叠加在翅膀原有的扑动运动中，反过来影响其产生的气动力。因

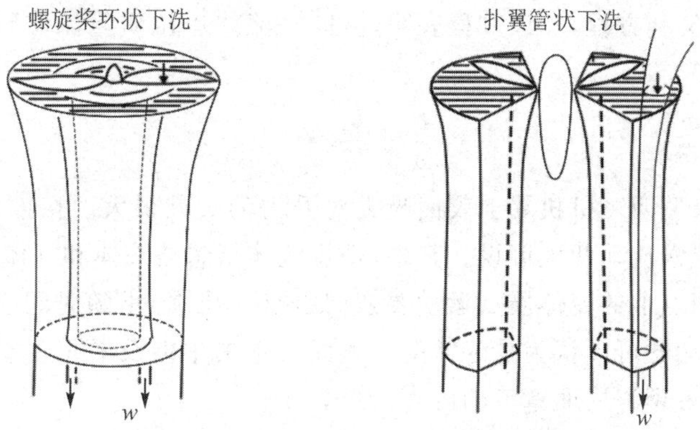

图 2-13　直升机与悬停昆虫的理想尾迹流

此，研究蝴蝶飞行需要考虑其翅膀产生的气动力与身体动力学响应的耦合作用。此外，研究发现蝴蝶翅膀无法相对于身体翻转，它相对于气流出现的翻转效应是由身体周期性的低头和抬头来实现的。

图 2-14　蝴蝶翅膀运动特征示意图[7]

2.2　空气动力学基本知识

无论是研究生物飞行的基本原理还是设计仿生扑翼微型飞行器，都需要具备扎实的空气动力学基础，因为这些生物和飞行器是利用气体作用力来完成所有的飞行任务。本节将简要学习生物与飞行器飞行相关的空气动力学基本概念、现象和研究方法。

2.2.1　空气动力学概念

空气动力学是流体力学的分支之一，主要研究飞行器与空气之间的相互作用。在空中飞行的生物是一种天然的飞行器，它们的飞行涉及许多空气动力学知识。大家平时见到的民航客机之所以能在大气中飞跃数千公里的距离，完全依靠空气给它的作用力来支撑自身重力。在向前飞行时，飞机还会受到空气作用的阻力，需要由发动机提供推力来平衡阻力、保持速度。早在公元前 350 年，古希腊科学家亚里士多德便提出了一种描述空气的连续性模型，指出物体在连续空气中运动时会受到阻力。空气动力学的蓬勃发展始于 17 世纪后期，彼时英国科学家牛顿与德国科学家莱布尼茨发明了微积分，将微积分连续可微函数与经典质点力学理论结合起来，创立了经典连续介质力学，为流体力学和空气动力学奠定了坚实的理论基础。1738 年，瑞士科学家丹尼尔·伯努利推导获得一维流机械能守恒方程，即著名的理想流体定常流动能

量方程(后被称为伯努利方程)。该方程表明,沿同一流线单位质量流体质点的压强势能和动能之和为常数:

$$\frac{P}{\rho}+\frac{V^2}{2}=C$$

利用伯努利方程可以证明飞机机翼上表面吸力对升力的贡献很大。在推导伯努利方程时,需要满足理想流体和定常流动两大假设。其中,理想流体指忽略液体和气体内部的黏性作用,定常流动指流场各空间点上的流体质点运动要素(如速度、压强)不随时间改变。当飞机匀速前飞时,机翼周围的流动便可以认为是定常的。下面对本书中涉及的重要空气动力学概念做一个简要介绍,方便读者理解后面章节的内容。

1. 定常与非定常

如前文所述,定常与非定常是用来描述流场流动特征的。这里先介绍流场的概念。瑞士流体力学家欧拉在18世纪提出了描述流动现象的空间点法或流场法(这种方法也称为欧拉方法),由此引出了流场的概念。在这种描述方法中,观察者不再关注某个流体质点的运动,而是关注流动区域的空间点。此时,观察者相对于空间点不动,记录不同时刻、不同流体质点通过固定空间点的速度。如果在流动区域内安排了非常多的观察者,每位观察者记录其负责的空间点数据,就可以获得整个流动区域在任意时刻的速度分布(这种方法也可以记录密度、压力、温度等其他物理量,这里以速度为例)。物理学中把一个布满某种物理量的空间称为场,因此这种观测方法获得的就是流场。

那么,什么是定常流场和非定常流场呢?在观察者记录数据得到流场信息时,如果每一时刻的流场信息都完全相同,物理量只是空间坐标的函数,那么这就是定常流场。与之对应的就是非定常流场,意味着流场中的物理量除了是空间坐标的函数外,还与观察时间有关。飞机匀速飞行时,机翼附近的流场就是定常的。对于绝大多数飞行生物和仿生扑翼微型飞行器来说,它们产生的流场是非定常的。

2. 升力与阻力

升力与阻力是空气动力学最基本的两个物理量。从本质上来说,升力和阻力是气动力在两个相互垂直的坐标轴上的分量。如图2-15所示,当机翼面对来流时,可以依据静力学的力线平移定理将它表面每一部分承受的气动力微元平移至机翼中心。这些气动力微元是矢量,进行矢量叠加便可得到机翼的气动力主矢量。通常将这个气动力主矢量在来流方向和垂直于来流的方向进行分解,其中,与来流平行方向的分量为阻力,另一个方向的分量为升力。

在将气动力微元平移至机翼中心得到主矢量时,还会产生一个附加力矩。空气动力学将这个力矩命名为俯仰力矩,这是因为该力矩驱动了机翼绕其中心的抬头或低头俯仰运动。

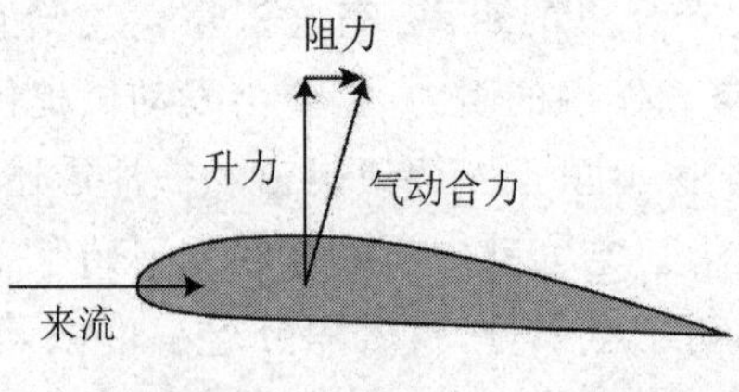

图2-15 机翼产生气动力、升力与阻力的投影关系示意图

3. 黏性与雷诺数

空气是具有黏性的。事实上，所有流体都是黏性的，只是空气的黏性系数相对较低，所以在日常生活中的感受不明显。日常生活中的水、蜂蜜等流体的黏性就远远大于空气。

流体的特点是不能在静止状态承受剪切应力。一旦作用有剪切应力，流体的剪切变形便体现为相邻流体层之间的相互流动，也即无法继续维持静止。因此，流体具有抵抗流层相对运动的能力，这种能力被称为流层剪切力。从微观上来说，流体的黏性是由不同流层分子之间的热运动和碰撞引起的动量交换所决定的。可以想象在流速不同的两个相邻流层之间，由于分子热运动，流速较大的流体质点会跨越流层边界进入低速流层，反之也有流速较小的流体质点进入高速流层。大量流体质点穿梭就会产生比较大的动量交换，像是高速流层拖曳着低速流层运动，表现出两个流层间的宏观黏性。

17 世纪，牛顿通过实验发现了流层间相对运动的内摩擦定律：流层间的切应力正比于流速在流层法向的梯度，即

$$\tau = \mu \frac{U}{h}$$

牛顿将这个比例关系的系数称为流体动力黏性系数（或简称黏性系数），单位为 $N/(m^2 \cdot s)$ 或者 $Pa \cdot s$。在常温常压下，空气和水的动力黏性系数约为 $1.789\ 4 \times 10^{-5}\ Pa \cdot s$ 和 $1.139 \times 10^{-3}\ Pa \cdot s$。需要注意，流体的黏性是与温度相关的，因为温度在微观上决定了分子热运动的剧烈程度，也即流层之间动量交化的强弱。

既然空气是具有黏性的，那么黏性会对流动产生哪些影响呢？这个问题非常复杂，甚至一度困扰着流体力学家。这里不对黏性的影响展开介绍，只介绍一个衡量流体所受黏性力与惯性力相对强弱的无量纲参数——雷诺数（Re）。这个参数是流体力学非常重要的无量纲参数之一，由英国科学家雷诺在 19 世纪观察圆管流动时首先提出。雷诺通过大量实验发现，圆管内的流体流动形态与流速、管径、流体黏性系数和密度 4 个因素有关。他基于实验规律将这些参数组合为雷诺数，

$$Re = \frac{\rho U L}{\mu}$$

当雷诺数较小时，黏性力对流动的影响大于惯性力，流速扰动会因较强的黏性力而快速衰减，因此流动稳定（层流）；反之，当雷诺数较大时，惯性力对流动的影响大于黏性力，流动更容易因扰动而变得不稳定。此时，流速微小的变化就容易发展成紊乱、不规则的湍流。常见的民航客机和直升机所涉及的流动雷诺数高达 $10^6 \sim 10^8$ 量级，而飞行生物和仿生扑翼微型飞行器的流动雷诺数大多低于 10^4，甚至低于 10^2。

4. 旋涡与涡量

流体的黏性是诱发边界层分离和产生旋涡（Vortex）的重要因素。自然界的大气运动也会产生旋涡，如台风和龙卷风（见图 2－16）。事实上，现在学界对旋涡也没有一个清楚准确的数学定义。大家普遍接受的定义是，旋涡在宏观上表现为众多流体微团围绕公共中心轴的旋转运动。

旋涡的结构通常包括柱状涡、螺旋涡和圆盘涡（涡环）。19 世纪，德国流体力学家亥姆霍兹提出了著名的旋涡运动三大定律，即：沿涡管的涡强度不变定律、涡管保持定律和涡强守恒定律。这三个定律建立了理想流体旋涡运动理论的根基。

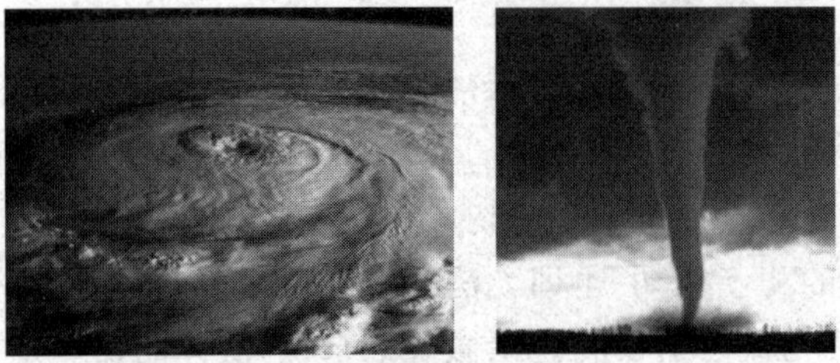

图 2-16　自然界的旋涡:台风和龙卷风

在流体力学中,有一个经常与旋涡一并提及的物理量——涡量。与旋涡不同,涡量具有明确的数学定义,表示流场中任意一点流体微团旋转角速度的二倍。与速度一样,涡量也是一个纯运动学矢量,并且可以表示成为速度场的旋度,即

$$\Omega = 2\omega = \nabla \times V$$

和用速度来表示流体运动的快慢一样,许多研究也是用涡量来描述某个旋涡的强弱。但需要注意的是,采用涡量描述旋涡是具有局限性的。

2.2.2　定常空气动力学——飞机机翼如何产生升力

本节解释飞机机翼产生升力的定常空气动力学原理。图 2-17 给出了机翼剖面在小迎角下的压力分布示意图,机翼上表面主要产生负压力(吸力),而下表面产生正压力。机翼在这样的压力分布下产生竖直向上的升力。其中,上表面的吸力对产生升力的贡献更大,并且吸力在机翼前缘附近更强。这是由于来流在遇到机翼前缘时,一部分会向上绕过前缘再向下游流动。这个绕动使得局部气流显著加速,依据伯努利原理在当地产生更低的压力。从流动现象上来说,沿着上表面流过的来流基本附着在机翼,是一种附着流动。随着迎角的逐渐增大,上表面的气流在绕过前缘时消耗了大量能量,随后无法继续维持附着流,便出现了混乱的分离流动。这个现象就是机翼定常空气动力学中著名的失速现象。当失速出现时,机翼产生的升力将急剧下降,非常不利于飞行安全性。

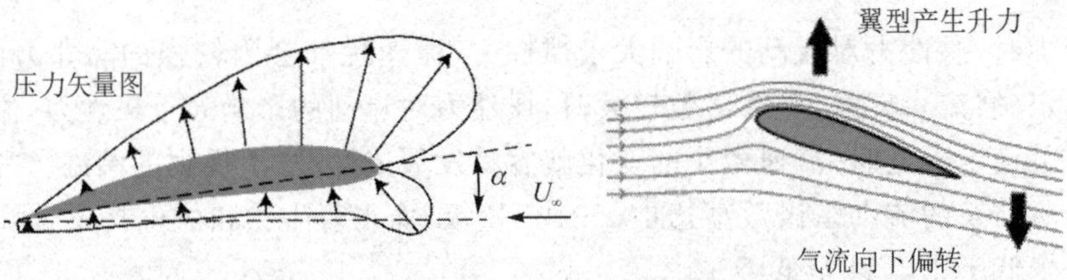

图 2-17　机翼表面的压力分布图与扰流示意图

除了通过分析机翼绕流和压力分布外,还可以通过来流在经过机翼后的偏转来解释升力产生的原因。依据牛顿定律,空气作用在机翼上的力与机翼作用给空气的力互为反作用力。如图 2-17 所示,水平来流在经过机翼后会向下偏转。这意味着,机翼作用在来流上的力使其向下运动,那么反过来,来流作用在机翼上的力应该是指向上方的,也就是机翼产生的升力。

既然如此,如何解释水平来流在经过机翼时会向下偏转呢? 20 世纪,罗马尼亚科学家亨利·康达给出了他的解释。他发现,当流体与它流过的物体表面之间存在摩擦时,只要物体表

面的曲率不大，流体就会沿着该表面流动并发生偏转。这个现象被称为康达效应，在液体和气体都可以观察到，但液体的康达效应更加明显。这里列举一个生活中的例子，如果将一个弯曲的汤匙贴近水龙头的水流，会发现原本沿直线流动的水流在刚刚贴到汤匙时就会沿着曲面出现偏转（见图 2－18）。这与水平来流经过机翼后出现向下偏转的现象在本质上相同。康达将驱动这种偏转的作用力归因于流体在曲面处产生的压力梯度。

图 2－18　康达效应引起水流沿着汤匙表面弯曲

虽然上述解释非常直观，但很遗憾，现阶段机翼产生升力所蕴含的最本质的空气动力学原理还不具备能被广泛接受的解释。近年来，还有部分研究从旋涡和涡量的角度来解释机翼产生升力的原理[8]，本节不再展开介绍。

2.2.3　非定常空气动力学

下面介绍几个经典的非定常空气动力学现象和理论，这些知识为近三十年来生物飞行力学原理的研究提供了理论基础和参考依据。

1. 动态失速

在解释机翼产生升力时介绍了失速的概念。图 2－19 对比了机翼在小迎角下的附着流动和大迎角下的分离流动，当来流无法紧贴着机翼上表面时，会在机翼的背风侧产生回流并脱落旋涡。当失速出现时，机翼背风侧的回流和旋涡脱落随时间变化，是一种典型的非定常流动。这意味着，失速出现后，机翼产生的升力在显著下降的基础上还会呈现非常剧烈的瞬时波动。

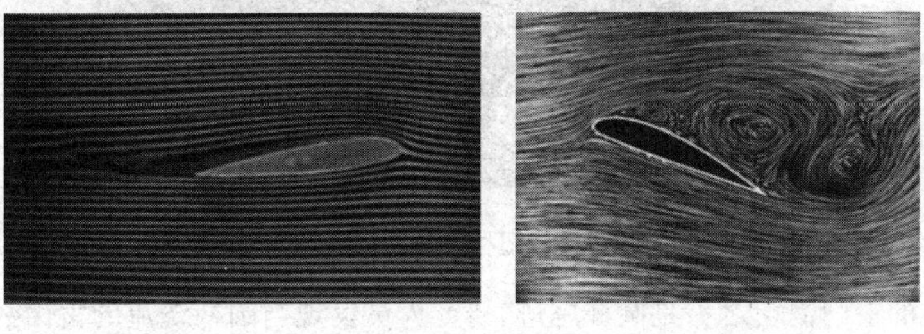

图 2－19　机翼的附着流动（小迎角）和分离流动（大迎角）

那么动态失速是一个什么现象呢？它可以理解为小迎角附着流向大迎角分离流转变的动态过程，最早在绕中心逐渐增大迎角的机翼上观察到。如图 2－20 所示，在机翼迎角逐渐增大的过程中，来流在绕过前缘后首先形成一个旋涡。这个旋涡会逐渐增强、变大并远离上表面，直至从机翼完全脱落。当这个旋涡脱落后，机翼背风侧进入完全失速的流动状态。更重要的是，从前缘旋涡开始生成到完全脱落的过程中，机翼是不会出现显著升力损失的。相反，升力随着迎角的增大持续升高。

在以往的研究中，动态失速是机翼非定常运动时常见的流动现象之一，在机翼快速抬头、由静止开始加速前进（迎角固定）和垂直于来流方向振荡（迎角固定）时都会出现。

2. 卡门涡街与反卡门涡街

卡门涡街（von Kárman Vortex Street）是由著名的匈牙利裔美国空气动力学家西奥多·

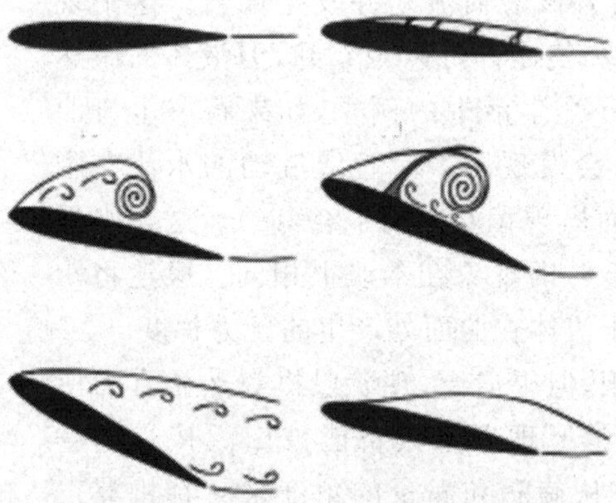

图 2-20　机翼动态失速过程的典型流动结构演变[9]

冯·卡门发现的一个非定常流动现象。这个现象描述的是，当流体中存在一个阻碍流动的静止物体时，若满足特定条件，则会在物体下游产生有规律的两排非对称的旋涡，且两排旋涡的旋转方向相反、在下游的空间位置交错（见图 2-21）。这个旋涡结构像是路旁的街灯一样，所以被称为涡街。

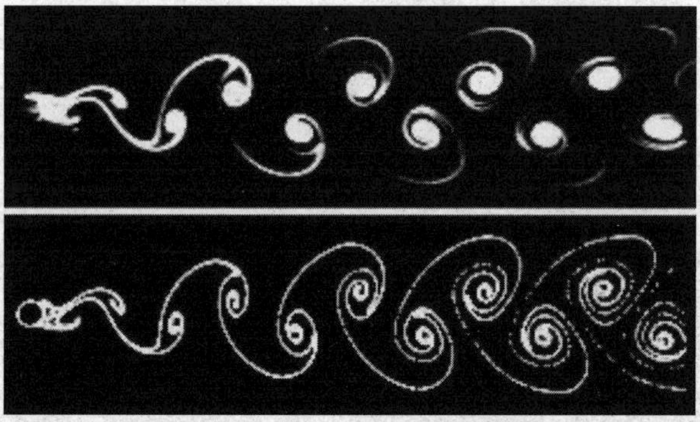

图 2-21　圆柱尾迹的卡门涡街

最广泛研究的卡门涡街之一是圆柱尾迹，研究人员发现当圆柱绕流的雷诺数大于 50 后便会出现卡门涡街。卡门涡街还经常出现在河流石子的尾迹、桥墩的尾迹和建筑物尾迹中。依据卡门涡街两排涡的旋转方向，可以发现两排旋涡中间区域的尾流速度是指向物体的（见图 2-22）。这意味着物体对尾迹流体的作用力方向与来流方向相反，而流体对物体的作用力方向则与来流方向相同（依据牛顿第三定律）。因此，卡门涡街的出现对应于物体在来流方向承受阻力。

如果移动来流中的物体，使之上下振荡，则在满足一定运动学条件下，尾迹中的卡门涡街会相对于水平面出现翻转。这种翻转使得上下两排旋涡的旋转方向调转，两排旋涡之间的尾迹速度方向也转而与来流方向相同。类比前面的分析，这种尾迹意味着物体在流体中能够产生推力，推进其向前运动。学术界称这种翻转的卡门涡街为反卡门涡街，是解释生物翅膀拍动产生推进力的关键流动现象。事实上，想要将卡门涡街转变为反卡门涡街，还可以让物体进行绕其中心的周期性俯仰运动。

那么，究竟满足什么运动学条件才可以将卡门涡街转变为反卡门涡街呢？大量研究表明，这种转变的出现与物体上下振荡的无量纲速度有关。通常定义斯特劳哈尔数（Sr）来表示振

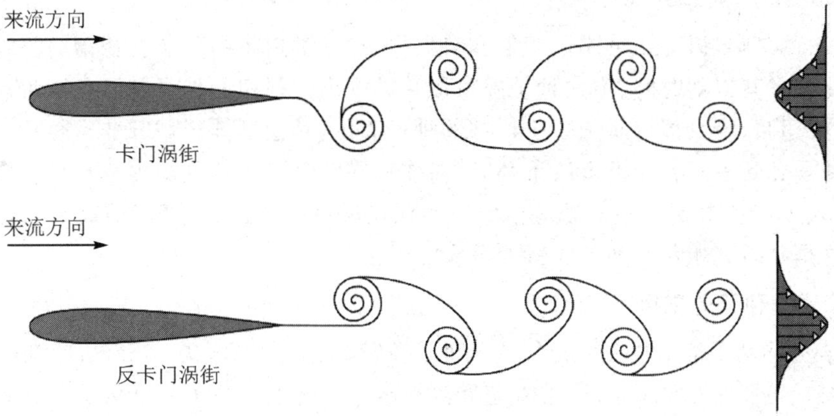

图 2-22　卡门涡街与反卡门涡街的尾迹结构与速度分布

荡速度(f 和 A 分别为振荡频率和幅度)相对于来流速度(U)的大小,也即衡量非定常振荡运动相对于定常来流的强弱:

$$Sr=\frac{fA}{U}$$

研究发现,当振荡运动的 Sr 达到 0.05 左右就可以诱发卡门涡街向反卡门涡街的转变。

3. 非定常空气动力学理论(部分)

由于空气动力学的许多问题都是非定常的,因此在空气动力学发展过程中逐渐开辟出非定常空气动力学这一分支,主要研究随时间发生变化的空气动力学问题,如机翼在气动力作用下的颤振现象。这个现象耦合了气动力、机翼结构的弹性力和惯性力三部分作用,是机翼设计非常重要的问题之一。这个现象表现为,具有一定结构弹性的机翼在高速来流中会产生被动的上下振荡变形。如果截取机翼的一个展向剖面,那么这个剖面将在水平来流中进行小幅度上下振荡(迎角固定)。这是一个复杂的动力学过程,每一时刻的气动力、弹性力和惯性力都决定了此时机翼振荡的位置和速度,同时机翼振荡引发的附加速度还会改变这三个力。

为了研究这一问题,空气动力学家在定常空气动力学理论基础上开拓出一些可应用于机翼颤振问题研究的非定常空气动力学理论和模型。早期比较著名的理论模型包括挪威裔美国空气动力学家西奥多·西奥多森基于势流理论(略)和小绕动假设提出的非定常翼型气动力模型[10]以及加里克和西奥多·冯·卡门的改进型非定常翼型理论模型[11]。此外,科学家还基于势流理论建立了解决这一问题的若干数值方法,包括早期离散涡法和涡格子法(也称为面元法),以及随着计算机技术蓬勃发展而提出的计算流体力学-计算固体力学耦合仿真方法等。

以上理论和方法为探究生物翅膀拍动和仿生扑翼微型飞行器的非定常空气动力学原理提供了一定知识基础和技术储备,极大地推动了研究进程。

2.2.4　自然界与飞行相关的其他空气动力学现象

虽然本章聚焦于鸟类、蝙蝠和昆虫飞行的基本空气动力学原理,但自然界具备飞行能力的生物还有很多。这里简单列举其他三个有趣的生物飞行案例。

1. 枫树种子的自旋“飞行”

每当秋季来临，树叶枯黄飘落。但在自然界，有一类树木的种子在飘落时呈现独特的自旋运动，以此减缓其飘落时间、增大种子随风漂移的距离。枫树的种子就具备这种能力。它的种子形似一根翅膀，绝大部分质量位于根部的种子壳内，其他延伸区域却非常轻薄。当种子下落时，它的种子壳几乎沿着一条直线下坠，同时作用在“翅膀”上的气动力驱动种子绕其质心旋转(见图 2-23)，产生螺旋下坠的轨迹。研究发现，枫树种子的“翅膀”旋转起来后能够产生一定的升力，这是延缓其飘落时间的关键原因。

2. 蒲公英种子的乘风“飞行”

蒲公英是生活中常见的一种植物，它的种子会聚集在一起呈球状。当轻轻吹动蒲公英时，大量的种子从蒲公英脱落并飘向远方。如果近距离观察每一颗种子，它的形状像是一把雨伞，种子壳在伞柄的最底部，而无数条轻柔的植物纤维形成了伞帽。最近发表于《自然》期刊的一项研究表明，蒲公英种子独特的伞状结构能够在飘落时产生一个环状旋涡[12]。这个旋涡位于种子顶部，会在伞帽上产生一定的升力。这样蒲公英种子就可以乘风“飞行”非常远的距离(见图 2-24)。

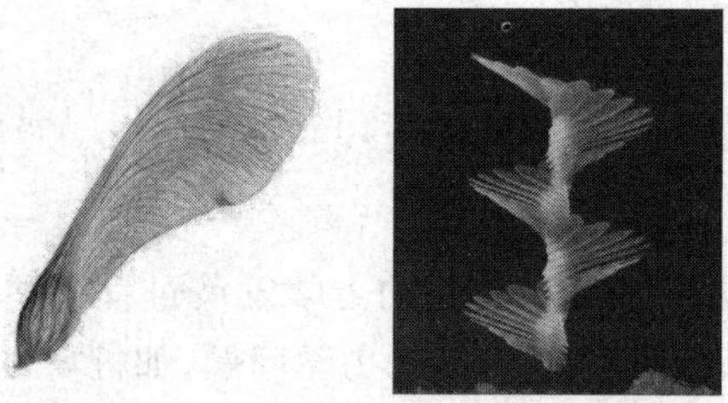

图 2-23　枫树种子及其自旋下落

图 2-24　蒲公英种子及其飘落时的涡环结构[8]

3. 蛇、鼠的滑翔飞行

在自然界中，还有许多动物可以完成短暂的滑翔飞行，如飞蛇和飞鼠(见图 2-25)。飞蛇在滑翔飞行之前需要先攀爬至树上或其他较高位置点，随后弹射进入空中。在滑翔时，飞蛇会将身体有规律地波动起来。有研究发现，这种波动规律竟然利用了和昆虫拍动翅膀飞行相近的空气动力学原理[13]。

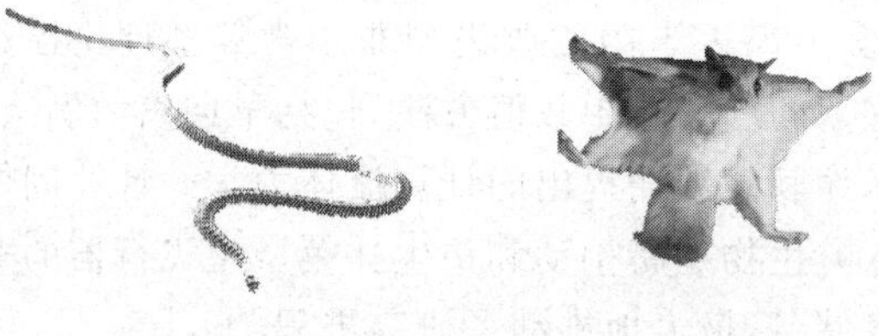

图 2-25　飞蛇与飞鼠在空中滑翔的姿态

飞鼠的滑翔飞行看起来与蝙蝠十分相似。飞鼠在四肢间也拥有轻薄的翼膜，在滑翔时张开四肢即可展开翼膜滑翔。与蝙蝠不同的是，飞鼠不会扑动翼膜来主动产生推力和升力完成更长距离的飞行。这可能与它们胸腔肌肉的能力有限有关，目前还未解释清楚。

2.2.5　空气动力学实验装置

在空气动力学发展完善的历史进程中，科学家们首先使用的研究方法是结合实验现象建立理论推导模型。进入21世纪后，计算机硬件与软件的快速发展使得空气动力学的研究逐渐侧重于使用更为便捷的计算流体力学的方法开展数值仿真。尽管如此，在研究生物飞行的基本原理时，科学家们需要基于生物活体开展研究，因此所获得的形态学、运动学甚至是力学测量数据仍然大多基于实验观测。本节简要介绍空气动力学研究中常用的实验装置与方法。

空气动力学研究最为重要的实验装置之一是风洞，一般作为鉴定飞行器气动性能和校准其他实验结果的最终手段。风洞，顾名思义就是一个能够产生预设均匀气流的狭长封闭腔体。依据运动的相对性原理，将飞行器缩比模型或实物固定在风洞内，让气流相对于物体运动，以此模拟空中的实际飞行状态。这里提到了缩比模型的概念。事实上，许多在地面开展的风洞试验都是缩比实验。这是因为在风洞实验条件下有时很难复现高空的高速、低密度气流状态。但是，依据流体力学的相似性准则，只要确保风洞试验与实际情况的流动相似参数相等，便可以认为风洞实验结果与实际情况一致。这些相似参数包括流动参数（如雷诺数、马赫数等）和几何参数（如展弦比等），因此，缩比模型就是指为了满足实验相似参数相等的条件而等比缩放的实验模型。

通常针对大型飞行器开展的风洞实验都是缩比实验，但研究昆虫飞行的风洞实验大多是基于实际状态。这是由于：其一，较难为生物建立完美的缩比模型；其二，昆虫飞行的气流状态就在地面高度，非常容易在实验场地复现。此外，在研究昆虫飞行基本原理时也会用到水洞缩比实验。这是因为昆虫飞行的雷诺数较低但翅膀扑动频率很高，在如此高频率下记录实验数据的难度很大。因此，有些研究基于相似性原理制作了等比放大的昆虫模型，并在水洞开展实验（更容易满足低雷诺数条件）。通过放大昆虫尺寸，可以大幅度降低翅膀扑动频率，进而提高实验测量的精度。

风洞实验通常关心飞行器所产生的气动力和关键流动现象。关于气动力的测量是相对简单的，可以在固定实验模型时连接一个多自由度天平，这样就可以记录实验过程的瞬时气动力。相对而言，在风洞测量流动现象没有这么容易。在风洞实验技术的发展历史里，早期的流动显示技术大多是使用染色剂（用于水洞实验）、气泡（用于水洞实验）和烟雾（用于风洞实验）将部分流经物体的流体做上标记，随后直接观察和记录这部分流体所产生的流动结构。虽然这些方法能够表现流动结构的特征，但往往无法定量获得流动速度场。近年来，应用于风洞试验的粒子图像测速技术（PIV）得到了蓬勃发展。这项技术需要在流体中添加示踪粒子，随后通过高速相机记录极短时间间隔内两个时刻的示踪粒子图片，并通过算法求解示踪粒子的速度。由于示踪粒子基本能够完全跟随当地流体运动，因此其速度就代表了当地流场速度。

2.3　鸟类飞行的基本力学原理

2.3.1　鸟类翼扑动飞行的基本原理

前文曾介绍过，机翼在向前运动的同时，还上下振荡并且周期性地调整迎角。此时产生的升力和阻力便不再是一个常数，而是呈现明显的周期变化特点。对于鸟类来说，它们的翅膀在向前飞行时同样也会上下扑动并周期性地调整迎角。因此，这两个问题在空气动力学原理上是十分相似的，都可以化简为均匀来流下进行周期性振荡-俯仰运动的薄翼。1998年，Jones等人基于非定常涡格法仿真与流动观测实验发现，在均匀来流中周期振荡的翼型能够产生推力[14]。这个现象十分有趣，因为在定常情况下(即翼型不再周期振荡)，翼型是只能够产生升力的。Jones等人发现，随着翼型的振荡运动逐渐变得剧烈，翼型后方的尾迹由卡门涡街逐渐转变为反卡门涡街(见图2-26)。这也意味着翼型在水平方向产生的平均力由阻力转为推进力。此外，若振荡运动进一步增强，尾迹后方的反卡门涡街会向偏离水平面，随机转向上方或下方(见图2-26)。此时，翼型不仅能够产生推力，在竖直方向上也可以产生升力(仅当尾迹向下方偏转时)。这就是关于振荡-俯仰翼在自由来流中能够同时产生推力和升力的最初解释之一。Jones等人认为决定尾迹转变为反卡门涡街并进一步出现偏转的关键运动参数是斯特劳哈尔数(Sr)。

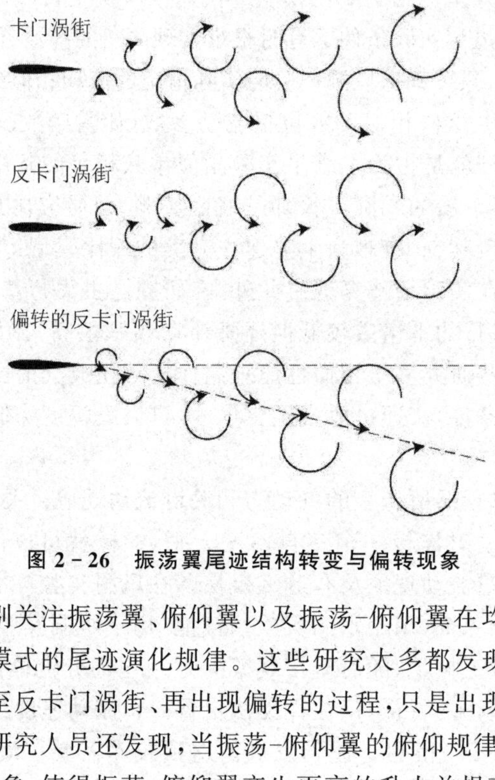

图2-26 振荡翼尾迹结构转变与偏转现象

此后，有大量研究分别关注振荡翼、俯仰翼以及振荡-俯仰翼在均匀来流下产生推力与升力的性能，分析这些运动模式的尾迹演化规律。这些研究大多都发现了当斯特劳哈尔数增大后，尾迹由卡门涡街转变至反卡门涡街、再出现偏转的过程，只是出现尾迹转变的临界斯特劳哈尔数略有差异。此外，研究人员还发现，当振荡-俯仰翼的俯仰规律不对称时，可以提前主动诱发反卡门涡街的偏转现象，使得振荡-俯仰翼产生更高的升力并提高效率。这种非对称的俯仰规律往往要求翼在向下运动时的迎角基本保持水平，而在向上运动时拥有一个较大的迎角。这一迎角变化规律与鸟类翅膀扑动的运动学观测结果十分吻合。这些研究共同解释了鸟类扑动翅膀能够同时产生推力和升力的基本空气动力学原理。

尽管如此，将扑动的鸟类翼完全看作振荡-俯仰翼仍然是做出了较多简化的。鸟类翼由大量羽毛覆盖，严格来讲并不是一个刚性翼，尤其是手翼段在扑动时可以产生非常显著的柔性变形。这些特征也会影响鸟类翼扑动产生推力和升力，还需要开展大量研究进行解释。

既然鸟类通过扑动翼同时产生推力和升力，那么它们的飞行与常见的飞机有哪些异同呢？对于固定翼飞机来说，抵抗重力的升力主要是由机翼产生的，而维持向前飞行的推力是由机翼下方的航空发动机产生。当飞机匀速飞行时，航空发动机产生的推力能够平衡飞机其他部件在气流下的阻力。换句话说，固定翼飞机飞行时升力和推力的产生是完全解耦的。这种气动力产生方案的好处是能够依据飞行所需的升力和推力需求来单独设计机翼与航空发动机，两个部件各自更改设计细节都几乎不影响对方产生的气动力。这对于飞行器设计来说是非常有意义的，能够显著降低整体设计难度。

与之对比，既然鸟类扑动翼是同时产生升力和推力的，那么意味着它们需要花费更多的精力来决定如何扑动。这是由于任何对翼扑动的调整都会有可能同时改变升力与推力。比如，它们通过调整翼扑动提高升力时还需要考虑推力是否有较大损失，如果推力出现较大失误，便有可能不利于保持前飞速度。

对于这一难题，自然界的一些鸟类在进化过程中逐渐分化臂翼段和手翼段在产生气动力方面的功能。这种功能分化使得它们在前飞时基本只扑动手翼段，而臂翼段保持在某一个较小的迎角。在这种模式下，臂翼段的功能和固定翼飞机的机翼基本相同，依靠定常的附着流动产生稳定升力，抵抗重力作用；而手翼段持续上下扑动并周期性的调整迎角，主要产生维持前飞的推进力。这种分化也允许鸟类将产生升力和推力的部位进行解耦，降低它们控制翅膀和维持飞行的难度。

2.3.2　滑翔与群体飞行原理

人们观察鸟类飞行时经常看到它们在空中滑翔，此时翼没有明显的扑动运动。通过流动显示实验，研究人员发现鸟类翼可以利用至少两种流动状态来保持高效率的滑翔。这两种流动状态分别是传统的附着流动和出现分离后的前缘涡流动（见图 2-27）。在鸟类翼上，传统附着流动结构往往出现在靠近身体的臂翼段。以北方管鼻鹱的臂翼段为例，这段翅膀的截面形状具有非常大的弯度，若将前后缘连接成一条直线，这条直线将与水平面产生 6°的迎角。这个大弯度的截面形状也改变了局部流动的速度与方向。如：整个绕流速度最大的位置在前缘的上后方，并沿着弯曲的上表面向下游流动。然而，截面下方的速度减小且在弯度较大的位置较明显。在前缘附近，水平来流在遇到翼后会向上偏转，这一现象称为上洗。

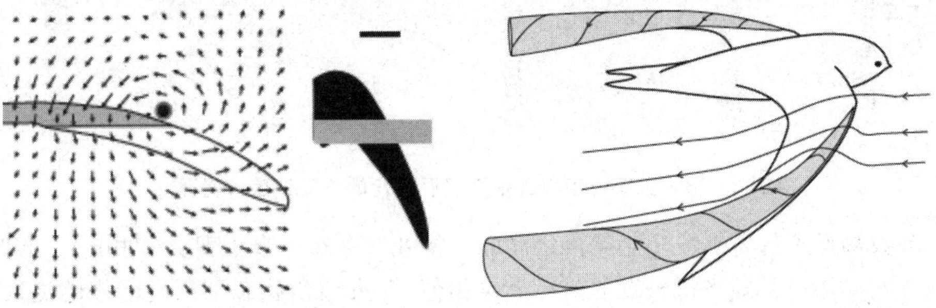

图 2-27　北方管鼻鹱臂翼模型在 0.5 m/s 的附着流动（左）和雨燕翼模型的前缘涡分离流动（右）

由于水平来流在遇到翼后的方向和速度改变都是由于翼所施加的作用力，因此依据牛顿第三定律，可以根据流动变化来分析翼所受流体作用力的变化。当水平来流在截面顶部加速并达到最大值后，由于层流边界层的存在和康达效应，靠近上表面的慢速流动和边界层外的快速流动之间的黏性剪切力会使得流动整体弯曲并附着在上表面，最终使得来流在绕过最高点后被迫向下偏转，翼产生向上的反作用力，也即升力。如果从伯努利定理的角度来进行分析，这一现象与飞机机翼产生升力的原理十分相似。当截面上方的快速流动和截面下方的慢速流动存在速度差时，截面的上下表面之间会出现压力差，使翼产生升力。

与附着流动相对应的是以前缘涡为典型特征的分离流动。这一流动现象常出现在某些鸟类(如雨燕)在着陆滑翔阶段后掠的手翼段。图 2－27 还提供了雨燕的后掠手翼段在以 5°迎角滑翔时在典型截面所产生的前缘涡。这个前缘涡主要存在于雨燕手翼段的前缘附近，前缘涡的尺寸从腕部到翼尖端逐渐增大，在整体上呈现一个圆锥形结构。在雨燕的手翼段，最大下洗速度和前缘涡强度在向翼尖端移动时逐渐增大，意味着手翼段所产生的升力沿着翼弦向向后逐渐增大。当圆锥形的前缘涡延伸至翼尖端后，将从翼上脱落并在尾迹区域延伸出两个翼尖涡。

一旦前缘涡形成，便可以在很大的迎角范围内维持翼产生的升力，使得雨燕翼在产生升力的能力上具有很强的稳健性。前缘涡形成也意味着翼前缘流动出现了分离，在大迎角下还会产生较大的水平阻力，以适应雨燕在着陆的低速阶段所需的高升力和高阻力条件。研究人员还分析了手翼段后掠角度对流动和气动力的影响(见图 2－28)，发现在后掠角处于 0°～20°时，雨燕手翼段的流动结构与臂翼段的附着流动一致，出现恒定速率的下洗流。当后掠角达到 40°时，在靠近手翼段的翼尖区域形成了明显的椭球形涡，代表着翼尖涡与新形成的前缘涡融合的过渡情形。当后掠角进一步增大至 50°时，手翼段已存在明显的前缘涡。这个研究表明，即便这些鸟类翼的手翼段在低速和低雷诺数状态，增加后掠角也可以有效产生前缘涡，以此产生较大的升力和阻力完成平稳着陆。

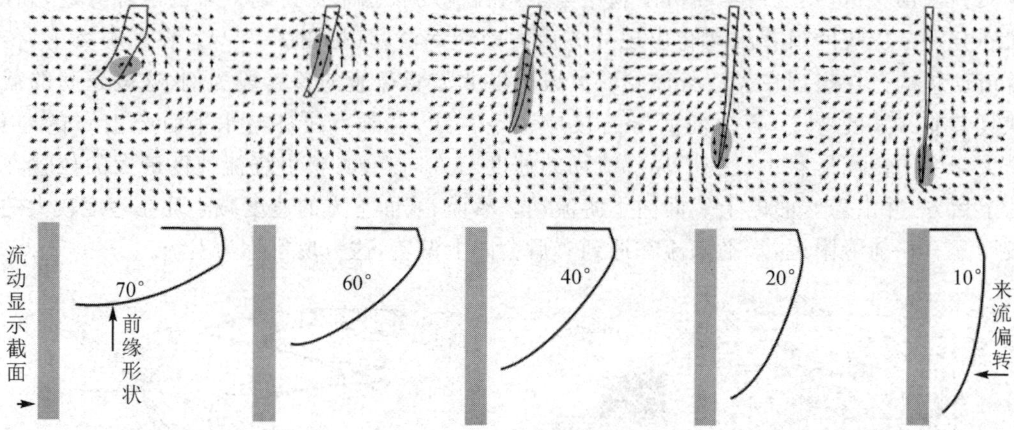

图 2－28　黄铜雨燕模型在不同后掠角的流动速度矢量图

在大多数鸟类翼的臂翼段和手翼段之间的连接处会存在一个小羽翼(Alula)。通常认为，这个小羽翼的作用与常规飞机机翼的前缘襟翼相似，在大迎角状态下延迟前缘的流动分离和失速。Nichatigall 和 Kemph 在 1975 年以烟雾形式的流动显示实验研究了小羽翼对流动分离的抑制作用[15]。他们的研究在一定程度上证明小羽翼在 50°迎角时能够起到前缘襟翼的作用，但受限于实验手段，获得的证据不够充分。近几年，研究人员分别运用数值仿真方法和精细化的流动实验证实了小羽翼对鸟类翼流动分离的抑制作用及其机理[16]。还有些研究将小羽翼的作用归结为在手翼段前缘产生前缘涡，类似于飞机机翼安装在前缘的锯齿状增升装置。小羽翼通过在后掠翼的表面产生的旋涡而稳定手翼段前缘涡出现的位置。目前，鸟类翼的小羽翼会对飞行时的气动力产生哪些影响及其机理仍不完全清楚，是目前鸟类飞行研究的热点问题之一。

在自然界,鸟类往往成群结队地飞行。鸟类前飞时会在翼尖端产生翼尖涡并脱落、延伸至尾迹中(这一现象也存在于飞机机翼)。这个延伸的翼尖涡会在翼下游诱导产生显著的下洗区域(大部分在翼尖端内侧)和上洗区域(大部分在翼尖端外侧),如图 2-29 所示。对于编队飞行的飞机来说,如果让下游的飞机处于上游飞机尾迹产生的上洗区域,则在最优情况下可以节省 15%的能量消耗。由于鸟类通过拍打翼获得升力和推力,它们的瞬时气动力具有周期性动态变化的特点,因此只有当鸟类翼拍打的特征速度与前飞速度之比较小(与前飞相比,翼拍动对流动产生的扰动足够小)时,才可以将飞机尾迹产生气动收益的原理直接应用于鸟类的编队飞行。由于研究人员不便直接对自然界中编队飞行的鸟类进行气动力测量,所以以往研究大多只能获得间接证据。Cutts 和 Speakman 在 1994 年从下方拍摄了 54 只红色脚鹅编队飞行时的间距,发现它们翼尖端的间距均值约为 17 cm 且浮动范围仅有 2 cm[17]。这说明,鸟类在编队飞行时具备依据尾迹流动特点而精准定位的能力。Weimerskirch 在 2001 年比较了大白鹈鹕在单独飞行和编队飞行时的心率和拍打频率[18]。与单独飞行相比,它们在编队飞行时的心率下降了 11.4%~14.5%。自领头的个体开始,越下游的个体所采用的拍动频率越低,但在第四批次个体达到最低值。这也从侧面证实了编队飞行可以降低下游鸟类个体的能量需求。通过在群体间反复替换领头个体,可以提升整个飞行编队的飞行效率。

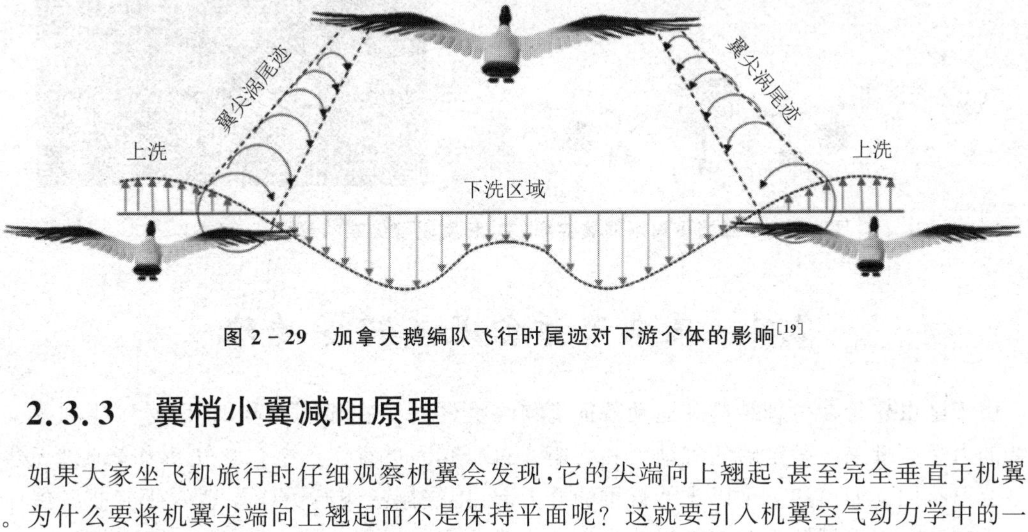

图 2-29　加拿大鹅编队飞行时尾迹对下游个体的影响[19]

2.3.3　翼梢小翼减阻原理

如果大家坐飞机旅行时仔细观察机翼会发现,它的尖端向上翘起、甚至完全垂直于机翼平面。为什么要将机翼尖端向上翘起而不是保持平面呢?这就要引入机翼空气动力学中的一个概念——诱导阻力。依据空气动力学基本原理,飞机在维持正常飞行时所需的升力是由机翼上下表面的压力差产生的。在翼尖区域,这个压力差会驱使着下表面的空气绕流至上表面,并产生明显的翼尖涡(见图 2-30)。这一现象会显著降低翼尖附近非常大区域内的上下表面压差,从而导致这一区域的升力降低。此外,这个翼尖涡还会在机翼后方诱导产生较强的下洗流,使得流经机翼的来流进一步向下偏转。这一偏转使得机翼产生的气动力主矢量也同步向后方倾转,增大在阻力方向上的投影。这一部分由投影所"额外"产生的阻力即为诱导阻力。

根据上文内容,翼尖区域的绕流和翼尖涡的形成是不利于提高机翼升力和飞行效率的。当翼尖偏离机翼平面并向上弯曲后,翼梢小翼能够有效阻碍上下表面之间的绕流,延缓翼尖涡的形成,进而削弱诱导阻力、提高飞行效率。目前,翼梢小翼已经是民航客机机翼设计必不可少的一部分,为降低飞行油耗、提高经济性做出了突出贡献。

既然在机翼上可以通过设计翼梢小翼来削弱诱导阻力的印象，那么当鸟类滑翔时，它们如何应对诱导阻力这一问题呢？生物学家通过观察鸟类滑翔时的姿态发现，它们翼尖端的初级羽毛在滑翔时是沿着弦向和展向充分散开的(见图 2-30)。这一现象被称为鸟类翼的翼梢开缝，被认为是鸟类进化过程中提高飞行效率的产物，在雕、鹰等大型滑翔鸟类上尤其明显。目前，学术界认为这一现象最重要的空气动力学贡献之一就是降低滑翔时的诱导阻力。1993 年，美国杜克大学的 Tucker 建立了鸟类滑翔时反映诱导阻力系数的翼展系数，发现鸟类的翼梢开缝现象确实有减少诱导阻力的作用[20]。他随后对这一现象进行了流动显示实验，发现翼梢开缝使得翼尖涡破裂并由此减少诱导阻力。1995 年，Tuncker 本人又研究了哈里斯鹰在滑翔时翼梢开缝的作用，发现总阻力与滑翔速度和翼梢开缝的数量有关，有翼梢开缝的个体承受的阻力比无翼梢开缝的要小[21]。最近，英国牛津大学的 Kleinheerenbrink 等人运用粒子图像测速技术在风洞测量了自由飞行的寒鸦翼尖端与尾迹的流动结构[22]。他们发现翼梢开缝使得寒鸦翼在滑翔和扑动时都能产生独特的多涡尾迹，显著提高它们的飞行性能。美国伊利诺伊大学香槟分校的 Lynch 等人进一步研究了翼梢开缝宽度和上反角对削弱诱导阻力的影响。他们的研究建议在具有上反角的翼上使用翼梢开缝，这样能最大化翼梢开缝对诱导阻力的削弱作用[23]。

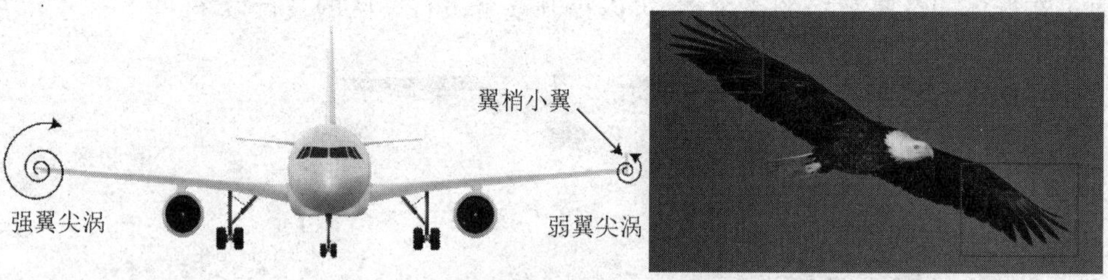

图 2-30　翼梢小翼削弱翼尖涡(左)和鹰翅膀尖端的翼梢开缝(右)

2.4　昆虫飞行的基本力学原理

由于昆虫翅膀在生理结构和运动特征上与鸟类翅膀存在显著差异，它们必然要利用某些独特的力学原理来产生足够的气动力和力矩。自研究人员意识到定常空气动力学原理无法解释昆虫翅膀拍动如何产生足以支持自重的升力起，围绕昆虫飞行力学原理的研究便聚焦在翅膀拍动究竟会引入哪些由非定常流动决定的高升力机制。经过半个多世纪的持续研究，研究人员已成功发现了若干昆虫飞行的非定常高升力机制，并为推进仿生扑翼微型飞行器研制奠定了扎实的理论基础。这些非定常高升力机制主要是基于昆虫的悬停飞行状态提出的，但它们在昆虫前飞时仍然可以发挥作用。在逐渐弄清昆虫飞行利用的非定常高升力机制后，人们还希望能够像研究固定翼飞行器一样分析昆虫飞行的稳定性及其飞行控制原理。这些理论能够解释昆虫飞行具有极强机动性的原因，为设计仿生扑翼微型飞行器的控制方案提供依据。除以上两大方向外，围绕昆虫飞行力学原理的研究还关注翅膀柔性对昆虫飞行性能的影响、翅膀与昆虫身体之间的干扰作用、多对翅膀间的气动干扰等问题。随着这些研究问题逐步得到解答，时至今日，人们对昆虫飞行力学原理的认识已初具规模。本节将简要介绍这些力学原理。

2.4.1　悬停飞行的高升力机制

研究人员在审视“昆虫为什么能够飞行”这个问题的初期，往往聚焦在它们的悬停飞行状态。通常情况下，悬停飞行意味着昆虫身体在空间内不具有明显的线速度，也即身体重心在空间内保持不动(但身体可绕重心进行转动)。研究人员从这一飞行状态开始研究昆虫飞行，主要有以下三个方面的考虑：①悬停是昆虫飞行最常见的状态之一；②悬停飞行可以忽略重心平移的自由度；③早期飞行观测实验常常需要将昆虫的重心固定在实验空间内某一点，以便于拍摄和观察，这在客观上将昆虫飞行限制在了悬停状态。尽管悬停只是昆虫飞行的状态之一，但后续研究发现，基于悬停状态提出的昆虫飞行高升力机制大多适用于前飞和其他机动飞行状态。目前，大多数昆虫悬停飞行时主要利用的非定常高升力机制有四个，按首次提出时间排序，依次为：打开-合拢机制、不失速机制、转动环量机制、尾迹捕获机制。如图 2-31 所示，在昆虫悬停飞行时的一个拍动周期内，不失速机制主要出现在每次拍动的中间阶段，作用时间较长；而其他三个机制主要在拍动极限位置附近发挥作用，作用时间较短。因此，也有研究人员认为不失速机制是昆虫悬停飞行时最关键的高升力机制。除上述四个机制外，近年来人们在研究某些品种昆虫飞行时，还提出了一些它们独有的非定常机制，同样值得关注。

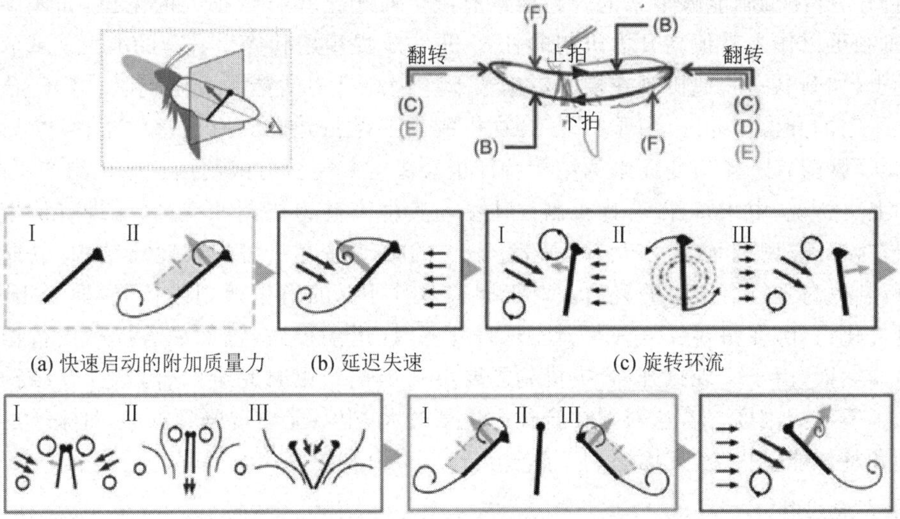

(a) 快速启动的附加质量力　(b) 延迟失速　(c) 旋转环流

(d) 打开合拢　(e) 翻转的附加质量力　(f) 尾迹捕获

图 2-31　昆虫悬停飞行的非定常高升力机制[24]

1. 打开-合拢机制

打开-合拢机制是第一个在昆虫悬停状态提出的非定常高升力机制，与翅膀从上拍末尾至下拍开始期间有趣的运动模式有关。1973 年，英国剑桥大学的生物学家 Weis-Fogh 在研究台湾小黄蜂飞行时的翅膀运动时发现，这些昆虫的翅膀在临进上拍结束时会相互“合拢”，在随后下拍开始时再快速“分开”[25]。图 2-31(d)为翅膀某一展向截面“合拢”和“打开”过程的示意图。由于两个翅膀在上拍时与水平面拥有一定的俯仰角，在上拍即将结束时，它们的前缘首先接触。随后，两个翅膀在保持前缘接触的同时绕各自的俯仰轴相向旋转，使翅膀表面自前缘至后缘逐渐贴合。这一过程即“合拢”，两个翅膀绕着接触的前缘像扇子一样闭合。在“合拢”过程中，两个翅膀会挤压它们之间的气体向下方排出，形成一个瞬时较强的射流，进而推动翅膀产生较大的瞬时升力。

在“打开”过程，两个翅膀需要从完全紧贴的状态分开，进入各自的下拍阶段。此时，两个翅膀的前缘率先分离，并由此带动翅膀表面自前缘至后缘逐渐分开。这一过程也可以理解为两个翅膀以它们后缘的接触点为轴，像扇子一样打开。当前缘分离时，两个翅膀表面之间的区域突然增大、压力降低，导致翅膀前缘上方和两侧的空气充入这一区域。当这些气流绕过翅膀前缘时，会与翅膀下拍所具有的瞬时速度叠加，增强实际来流速度，加速翅膀背风面一侧前缘涡的形成，进而提高瞬时升力。在下一节介绍不失速机制时，将详细解释前缘涡的形成将如何提高翅膀的瞬时升力。

在 Weis - Fogh 率先观测到台湾小黄蜂翅膀的“打开”和“合拢”运动后，Lighthill 和 Maxworthy 分别对这一运动现象进行了理论分析和实验观测[26-27]，均证实这种运动模式能够产生很大的非定常升力。需要注意的是，尽管打开-合拢机制是围绕昆虫飞行提出的首个非定常高升力机制，并且在很大程度上启发了研究人员从非定常的角度去思考昆虫飞行产生高升力的问题，但这一运动模式和对应的高升力机制并未被大多数昆虫采用。现有研究发现，利用这一机制产生高升力的昆虫主要有台湾小黄蜂、犀牛甲虫[28]、蝗虫[29]、蝴蝶[30]和某些缨翅目的极小昆虫[31]等，而像日常生活常见的蝇、蛾、蚊、蜂等昆虫并未采用这一机制。这在一定程度上也说明，打开-合拢机制能够带来的升力增量有限。对于某些自重很大的昆虫，如犀甲虫和蝗虫，这一机制可以作为其他高升力机制的补充，进一步提高翅膀产生升力的能力。或者对于一些极小昆虫(如蓟马)，其他机制在极低雷诺数下产生高升力的能力受限，利用打开-合拢机制可以补充一定的升力。此外，由于打开-合拢机制需要昆虫翅膀具有足够的柔性才可以实现，因此，昆虫翅膀随着进化演变而来的结构特征也会决定其能否有效利用这一机制产生高升力。

正如上文所说，由于打开-合拢机制往往不与其他高升力机制冲突，因此现有仿生扑翼微型飞行器在设计原型机时，大多会采用超过 180°的拍动幅度并搭配柔性翼结构，以期利用打开-合拢机制提高飞行器产生的升力。对于拥有多对扑翼的仿生微型飞行器，如 Delfly 系列，它们通过优化设计，在每对翼之间都会实现打开-合拢运动模式，进而显著提高飞行器的整体升力水平。然而，由于实现打开-合拢机制需要翼在上拍结束时完全贴合，这为翼结构与运动设计增加了不小的难度。若这对翼在合拢时速度过大，很可能出现剧烈碰撞，带来不必要的翼结构损伤和整体能量损失，反而不利于延长飞行器寿命和提高飞行效率。

2. 不失速机制

在打开-合拢机制提出后，研究人员开始更加仔细地思考昆虫翅膀拍动还有可能利用哪些非定常现象或机制产生高升力，并自 20 世纪 90 年代开始成为一个研究热点。由于昆虫翅膀的每次拍动都可以近似看作是以较大俯仰角(等同于定常空气动力学的迎角概念)进行的快速加速-匀速旋转-快速减速过程，这让研究人员想到了静止机翼以大迎角加速启动时出现的动态失速现象(见 3.2.3 节)。在动态失速过程中，前缘涡快速形成并在达到一定强度后从机翼脱落。在前缘涡脱落前，机翼始终能保持一个较高的瞬时升力值。由于昆虫翅膀的每次拍动至多只能旋转 180°，在如此短的运动距离范围内，翅膀是否有可能形成一个前缘涡并且不足以发展至需要脱落的强度呢？1993 年，来自德国马克斯普朗克生物控制理论研究所的 Dickinson 和 Gotz 以果蝇为生物原型(雷诺数 $Re=75\sim225$)，运用水洞实验记录了简化翼突然启动后的升力变化并成功发现了较高的瞬时升力(见图 2 - 32)[32]。尽管这一“大升力”在俯仰角达到 50°时仍然出现，但其往往只能维持在翼自运动开始约 2 个弦长的距离内(当 Re 提高至

1 000 时，“大升力”可以维持约 3 个弦长距离）。当他们将这一结果类比至昆虫翅膀运动时便发现了一个问题：昆虫翅膀每次拍动时，靠近翅膀尖部的剖面往往要运动约 4 个弦长距离，若考虑前飞状态则有可能更远。这意味着，动态失速产生的瞬时高升力可能难以在整个匀速旋转过程得以保持。

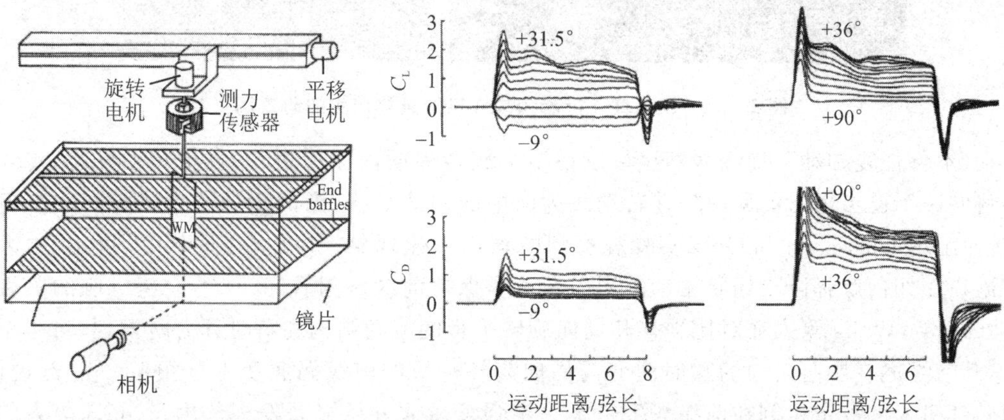

图 2-32　Dickinson 和 Gotz 的水洞实验装置与瞬时高升力[32]

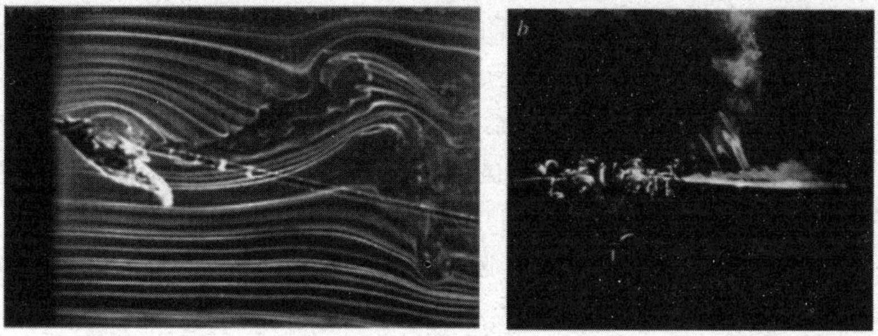

图 2-33　Ellington 等人在鹰蛾翅膀及其机械模型上观测到的前缘涡[33]

不过，这一问题在 1996 年被英国剑桥大学的 Ellington 等人解答[33]。他们对鹰蛾飞行时翅膀周围的流场进行了流动显示实验，观察到动态失速产生的前缘涡在翅膀拍动的整个匀速转动过程都不脱落（见图 2-33）。这也证明动态失速产生的高升力可维持整个拍动过程。他们将这一重大发现称为不失速机制。随后，大量数值仿真和实验观测研究都证实了这一机制的存在。该机制也成为昆虫飞行产生高升力最为广泛采用的非定常机制之一。Ellington 等人还提出并验证了昆虫翅膀拍动时前缘涡保持附着的原因之一：前缘涡内部存在由根部指向尖部的展向流动，将前缘涡内部不断积累的涡量输运至翅膀尖端脱落，避免翅膀内部的前缘涡发展至不稳定状态。虽然持续附着的前缘涡及其内部存在的展向流动对于昆虫翅膀来说是一个新发现，但早在 20 世纪 60 年代，类似现象就在三角翼飞行器的大迎角飞行状态被观察到（见图 2-34）[34]。这一现象随后被用于现代战斗机的边条翼设计，通过利用附着涡带来的高升力来提升飞机在大迎角状态的飞行性能。

回到昆虫翅膀拍动时前缘涡持续附着这一现象，研究人员通过对比实验发现，决定前缘涡能否附着在翅膀的关键运动学特征是翅膀拍动带来的周向转动。如果允许昆虫翅膀在周向持

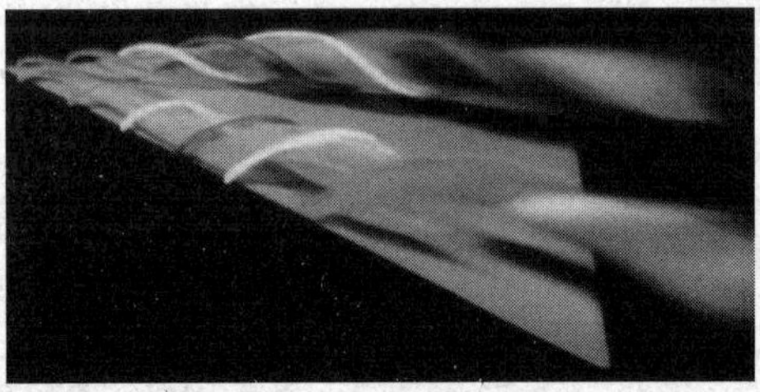

图 2-34 三角翼飞行器和战斗机边条翼产生的附着涡

续转动(不再往复拍动),前缘涡甚至可以在多个旋转周期内保持附着,直至转动停止。然而,如果将同一个昆虫翅膀的周向匀速转动改为向前的匀速平移,则前缘涡便无法长时间维持附着,转而出现 Dickinson 和 Gotz 实验观察到的动态失速现象。所以,在进入 21 世纪后,大量研究聚焦在如何解释昆虫翅膀拍动的周向转动是保持前缘涡附着、实现不失速机制的关键因素。2004 年,Wang 等人在对比平移和周向旋转平板的流动结构和瞬时升力时发现,对于平移平板,其前缘涡在脱落之前的瞬时演变与周向旋转平板的前缘涡演变十分相似[35]。这说明,周向转动引入的稳定机制在前缘涡生长至一定强度后才开始显著发挥作用。Chen 等人的实验和数值仿真研究也发现,尽管周向转动平板的前缘涡不再脱落,但当其达到强度极限时,平板的回转半径剖面大约走过 4 个弦长的距离[36]。这与平移的平板上出现前缘涡脱落时的临界运动距离十分接近。这些研究均说明,无论昆虫翅膀进行平移运动还是周向转动,前缘涡生长至极限强度可能存在一个统一的时间尺度。这一尺度与翅膀典型剖面运行的特征距离有关。此外,Harbig 等人和 Wong 等人在随后的研究中还指出[37-38],决定前缘涡能否在昆虫翅膀上维持附着的关键因素之一是弦长。当昆虫翅膀进行周向转动时,前缘涡从翅膀根部至尖部逐渐增大、呈现明显的锥形结构,且靠近翅膀尖部的前缘涡易出现破裂。Harbig 等人和 Wong 等人均提出,当锥形的前缘涡沿着翅膀展向延伸至后缘时,当地的流动结构会出现显著改变,导致前缘涡在这一位置出现破裂或脱落。尽管如此,他们的研究仍然赞同昆虫翅膀的周向转动特征是维持翅膀根部前缘涡附着的关键。

前面提到,Ellington 等人在发现不失速机制时认为前缘涡内部的展向流动可以维持其附着。后续研究也发现,当昆虫翅膀平移时,前缘涡内部几乎没有展向流动。但为何展向流动只在翅膀周向转动时存在呢?Ellington 等人关于展向流动的成因提供了三个猜想:①翅膀展向速度梯度引发的压力梯度;②翅膀周向转动引入的离心加速度;③前缘涡螺旋状涡线的诱导作用。其中,翅膀展向压力梯度驱动展向流动、进而促进前缘涡附着的解释得到了后续大量研究的支持[39-40],是雷诺数达到 1 000 情况下展向流动的主要成因。部分研究探究了离心加速度对展向流动的驱动作用[41-42],并指出,无论雷诺数处于 100 还是 1 000 的量级,离心加速度的贡献都无法与展向压力梯度相比。这些研究大多还探究了科里奥利加速度对展向流的驱动作用,并且有一部分研究认为科里奥利加速度能够驱动前缘涡后方的展向流动(当雷诺数处于 100 量级时更显著)。对于 Ellington 等人提出的第三个展向流动成因的猜想,目前还没有研究给出明确解释。

尽管展向流动有助于维持前缘涡附着,但 Birch 和 Dickinson 在 2003 年的实验研究发现,若在雷诺数约为 100 的周向转动昆虫翅膀上安置隔板来阻断展向流动,前缘涡依旧能够保持附着[43]。这对此前 Ellington 等人提出的展向流动解释提出了强有力的质疑。由于 Birch 和

Dickinson 研究的雷诺数更低，他们认为流体黏性的增强不易形成明显的展向流动，而翅膀尖部产生的其他涡结构会形成一个强烈的下洗流（类似机翼翼尖涡产生诱导阻力的机理），导致翅膀展向的有效俯仰角减小，进而减缓前缘涡生长、维持其附着。这一研究说明，周向转动维持前缘涡附着的机理在雷诺数为 100 和 1 000 量级时可能完全不同。

除了雷诺数外，后续研究还发现前缘涡在翅膀的某一展向位置处能否维持附着与当地的无量纲回转半径有关。这一无量纲回转半径与翅膀展长、弦长和根部到拍动轴的距离均有关。此外，还有一部分研究围绕前缘涡稳定附着的机理提出了若干新解释，如涡量湮灭机制[44]、行星涡量弯曲机制[45]等。也有一些研究从涡量输运的角度分析前缘涡生长至稳定附着的全过程，建立了前缘涡演变的涡量输运机制[46]。

尽管目前周向转动维持前缘涡稳定附着的机理仍未达成统一解释，且这一现象与雷诺数、展弦比等多个无量纲参数紧密相关，但这并不影响设计仿生扑翼微型飞行器时利用这一机制产生非定常高升力。大量研究表明，通过减弱翅膀尖端附近前缘涡的破裂和脱落，尽可能在整个展长范围内维持前缘涡的稳定附着，可以最大限度地利用不失速机制产生高升力。此外，有研究发现，若昆虫翅膀在拍动时受载荷影响出现小幅展向弯曲变形，将有助于维持翅膀尖部前缘涡的附着。因此，仿生扑翼微型飞行器的翼结构往往具有一定的展向弯曲刚度，以便于在拍动时产生弯曲变形、促进前缘涡附着。

3. 转动环量机制

在介绍昆虫翅膀拍动的运动特征时，翅膀在每次转动到拍动极限位置附近时需要减速并绕俯仰轴翻转，之后才能以一个合适的俯仰角进入下一个转动过程。通常将翻转过程分为超前反转、对称翻转和滞后翻转三类。1999 年，Dickinson 等人在测量果蝇模型翅拍动产生的气动力时，研究了翅膀翻转及其翻转前后的气动力变化[47]。他们发现，若翅膀采用超前翻转的运动形式，除了在拍动中段因不失速机制产生高升力外，在每次拍动开始和结束阶段也会出现瞬时高升力（见图 2－31(c)）。他们认为在拍动结束阶段产生的瞬时高升力是由于翅膀快速翻转产生的，其原理类似于马格努斯效应。大家可能不熟悉马格努斯效应，但如果提起乒乓球、足球等体育运动中的弧线球，一定不会陌生。这些弧线球的出现也是因为马格努斯效应，简单来说，可以认为平移的一个物体如果同时具有旋转角速度，那么它将受到一个垂直于平动速度矢量与旋转角速度矢量构成的平面的横向力。对于昆虫翅膀的超前翻转运动来说，这个横向力将垂直于拍动平面、指向上方，也即产生升力。Dickinson 等人在随后的研究中采用薄翼理论的 Kramer 效应代替马格努斯效应解释这一瞬时高升力的产生，将其归因于翅膀上产生的一个附加环量，并将这一机制称为转动环量机制。需要注意的是，2002 年 Sun 和 Tang 运用数值仿真方法复现了 Dickinson 等人 1999 年的实验，并基于更加精细的流场信息，将超前翻转产生的瞬时高升力归因于翅膀在快速上扬时快速增长的涡量矩[48]。他们并未沿用转动环量机制的定义，而是将这一现象称为快速上扬机制，但两个机制均指向同一现象。

对于转动环量机制，Sane 和 Dickinson 在 2002 年进行的实验研究证实了附加环量的大小正比于转动角速度和翅膀弦长的平方，且附加升力正比于附加环量、流体密度和转动速度[49]。这为定量化描述附加环量机制产生的额外升力提供了一个有效且简便的估算方法，直接促进了用于昆虫飞行气动力估算的准定常模型的发展。既然超前翻转能够在拍动结束阶段提供瞬时高升力，那么滞后翻转将如何影响昆虫翅膀在翻转前后的气动力呢？Dickinson 等人的实验研究发现，当翅膀滞后翻转时，每个拍动开始和结束阶段的瞬时高升力将消失，意味着附加环量机制失效。对于昆虫飞行和仿生扑翼微型飞行器设计来说，还需要考虑产生高升力所伴随的高功耗，因为飞行是一项很消耗能量的事情，理想状态是以一种相对高效的形式产生飞行所需的升力。研究发现，当昆虫翅膀超前反转时，瞬时高升力的产生往往伴随着同等量级的阻力升高，意味着拍动所需的气动功耗也将显著上升。也就是说，虽然利用超前翻转机制产生额外升力，但这也会降低飞行效率。这也就解释了为什么在观测昆虫飞行时很少看到翅膀进行超前翻转。

若要在仿生扑翼微型飞行器应用超前翻转机制，需要想一想如何让翼在较高的拍动频率下实现周期性的翻转规律。对于昆虫来说，翅膀拍动的频率常常达到上百赫兹。有一种说法是，昆虫无法主动调控翅膀的每次翻转运动，而是利用翅膀与胸腔肌肉构成的惯性－弹性系统的固有特性被动实现。如果在仿生扑翼微型飞行器上也采用相同的设计思路，一方面需要对传动机构和翼进行一体化设计，整体考虑结构刚度及其受载后的响应；另一方面也意味着这种一体化设计不便于在飞行过程进行实时调整（而昆虫通过调整肌肉可以实现）。除非使用人造肌肉驱动运动，否则这一问题将始终存在于被动翻转的仿生扑翼微型飞行器。另一种说法是，无论昆虫翅膀如何控制其翻转，仿生扑翼微型飞行器都采用微小型的主动控制器来调控翅膀的俯仰运动。这种设计虽然非常容易实现预期的俯仰运动和翻转规律，但引入额外控制器会显著提高飞行器自重。此外，如何产生高频控制信号并与拍动运动信号进行配合也是一大设计难题。

4. 尾迹捕获机制

1999 年，Dickinson 等人在研究果蝇模型翅膀翻转及其翻转前后的气动力变化时还发现，超前翻转会导致每个拍动开始阶段同样出现一个瞬时高升力[47]。他们将这一现象归因为昆虫翅膀与自己前一个拍动产生的尾迹涡结构之间的干扰作用。对于大部分悬停时水平拍动的昆虫翅膀来说，它们在一个拍动过程中新产生的尾迹涡结构是一个涡环（见图 2－35），由前缘涡、启动涡、翼尖涡和翅根涡四部分组成。其中，大部分前缘涡基本保持附着在翅膀表面，而其他三个涡脱落至翅膀后面的尾迹中。随着翅膀逐渐向前转动，这个涡环所围成的面积不断变大，同时在这个涡环内部诱导产生较强的下洗流。若在这个涡环形成后，翅膀开始减速并折返进行下一个拍动，它将无可避免地与这个涡环相遇并影响其气动力。

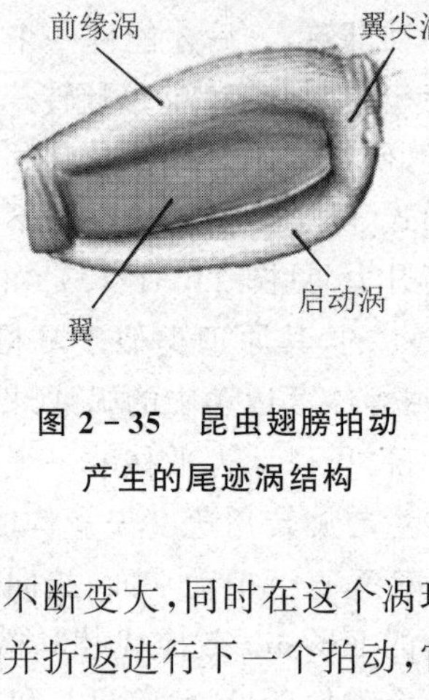

图 2－35　昆虫翅膀拍动产生的尾迹涡结构

对于翅膀与其尾迹涡结构相遇所带来的影响及其机理，Dickinson 等人的研究认为，翅膀在拍动结束阶段的快速翻转会导致前缘涡脱落，且脱落的前缘涡与此前脱落的后缘涡之间会诱导形成一个强烈的射流（方向指向翅膀，见图 2－31(f)）。这个射流会与翅膀速度叠加显著增强实际来流速度和加速度，进而导致在拍动开始阶段的瞬时高升力。它们设计了多种实验来证明这一机制的存在，并将其命名为尾迹捕获机制[47]。然而，Sun 和 Tang 随后运用数值仿真方法模拟了与 Dickinson 等人研究相近的模型果蝇翅膀[48]。他们对比了往复拍动翅膀与一个从静止开始拍动的翅膀产生的气动力，发现往复拍动翅膀在与尾迹涡结构相遇时未额外产生气动力。因此，他们不认为昆虫翅膀往复拍动时存在尾迹捕获机制，并把拍动开始阶段的瞬时高升力归因于翅膀周向转动的较高加速度。

随后，Dickinson 和 Sun 的团队各自又开展了后续研究来进一步论证昆虫翅膀在拍动开始阶段出现瞬时高升力的机制[50-51]。其他团队也开始围绕这一现象展开研究。时至今日，尾迹捕获机制是否足以解释拍动开始阶段的高升力仍不清楚。部分研究发现，昆虫翅膀在拍动开始阶段能否产生瞬时高升力与拍动运动、翻转运动和尾迹涡结构状态都紧密相关。因此，尾迹捕获机制可能并不广泛存在于大部分昆虫翅膀中，仅在某些特殊运动规律下发挥作用。更重要的是，目前的研究仍不足以总结尾迹捕获机制在何种运动和尾迹条件下才能够发挥作用。因此，如果要在设计仿生扑翼微型飞行器时利用尾迹捕获机制进一步提高升力，已有研究尚无法给出明确的设计建议，恐怕只能依靠迭代优化运动规律来寻找触发尾迹捕获机制的设计点。

5. 其他非定常机制

除了上面介绍的四个昆虫悬停飞行时最为常见的非定常高升力机制外，近年来的研究还关注了翅膀柔性作用机制、小幅高频翅膀拍动的高升力机制、翅膀-身体的气动干扰机制以及多对翅膀间的气动干扰机制等问题，发现了某些昆虫所独有的非定常新机制。本节将对以上机制进行简要介绍。

(1) 柔性作用机制

昆虫翅膀大多具有柔性，在拍动时受惯性力、气动力和弹性力的相互作用而呈现复杂的动态变形响应。这种变形是弹性的，即翅膀在停止后不会因拍动时产生的动态变形而出现永久性结构改变。同时，昆虫翅膀的质量也非常轻，那么这些翅膀是如何抵抗拍动作用的载荷呢？研究表明，昆虫翅膀结构通常具有褶皱(见图 2-36(a))。这是一种类似折扇的结构形式，通过在翅膀表面形成多条沟壑来显著增强其抗弯曲刚度[52-53]。同时，昆虫翅膀结构还有复杂的翅脉分布和厚度变化。这些结构特征共同帮助轻质的昆虫翅膀抵抗拍动载荷，观察发现翅膀的变形特点主要是沿翅膀展向方向的扭转和弦向的正弯度(见图 2-36(b))[54-55]。随着昆虫翅膀的尺寸和展弦比减小，这些变形特点也逐渐变得不太明显，翅膀的柔性变形也可以近似忽略。

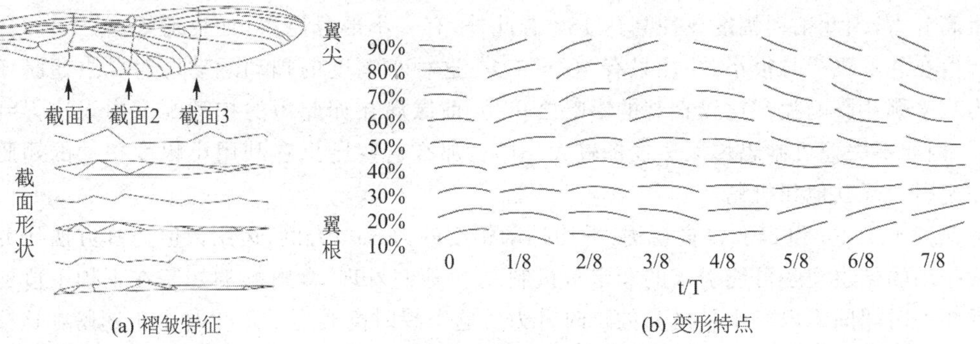

图 2-36　昆虫翅膀的褶皱特征和变形特点

既然研究人员可以描述昆虫翅膀拍动时的变形特点，那它们对翅膀的气动性能会产生哪些影响呢？2008 年，Du 和 Sun 运用数值仿真方法研究了 Wang 等人在 2002 年观测的昆虫翅膀扭转和弯度变形对其气动性能的影响[56]，发现弯度变形能够增大昆虫翅膀的升力和阻力，而扭转变形对翅膀整体气动力的影响很小。2009 年，Young 等人在研究蝗虫翅膀变形特点时发现扭转和弯曲变形有助于显著降低飞行能耗[57]。Du 和 Sun 在 2010 年进一步研究了蜂蝇飞行时翅膀变形的影响[58]，发现柔性翼的升力增大约10%，阻力增大约3%，同时气动功耗减小约5%。同样，他们认为升力的增大主要由弯度变形导致，而气动功耗的减小是由于扭转变形使得气动力在翅膀的作用点向翅根移动，从而使得气动力矩变小。这一发现与Young等人在蝗虫研究中得到的结论一致。此外，Nakata和Liu在2011年采用流固耦合数值仿真方法同时求解鹰蛾悬停飞行时翅膀的变形和气动力[59]。他们计算出了与实验观测相近的翅膀变形特点(展向扭转与正弯度变形)，并发现变形使得升力增大、气动功减小。这一研究结果进一步证明了昆虫翅膀柔性变形对其气动性能的一般影响，即小幅提高升力并降低气动功耗。

目前，研究昆虫翅膀柔性作用机制仍然难度较大。一方面，用实验方法观测昆虫自由飞行时的翅膀变形特点需要对昆虫习性和实验台布置拥有丰富经验，往往需要进行许多次实验才能够获得可用数据；另一方面，如果采用流固耦合数值仿真方法进行研究，需要首先对昆虫翅膀进行精确建模，涉及复杂的翅脉、褶皱、厚度分布以及翅脉和翅膜的材料属性。这些数据往往难以通过简单的实验测量获得。Du和Sun在他们2012年的研究中发现，昆虫翅膀的弯度变形和褶皱会对气动力产生相反的影响，二者相互抵消后使得真实翅膀与简化的刚性平板翅膀在气动性能上十分接近[60]。如果这一结论也适用于其他昆虫，那么在研究昆虫翅膀的气动性能时便可以同时忽略变形和褶皱的影响，极大地简化研究难度。

对于仿生扑翼微型飞行器来说，在设计它们的翼时除了需要考虑几何尺寸外，也希望这些翼能够像昆虫翅膀一样以非常轻的质量实现较高的刚度，从而实现预期的展向扭转和正弯度变形，在保证升力水平的前提下降低气动功耗。目前，这些翼设计大多不会考虑褶皱特征，而是通过合理布置刚度较大的结构杆件(代替翅脉)、支撑起刚度较小的塑料膜(代替翅膜)来等效实现昆虫翅膀的整体变形特点。这是一种受限于当前材料性能和加工工艺水平的妥协，但从样机测试结果来看，这种设计思路确实能够产生预想的变形特点和性能提升，因此在大多数样机研制中都得以使用。

(2) 小幅拍动增升机制

大多数蝇、蜂、蛾的翅膀拍动幅度在120°左右；部分昆虫的翅膀需要利用打开-合拢机制来产生高升力，因此拍动幅度往往高达180°。此外，有一小部分昆虫(如食蚜蝇、蚊子)的翅膀拍动幅度在悬停飞行时很小，往往只有40°～60°。这种小幅度的拍动运动会对昆虫翅膀产生高升力带来哪些影响呢？比较直观的影响之一是，前缘涡在如此短的拍动幅度内无法得到充分发展，因此不失速机制恐怕无法发挥较大作用。那么这些昆虫在利用小幅度拍动的翅膀飞行时一定引入了其他新机制。

2017年，Zhu和Sun以食蚜蝇(平均拍动幅度约为65°)为例，运用数值仿真方法研究了小幅度拍动的昆虫翅膀可能引入的非定常机制[61]。他们发现，食蚜蝇的翅膀在下拍中段的一个非常短的时间间隔内产生了极高的瞬时升力。这个瞬时高升力的产生是由于翅膀在这段时间内以较大的俯仰角快速向前下方扇动，使得翅膀周围的涡量矩快速改变。他们将这种运动特点所蕴含的高升力机制称为“划桨”机制。同年，Bomphrey等人研究了蚊子(平均拍动幅度约为45°)悬停飞行时利用的非定常高升力机制[5]。他们发现，蚊子悬停时翅膀主要利用三个机制来产生高升力：①拍动中段的不失速机制(尽管效果不如其他大幅度拍动的昆虫翅膀)；②翻转阶段的后缘涡吸力机制；③翻转阶段的旋转阻力机制。其中，后两个新机制与蚊子翅膀的拍动速度无关，而与翅膀在翻转阶段的瞬时翻转角速度变化紧密相关。后缘涡吸力机制与尾迹捕获机制类似，是由于蚊子翅膀在翻转结束时与翻转过程脱落的后缘涡相遇而在后缘附近形成局部额外升力。2020 年，Liu 等人基于实验观测的蚊子悬停飞行数据[62]，数值模拟了翅膀产生的气动力及其周围流场演变。他们在翅膀的每次拍动中都观察到了两个较大瞬时升力峰值(分别在拍动开始阶段和拍动中段)和一个相对较小的瞬时升力峰值(拍动结束阶段)。通过运用涡量矩理论建立流场演变与瞬时气动力的联系，他们认为这三个瞬时升力峰值形成的机制不同，按出现时间先后顺序依次为：附加质量机制、快速拍动的快速上仰机制和减速拍动的快速上仰机制。这与 Bomphrey 等人在研究蚊子悬停飞行时提出的后缘涡吸力机制和旋转阻力机制不同。关于这一类小幅度拍动昆虫飞行时所利用的非定常高升力机制，目前学术界仍然存在争论，有待进一步研究。

(3) 干扰增升机制

昆虫翅膀在拍动时产生的流动结构会拖曳在尾迹中，若翅膀与昆虫身体距离较近，则这些流动结构会与昆虫身体相互作用，影响昆虫翅膀或身体的气动力，从而改变整体性能。若昆虫不再悬停飞行，则身体在前飞速度的影响下也会产生流动结构，并与翅膀产生的流动结构发生干扰。2016 年，Liu 等人运用数值仿真方法研究了蝉在前飞时翅膀与身体之间相互干扰可能产生的新机制[63]。他们发现，当蝉的身体和翅膀之间存在干扰时，产生的总升力能够提升 18.7%，并且大部分升力提升出现在蝉的身体。这些升力提升的机制是由于蝉的胸腔和尾部会形成两个新的涡结构并与翅膀上形成的涡结构相互作用，导致身体背部一侧的吸力分布出现显著改变。这个研究证实昆虫翅膀与身体之间的干扰作用是有可能在前飞时提高总体升力的。Liu 等人的研究进一步指出，这个由翅膀和昆虫身体干扰产生的额外升力会随着翅膀逐渐远离昆虫身体而减弱，需要巧妙组合身体倾斜角与翅膀拍动频率才可以使额外升力最大化。

除了翅膀-身体的干扰作用外，对于拥有多对翅膀的昆虫还会经历前后翅膀间的干扰作用。事实上，前文介绍的打开-合拢机制和尾迹捕获机制也算作一种干扰作用，只不过打开-合拢机制指的是一对翅膀之间的干扰，而尾迹捕获机制表示翅膀与它自己之前产生的流动结构之间的干扰。像蜻蜓、豆娘这样具有两对翅膀的昆虫，在飞行时前翅产生的尾迹会流经后翅，并显著改变后翅的气动性能，这一现象常被称为翅间干扰机制。2004 年，Sun 和 Lan 运用数值仿真模拟了一个简化蜻蜓模型的悬停飞行并获取了前后翅的气动性能与流动结构[64]。他们发现蜻蜓前后翅在各自的下拍阶段会产生一个升力峰，同时由于前后翅的拍动存在 180°的相位差，这两个升力峰分布在总升力的不同阶段。然而，他们的研究指出，蜻蜓前后翅在悬停时的翅间干扰并不强烈并且会对稍微降低蜻蜓的总升力(降低前翅 14%的升力和后翅 16%的升力)。2007 年，Wang 和 Russel 在研究蜻蜓悬停时前后翅拍动相位差的影响时发现，180°的相位差是蜻蜓产生悬停所需升力的最小功耗模式，而 0°相位差将为蜻蜓提供更大的额外升力，可用于起飞和加速飞行(但气动功耗也显著增大)[65]。这是由后翅在两个拍动相位差下与前翅尾迹完全不同的干扰作用而导致的。对于这种翅间干扰机制，后来又有许多研究关注了前后翅拍动相位差、间距、前飞速度、俯仰运动规律等参数对气动力和气动效率的影响，目前大家普遍认为蜻蜓通过调节拍动相位差和俯仰运动规律，可利用完全不同的翅间干扰机制来提高升力或在不损失升力的前提下提高气动效率。这也说明，翅间干扰机制的具体效果与前后翅的运动学和形态学参数紧密相关，若要利用这一机制提升仿生扑翼微型飞行器的性能，需要考虑如何在飞行过程实现多个翼之间拍动相位差和间距的快速调节。

除了蜻蜓和豆娘外，自然界的鞘翅目昆虫也拥有两对翅膀，只不过它们主要依靠柔软的后

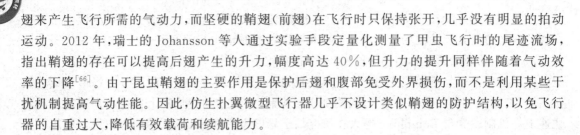

翅来产生飞行所需的气动力，而坚硬的鞘翅（前翅）在飞行时只保持张开，几乎没有明显的拍动运动。2012 年，瑞士的 Johansson 等人通过实验手段定量化测量了甲虫飞行时的尾迹流场，指出鞘翅的存在可以提高后翅产生的升力，幅度高达 40%，但升力的提升同样伴随着气动效率的下降[66]。由于昆虫鞘翅的主要作用是保护后翅和腹部免受外界损伤，而不是利用某些干扰机制提高气动性能。因此，仿生扑翼微型飞行器几乎不设计类似鞘翅的防护结构，以免飞行器的自重过大，降低有效载荷和续航能力。

2.4.2 前飞的力学原理

时至今日，围绕昆虫飞行力学原理的研究仍主要聚焦在悬停飞行状态。这是由于实验观测系统非常容易定位悬停昆虫的身体位置，便于测量身体和翅膀的运动；同时，悬停飞行也排除了前飞时身体速度的耦合影响。在研究昆虫悬停飞行力学原理的进程中，人们也开始关注昆虫前飞时所利用的力学原理有哪些改变，但受限于实验条件，目前学界只获得了大黄蜂和鹰蛾在不同前飞速度下的完整运动学数据。虽然通过实验途径获得昆虫前飞时的运动学数据难度很大，但已有的相关研究均表明悬停时的非定常高升力机理大多在前飞过程中仍然发挥作用。

绝大多数昆虫翅膀的拍动平面和身体纵向轴之间的夹角几乎是固定不变的。当昆虫翅膀的拍动平面开始倾斜并过渡为前飞时，身体的纵向轴也会随之倾斜，导致身体在前飞速度方向的投影减小，有助于降低身体的空气阻力。当拍动平面倾斜时，垂直于拍动平面的升力会在水平方向上投影出一个推力分量，在等于身体阻力时即可实现匀速前飞。这种通过倾转拍动平面实现由悬停向前飞过渡的方式与直升机的桨盘倾转十分相似。由于升力在重力方向的投影也会相应减小，所以昆虫往往还需要调整翅膀的拍动频率、拍动幅度和俯仰角来增大升力，从而维持飞行高度。显而易见，这种调整与昆虫的前飞速度密切相关。因此，在由悬停飞行转入前飞的过程中，昆虫需要时刻动态调整上述运动参数。以 2016 年 Meng 和 Sun 实验观测不同前飞速度下食蚜蝇的翅膀运动规律为例说明这些运动参数的调整（见图 2－37）[67]。当食蚜蝇由悬停开始以不同速度前飞时，身体纵向轴逐渐与水平面平行（在前飞速度达到 7 m/s 后几乎水平），拍动平面逐渐偏离水平面并在最大前飞速度下达到 50°。同时，拍动频率和平均拍动位置几乎不随前飞速度而改变。然而，翅膀的拍动幅度随着前飞速度的增大而逐渐变大，并且下拍在一个拍动周期内的占比也相应提高。

既然昆虫可以通过倾转拍动平面产生前飞的推进力并调整翅膀运动来维持竖直方向的气动力，那么昆虫能否一直向前倾转拍动平面而提高前飞速度呢？或者说，昆虫采用倾转平面所能实现的前飞速度是否存在极限呢？在刚刚介绍的 Meng 和 Sun 的研究中，他们发现食蚜蝇能够观测到的最大前飞速度约为 9 m/s。此时，食蚜蝇的身体纵向轴近乎完全水平，具有最小的迎风面积。还有一些研究，将前飞速度与昆虫翅尖的平均拍动速度之比作为衡量前飞相对于翅膀拍动运动相对强弱的一个无量纲参数，即前进比。2003 年，Sun 和 Wu 运用竖直仿真模拟了果蝇在不同前进比下的气动功耗（见图 2－38）[68]。他们的研究表明，果蝇飞行气动功耗随前进比变化的曲线近似为 J 形。在前进比为 0.13 和 0.27 时，果蝇前飞所需的气动功耗甚至要比悬停时低近 10%。为了使前飞时的气动功耗不高于悬停状态，果蝇可以将前进比选定在 0～0.4 的范围内。当前进比达到 0.4 后，气动功耗随前进比的进一步增大以指数形式升高，并快速达到果蝇能够提供的能量上限。这个研究为确定果蝇所能达到的最大前飞速度提

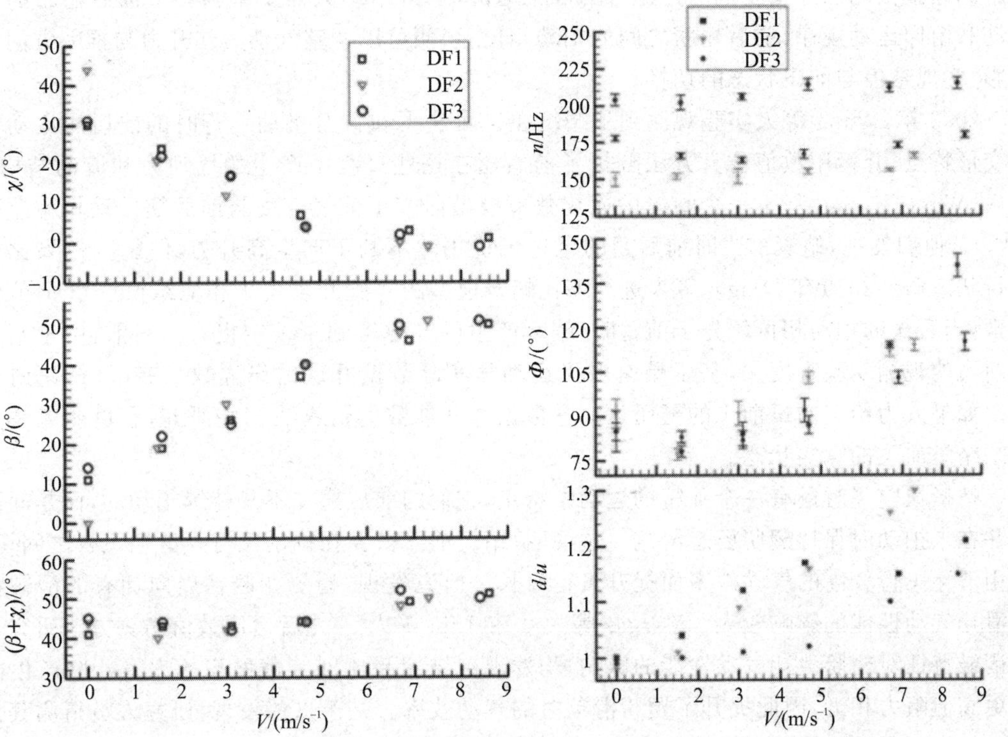

β:拍动平面与水平面夹角;χ:身体纵向轴与水平面夹角;n:扑动频率;φ:扑动幅度;d/u:下扑和上扑持续时间之比

图 2-37　昆虫前飞时拍动运动规律随前飞速度的变化

供了理论基础。运用类似的研究思路,也可以获得其他昆虫前飞时的气动功耗曲线并确定它们前飞速度上限。

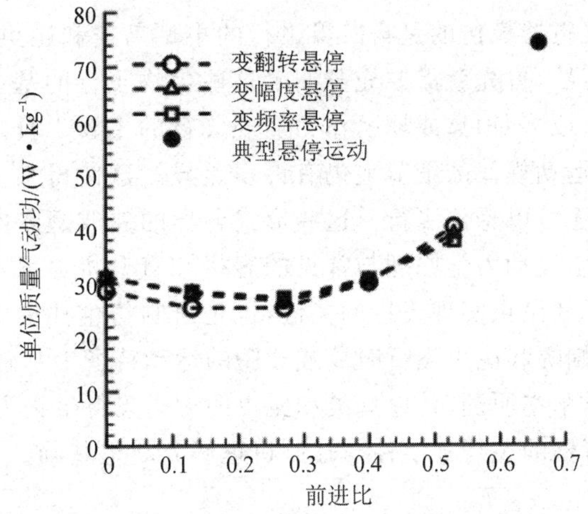

图 2-38　果蝇前飞时气动功耗随前进比的变化[74]

除了将拍动平面倾斜之外,昆虫是否还有其他方法实现前飞呢?由于自然界飞行的昆虫种类繁多,这个问题或许很难回答。蜻蜓的前后翅膀都是在一个倾斜的平面内拍动,每当蜻蜓需要在悬停和前飞之间切换时,前后翅膀的拍动平面几乎不发生明显变化[69]。这是由于前后翅膀的倾斜拍动已经具备同时产生升力和推力的能力，蜻蜓只需要单独调节前后翅膀的拍动运动和俯仰运动规律（前后翅膀之间的拍动相位差）便可以调整气动力在升力与推力方向上的投影，实现悬停与前飞状态的切换。

2003年，Wang等人实验观测到了蜻蜓在自由前飞和转弯机动飞行时的前后翅运动规律和变形特点，并运用数值仿真方法分析了前后翅在这些过程中产生的气动力和流动结构[70]。随后，Wang和Sun基于一个蜻蜓的简化数值模型研究了前飞速度与前后翅拍动相位差的影响[71]。他们发现，蜻蜓前飞时前后翅的尾迹干扰仍然不利于产生高升力，但影响效果比悬停飞行状态弱。2019年，Nagai等人进行缩比蜻蜓模型的实验并发现了相似结论[72]。但他们还发现，当后翅的拍动相位领先于前翅时，蜻蜓产生的升力得到了一定提升。目前，由于蜻蜓自由前飞的观测实验难度大，基于蜻蜓前飞运动学实际数据开展的研究数量有限、结论尚未统一。如果人为给定蜻蜓前飞的翅膀运动学数据并开展数值仿真或实验研究，有可能无法充分反映蜻蜓前飞的真实状态。

蜻蜓在前飞时还有一个独特的运动学特点，它们的前后翅并不是持续拍动的，而是间歇拍动并在未拍动时保持翅膀姿态滑翔。这说明，蜻蜓前飞需要在拍动飞行与滑翔飞行之间切换，利用滑翔飞行较高的气动效率而提升飞行时长。研究发现，蜻蜓翅膀在展向拥有的褶皱特征对滑翔气动性能的影响较大。Vargas等人[73]和Lim等人[74]先后运用数值仿真方法研究了这种褶皱特征对翅膀滑翔气动性能的影响，均发现褶皱翅膀比同等截面积的光滑翅膀产生的升力更高但阻力相近，因此提升了翅膀滑翔时的气动效率。基于这些发现，研究人员猜测其他昆虫在前飞时未采用间歇拍动的模式是由于它们翅膀的褶皱微结构不明显，因此在滑翔时无法产生足以维持飞行的气动力。

本章小结

既然仿生扑翼微型飞行器模仿的是自然界飞行的小型鸟类和昆虫，那么为了研制一款高性能的仿生扑翼微型飞行器，首先就需要充分明确这些生物飞行的基本原理。从生理结构上来说，这些生物都由一对（或多对）翼或翅膀作为实现飞行的主要工具。尽管这些翼或翅膀的运动都以扑动为主，但在运动规律的细节上仍有许多差异。这使得大多数鸟类和蝙蝠只能实现前飞，而昆虫和蜂鸟却还可以悬停飞行。这些形式各异的翼或翅膀的扑动运动都会产生非常强烈的非定常流动，其空气动力学原理与常见的客机和直升机显著不同。这些运动学特点和新颖的力学原理是鸟类和昆虫实现飞行的关键，也是研制仿生扑翼微型飞行器需要着重考虑的方面。本章以鸟类、蝙蝠和昆虫飞行时翼或翅膀的运动特征为基础，简要介绍了研究生物飞行所涉及的空气动力学基本原理，并以鸟类和昆虫两大类飞行生物为典型展开详细介绍，为生物和仿生扑翼微型飞行器的飞行稳定性与控制机理研究奠定基础。

思考题

1. 设计常规飞机的空气动力学原理为什么无法解释昆虫飞行？
2. 昆虫悬停飞行有哪些高升力机制？
3. 前缘涡保持稳定主要依赖哪些机制？

参考文献

[1] Norberg U L. Flight and scaling of flyers in nature[J]. Flow phenomena in nature, 2007, 1: 120-154.

[2] VonBusse R, Hedenström A, Winter Y, et al. Kinematics and wing shape across flight speed in the bat, Leptonycteris yerbabuenae[J]. Biology open, 2012, 1(12): 1226-1238.

[3] Wolf M, Johansson L C, vonBusse R, et al. Kinematics of flight and the relationship to the vortex wake of a Pallas' long tongued bat (Glossophaga soricina)[J]. Journal of Experimental Biology, 2010, 213(12): 2142-2153.

[4] 余永亮. 蝙蝠飞行的空气动力学研究进展[J]. 空气动力学学报, 2018, 36(1): 129-134.

[5] Bomphrey R J, Nakata T, Phillips N, et al. Smart wing rotation and trailing-edge vortices enable high frequency mosquito flight[J]. Nature, 2017, 544(7648): 92-95.

[6] Lyu Y Z, Zhu H J, Sun M. Flapping-mode changes and aerodynamic mechanisms in miniature insects[J]. Physical Review E, 2019, 99(1): 012419.

[7] Zhang Y, Wang X, Wang S, et al. Kinematic and aerodynamic investigation of the butterfly in forward free flight for the butterfly-inspired flapping wing air vehicle [J]. Applied Sciences, 2021, 11(6): 2620.

[8] 吴介之, 刘罗勤, 刘天舒. 定常升阻力普适理论的特色和升力的物理来源[J]. 力学进展, 2021, 51(1): 106-129. doi: 10.6052/1000-0992-20-014

[9] Honarmand M, Djavareshkian M H, Feshalami B F, et al. Numerical simulation of a pitching airfoil under dynamic stall of low Reynolds number flow[J]. Journal of Aerospace Technology and Management, 2019, 11: e4819.

[10] Theodorsen T. General theory of aerodynamic instability and the mechanism of flutter[R]. NASA,1949.

[11] Garrick I E. Propulsion of a flapping and oscillating airfoil[R]. NASA,1937.

[12] Cummins C, Seale M, Macente A, et al. A separated vortex ring underlies the flight of the dandelion[J]. Nature, 2018, 562(7727): 414-418.

[13] Holden D, Socha J J, Cardwell N D, et al. Aerodynamics of the flying snake Chrysopelea paradisi: how a bluff body cross-sectional shape contributes to gliding performance[J]. Journal of Experimental Biology, 2014, 217(3): 382-394.

[14] Jones K D, Dohring C M, Platzer M F. Experimental and computational investigation of the Knoller-Betz effect[J]. AIAA journal, 1998, 36(7): 1240-1246.

[15] Nachtigall W, Kempf B. Vergleichende untersuchungen zur flugbiologischen funktion des Daumenfittichs (Alula spuria) bei vögeln[J]. Journal of Comparative Physiology A: Neuroethology, Sensory, Neural, and Behavioral Physiology,

1971, 71(3): 326-341.
[16] Linehan T, Mohseni K. On the maintenance of an attached leading-edge vortex via model bird alula[J]. Journal of Fluid Mechanics, 2020, 897: A17.
[17] Cutts C J, Speakman J R. Energy savings in formation flight of pink-footed geese [J]. Journal of experimental biology, 1994, 189(1): 251-261.
[18] Weimerskirch H, Martin J, Clerquin Y, et al. Energy saving in flight formation [J]. Nature, 2001, 413(6857): 697-698.
[19] Mirzaeinia A, Heppner F, Hassanalian M. An analytical study on leader and follower switching in V-shaped Canada Goose flocks for energy management purposes [J]. Swarm Intelligence, 2020, 14: 117-141.
[20] Tucker V A. Gliding birds: reduction of induced drag by wing tip slots between the primary feathers[J]. Journal of experimental biology, 1993, 180(1): 285-310.
[21] Tucker V A. Drag reduction by wing tip slots in a gliding Harris' hawk,Parabuteo unicinctus[J]. Journal of experimental biology, 1995, 198(3): 775-781.
[22] KleinHeerenbrink M, Johansson L C, Hedenström A. Multi-cored vortices support function of slotted wing tips of birds in gliding and flapping flight[J]. Journal of the Royal Society Interface, 2017, 14(130): 20170099.
[23] Lynch M,Mandadzhiev B, Wissa A. Bioinspired wingtip devices: a pathway to improve aerodynamic performance during low Reynolds number flight[J]. Bioinspiration & biomimetics, 2018, 13(3): 036003.
[24] Chin DD, Lentink D. Flapping wing aerodynamics: from insects to vertebrates [J]. Journal of Experimental Biology, 2016, 219(7): 920-932.
[25] Weis-Fogh T. Quick estimates of flight fitness in hovering animals, including novel mechanisms for lift production[J]. Journal of experimental Biology, 1973, 59 (1): 169-230.
[26] Lighthill M J. On the Weis-Fogh mechanism of lift generation[J]. Journal of Fluid Mechanics, 1973, 60(1): 1-17.
[27] Maxworthy T. Experiments on the Weis-Fogh mechanism of lift generation by insects in hovering flight. Part 1. Dynamics of the 'fling'[J]. Journal of Fluid Mechanics, 1979, 93(1): 47-63.
[28] Truong T V, Le T Q,Byun D, et al. Flexible wing kinematics of a free-flying beetle (rhinoceros beetle trypoxylus dichotomus)[J]. Journal of Bionic Engineering, 2012, 9(2): 177-184.
[29] Cooter R J, Baker P S. Weis-Fogh clap and fling mechanism in Locusta[J]. Nature, 1977, 269(5623): 53-54.
[30] Srygley R B, Thomas A L R. Unconventional lift-generating mechanisms in free-flying butterflies[J]. Nature, 2002, 420(6916): 660-664.
[31] Miller L A,Peskin C S. Flexible clap and fling in tiny insect flight[J]. Journal of Experimental Biology, 2009, 212(19): 3076-3090.

[32] Dickinson M H, Götz K G. Unsteady aerodynamic performance of model wings at low Reynolds numbers[J]. Journal of experimental biology, 1993, 174(1): 45-64.

[33] Ellington C P, Van Den Berg C, Willmott A P, et al. Leading-edge vortices in insect flight[J]. Nature, 1996, 384(6610): 626-630.

[34] Polhamus E C. Predictions of vortex-lift characteristics by a leading-edge suctionanalogy[J]. Journal of aircraft, 1971, 8(4): 193-199.

[35] Wang Z J, Birch J M, Dickinson M H. Unsteady forces and flows in low Reynolds number hovering flight: two-dimensional computationsvs robotic wing experiments[J]. Journal of Experimental Biology, 2004, 207(3): 449-460.

[36] Chen L, Wu J, Cheng B. Leading-edge vortex formation and transient lift generation on a revolving wing at low Reynolds number[J]. Aerospace Science and Technology, 2020, 97: 105589.

[37] Harbig R R, Sheridan J, Thompson M C. Relationship between aerodynamic forces, flow structures and wing camber for rotating insect wing planforms[J]. Journal of Fluid Mechanics, 2013, 730: 52-75.

[38] Wong J G, Rival D E. Determining the relative stability of leading-edge vortices on nominally two-dimensional flapping profiles [J]. Journal of Fluid Mechanics, 2015, 766: 611-625.

[39] Shyy W, Liu H. Flapping wings and aerodynamic lift: the role of leading-edge vortices[J]. AIAA journal, 2007, 45(12): 2817-2819.

[40] Jardin T, David L. Spanwise gradients in flow speed help stabilize leading-edge vortices on revolving wings[J]. Physical Review E, 2014, 90(1): 013011.

[41] Lentink D, Dickinson M H. Rotational accelerations stabilize leading edge vortices on revolving fly wings[J]. Journal of experimental biology, 2009, 212(16): 2705-2719.

[42] Garmann D J, Visbal M R, Orkwis P D. Three-dimensional flow structure and aerodynamic loading on a revolving wing[J]. Physics of Fluids, 2013, 25(3).

[43] Birch J M, Dickinson M H. Spanwise flow and the attachment of the leading-edge vortex on insect wings[J]. Nature, 2001, 412(6848): 729-733.

[44] Wojcik C J, Buchholz J H J. Vorticity transport in the leading-edge vortex on a rotating blade[J]. Journal of Fluid Mechanics, 2014, 743: 249-261.

[45] Werner N H, Chung H, Wang J, et al. Radial planetaryvorticity tilting in the leading-edge vortex of revolving wings [J]. Physics of Fluids, 2019, 31(4): 041902.

[46] Chen L, Wang L, Zhou C, et al. Effects of Reynolds number on leading-edge vortex formation dynamics and stability in revolving wings[J]. Journal of Fluid Mechanics, 2022, 931: A13.

[47] Dickinson M H, Lehmann F O, Sane S P. Wing rotation and the aerodynamic basis of insect flight[J]. science, 1999, 284(5422): 1954-1960.

[48] Sun M, Tang J. Unsteady aerodynamic force generation by a model fruit fly wing in flapping motion[J]. Journal of experimental biology, 2002, 205(1): 55-70.

[49] Sane S P, Dickinson M H. The aerodynamic effects of wing rotation and a revised quasi-steady model of flapping flight[J]. Journal of experimental biology, 2002, 205(8): 1087-1096.

[50] Birch J M, Dickinson M H. The influence of wing - wake interactions on the production of aerodynamic forces in flapping flight[J]. Journal of experimental biology, 2003, 206(13): 2257-2272.

[51] Wu J, Sun M. The influence of the wake of a flapping wing on the production of aerodynamic forces[J]. Acta Mechanica Sinica, 2005, 21(5): 411-418.

[52] Rees C J C. Form and function in corrugated insect wings[J]. Nature, 1975, 256(5514): 200-203.

[53] Newman D J S, Wootton R J. An approach to the mechanics of pleating in dragonfly wings[J]. Journal of Experimental Biology, 1986, 125(1): 361-372.

[54] Ennos A R. The importance of torsion in the design of insect wings[J]. Journal of experimental Biology, 1988, 140(1): 137-160.

[55] Walker S M, Thomas A L R, Taylor G K. Deformable wing kinematics in free-flying hoverflies [J]. Journal of the Royal Society Interface, 2010, 7(42): 131-142.

[56] Du G, Sun M. Effects of unsteady deformation of flapping wing on its aerodynamic forces[J]. Applied Mathematics and Mechanics, 2008, 29: 731-743.

[57] Young J, Walker S M, Bomphrey R J, et al. Details of insect wing design and deformation enhance aerodynamic function and flight efficiency[J]. Science, 2009, 325(5947): 1549-1552.

[58] Du G, Sun M. Effects of wing deformation on aerodynamic forces in hovering hoverflies[J]. Journal of Experimental Biology, 2010, 213(13): 2273-2283.

[59] Nakata T, Liu H. Aerodynamic performance of a hoveringhawkmoth with flexible wings: a computational approach[J]. Proceedings of the Royal Society B: Biological Sciences, 2012, 279(1729): 722-731.

[60] Du G, Sun M. Aerodynamic effects of corrugation and deformation in flapping wings of hovering hoverflies[J]. Journal of theoretical biology, 2012, 300: 19-28.

[61] Zhu H J, Sun M. Unsteady aerodynamic force mechanisms of a hoverfly hovering with a short stroke-amplitude[J]. Physics of Fluids, 2017, 29(8): 081901.

[62] Liu L G, Du G, Sun M. Aerodynamic-force production mechanisms in hovering mosquitoes[J]. Journal of Fluid Mechanics, 2020, 898: A19.

[63] Liu G, Dong H, Li C. Vortex dynamics and new lift enhancement mechanism of wing - body interaction in insect forward flight[J]. Journal of Fluid Mechanics, 2016, 795: 634-651.

[64] Sun M, Lan S L. A computational study of the aerodynamic forces and power re-

quirements of dragonfly (Aeschna juncea) hovering[J]. Journal of Experimental Biology, 2004, 207(11): 1887-1901.

[65] Wang Z J, Russell D. Effect of forewing andhindwing interactions on aerodynamic forces and power in hovering dragonfly flight[J]. Physical review letters, 2007, 99(14): 148101.

[66] Johansson L C, Engel S, Baird E, et al. Elytra boost lift, but reduce aerodynamic efficiency in flying beetles[J]. Journal of the Royal Society Interface, 2012, 9 (75): 2745-2748.

[67] Meng X G, Sun M. Wing and body kinematics of forward flight in drone-flies[J]. Bioinspiration & Biomimetics, 2016, 11(5): 056002.

[68] Sun M, Wu J H. Aerodynamic force generation and power requirements in forward flight in a fruit fly with modeled wing motion[J]. Journal of Experimental Biology, 2003, 206(17): 3065-3083.

[69] Azuma A, Azuma S, Watanabe I, et al. Flight mechanics of a dragonfly[J]. Journal of experimental biology, 1985, 116(1): 79-107.

[70] Wang H,Zeng L, Liu H, et al. Measuring wing kinematics, flight trajectory and body attitude during forward flight and turning maneuvers in dragonflies[J]. Journal of Experimental Biology, 2003, 206(4): 745-757.

[71] Wang J K, Sun M. A computational study of the aerodynamics and forewing-hindwing interaction of a model dragonfly in forward flight[J]. Journal of experimental biology, 2005, 208(19): 3785-3804.

[72] Nagai H, Fujita K,Murozono M. Experimental study on forewing - hindwing phasing in hovering and forward flapping flight[J]. AIAA journal, 2019, 57(9): 3779-3790.

[73] Vargas A,Mittal R, Dong H. A computational study of the aerodynamic performance of a dragonfly wing section in gliding flight[J]. Bioinspiration & biomimetics, 2008, 3(2): 026004.

[74] Kim W K,Ko J H, Park H C, et al. Effects of corrugation of the dragonfly wing on gliding performance[J]. Journal of theoretical biology, 2009, 260(4): 523-530.

第 3 章　仿生翼构造与特点

翼是飞鸟、昆虫、蝙蝠等生物用于飞行的重要器官。经过漫长的进化，这些生物翼在形态、结构和功能上表现出各式各样、丰富多彩的特点，尽显大自然的鬼斧神工。例如，昆虫翼的重量很轻，一般不到其总重的 2%，但都可承受远高于其总重几倍的气动载荷；而鸟类的翼相较而言要重得多，由复杂的骨骼、肌肉和外部的羽毛组成。不同生物的翼之所以呈现如此巨大的差异，是因为它们的飞行方式和飞行条件各不相同。同理，对于模仿这些生物飞行的仿生扑翼飞行器，它们的翼在外形、结构、材料、制造工艺、运动模式、变形特征和气动性能等方面也会因设计目标的不同而存在明显的差异。

本章对仿生扑翼飞行器的翼（以下简称为“仿生翼”）进行比较详细地介绍，主要介绍生物翼在外形、结构与功能上的特点和生物翼的运动模式，通过案例介绍飞行器的仿生翼的外形、结构、材料与功能上的特点和运动模式，介绍影响仿生翼性能的主要因素，以及如何在研究和设计阶段评估和测量仿生翼的性能。

3.1　生物翼的结构特征与运动模式

3.1.1　鸟类的翼和蝙蝠的翼

本节主要介绍鸟类（蜂鸟除外）与蝙蝠的翼的外形、结构和功能。部分读者可能会对这一分类方式感到疑惑，这里有必要进行说明：蝙蝠作为人类已知的唯一具有飞行能力的哺乳动物（类似于鼯鼠这样的哺乳动物只能进行有限距离的滑翔，因此严格意义上来说不具有飞行能力），其产生升力的机理和飞行方式与鸟类存在一定的相似性，因此将二者合并介绍；而蜂鸟作为鸟类中的一个特例，可以实现其他鸟类无法实现的悬停、倒飞等高度复杂的飞行机动动作，其产生升力的机理和飞行方式更接近于昆虫，因此在后续章节中详细介绍。

1. 鸟类翼的结构特征

鸟类是人们最早关注的具有飞行能力的生物之一。在固定翼的理论未被提出前，人类尝试飞行主要是模仿鸟类的飞行。

在生物学中，鸟类被认为是“前肢有羽毛的四足动物”，即鸟类的翼实际上是它们的前肢。通常将翼的手臂和手部分别称为臂翼段和手翼段。在翼的内部有类似于人类手臂和其他四足动物四肢的骨骼结构，而翼的外形是由分布的羽毛决定的（见图 3-1）。

鸟类的翼需要既强壮又轻盈。强壮是为了使翼能够有力地扑动，同时尽可能将空气的反作用力传递给身体；轻盈是为了减少翼在往复扑动时所产生的惯性力。如翼在快速向胸部扑动时往往需要张开，此时肌肉受到的惯性力是非常大的。为了满足既强壮又轻盈的特点，鸟类翼的骨骼和肌肉组织从臂翼段到手翼段会逐渐变少。下面首先介绍鸟类翼内部的骨骼和肌肉组织结构。

为了便于理解，读者可以将鸟类翼与人体的手臂进行类比，二者在骨骼结构上存在一定的相似之处，图 3-2 所示为鸟类翼的结构和羽毛与人类手臂骨骼的对比。图 3-3 所示为鸟类

图 3-1　几种典型鸟类的翼形状与羽毛[1]

翼的骨骼结构。鸟类翼的骨骼由内向外分别是肱骨、尺骨、尺腕骨、桡骨、桡腕骨和手骨，其中手骨部分的指骨退化，部分指骨、腕骨和掌骨愈合，与其他四足动物存在明显差异；肱骨与肩胛骨和乌喙骨连接的部分为肩关节，尺骨、桡骨与肱骨的连接部分为肘关节，尺腕骨、桡腕骨与手骨的连接部分为腕关节。肩关节处卵形的肱骨头类似于一个球铰链结构，使鸟类的翼可以实现前后的扑动运动，这一结构与人类的肩关节非常类似；然而，受到肩关节周围的韧带和肱骨头形状的限制，大部分鸟类肱骨的运动范围，或者说扑动幅度是有限的（蜂鸟肱骨的运动范围非常大，是鸟类中的特例）。除肩关节的运动外，肘关节和肩关节使得鸟类的翼能够进一步展开和收起。图 3-4 所示为鸽子翼骨骼的运动形式。

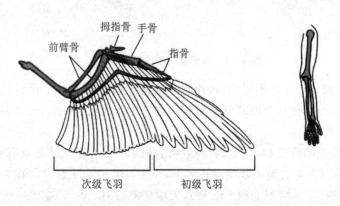

图 3-2　鸟类的翼的骨骼和羽毛(左)与人类手臂骨骼(右)[2]

需要注意的是，不同尺寸的鸟类翼的骨骼并不满足等比例缩放关系，即肱骨、尺桡骨和手

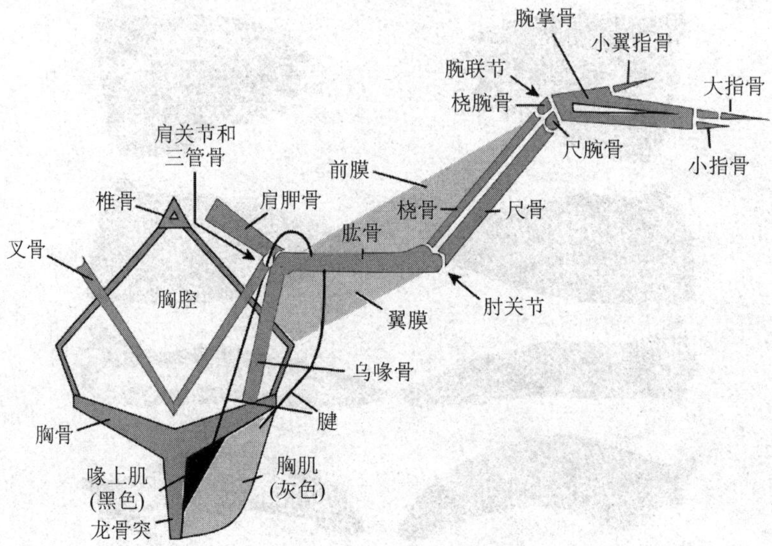

图 3-3 鸟类的翼的解剖示意图[3]

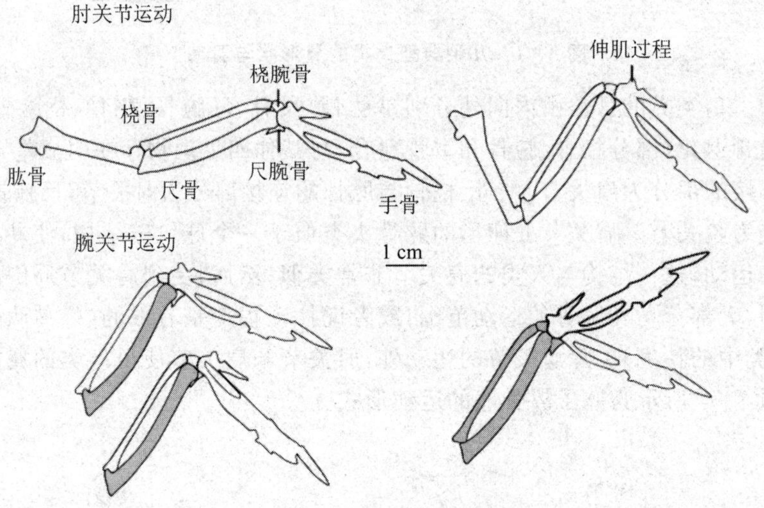

图 3-4 鸽子翼骨骼的运动模式[4]

骨在不同鸟类中的相对比例是不同的，这种差异使得它们臂翼段和手翼段的尺寸和功能并不相同。图 3-5 所示为五种鸟类的翼骨骼结构。为了便于说明，将这些骨骼结构的尺寸进行缩放使其手翼段尺寸相同。

鸟类翼(或称鸟类的前肢)与其他四足动物前肢的一个显著差异是具有羽毛，羽毛占翼面积的 75%以上。不同鸟类的羽毛数量存在差异，小型鸟类的羽毛数量约在 2 000 根左右(如燕子的羽毛约 1 500 根，蜂雀的羽毛约 940 根)，大型鸟类的羽毛约 5 000～8 000 根之间(如鹰的羽毛约 7 000 根)，而天鹅的羽毛能达到 25 000 根左右。

鸟类翼上的羽毛可以划分为飞羽、覆羽、肩羽、翼下覆羽和腋羽几个部分，如图 3-6 所示。飞羽是鸟类翼上最主要的部分，直接生长在翼的骨骼上，形成了鸟类翼的主要轮廓和气动外

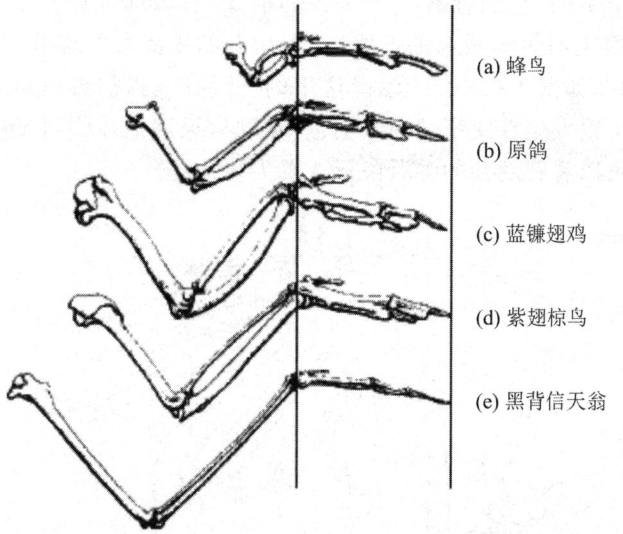

图 3－5　五种动物前肢骨骼的相对尺寸对比图(手骨尺寸统一)[5]

形。按照生长位置，飞羽可以分为初级飞羽、次级飞羽和三级飞羽三类，其中生长在手骨上的是初级飞羽、生长在尺骨上的是次级和三级飞羽。初级飞羽是手翼段的强壮羽毛，通常沿羽轴不对称，由狭窄的外羽片和后缘较宽的内羽片组成，且越外侧初级飞羽的不对称性越强，其中雀形目鸟类的初级飞羽一般为 9～10 根，非雀形目鸟类一般为 10 根，有时鸟类会出现 11 根飞羽的情况，如信鸽会出现两侧翼均为 11 根飞羽或一侧 11 根飞羽另一侧 10 根飞羽的情况。次级飞羽覆盖了手翼段的大部分表面，其数量由鸟的翼形决定，在不同鸟类中差异很大，从几根到数十根不等，次级飞羽数量最少的鸟类为蜂鸟(6 根)，最多的为信天翁(可达到 40 多根)。三级飞羽位于尺骨末端，通常为 3～4 根，用于填补次级飞羽和身体之间的空隙。不同鸟类的三级飞羽在外形上差异往往很大，如鹡鸰、鹤、百灵等鸟类的三级飞羽很长，而其他鸟类的三级飞羽与次级飞羽的差异并不显著。

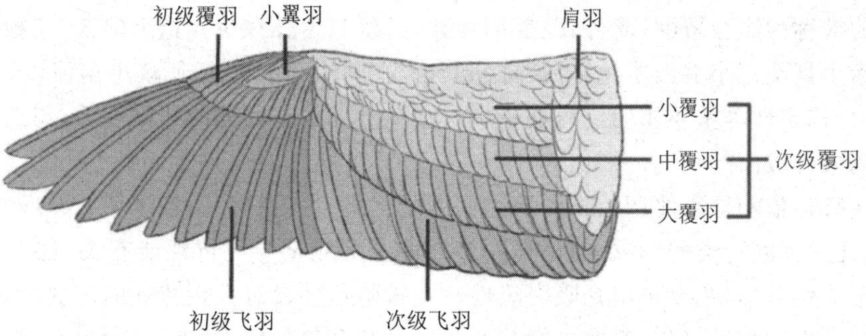

图 3－6　鸟类的翼羽区划分

图 3－7 所示为苍鹰翼上羽毛分布和截面形状。廓羽覆盖了臂翼段的前部和手翼段的近端部分，形成了圆形前缘。11 根对称的次级飞羽末端形成了臂翼段的尖锐后缘。臂翼段的剖面(a)～(c)具有圆形前缘且剖面形状弯曲明显。然而，手翼段的剖面形状则与飞机机翼的经

典翼型剖面形状完全不同，它们拥有一个尖锐的前缘，且该前缘由狭窄的初级飞羽Ⅹ、Ⅸ和Ⅶ形成。其中，初级飞羽Ⅹ构成翼的前缘，由于展开的手翼段的部分飞羽具有凹缘，导致翼外侧剖面存在“空隙”，如图 3-7(d)所示。这里的“凹缘”是指初级飞羽的远端急剧收缩而形成缝隙的术语。这可以发生在狭窄的前缘羽毛、宽的后缘羽毛或同时发生在两种羽毛上。在许多鸟类的翼上都可以看到展开的手翼段形成翼尖端狭缝。

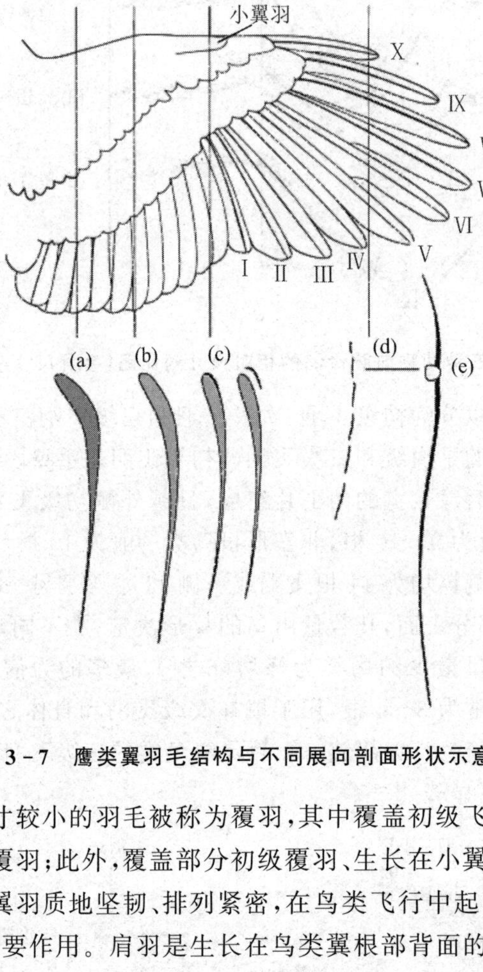

图 3-7　鹰类翼羽毛结构与不同展向剖面形状示意图[4]

覆盖在飞羽上的尺寸较小的羽毛被称为覆羽，其中覆盖初级飞羽的被称为初级覆羽，覆盖次级飞羽的被称为次级覆羽；此外，覆盖部分初级覆羽、生长在小翼指上的 3～4 根长度不等的羽毛被称为小翼羽。小翼羽质地坚韧、排列紧密，在鸟类飞行中起到减小湍流度、调整飞行姿态、提高飞行稳定性等重要作用。肩羽是生长在鸟类翼根部背面的几排羽毛，与之相对的腋羽是生长在翼根部腹面的羽毛。

鸟类飞行还依赖尾部的调控作用。它们的尾部最多可拥有 24 条尾羽，长度和形状都不相同，形成了几乎无限种类的尾翼，但尾翼的多样性并不完全与飞行性能有关，许多独特的尾翼形状只属于雄性鸟类，主要作用是吸引雌性。在排除这些没有性别特征的尾翼后，余下的尾翼大多都具有左右对称性，但它们的左侧和右侧展开和倾斜的程度可以差异很大，形成非常不对称的尾翼形状。在大多数鸟类中，尾翼最外侧的羽毛是不对称的，并且外部的羽毛比内部的羽毛窄得多。在这种情况下，折叠的尾巴会形成一个狭窄的矩形，但当它展开时又呈现扇形。对于分叉类型的尾翼，越靠近中心的尾羽越短，使得深叉尾翼在展开时呈月牙形，而浅叉尾翼展开时的后缘是一条直线。常见的喜鹊、野鸡、鸽子等鸟类，它们有一条楔形尾翼，中央尾羽较长而外层尾羽较短，这种尾翼在展开时呈细长的铲状。

需要注意的是，即便在同一个功能群体中，尾翼形状的差异也较大。例如，对于空中捕食的鸟类(如燕子、雨燕等)，尾翼形状就有可能是短方形或长叉形。

羽毛由角蛋白构成，是鸟类死亡的表皮，因此羽毛是无法修复的。一旦羽毛脱落，鸟类只能等待新的羽毛长出。羽毛对鸟类的重要性不言而喻，许多鸟类会在梳理羽毛上花费大量的时间和精力。羽毛主要由羽轴和羽片组成，如图 3－8 所示，其中羽轴上不生长羽片的部分是中空的羽根结构，能深入鸟类皮肤的内部，生长羽片的部分称为羽干，被海绵状组织填充，具有坚硬的外壁。羽片由纤细的羽枝和更为纤细的羽小枝构成，相邻的羽枝通过一侧羽枝的羽小枝的细小倒钩和另一侧羽枝上光滑的羽小枝牢固地搭接在一起，形成了坚固的网状结构。

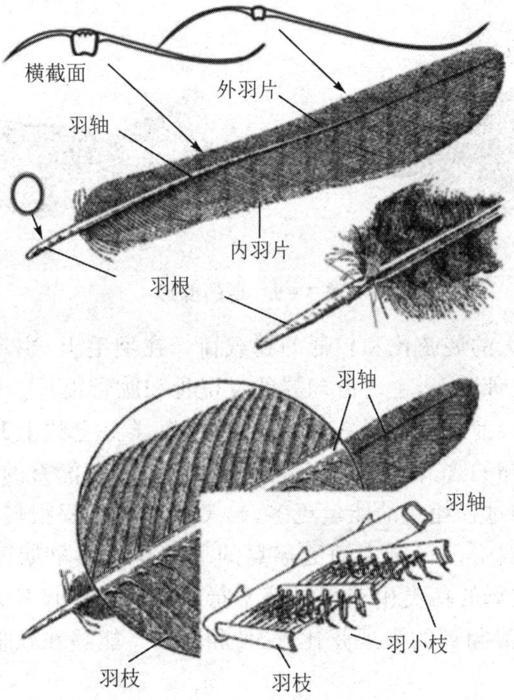

图 3－8　鸟类羽毛的结构[4]

骨骼、肌肉和羽毛共同构成了具有扑动、展开和收起等功能的翼，其截面形状是有弯度的薄翼型。以航空工程师的眼光来看，鸟类的翼具有精巧、复杂的结构和优秀的气动性能。由于身体尺寸、飞行条件和生存环境等方面存在差异，不同种类鸟的翼在外形上也各不相同。翼的平面形状称为翼形。现有鸟类的翼形大致可分为四种，分别称为椭圆翼、高速翼、主动滑翔翼和被动滑翔翼，如图 3－9 所示。下面简要介绍四种翼形的特点。

椭圆翼，顾名思义，是平面形状接近于椭圆的翼形，但实际上椭圆翼也可以是短矩形或三角形外形。它的总体特点是翼的展弦比较小、翼载荷较大。在羽毛上，椭圆翼的初级飞羽较短，次级飞羽较长，初级飞羽的外形接近于扇形；在骨骼上，肱骨、尺桡骨、手骨三部分的长度接近。具有椭圆翼的鸟类具有高速短距离起飞的能力，通常在飞行中加速快、机动能力强，适合在山林、灌木丛生活。日常生活中常见的麻雀、乌鸦的翼形即为椭圆翼。

与椭圆翼相比，高速翼的展弦比更长，翼的截面(即翼型)更薄。这种翼形有助于持续扑动而进行长时间的高速飞行。在羽毛上，高速翼的初级飞羽比次级飞羽长很多，三级飞羽很少

(有些鸟类甚至没有三级飞羽);在骨骼上,高速翼的肱骨、桡骨和尺骨都较短,而手骨较长。在地形开阔的地区生活的鸟类的翼形很多为高速翼,典型代表是飞行速度最快的鸟——雨燕,此外,隼、鸭、海雀、鸽子等鸟类的翼形也是高速翼。

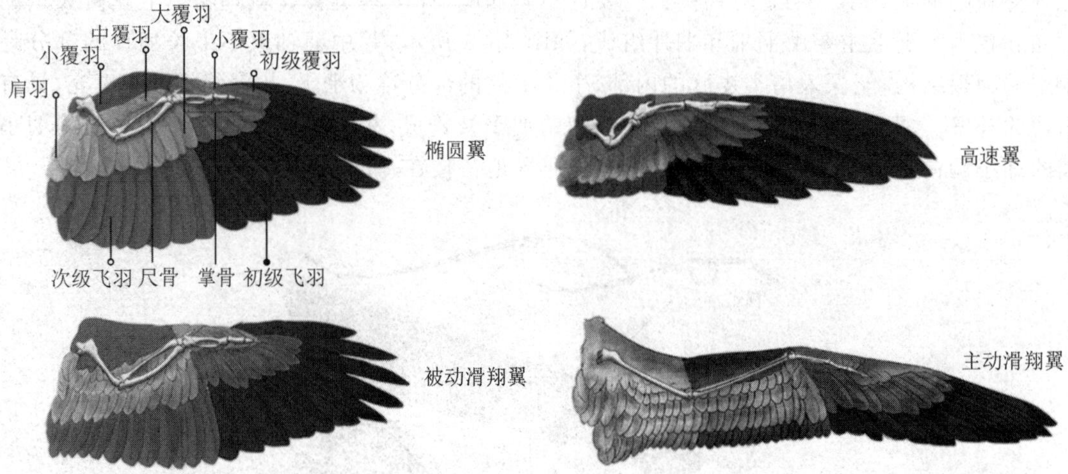

图 3-9　鸟的翼形

主动滑翔翼具有极大的展弦比和较低的翼载荷。在羽毛上,主动滑翔翼的次级飞羽和三级飞羽短且排列整齐;在骨骼上,主动滑翔翼的尺桡骨和肱骨很长。这种翼形常见于海洋附近生活的鸟类,如海鸥、信天翁、鲣鸟等。它们可以利用海洋上空的上升气流飞到高空进行长距离滑翔。这也是主动滑翔的含义。极大的展弦比赋予了它们优秀的滑翔能力,同时也导致了一些问题。例如,扑动的过程耗费的能量更多,起飞和加速过程很慢,因而难以在陆地栖息鸟类中发现主动滑翔翼的翼形。具有主动滑翔翼的鸟类是人类早期飞行器研究的主要研究对象,人类从这些大展弦比翼的鸟类中获得灵感来指导滑翔机的设计。美国空军的 U-2 侦察机也采用了类似于主动滑翔翼的大展弦比翼,使得 U-2 能够在较低油耗下进行高空远距离长航时侦察飞行。

与主动滑翔翼相比,被动滑翔翼的展弦比没有那么大,但翼面积很大、翼载荷极低,翼尖部分弦长较长,甚至与翼根弦长接近。在羽毛上,被动滑翔翼的飞羽较长;在骨骼上,与椭圆翼类似,三部分骨骼的长度接近。被动滑翔翼常见于陆地生活的大型鸟类,如鹰、秃鹫、白鹳等。由于翼面积很大,这些鸟类可以利用陆地上的上升气流飞到较高的高度,较大的展弦比也有利于这些鸟类进行滑翔飞行。这种飞行方式减少了扑动的频率,消耗的能量较低。

上述四种翼形适用于大部分鸟类,由于生物的多样性,部分鸟类不能简单归类于任何一种翼形。例如,蜂鸟翼从结构上看是一种高速翼,但其飞行方式和产生升力的机理却与雨燕完全不同;作为大型鸟类的天鹅,其翼形并非被动滑翔翼或主动滑翔翼,而是高速翼。这些特例在一定程度上也表明,鸟类的翼结构和飞行原理仍值得人们继续深入研究。

2. 蝙蝠翼的结构特征

蝙蝠是目前人类已知的唯一具有飞行能力的哺乳动物。它们的翼与鸟类的翼在结构上呈现较大差异。本节简要介绍蝙蝠翼的外形、结构和功能特征。

蝙蝠的翼由骨骼和翼膜组成,如图 3-10 所示,其中翼膜由细长的手臂、后肢和诸多手指骨共同支撑，形成了一个极具灵活性的翼。蝙蝠的翼与身体相连，是典型的“翼身一体化”结构。

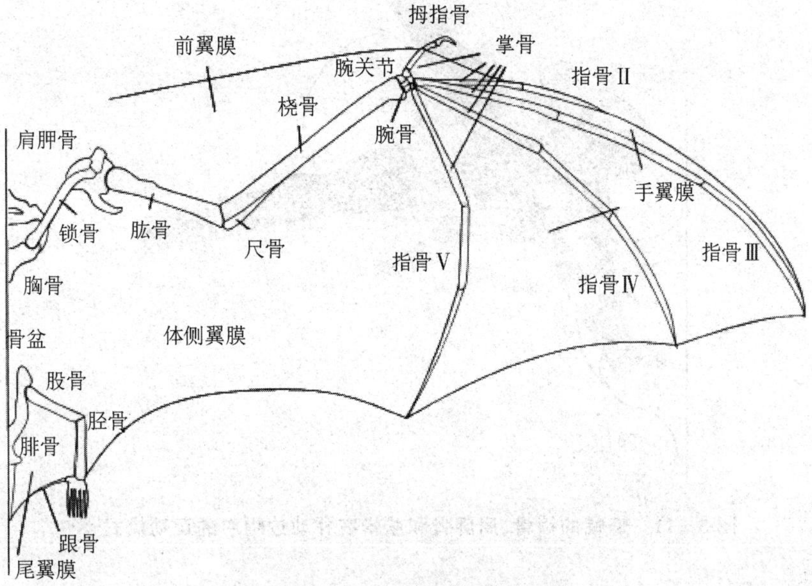

图 3－10　蝙蝠的翼的解剖示意图[3]

蝙蝠翼的骨骼精巧而复杂，一对翼上的骨骼（包括前肢和后肢）具有 44 个运动自由度。翼的前肢包括肱骨、尺骨、桡骨、腕骨、掌骨和指骨，与鸟类愈合的掌骨和指骨相比，蝙蝠翼细长的掌骨和指骨走向了另一个极端。此外，膜的后部由腿部的股骨、胫骨和跟骨支撑，腿部末端的爪可以帮助蝙蝠倒悬在高处。蝙蝠手臂上的肱骨通过肩胛骨与锁骨连接，锁骨与胸骨连接。与鸟类不同的是，作为哺乳动物的蝙蝠没有乌喙骨。锁骨、肩胛骨和肱骨是实现蝙蝠翼扑动的关键骨骼，其运动模式如图 3－11 所示。锁骨绕胸骨转动能够带动肩胛骨移动和旋转；锁骨和肩胛骨的移动导致肩关节移动，带动肱骨移动，进而带动翼上的其他骨骼运动；这些骨骼由肌肉带动运动。与鸟类的肱骨类似，蝙蝠的肱骨类似于一个球铰链，使得肱骨能够在一定的范围内绕肱骨头转动和绕肱骨自身轴向转动。蝙蝠的肘关节并不像人类的肘关节那样灵活，其肱骨上的三个凸起部分在桡骨的三个凹槽中滑动运动，因此肘关节的运动被限制在一个平面内。这为翼在承受气动载荷时提供一定的结构刚度。同样地，蝙蝠的腕关节也不如其他四足动物那么灵活，与肘关节一样，腕关节的运动也被限制在一个平面内。因此，在考虑翼的收起和展开过程时，可以将肩关节、肘关节和腕关节视为一个平面上的三个转动关节，如图 3－12 所示。蝙蝠的大拇指类似于飞机上的涡流发生器，有助于提高翼的气动性能；几根手指间的相互配合可以改变翼的弯度，有利于提高扑动时产生的升力；除拇指外，细长的指骨和掌骨可以实现很强的弯曲变形。

尽管翼的运动和变形主要由前肢决定，但由于蝙蝠的后肢（或者说腿部）也与翼相连，因此也对翼产生一定的作用。这种作用体现在蝙蝠可以通过后肢实现飞行控制，如改变翼的弯度或改变或翼后缘区域的迎角，进而改变翼受到的升力、阻力和俯仰力矩（类似于常规飞机尾翼的作用）。

蝙蝠翼的翼膜可以分为几个部分，其中位于肘部之前的三角形部分为前翼膜；肘部与第五

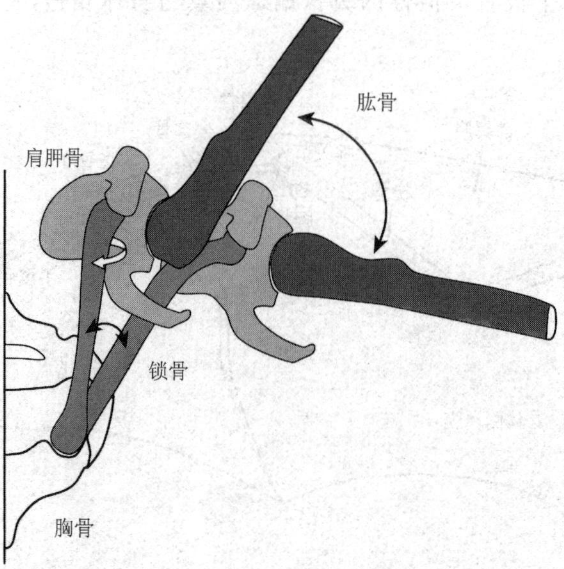

图 3-11 蝙蝠的锁骨、肩胛骨和肱骨在扑动过程中的运动模式[3]

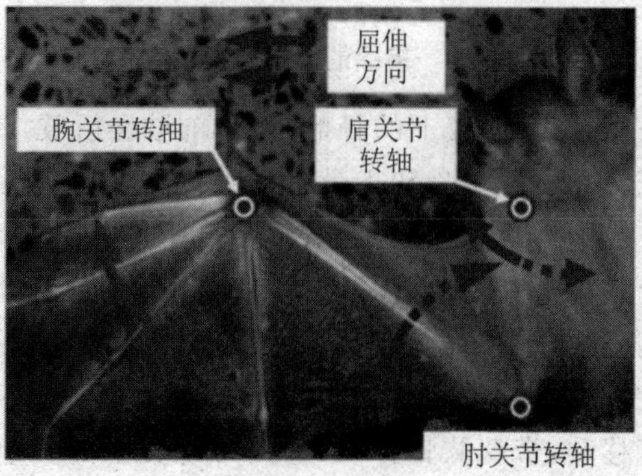

图 3-12 蝙蝠翼的肩关节、肘关节和腕关节[6]

根手指包围的区域为体侧翼膜；股骨、胫骨、根骨和尾之间的部分为尾翼膜；掌骨与指骨之间的部分为手翼膜。翼膜具有几个典型的特点：首先，翼膜轻薄柔软，厚度仅为翼弦长的 0.2%左右，弹性模量在 1 MPa 量级；其次，翼膜具有明显的各向异性，在微观上，翼膜由横纵纤维编织而成，两种纤维在不同部位的分布形式不同，形成宏观上的各向异性，这导致部分区域的翼膜展向和弦向弹性模量相差上百倍以上；最后，翼膜是一种典型的粘弹性生物材料。值得注意的是，蝙蝠的第二、三根手指和之间狭长的翼膜构成了翼的外侧前缘，使其在飞行过程中可以通过改变第二和第三根手指的位置来改变外侧前缘形状，从而达到调整气动力的作用。此外，翼上的触毛能够感知周围气流的情况，便于蝙蝠及时调整飞行状态。

3.1.2 蜂鸟翼和昆虫翼

本节介绍蜂鸟翼和昆虫翼的外形、结构和功能。

1. 蜂鸟翼的结构特征

蜂鸟除了可以前飞，还可以悬停、倒飞、侧飞，甚至翻滚飞行等，具有常规鸟类难以实现的飞行能力。正如第 2 章所介绍的，蜂鸟产生升力的机理与其他鸟类存在巨大差异，反而与昆虫的更加类似，因此这里单独对蜂鸟翼的结构特征予以介绍。读者可以参照上一节关于鸟类翼的结构介绍体会蜂鸟翼的特殊之处。

蜂鸟翼(前肢)的骨骼与其他鸟类翼的骨骼存在明显的区别，如图 3－13 所示。翼的肱骨、尺骨和桡骨在翼骨骼长度中所占的比例很小，而掌骨和指骨部分所占的比例很大，达到 80% 以上，在所有鸟类中占比最大。

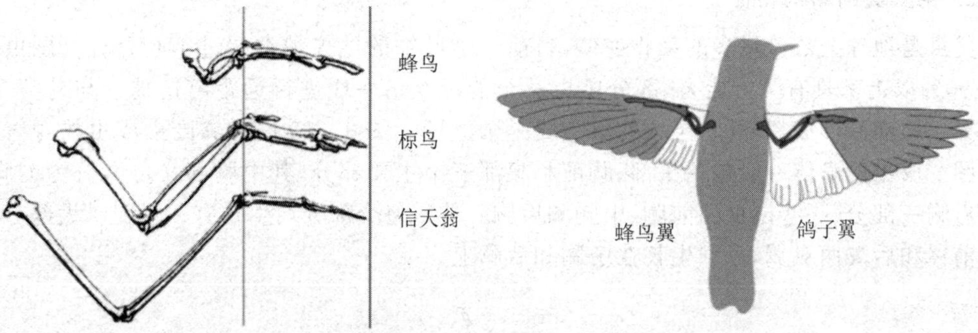

图 3－13　蜂鸟翼的骨骼与其他鸟类的翼的骨骼对比[3]

蜂鸟肱骨的形状与其他鸟类存在很大区别，如图 3－14 所示，其肩关节的关节面不在肱骨的末端，肱骨近端内侧有一个骨节(髋状突起)；与肱骨连接的肩胛骨很长，几乎达到骨盆位置。喙上肌的肌腱包含一个籽骨，该肌腱附在肱骨头外侧并穿过三骨管，一直延伸到胸骨上的肌肉，喙上肌收缩会导致肱骨向内收起和绕着自身长轴向后旋转，进而带动整个翼向上(向后)扑动，插入肱骨头前部的胸肌收缩导致肱骨头前伸并带动翼向下(向前)扑动。翼的肘关节被肌

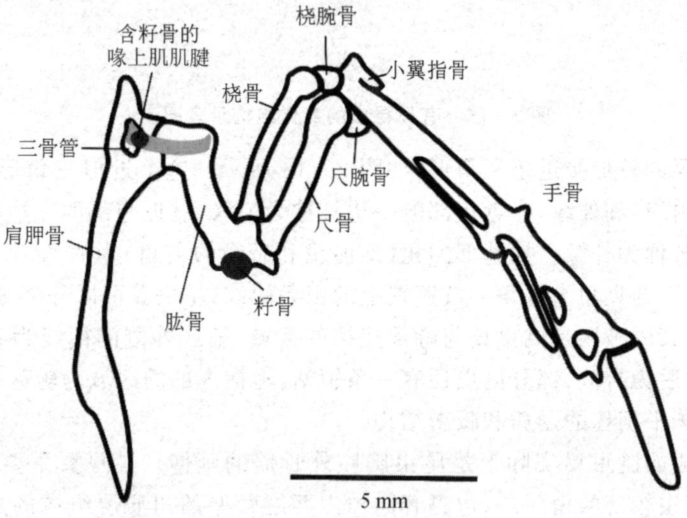

图 3－14　蜂鸟翼的骨骼结构[4]

肉包裹，肘关节不再用于伸展而是保持折叠状态。在肱骨远端的凹陷处有一个籽骨，籽骨导致伸肌向后（向上）旋转尺骨和桡骨而不是展开翼。在蜂鸟飞行过程中，肱骨和尺桡骨会一直保持V形结构。原本生长小翼羽的指骨缩小且不能活动（蜂鸟没有小翼羽），整个手骨连接在由肱骨、尺桡骨组成的V形结构上并跟随其运动。在尺桡骨和灵活的腕关节的联合转动作用下，蜂鸟能进行迎角大幅度变化的翻转，导致在扑动周期的大部分时间内翼都具有一个正迎角。胸肌和喙上肌作为蜂鸟主要的飞行肌肉，占蜂鸟身体质量的27%。蜂鸟后胸肌只有喙上肌的2倍，而相比之下，雀形目鸟类的胸肌和喙上肌只占其体重的18%，且胸肌大小是喙上肌的12倍。

2. 昆虫翼的结构特征

昆虫是地球上数量最多的动物群体，目前人类已知的昆虫种类超过100万种。昆虫的成虫中90%以上都具有飞行能力，部分昆虫甚至能像候鸟一样进行远距离迁徙。与鸟类、蝙蝠高度异化的前肢形成翼不同，昆虫的翼与腿是独立的。图3-15是有翼昆虫成虫的身体结构示意图。成虫的身体一般包括头部、胸部和腹部三个主要部分，其中胸部又可以分为前胸、中胸和后胸三部分（一些昆虫的前胸、中胸和后胸一体），每个部分均生长有一对腿。大部分昆虫具有前翼和后翼两对翼，分别生长在中胸和后胸上。

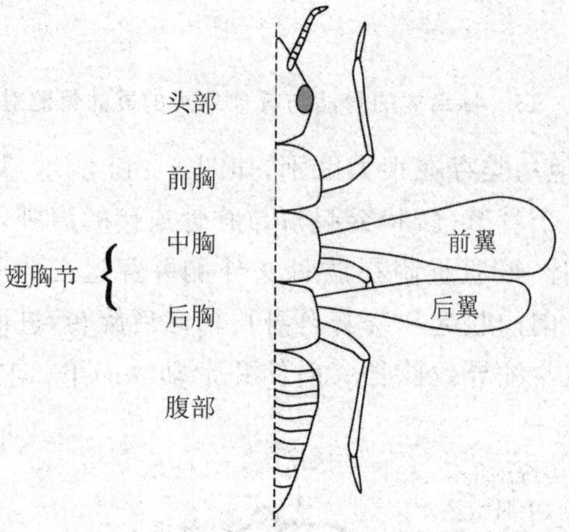

图3-15 有翼昆虫的身体结构示意图[3]

大部分昆虫翼的外形接近于三角形，如图3-16所示。这个近似三角形的三条边分别被称为前缘、后缘（内缘）和外缘，靠近头部的一边被称为前缘，靠近腹部的一边被称为后缘，前缘与后缘之间的边被称为外缘。翼基部的角（即前缘和后缘的夹角）为肩角，外缘与前缘的夹角为顶角，后缘与外缘的夹角为臀角。按照翼上的三条褶线，昆虫翼可以分为腋区、臀前区、臀区和轭区四个区域；其中腋区是昆虫翼与胸部连接的区域，腋区外侧的褶线为基褶；臀褶之前的区域为臀前区，之后为臀区；部分昆虫还有一条轭褶，轭褶内部的区域为轭区。此外，双翅目昆虫的翼还具有保护平衡棒的翅瓣和腋瓣结构。

由角质层组成的昆虫翼实际上是昆虫胸腔外骨骼的延伸。昆虫翼主要由翅膜和翅脉构成，其中翅膜为两层较薄的角质层，包裹着同样由两层较厚的角质层组成的翅脉，下层的角质层比上层厚一些，如图3-17所示。翅脉为圆形或椭圆形管状中空结构，与翅膜相比翅脉更厚，因此具有更高的刚度，构成网状结构的翅脉支撑着轻薄的翅膜；翅脉的内部充满昆虫的血

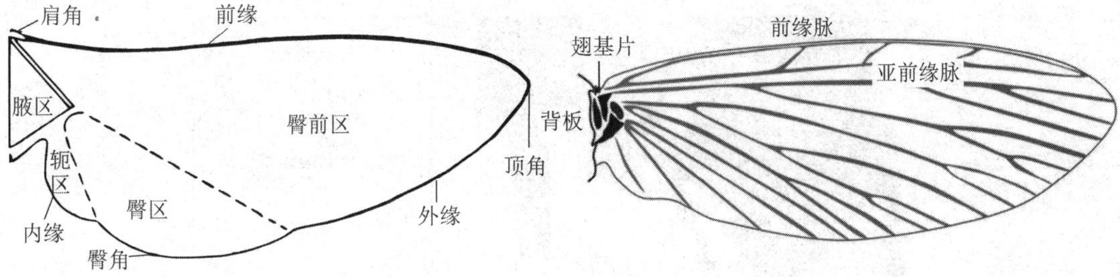

(a) 分区　　(b) 结构示意图

图 3-16　昆虫翼的分区[7]和结构示意图[3]

淋巴(即昆虫的血液)、空气或神经。翅脉分为纵脉和横脉,其中纵脉是翼基部的腋区向外延伸的较长的翅脉,而横脉是连接纵脉的较短的翅脉。纵脉和横脉形成的网状结构将翼分为很多个小的区域,这种区域被称为翅室。前缘通常有两根较厚的纵脉,因此强度较高,从翼的基部向外延伸,随着翅脉厚度减小,翼的刚度也随之降低。同样地,翼后缘处的翅脉厚度较小,因此后缘的强度明显低于前缘,即昆虫翼沿着展长方向也是越靠近翅尖越柔软,因此翅尖区域的厚度往往更小。昆虫翼的厚度是一个非常小的量,其最厚部位的厚度也仅为展长的约千分之一。

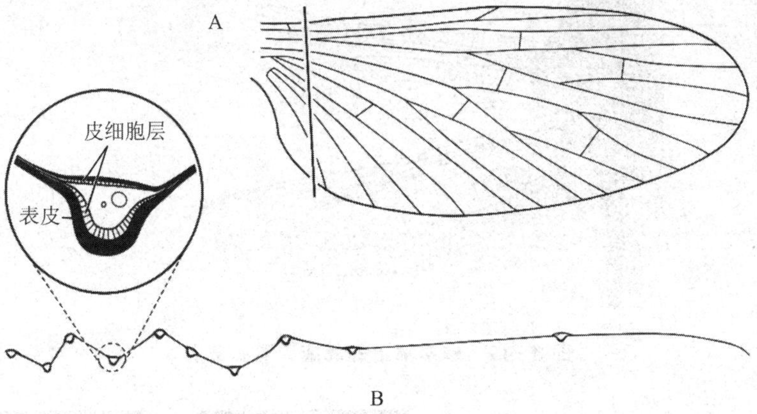

图 3-17　昆虫的翼的结构示意图[2]

翼脉除了支撑翅膜的基本功能外,还有其他辅助性功能。鞘翅目昆虫双叉犀金龟后翼的翅脉具有弹性"关节"(见图 3-18 所示),在飞行中如果翼的外侧与障碍物碰撞,这些弹性"关节"可以通过弹性变形的方式吸收碰撞的能量,减缓碰撞对翼造成损伤。此外,这些弹性"关节"还能辅助鞘翅目昆虫在不飞行时将后翼折叠收回到鞘翅(前翼)中。一些昆虫(如蜻蜓)翼的前缘末端有一处加厚发暗的角质层空腔(见图 3-19),内部含有液体,该部分被称为翅痣。翅痣有利于减少昆虫翼在飞行中的颤振,提高昆虫飞行的稳定性。蜻蜓翼前缘的展向中点附近存在一个翅脉节点(Nodus)(见图 3-19 和图 3-20),能起到类似骨骼关节的作用。已有研究表明,翅脉节点的存在能够调控蜻蜓翼沿着展长方向的弯曲变形幅度,甚至在上拍和下拍产生非对称变形。

昆虫的翼并不是平整的,如图 3-17 所示。从昆虫翼的截面观察,昆虫翼呈现弧形、波浪形或二者兼具的形状。这种形状有利于提高其抗弯曲变形的能力,与瓦楞纸箱中的波浪形纸

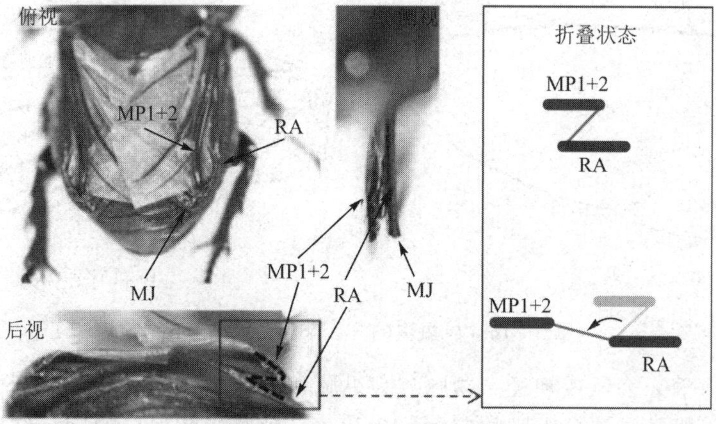

RA:radius anterio,前径;MJ:marginal joint 边缘关节;MP:media posterior,后中脉;
MP1:第1后中脉;MP2:第2后中脉

图 3-18 双叉犀金龟翼的折叠-展开微结构[8]

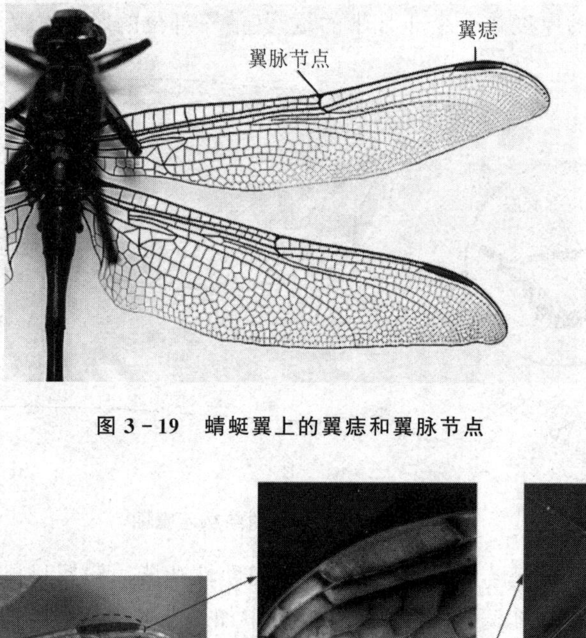

图 3-19 蜻蜓翼上的翼痣和翼脉节点

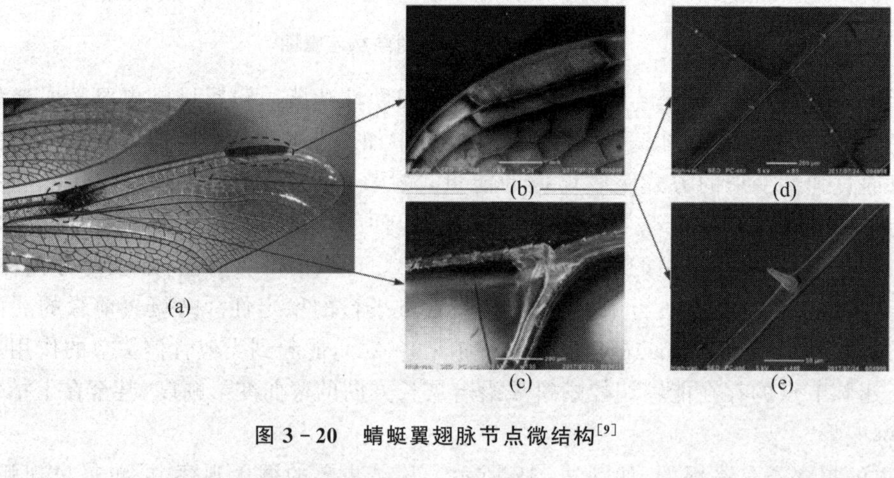

图 3-20 蜻蜓翼翅脉节点微结构[9]

板和圆柱纸筒能承受一定载荷的原理是一致的。大多数人在直觉上会认为昆虫翼的波浪形褶皱会对其气动性能产生不利影响,但也有相关研究表明褶皱不仅能在一定程度上提高昆虫翼的气动性能，还能降低昆虫翼扑动时的噪声。翅脉通常位于波浪线的顶端或底端，将位于顶端的翅脉称为凸脉，位于底端的翅脉称为凹脉。昆虫翼所有翅脉组成的整体被称为脉相。不同种类昆虫的脉相是不一样的，因此可以通过脉相区分昆虫的种类。除了以上介绍的昆虫翼结构特征外，部分昆虫翼还具有刺形感器、鳞片、尖刺等复杂的结构。这些结构似乎对翼的气动特性和界面特性产生影响，但目前仍无明确的研究结论。

对于一些极小的缨翅目昆虫，它们飞行所依赖的主翼不再是翼脉-翼膜结构，而是由一根主翼脉和若干纤细绒毛构成的绒毛翼（见图 3-21）。这种绒毛翼的主翼脉刚度与普通昆虫翼的翼脉相当，但这根翼脉占翼面积的比例较小，更大范围的翼面积都是由绒毛占据的。通过运动学观测，这些绒毛在昆虫翼扑动时基本处于一个平面内。这意味着，尽管这些绒毛细长，但它们在翼扑动起来后出现的变形较小，几乎可以忽略不记。同时，这些绒毛之间的缝隙非常小，通常不及平均弦长的 5%，在翼扑动时，气流是可以穿过这些绒毛的。这听起来有些不可思议，因为在人们的常识里，气流穿过了绒毛翼意味着翼无法承受气动力，那这些缨翅目昆虫如何飞行的呢？在后面的章节会介绍它们飞行所独有的机理。

图 3-22 是昆虫的飞行肌肉和翼关节的示意图。作为节肢动物，昆虫的外侧有一层坚硬的角质层包裹着它们的身体，该部分被称为昆虫的外骨骼。昆虫的前胸、中胸和后胸可以认为是由几块角质层板拼接而成的三个“盒子”。这些角质层板自上到下分别是背板、（左、右）侧板和胸板。昆虫翼通过节肢弹性蛋白薄膜连接在胸部的侧面，在胸腔内具有驱动翼扑动的肌肉，其中比较重要的肌肉包括位于背板下一对平行于背板的肌肉和连接背板和胸板的肌肉，这两对肌肉分别称为背纵肌和背腹肌。

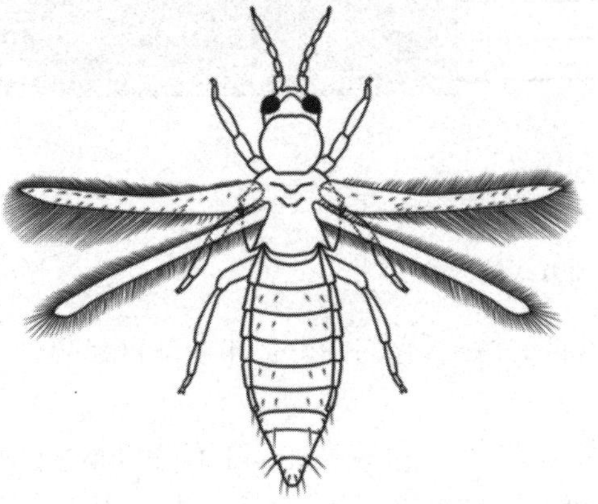

图 3-21　缨翅目昆虫的绒毛翼[2]

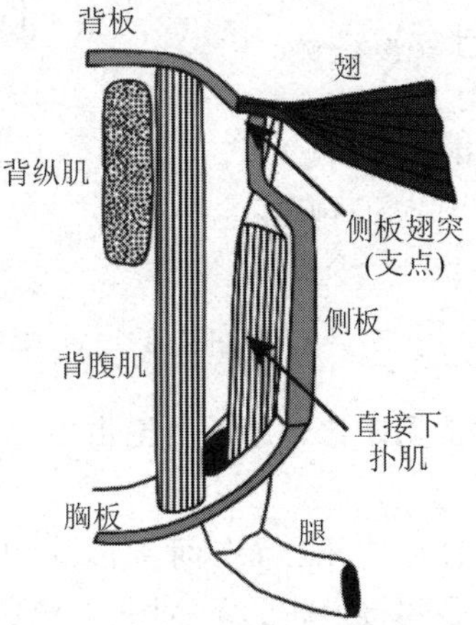

图 3-22　昆虫的飞行肌肉和翼关节的示意图[3]

昆虫胸腔内的肌肉驱动翼扑动的形式可以分为直接驱动和间接驱动，当然也存在部分昆虫翼混合了直接和间接驱动的方式，被称为混合驱动。图 3-23 是一些常见昆虫胸腔驱动翼方式的分类图。

直接形式是指肌肉直接与昆虫翼的基部连接，通过肌肉交替收缩的方式完成翼的扑动。图 3-24 是该过程的示意图，前上侧肌放松且背腹肌收缩时，昆虫翼上扑；前上侧肌收缩而背腹肌放松时，昆虫翼下扑，胸部的背板抬升；在整个扑动过程中，侧板翅突作为翼扑动的支点。

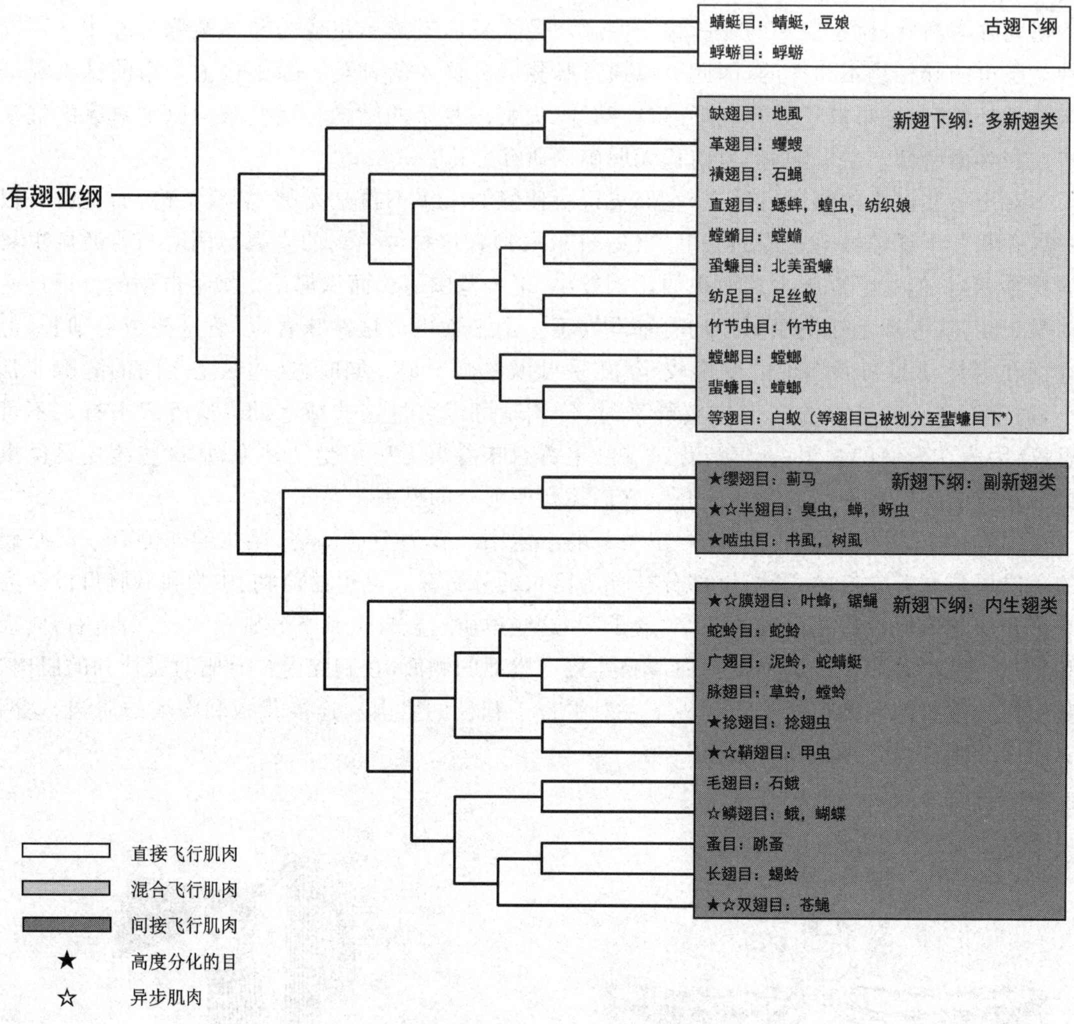

图 3-23　常见昆虫胸腔驱动翼方式的分类图[10]

直接形式常见于比较原始的昆虫中，如蟑螂目和蜻蜓目的昆虫，它们在上亿年前就已经出现在地球上。

与直接形式相比，在间接形式中飞行肌肉交替收缩驱动胸腔变形，进而带动翼扑动。图 3-25 是间接形式的示意图，背腹肌收缩而背纵肌放松，昆虫翼上扑；相反，背腹肌放松而背纵肌收缩时，昆虫翼下扑，同时背板被背纵肌拱起。

对于间接形式扑动翼的昆虫来说，尽管它们中的大部分都具有两对翼，但通常并不会采用两对翼独立扑动飞行。这是因为中胸和后胸的背纵肌都生长在中胸背板的悬骨上，如果两翼同时扑动，可能会出现中胸和后胸的背纵肌同时收缩牵动同一悬骨从而导致拉力抵消的问题。对此不同昆虫的解决方式也不同，以果蝇、蚊子为代表的双翅目昆虫的后翼完全退化为平衡棒（见图 3-26），不再引起前后两对翼相互阻碍的问题。这使得它们具有极强的机动飞行能力。平衡棒的形状类似于一根细杆，其一端与胸腔相连，另一端远离身体并且具有一个质量块。在双翅目昆虫扑动翼时，平衡棒也会同步进行摆动。如果此时昆虫身体出现绕重心的旋转运动，

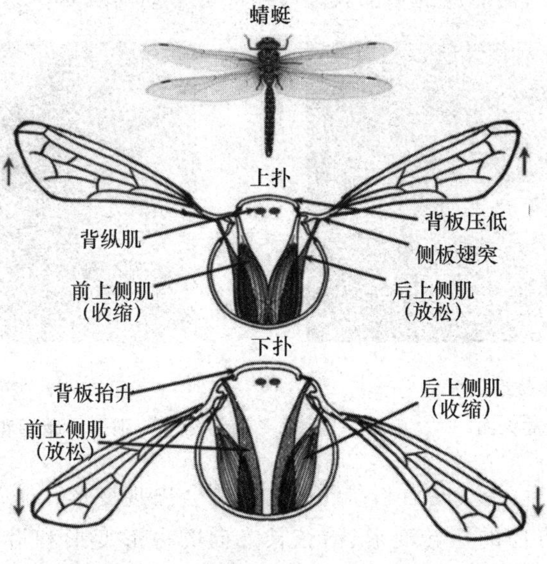

图 3－24　昆虫的飞行肌肉直接驱动翼扑动[11]

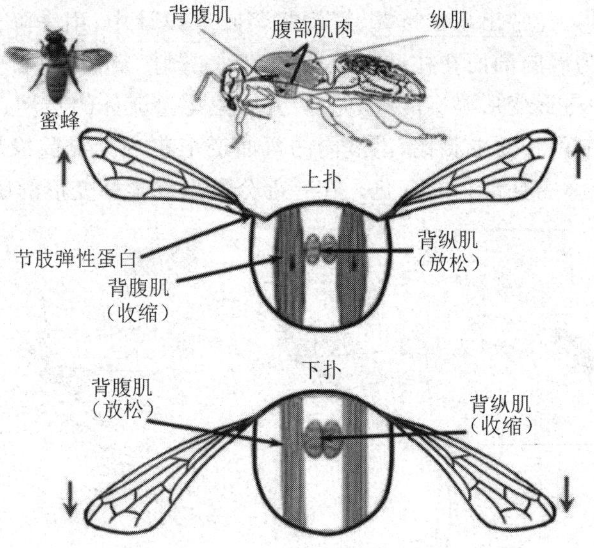

图 3－25　昆虫的飞行肌肉间接驱动翼扑动[11]

那么身体两侧的平衡棒在科里奥利力的作用下会偏离原来的振动平面，这样昆虫就能通过感受平衡棒运动的变化来感知自己身体姿态正在发生的改变。而以瓢虫为代表的鞘翅目昆虫的前翅硬度很高，成为保护柔软后翅的鞘翅（见图 3－27）。鞘翅无论张开还是闭合都几乎不出现变形，且大多呈弯曲形状，能够在闭合时与腹部曲线完美贴合。鞘翅目昆虫在不飞行时可以将后翅折叠收缩在鞘翅内，在飞行中鞘翅打开，完全依靠后翅产生升力和推力；蜚蠊目、螳螂目、直翅目等昆虫的前翅也不同程度地增强了，飞行需要的绝大部分升力和推力由后翅扑动产生，较为坚固的前翅能起到保护后翅的作用，这与鞘翅目的鞘翅存在一定相似性。部分昆虫采用将两对翅连为一体的方法，即两对翼的扑动不独立。例如，蝴蝶的后翼与前翼在部分区域是重叠的，因此在飞行中前后翼可以相互贴近；蜜蜂的后翼上有翅钩，在飞行时后翼钩在前翼上，在这种情况下只需要一对翼对应的胸部肌肉收缩即可带动两对翼扑动。

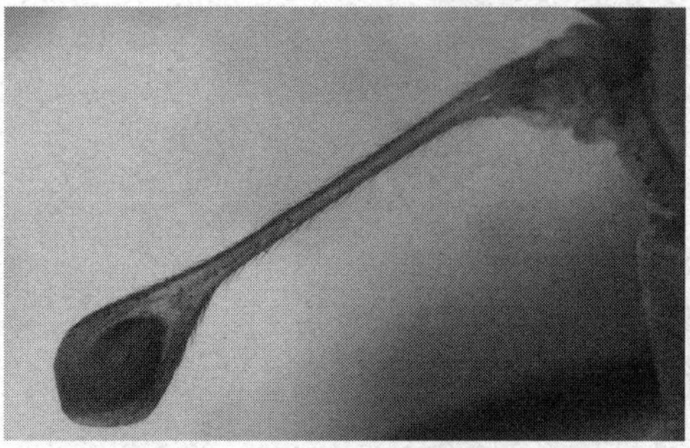

图 3-26 果蝇翼后方的平衡棒放大图

图 3-27 鞘翅目甲虫起飞时张开的鞘翅和正在展开的后翅

昆虫翼在扑动起来后,受气动力和惯性力的影响会出现变形。通常将翼的变形分解为三部分进行研究:沿展长方向的扭转变形、沿弦长方向的弓形变形和沿展长方向的弯曲变形。图 3-28 所示为蜻蜓后翅在一个扑动周期内的瞬时形状变化。扭转变形表现为不同展向剖面与水平面夹角的变化,通常从翅根到翅尖方向逐渐减小。依照传统航空系统的习惯,将这种扭转变化称为负扭转变形,经常出现在机翼、螺旋桨桨叶等设计中,用来降低气动耗能。沿弦长方向的弓形变形表现为展向剖面在扑动中段拱起,像是翼脉-翼膜结构"兜起"了一部分空气。最近的研究发现,这种弓形变形确实能够"兜起"并收集尾迹流体的能量,有利于小幅提高升力并降低气动耗能。与前两种变形相比,沿展向的弯曲变形表现为翼前缘从翼根至翼尖的小幅弯曲,变形效果常被折算为扑动角的变化。在一部分昆虫翼柔性变形的研究中,沿展向弯曲变形很小,常被忽略。

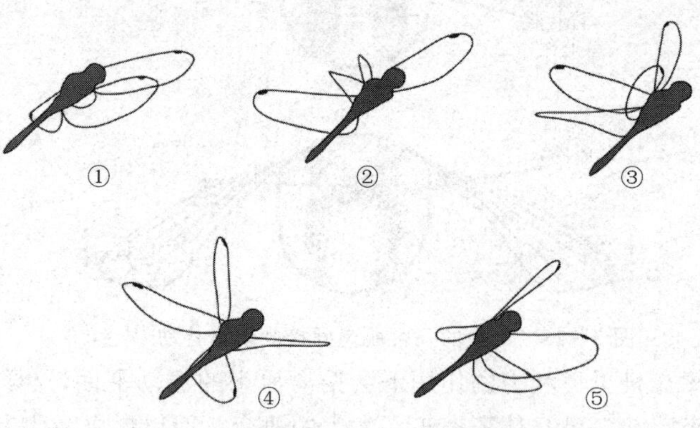

图 3-28 蜻蜓翼扑动时的柔性变形特点[12]

显然,昆虫翼的刚度分布决定了上述变形的形式。大量研究表明,昆虫翼的弯曲刚度在翼根处较大而在翼尖附近相对较小。然而,对于尺寸如此小的昆虫翼,想要精细测量这种刚度分布几乎是不可实现的。既然无法精确测量翼脉和翼膜的尺寸和材料属性,那么如果将翼等效为均一材料、等厚度的平板,它在展向和弦向的等效刚度具有哪些特点呢? 2003 年,Combes 和 Daniel 测量了 16 种昆虫翼在这种简化条件下的等效刚度,发现翼展向和弦向的等效刚度几乎与两个方向的长度成线性关系(见图 3-29)。同时,这些翼的展向刚度都显著大于弦向刚度。这项研究为了解多种昆虫翼的整体柔性特点提供了定量数据。

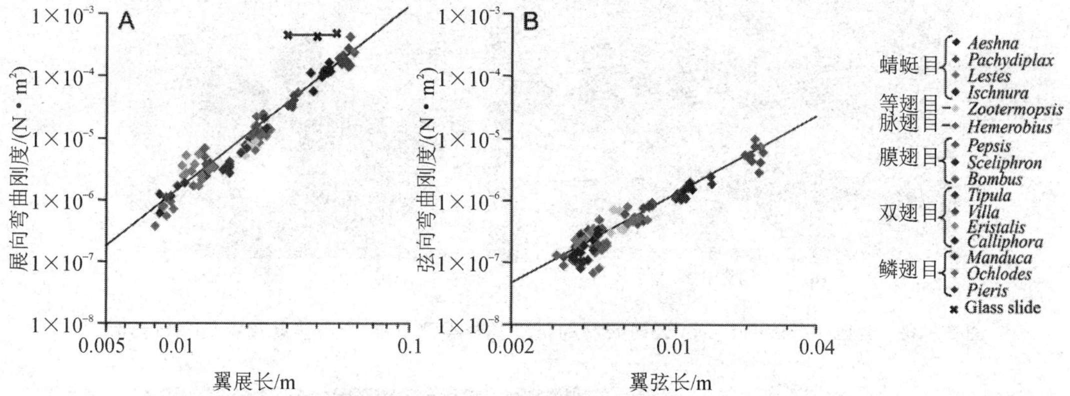

(a) 展向刚度与尺寸关系　　(b) 弦向刚度与尺寸关系

图 3-29　常见昆虫翼展向与弦向刚度与尺寸的关系图[13]

昆虫翼与鸟类和蝙蝠的翼最大的区别在于不具有肌肉和关节这些能主动改变翼形状的结构,昆虫只能通过胸部肌肉来控制翼扑动的过程,而在此过程中翼的变形完全是被动的,而鸟类、蝙蝠则可以根据不同的飞行条件主动地改变翼的外形。

3.2　仿生翼的结构特征、制备材料与制备工艺

本节介绍一些仿生扑翼飞行器仿生翼的结构特征、制备材料和制备工艺。由于飞行器是人造产物,不同的设计者或设计团队在设计目标、设计方法甚至设计习惯上均有所差异,即使是模仿同一种生物设计的仿生飞行器也可能呈现出多种不同的特点,因此,本节按照具体的设计案例进行介绍。

根据仿生扑翼飞行器的外形和飞行方式,可以将其分为仿鸟类飞行器和仿昆虫飞行器两类,现分别介绍这两类飞行器仿生翼的结构特点。仿鸟类飞行器模仿鸟类或蝙蝠的飞行方式,其外形结构与鸟类或蝙蝠相似,主翼扑动范围通常较小,在前飞中产生升力,通常配置用于飞行控制的尾翼或尾部控制机构。仿昆虫飞行器则模仿昆虫或蜂鸟的飞行方式,其外形结构与之类似,通常采用无尾式构型,升力、推力和控制力及力矩都需要通过扑翼的运动来实现。两类飞行器最大的区别在于仿鸟类飞行器通常只能前飞、爬升、下降、盘旋,并在此基础上进行一些简单的飞行动作,而仿昆虫飞行器通常可实现悬停、倒飞、侧飞等飞行动作。两类飞行器的典型实例如图 3-30 所示。从设计角度看,仿昆虫飞行器的设计难度更高,其布局方式具有动不稳定性,且缺少常规飞行器的控制舵面设计,因此在设计时需要考虑飞行器的控制系统、仿生翼和扑动结构之间的强耦合作用。

需要注意的是,上述分类并不绝对。例如,一些体型很小的飞行器同样会采用有尾的设计以降低设计难度(见图 3-31(a)),有些甚至会采用自然界不存在的“X 翼”布局(见图 3-31(b))。尽管这些飞行器在自然界中设有直接对应的原型,但它们依样从自然界的飞行生物中汲取了设计灵感。这些在外形上与仿生对象差异较大但仍获得成功的仿生飞行器,充分说明仿生并不是完全复制生物的结构和功能,而是根据生物结构或功能特点为科学研

究和工程实践提供适宜的灵感。

(a) 仿生鸟类扑翼飞行器

(b) 仿蜂鸟扑翼飞行器

图 3-30　美国 AeroVironment 公司研制的仿鸟类扑翼飞行器[14]与仿蜂鸟扑翼飞行器[15]

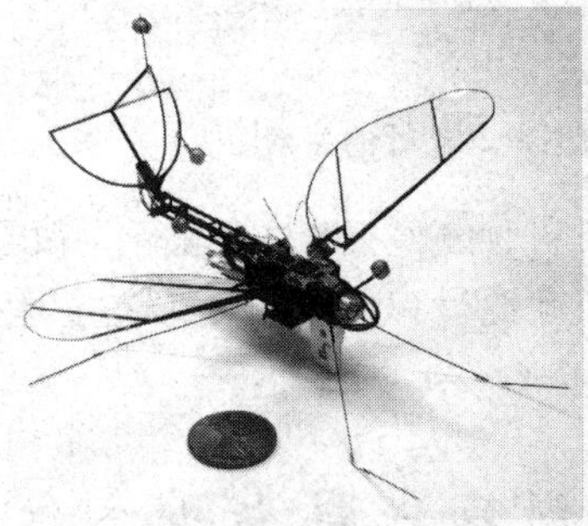

(a) 3.2g扑翼飞行器

(b) "X翼"布局扑翼飞行器

图 3-31　美国哈佛大学研制的 3.2 g 扑翼飞行器[16]
与荷兰代尔夫特大学研制的"X 翼"布局扑翼飞行器[17]

3.2.1　仿鸟类飞行器的翼

在 3.1 节中没有详细介绍肌肉结构在鸟类和蝙蝠翼中的作用，但这并不表示肌肉对鸟类或蝙蝠翼是无关紧要的，恰恰相反，肌肉在它们的飞行过程中起到至关重要的作用。现有的人造肌肉尚不能在功能与性能上与生物相媲美，且鸟类和蝙蝠翼复杂的骨骼结构使它们具有很高的灵活性和自由度，完全模仿它们变得不太现实，在当前的技术水平下，极有可能致使设计成本高昂，并有可能因超重而难以飞行。基于以上原因，本节介绍的仿生翼可能并不如生物翼那般复杂、精巧和灵敏，但它们均从生物翼的外形和结构中汲取设计灵感，并实现了生物翼的主要功能。以下介绍的仿生翼设计案例，有些设计依靠精巧的机械结构简化了鸟类或蝙蝠翼复杂的运动过程，部分设计通过翼的被动变形模仿鸟类或蝙蝠飞行时产生升力和推力的过程，而有些设计仅仅证明了设计方案可行，并未经历过真正的飞行试验，但这些设计方法和设计结果都具有一定的参考价值。

1. 仿鸟类扑翼飞行器：Dove

Dove 是西北工业大学宋笔锋团队设计的一款仿鸟类扑翼飞行器（见图 3-32），其质量为 220 g，飞行速度 8～12 m/s，最大飞行时间超过 30 min，最大飞行范围 4 000 m，翼展 50 cm，扑动频率 4～12 Hz。Dove 的翼上绘制了鸟类翼的图案，具有一定程度的伪装能力，在高空飞行时，能做到与一些鸟类伴飞，以假乱真，使地面人员难以通过肉眼辨别它是否为人造飞行器。

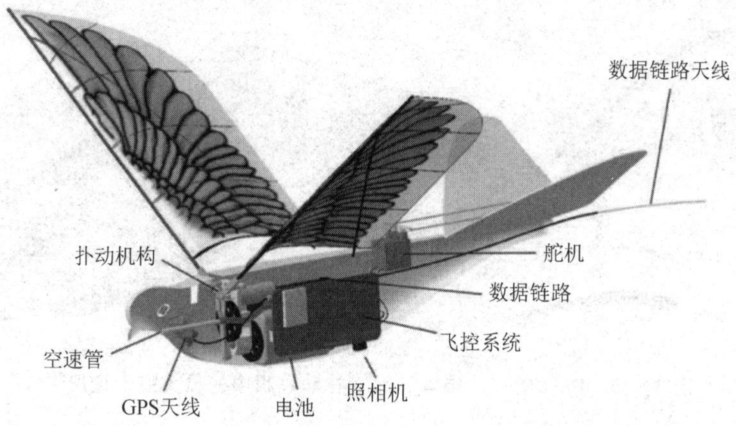

图 3-32　仿鸟类飞行器 Dove 的机体结构[18]

鸟类可以主动改变翼的外形，但人造的仿生扑翼飞行器想要实现同样复杂的变形和运动则十分困难，所采用的复杂结构会增加飞行器的重量，从而降低飞行器的续航时间。Dove 采用了类似昆虫翼的被动变形方案，即翼梁与飞行器的扑动机构相连，翼上不存在任何主动控制机构，翼的变形依靠气动和惯性载荷相互作用被动产生。由于采用了被动变形方案，翼产生升力和推力的过程与上文介绍的鸟类翼并不完全一致。在一定的迎角下，翼下扑产生升力和推力，上扑产生负升力和推力。由于下扑产生的升力远大于上扑产生的负升力，因此 Dove 在一个完整的扑动周期能产生一定的升力。而真实鸟类却可以在上扑过程中改变翼的形状和迎角，从而避免产生较大的负升力，进而获得更高的气动性能。

Dove 的翼采用了简洁的外形结构设计方案，如图 3-33 所示。仿生翼骨架由不同粗细的碳纤维杆构成，并覆上一层聚酯薄膜形成仿生翼。聚酯薄膜与碳纤维杆通过树脂粘合剂粘贴在一起。由于碳纤维杆和聚酯薄膜均为轻质材料，因此 Dove 的单翼质量仅为 7 g。在设计的初始阶段，Dove 的设计团队预设了三种骨架结构，研究团队通过流固耦合仿真计算得到了三种骨架结构的变形和气动性能，最终选择了性能更符合设计要求的方案。Dove 的翼型来源于迁徙飞行鸟类的翼型，构成翼型的碳纤维杆（翼肋）采用了非对称截面，从而使翼在上扑和下扑过程中产生非对称变形。翼型的正弯度有助于提高扑动产生的升力，但同时会带来推力损失，因此内侧翼型的弯度大于外侧，以产生最合理的升力和推力。

根据传统空气动力学理论可知，大展弦比翼的升阻比更高，但是过大的展弦比也会使翼根弯矩增大，从而对翼的结构强度也提出更高的需求，对扑翼而言，翼扑动消耗的功率也会增大。在权衡增大展弦比带来的“收益”和附加的“成本”后，Dove 的展弦比最终确定为 7。从俯视方向观察 Dove 的翼外形近似为梯形，平直的前缘处存在一根较粗的碳纤维杆，内侧翼的弦长保持不变，外侧翼的弦长逐渐减小，与高速翼形的几何外形接近。翼外侧面积大小对扑翼的功耗影响显著，这种近似梯形的外形有效减小了翼尖面积，降低了扑动的功耗。

2. 仿鸟类扑翼飞行器：Smart Bird 与 BionicSwift

Smart Bird（见图 3-34）与 BionicSwift（见图 3-35）是德国 Festo 公司研发的两款仿鸟类扑翼飞行器，其中 Smart Bird 以银鸥为设计原型，翼展为 2 m，质量仅为 480 g，前飞速度达到 5 m/s，翼的扑动频率为 2 Hz。

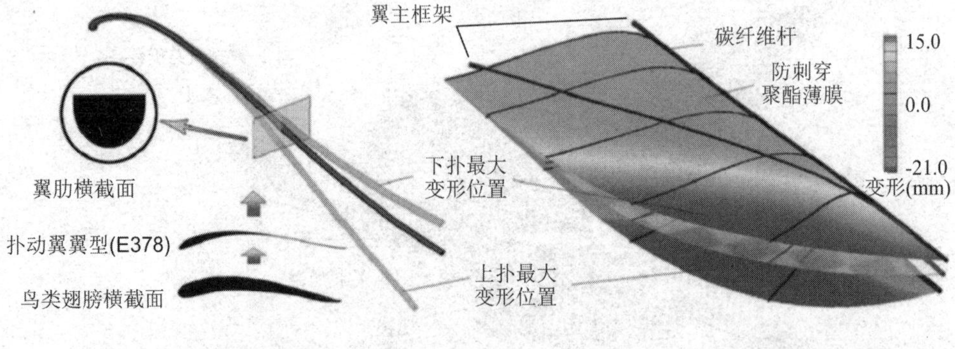

图 3-33　Dove 的翼的结构和翼在扑动过程中的最大变形情况[18]

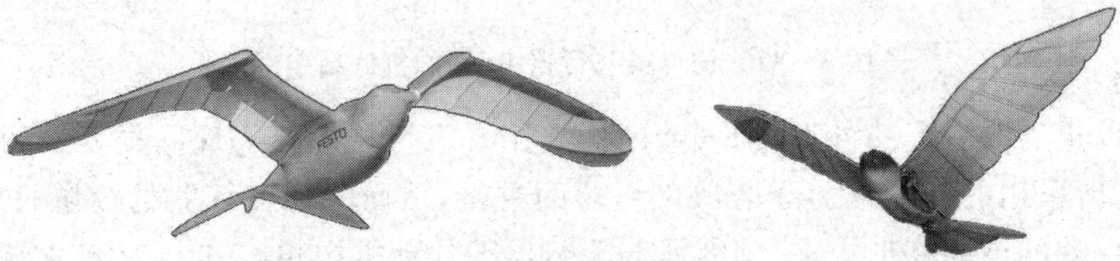

图 3-34　Smart Bird(左)与 BionicSwift(右)

Smart Bird 的翼采用了主动扭转变形方案，单侧翼由内外两部分组成，其中内部翼由两根直接与机身内的扑动结构连接的翼梁、翼肋和外侧的蒙皮组成，而外部翼由一根翼梁、翼肋和蒙皮组成，内侧翼与外侧翼的翼梁通过一个梯形铰链结构连接，如图 3-35 所示。梯形铰链的存在使得内侧翼和外侧翼的扑动过程不一致，因此两部分翼承担的功能也不相同，内侧翼用于产生升力而外侧翼用于产生推力。外侧翼最外侧的翼肋上布置了伺服电机，使得外侧翼的翼肋在伺服电机的作用下主动绕翼梁扭转，这种扭转与扑动相互配合从而产生更高的推力。

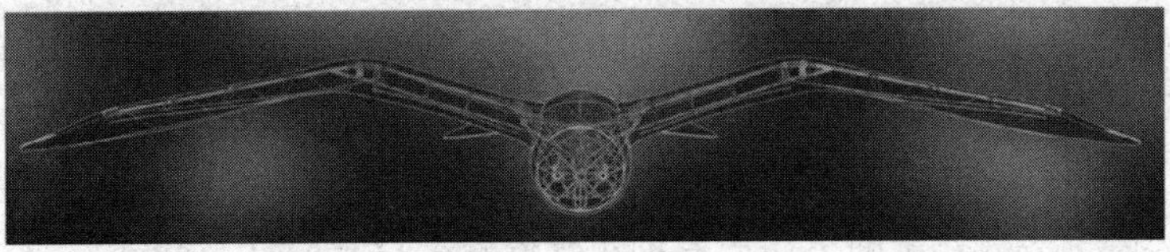

图 3-35　Smart Bird 的翼的内部结构[19]

BionicSwift 的翼展为 68 cm，总质量仅为 42 g，其设计原型为雨燕。BionicSwift 的翼最大的特点是真实模仿了鸟类翼的飞羽结构(见图 3-36)。这些层层相互重叠的"飞羽"由轻质坚固的泡沫制成，直接连接在靠近前缘位置的碳纤维杆上(鸟类的飞羽直接生长在尺骨和手骨上，二者存在一定的相似之处)，碳纤维杆与 BionicSwift 的扑动机构连接，用于驱动整个翼扑动，从而使整体外形更接近于真实雨燕。在上扑过程中，BionicSwift 的"飞羽"在气流的冲击下会像真实雨燕的飞羽那样散开以降低上扑过程中的阻力，而在下扑过程中"飞羽"紧密贴合从而产生足够的气动力。

3. 仿鸟扑翼飞行器：Robird

Robird(见图 3-37)是荷兰特温特大学研制的一种仿鸟扑翼飞行器，其质量为 730 g，翼展 112 cm，最大飞行速度可达到 16 m/s。该飞行器的设计初衷是模仿与其体型相仿的大型鸟

图 3 - 36　BionicSwift 的“飞羽”结构

类(如游隼、白头海雕)以恐吓驱赶在机场跑道附近筑巢的小型鸟类。该驱鸟方法比传统的机场驱鸟方式(如稻草人、粘鸟网、声音驱鸟、播撒药剂等)更加环保实用。

图 3 - 37　Robird(下)和其模仿对象游隼(上)[20]

Robird 的翼由柔软轻质的泡沫和层压树脂蒙皮制成,因此质量较小。翼的内侧部分接近于矩形,具有很小的前掠,而外侧部分接近三角形并存在明显的后掠,如图 3 - 38 所示。翼的翼型与鸟类接近,锯齿状的后缘对翼扑动中升力和推力的产生有一定益处,整个翼与游隼翼在外形上极为相似。Robird 的翼在翼根处的两根连接杆与位于机身的扑动机构连接,前后两根连接杆的扑动相位差能够在 0°～15°进行调节,如图 3 - 39 所示。当相位差不为 0°时,整个翼在扑动的同时还能产生俯仰运动,有助于推力的产生。由于 Robird 的翼较为柔软,因此在实际飞行中翼受到气动载荷后会发生扭转变形,变形使得翼尖区域的迎角更加合理,有利于提高翼的气动性能。出于飞行控制的需要,Robird 每一侧的翼上都安装了一块扰流板用于实现 Robird 的滚转和偏航控制。

4. 仿蝙蝠扑翼飞行器:Bat Bot(B2)

Bat Bot(B2)(见图 3 - 40)是美国伊利诺伊大学香槟分校研发的一款仿蝙蝠扑翼飞行器,其质量仅为 94 g。Bat Bot 的翼由可以活动的前肢和后肢支撑结构及厚度仅为 56 μm 的碳纤维增强硅基弹性薄膜构成。在 Bat Bot 的初期设计阶段,研究人员通过分析蝙蝠的运动过程,在蝙蝠翼骨骼 44 个运动自由度中选出对翼的运动和变形最为重要的几个运动自由度,包括指骨与掌骨的弯曲变形，腕部与肘部的运动，以及肩部、髋部、膝盖和蝙蝠翼内侧部分一同变形的运动，从而可以较好地模仿蝙蝠的飞行，并极大地简化了 Bat Bot 的机构设计。

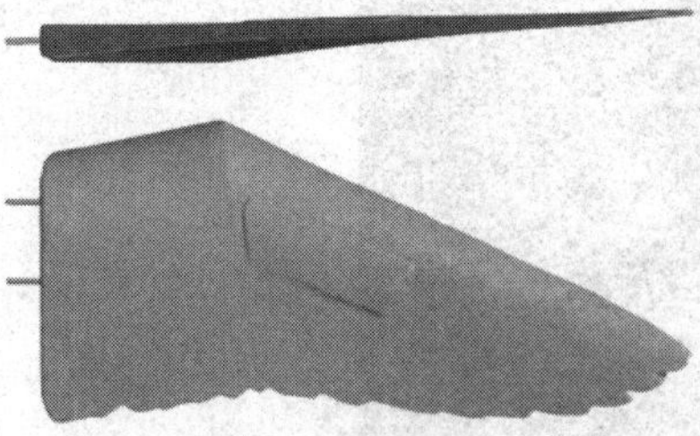

图 3-38 Robird 一侧翼的三视图[20]

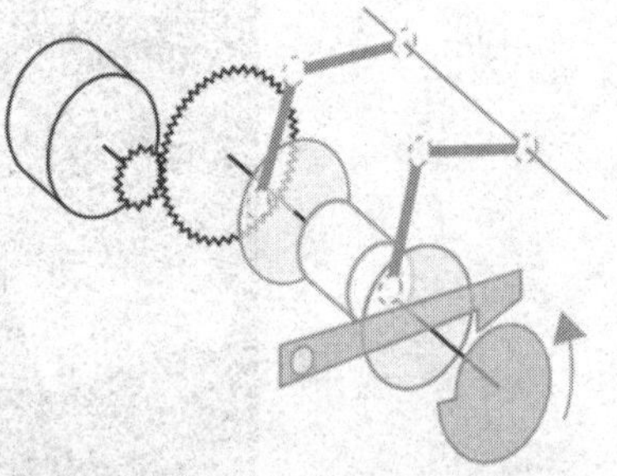

图 3-39 Robird 的扑动机构示意图[20]

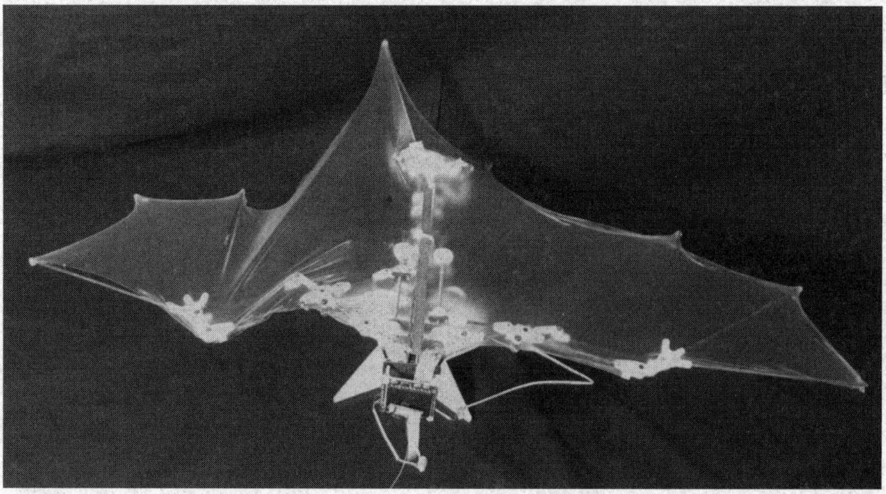

图 3-40 Bat Bot (B2)[21]

Bat Bot 翼的支撑结构（或者称其为运动机构），由前肢和后肢两部分组成。两侧翼在电机驱动的旋转曲轴的带动下同步上下扑动，前肢能独立的伸展和收起，两后肢可以相互独立运动，如图 3-41 所示。Bat Bot 的前肢是由 9 根连杆组成的平面运动机构，用于模仿蝙蝠前肢的骨骼并支撑柔性翼膜，其中模仿肱骨、桡骨和腕骨的六根连杆 p_0-p_1、p_1-p_2、p_1-p_3、p_3-p_4、p_4-p_5、p_1-p_5 之间通过平面铰接连接，连杆 p_1-p_2 的 p_2 点与机身上的直线舵机连接，舵机驱动 p_2 点前后运动使得连杆机构伸展和收起，模拟蝙蝠收起和伸展翼的过程。与 p_4 点连接的三根连杆 p_4-p_6、p_4-p_7 和 p_4-p_8 模拟蝙蝠的第三至第五根指，三根连杆间的相对位置固定，连杆由纤细的碳纤维复合材料杆构成，在飞行中受到载荷后会像蝙蝠的指骨和掌骨那样发生弯曲；在“腕关节”（即 p_4 点附近）的球万向节使得 Bat Bot 的腕部能如图 3-41 所示的那样转动整个手掌。

Bat Bot 的后肢具有一个绕单轴转动的主动运动自由度，用于调节 Bat Bot 翼的内侧和后缘以实现飞行控制，该转动运动通过位于机身后部的直线舵机驱动三连杆机构实现。

5. 仿蝙蝠扑翼飞行器：BionicFlyingFox

BionicFlyingFox 是德国 Festo 公司研发的一款仿狐蝠飞行器（狐蝠是最大的蝙蝠种类），

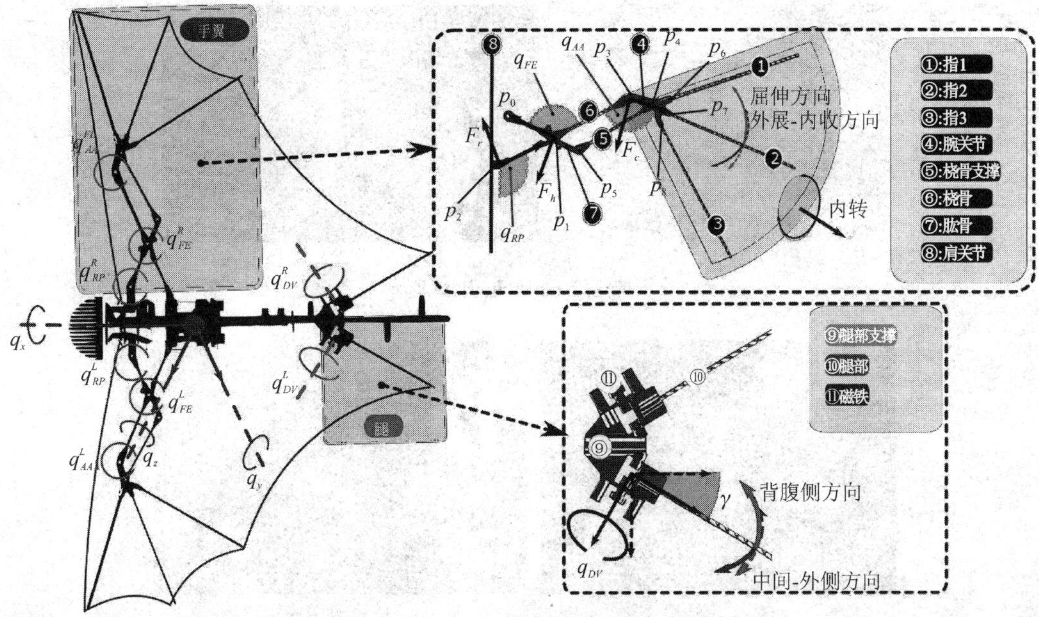

图 3 - 41　Bat Bot 翼的运动机构[21]

其翼展为 228 cm,总质量为 580 g。BionicFlyingFox 的翼由一层柔软的薄膜覆盖在可以运动的支撑结构上,每一侧翼分为外侧翼和内侧翼。内侧翼与机身内部的扑动机构和直线驱动器连接,翼上的支撑结构能够模仿蝙蝠翼的肘关节、肩关节和腕关节的运动,实现扑动和伸展(收缩)两种运动;内侧翼的支撑结构(运动机构)由轻质坚固的碳纤维复合材料加工,在翼扑动过程中几乎不产生弯曲变形。与 Bat Bot 相比,BionicFlyingFox 内侧翼的运动机构具有更大的运动范围,因此 BionicFlyingFox 可以将柔性翼完全收起,而 Bat Bot 只能在一定范围内伸展或收缩翼以调整其飞行姿态。BionicFlyingFox 的外侧翼支撑结构同样模仿蝙蝠纤细的掌骨和指骨(为了简化设计方案只模仿了蝙蝠第三至第五根指),因此在扑动过程中外侧翼的支撑结构会产生比较明显的变形,有利于产生前飞需要的推力;与 Bat Bot 不同的是,BionicFlying-Fox 的外侧翼支撑结构同样也是运动机构,该机构与内侧翼的运动机构联动,当内侧翼将“体侧膜”收起时,外侧翼的“翼膜”也同时收起,同样在内侧翼打开时外侧翼也随之打开,如图 3 - 42 所示。这一功能使得 BionicFlyingFox 在外形上更接近真实的蝙蝠。

BionicFlyingFox 的柔性薄膜由两层气密性薄膜和一层弹性蜂窝状织物组成,整个薄膜具有很强弹性的同时还具有很轻的质量。翼收起后,柔性弹性薄膜不会出现褶皱,即使薄膜的局部出现裂纹,蜂窝状的针织物也能防止裂纹部分扩大,不会严重影响 BionicFlyingFox 的飞行,如图 3 - 43 所示。

6. 形状记忆合金在仿生翼的应用

形状记忆合金(Shape Memory Alloys,SMA)依靠材料内部的热弹性马氏体相变而产生形状记忆效应。德国萨尔兰大学和美国北卡罗莱纳州立大学的研究人员使用形状记忆合金和 3D 打印材料设计制造了实现模仿蝙蝠翼扑动过程的仿生翼,如图 3 - 44 所示。该仿生翼的“骨骼”由 3D 打印制造,借助形状记忆合金的超弹性(即形状记忆合金的变形和恢复能力远大于一般金属材料的性质),在仿生翼“骨骼”两端安装形状记忆合金(初始为机翼合金丝,后续采

图 3-42 BionicFlyingFox

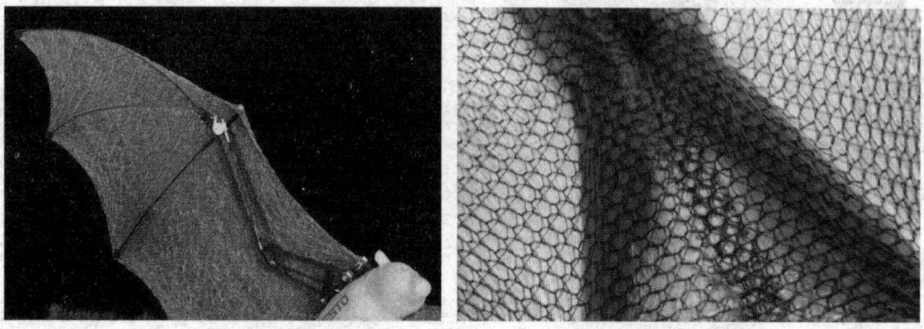

(a) 支撑结构　　(b) 柔性薄膜

图 3-43 BionicFlyingFox 翼的支撑结构与柔性薄膜

用记忆合金薄片)实现类似蝙蝠肩关节、肘关节和腕关节的灵活转动。依照真实的肌肉在蝙蝠翼骨骼上的连接方式,将纤细的形状记忆合金丝连接在仿生翼的"骨骼"上形成人造肌肉,形状记忆合金丝在通电受热和自然冷却后发生形变,能够模仿肌肉拉伸和收缩的效果,进而带动整个仿生翼扑动。如果采用周期性的加热和冷却模式,仿生翼可以实现连续的扑动。在仿生翼的"桡骨"和机身安装上微型螺栓,将模仿肌肉的形状记忆合金丝缠绕在螺栓上,通过旋转螺栓,可以调节形状记忆合金的松紧程度。该过程与调节吉他弦的方式相似。仿生翼"骨骼"的关键位置上安装有特氟龙管,形状记忆合金丝从特氟龙管中穿过,特氟龙管起到引导形状记忆合金丝形变的功能,如图 3-45 所示。

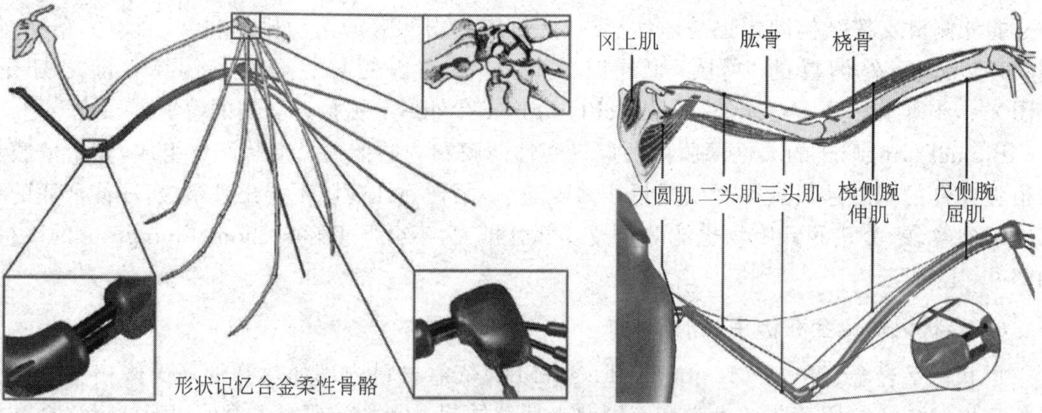

图 3-44 使用形状记忆合金制备的仿蝙蝠翼结构[6]

通过增大通过形状记忆合金的电流可以实现快速加热,但与加热过程相比,形状记忆合金的自然冷却过程是比较缓慢的,因此用于替代仿生翼的形状记忆合金丝必须非常纤细以实现

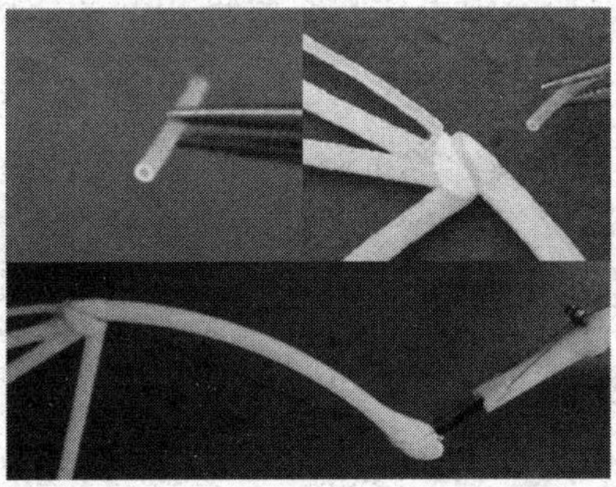

图 3-45　由特氟龙管引导变形的形状记忆合金丝[6]

更快的冷却速度；如果考虑为形状记忆合金加装额外的冷却系统，又会增加整个飞行器的质量，从总体设计来看是得不偿失的。冷却速度是制约形状记忆合金在仿生翼中代替肌肉的主要因素，在扑动频率并不是很高的扑翼飞行器中（如仿蝙蝠或大型鸟类的飞行器），使用形状记忆合金可以满足扑动频率的设计需求，但是在扑动频率更高的仿蜂鸟或昆虫的扑翼飞行器设计中，如何让形状记忆合金快速加热和冷却变成了一个棘手的问题。

3.2.2　仿昆虫飞行器的翼

与大型鸟类和蝙蝠相比，蜂鸟和昆虫的扑动频率较高。为了尽可能降低翼在往复扑动过程中的功率消耗，并同时承受高速扑动中的载荷，蜂鸟和昆虫的翼都具有轻质和高强度的特征。高强度的翼对昆虫尤为重要，因为翼损坏后不能自我修复，严重时会使成虫丧失飞行能力。同样地，轻质和高强度也是仿蜂鸟或昆虫飞行器翼设计的关键目标。轻质的仿生翼有利于降低功率，提高飞行器的续航时间；足够高的强度保证翼在扑动过程中不易损坏，有助于提高飞行器的使用寿命。在仿生翼的设计中，高强度和低质量往往相互矛盾，轻薄材料质量低，但强度不够，难以承受高频的往复载荷；具备足够的强度，同样材料和结构下，翼的质量就会增加，相应的扑动功耗也会增大，整体效率就会降低，从而影响飞行器的续航时间。上述矛盾需要设计者寻找一个折衷的方案，尽可能满足关键的需求。本节介绍这类仿蜂鸟或昆虫飞行器的翼的结构、材料及制备方法。

1. 翼膜-翼脉式仿生翼

图 3-46 所示为仿蜂鸟或昆虫飞行器的一种翼膜-翼脉式仿生翼。该结构中柔软的翼膜和较为坚硬的翼脉构成类似于昆虫翼的刚柔耦合结构，翼脉的几何外形通常是简化的昆虫翼脉，在翼根等容易被破坏的部位通过粘贴胶带的方式进行局部加强。部分翼膜-翼脉式仿生翼的前缘部分具有套筒结构，套筒中可以插入与飞行器扑动机构固连的圆柱杆，圆柱杆带动仿生翼扑动，同时套筒结构还能允许仿生翼绕着圆柱杆被动转动，实现和蜂鸟翼和昆虫翼类似的俯仰运动。仿蜂鸟或昆虫飞行器大多不具有尾翼，缺少常规飞行器用于控制飞行的舵面（例如升降舵、副翼、方向舵、襟翼等），因此无尾式扑翼飞行器的仿生翼需要兼具产生升力和控制飞行的功能。仿生翼的翼根通常与飞行器的控制机构连接，在翼扑动过程中通过移动翼根改变仿生翼在扑动过程中的迎角，进而实现对飞行器的控制。想要更深入了解这种控制过程，可以查阅本书第 6 章。在图 3-46 中，将翼膜-翼脉式仿生翼平铺在平面上时，翼根和前缘之间的夹角通常为钝角，而在仿蜂鸟或昆虫飞行器上前缘和翼根对应的安装位置是垂直的，将仿生翼安

装到飞行器上，翼膜会自然松弛地呈现出初始的迎角和弯度。这一设计有利于提高仿生翼扑动时的气动性能。

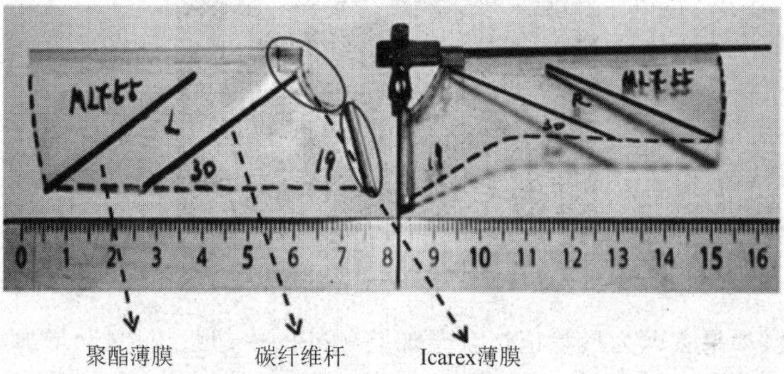

图 3-46　翼膜-翼脉式仿生翼[22]

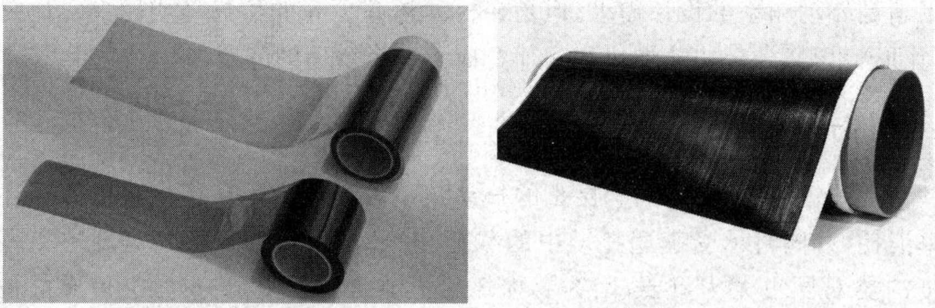

(a) 聚酰亚胺薄膜　　(b) 碳纤维预浸料

图 3-47　翼膜-翼脉常见制备材料

下面介绍翼膜-翼脉式仿生翼几种常见的制备材料和制备工艺。由于仿生翼的翼膜在扑动过程中会承受周期变化的载荷，因此需要选择质地柔软、高韧性、抗疲劳的材料来制备。目前通常使用聚合物薄膜，这类材料具有优良的力学性能，厚度能够做到与一般的昆虫翼膜相当，同时它们的密度也比较低。其中，聚对苯二甲酸乙二醇酯(Polyethylene Terephthalate，PET)薄膜的拉伸强度与铝箔接近，抗蠕变性和耐疲劳性好，能够在 55～60 ℃的高温环境下长时间使用，在－30 ℃的低温环境下仍然具有一定韧性，能够长期在户外使用，适合作为仿生翼的翼膜；聚酰亚胺(Polyimide，PI)具有优良的力学性能，拉伸强度大于 100 MPa，工作环境温度范围在－200～300 ℃，在微电子、纳米、航空航天等领域广泛使用，是制备仿生翼翼膜的理想材料，如图 3-47(a)所示。翼脉通常选用轻质高强度的复合材料制备，目前最常用的材料为碳纤维复合材料，以 T700 碳纤维复合材料为例，其密度为 1 800 kg/m^3，弹性模量为 230 GPa，径向抗拉强度为 80 MPa，具有良好的力学性能。如果对翼脉的几何外形没有严格要求，可以直接使用成品碳纤维复合材料制备翼脉，如细碳纤维杆或碳纤维薄片；如果翼脉具有比较复杂的几何外形，可以通过高温固化热固性预浸料的方法制备复合材料翼脉，如图 3-47(b)所示。预浸料是制造复合材料的中间材料，是使用树脂基体在严格控制的条件下浸渍连续纤维或织物，制成树脂基体与增强体的组合物；对于热固性预浸料，使用的主要树脂基体为环氧树脂。为了使复合材料零件满足一定的力学性能，通常需要将多层堆叠铺层的预浸料固化制备复合材料层合板。由于预浸料上的纤维具有方向性，每一层预浸料的铺层方向都需要进行设计。

在初始设计阶段，通常采用手工方法制备翼膜-翼脉式仿生翼，制备工艺流程为：首先选择一张表面平整无损伤的聚合物薄膜，在聚合物薄膜上用记号笔画出仿生翼的轮廓，使用裁剪工具裁剪出需要的翼膜，裁剪相应长度的细碳纤维杆作为翼脉；根据仿生翼的设计方案，使用粘合剂将细碳纤维杆粘贴在接在聚合物薄膜上，并在翼根和前缘粘贴出套筒结构，该过程如图 3-48 所示。手工制备翼膜-翼脉式仿生翼的优缺点都非常明显，优点是制备这样的一对仿生翼所需的时间较短（通常不超过 30 min），制作过程完全依靠人工，且制备工具简单易获得，仿生翼结构简单且实用性强，被现有的多款扑翼飞行器采用（见图 3-49）；缺点是手工制备的仿生翼在可靠性和加工一致性方面都难以得到保证。手工裁剪聚合物薄膜的过程中难免会导致翼膜边缘的初始损伤，在后续的使用过程中翼膜极易从边缘的初始损伤位置撕裂，尤其在聚合物薄膜很薄的情况下（<10 μm）极易发生。将翼脉粘贴到翼膜的过程中会使用黏合剂，随着使用或存放时间增加，黏合剂的性能有所下降，也会进一步导致仿生翼的可靠性降低。此外，手工方法制备仿生翼的翼脉形状受到原材料外形的限制，当翼脉的设计几何外形比较特殊时，很难从成品的碳纤维复合材料中找到对应的材料直接制备。

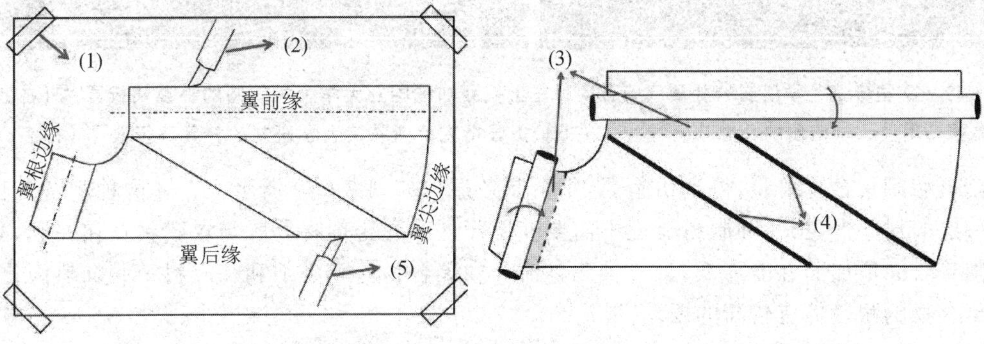

图 3-48　翼膜-翼脉式仿生翼的手工制备方法[22]

如果想得到性能稳定且可靠性更强的翼膜-翼脉式仿生翼，或者对翼脉的可设计性提出更高的需求，就需要引入加工精度和加工一致性更高的制备工艺，其核心目的是尽可能减少加工过程中人工环节的介入。在翼膜制备方面，可以采用激光切割机切割聚合物薄膜，采用这种方法得到的聚合物薄膜几乎不存在初始损伤，且激光切割机的加工精度和加工一致性非常高，特别适合制备尺寸小、质量轻的仿生翼。在翼脉制备方面，可以采用热固性预浸料制备翼脉，并通过激光切割机得到设计者预想的翼脉几何外形。使用预浸料制备复合材料翼脉可以采用两种不同的制备流程，一种制备流程是：首先将完整的预浸料按照设计的纤维方向进行铺层，然后将其置于高温环境中使预浸料中的环氧树脂热固化，待固化完成后得到一块完整的复合材料层合（薄）板；然后使用激光切割机切割复合材料层合（薄）板得到复合材料翼脉，并利用粘合剂将其粘贴在激光切割得到的翼膜上。另一种制备流程是：在预浸料完成铺层后就直接使用激光切割机切割成翼脉的外形，然后将预浸料直接粘贴在一块完整的聚合物薄膜上（由于环氧树脂的存在，预浸料本身具有一定的黏性，也可以额外添加环氧树脂以提高预浸料的黏性），然后将预浸料和聚合物二者共同置于高温环境中使预浸料固化，加热完成后不仅预浸料固化成为复合材料，在环氧树脂的作用下也使得翼脉紧密地粘贴在翼膜上，上述步骤完成后再使用激

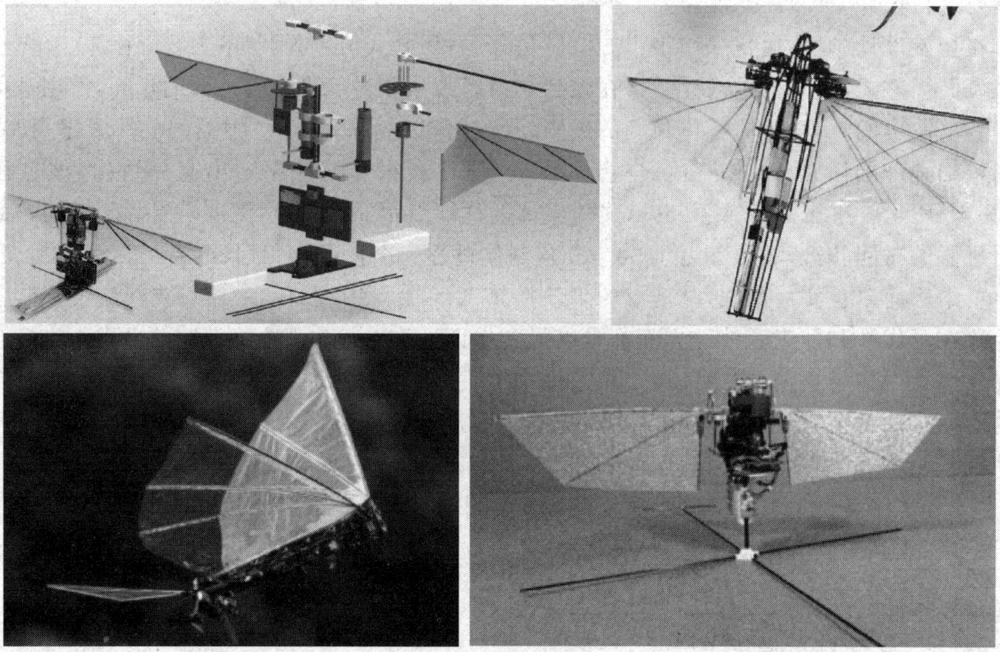

图 3-49　美国普渡大学研制的扑翼飞行器[23]（左上）、新加坡国立大学大学研制的扑翼飞行器[24]（右上）、美国马里兰大学研制的扑翼飞行器[25]（左下）、美国得克萨斯农工大学研制的扑翼飞行器[26]（右下）

光切割机切割聚合物薄膜，得到仿生翼，整个制备过程如图 3-50 所示。上述两种制备流程均存在一定的局限性，第一种制备流程中需要使用额外的黏合剂将翼脉与翼膜粘贴在一起，黏合剂会随着时间增加而性能降低；第二种制备流程中聚合物薄膜必须和预浸料一起加热固化，因此对聚合物的耐热性有较高的要求。

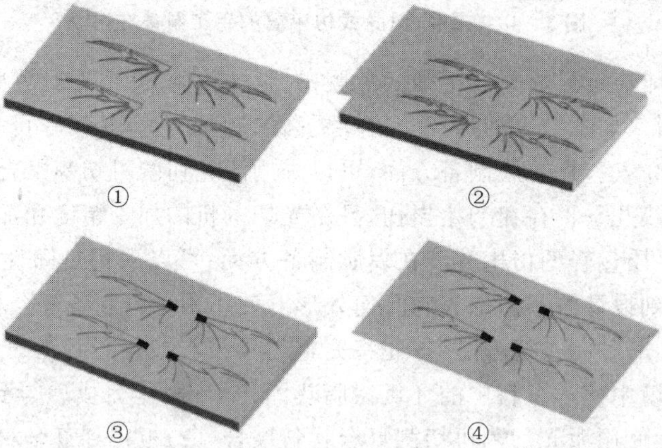

图 3-50　使用预浸料制备仿生翼的过程[27]

热固性预浸料的加热固化过程需要在电热恒温鼓风干燥箱中进行（见图 3-51），干燥箱可以在一定范围内调节并稳定加热温度。预浸料固化时通常需要放置在真空袋中，并利用真空泵持续不断地抽出真空袋中的空气（见图 3-52），真空袋保证在加热固化过程中预浸料表面受到的压力能均匀分布。热固性预浸料固化的主要工艺流程是，将待固化的预浸料置于一个密封的真空袋中，同时将真空袋置于电热恒温鼓风干燥箱中，真空袋上留出一个抽气口通过气管与干燥箱外的真空泵连接；在加热之前需要提前启动真空泵，待真空袋内的空气几乎完全抽出后，设定电热恒温鼓风干燥箱的加热温度并开始加热，持续一定时间后停止加热，待干燥箱内部自然冷却至室温后取出固化完成的预浸料；在加热固化和之后的自然冷却过程中，真空泵需要持续工作。

图 3 - 51　电热恒温鼓风干燥箱

图 3 - 52　真空袋(左)与真空泵(右)

对于外形复杂的翼脉结构，为了保证粘贴在聚合物薄膜上的预浸料在真空袋中加热固化时不发生变形，通常需要借助模具的帮助。图 3 - 53 所示为一种利用模具制备仿生翼的过程，首先利用高精度的雕刻工艺（如激光雕刻）制备仿生翼的母版（凸版），然后将聚二甲基硅氧烷（polydimethylsiloxane，PDMS）浇铸在母版上，聚二甲基硅氧烷固化后从母版脱离得到用于制备仿生翼的模具（凹版）；将切割好的预浸料置于模具中，并在预浸料上覆盖作为翼膜的聚合物薄膜，然后将模具置于真空袋内加热固化；固化完成后将模板脱离即得到仿生翼。采用聚二甲基硅氧烷制备模具的原因是该材料在预浸料固化后不会与预浸料或聚合物薄膜黏连，有利于最后的脱模过程。

由预浸料制备翼脉的仿生翼可以不必像图 3 - 46 所示的那样在前缘设计套筒结构，而是使用预浸料加热固化制备具有较强抗弯曲变形能力的复合材料前缘，此外前缘的几何外形也不必是平直的；采用这种方式制备的仿生翼前缘可以通过粘接或机械安装的方式固定在扑动机构上，实现仿生翼扑动的功能。图 3 - 54 所示为几款扑翼飞行器，它们的仿生翼由这种方式制备，从图中可见这些飞行器的前缘和翼脉形状各异。尽管预浸料加热固化制备翼脉的方法赋予了设计者很高的设计自由度，但大多数仿生翼的翼脉结构并非像昆虫翼那样复杂，所采用的设计方案也更简洁，从而有利于降低仿生翼的制备难度和制备成本，翼的性能也与设计方案

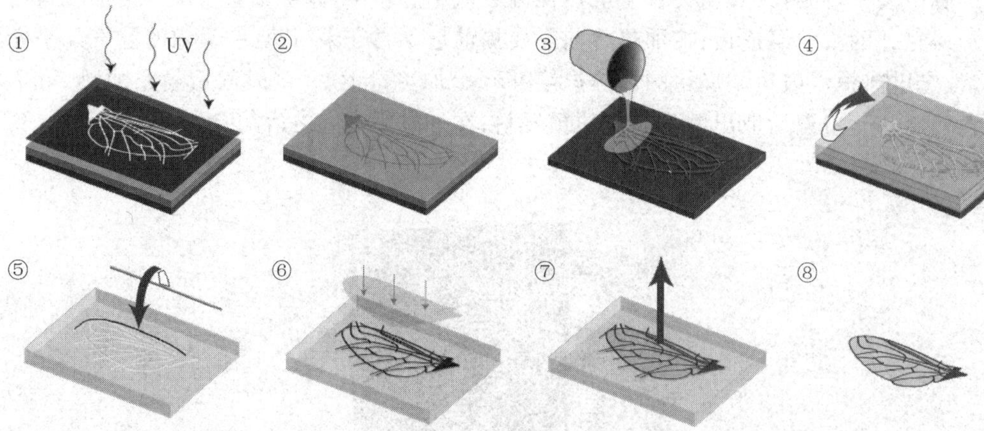

图 3-53　利用模具制备仿生翼的过程[28]

更为复杂的仿生翼相差无几。

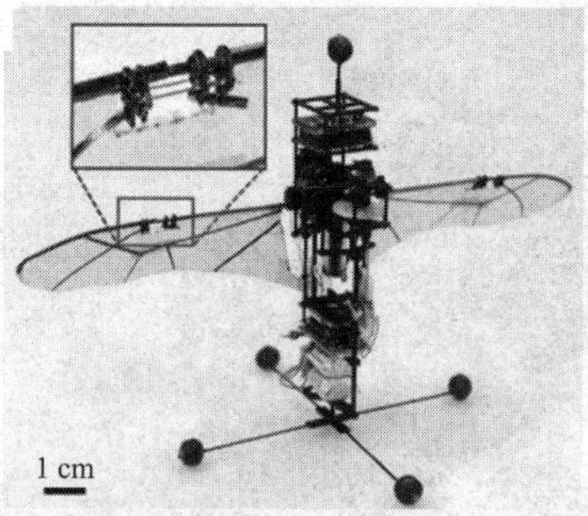

(a) 韩国建国大学研制的扑翼飞行器[8]

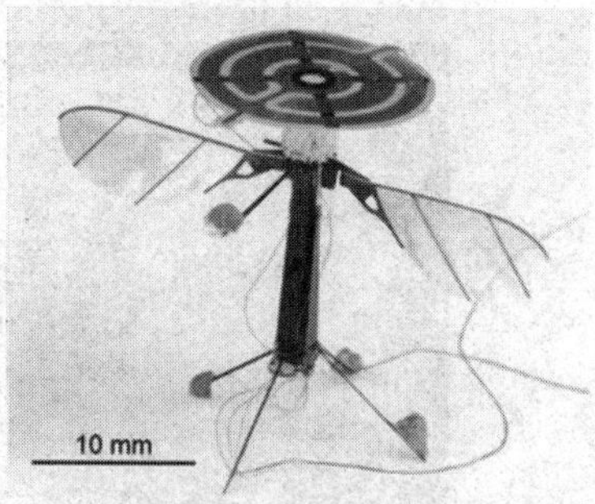

(b) 美国哈佛大学研制的微型扑翼飞行器[29]

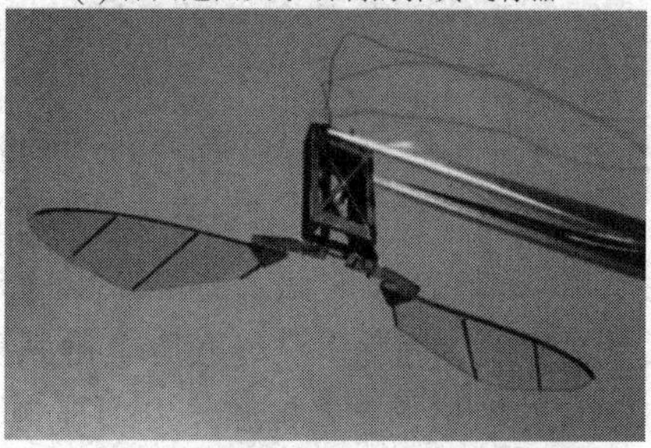

(c) 美国空军技术学院研制的微型扑翼飞行器[30]

(d) 美国卡耐基梅隆大学研制的微型扑翼飞行器[31]

(e) 德国Festo公司研制的仿蜻蜓扑翼飞行器

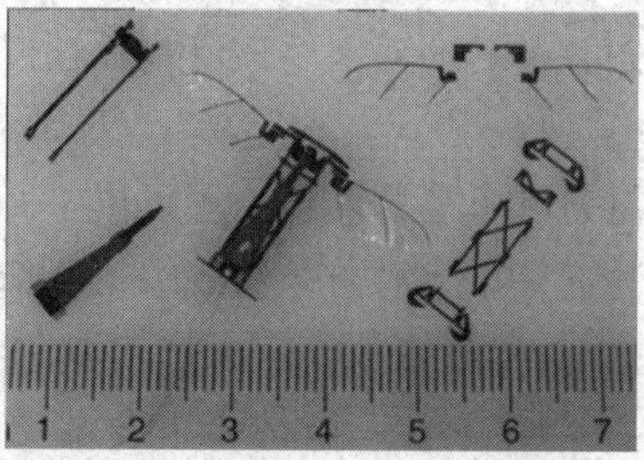

(f) 上海交通大学研制的微型扑翼飞行器[32]

图 3-54　几款扑翼飞行器

2. 一体成型式仿生翼

上一节介绍的翼膜-翼脉式仿生翼的翼膜和翼脉通常采用不同的制备材料，但对于尺寸较小的仿生翼，可以使用单一树脂材料来制备，这类仿生翼由融化的树脂在模具中一体压制成型，因此称为一体成型式仿生翼。

图 3－55 所示为一体成型式仿生翼的制备过程。首先根据仿生翼的设计方案制作模具，模具由上层的聚二甲硅氧烷(PDMS)模具和下层的硅模具组成，聚二甲硅氧烷模具的制作过程与上一节中的翼膜-翼脉式仿生翼模具的制作方式相同，需要先制作对应的母版(凸版)，然后利用母版制作聚二甲基硅氧烷模具，母版的材料与下层硅模具完全一致，二者的制作方法可以使用高精度激光雕刻；模具制备完成后，需要在下层硅模具表面涂抹一层聚丙烯酸(PAA)作为脱模剂，以便于仿生翼制备完成后从硅膜上脱离，之后在真空环境中将融化的树脂倒入上层模具中，当树脂完全覆盖上层模具表面后，将上层模具从真空环境中取出，倒扣于下侧模具上，然后使用重物压在两层模具之上，并放置在室温环境下固化一段时间，在室温中固化结束后将上层模具脱离，再将剩余部分置于电热恒温鼓风干燥箱中继续加热固化，保证树脂材料完全固化；加热固化完成后，使用激光切割机切除树脂的多余部分，并将下层模具置于水中，由于聚丙烯酸具有水溶性，因此仿生翼自动与下侧模具脱离，得到仿生翼。

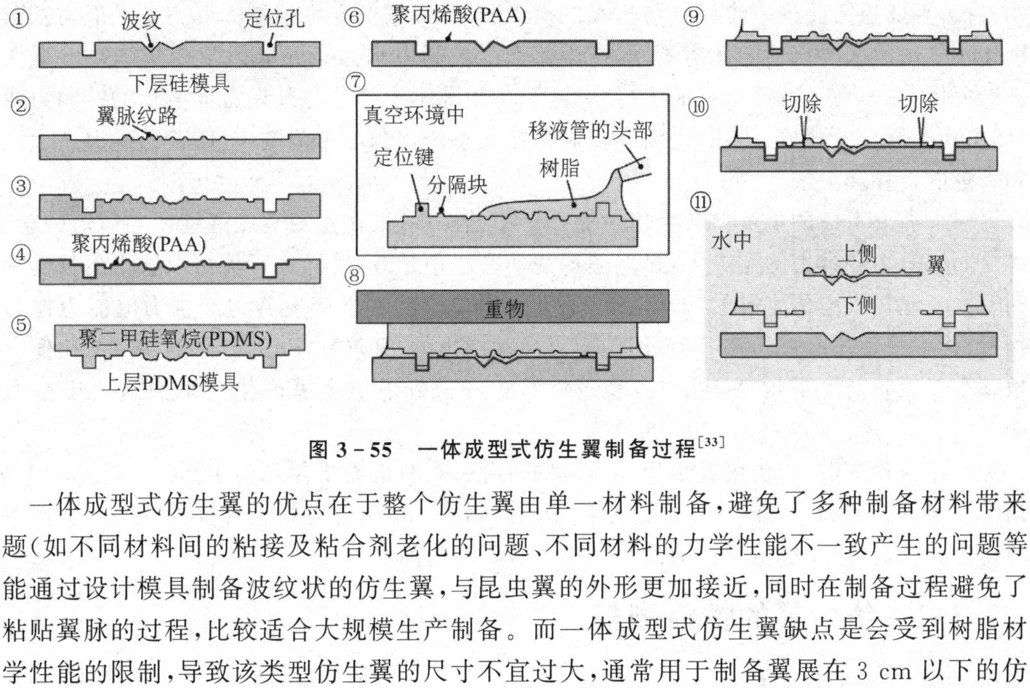

图 3－55　一体成型式仿生翼制备过程[33]

一体成型式仿生翼的优点在于整个仿生翼由单一材料制备，避免了多种制备材料带来的问题(如不同材料间的粘接及粘合剂老化的问题、不同材料的力学性能不一致产生的问题等)，还能通过设计模具制备波纹状的仿生翼，与昆虫翼的外形更加接近，同时在制备过程避免了手工粘贴翼脉的过程，比较适合大规模生产制备。而一体成型式仿生翼缺点是会受到树脂材料力学性能的限制，导致该类型仿生翼的尺寸不宜过大，通常用于制备翼展在 3 cm 以下的仿生翼；此外，一体成型式仿生翼的制备流程比较复杂，制备成本很高，在仿生翼的初期研究设计阶段并不是一种理想的制备工艺。

3.3　仿生翼的性能评价与测量方法

在仿生翼的设计过程阶段，设计者往往会得到多个设计方案，为了在其中找出最好的设计

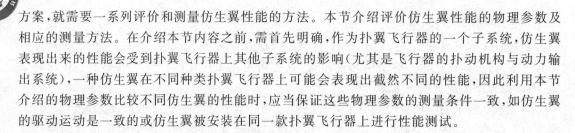

方案，就需要一系列评价和测量仿生翼性能的方法。本节介绍评价仿生翼性能的物理参数及相应的测量方法。在介绍本节内容之前，需首先明确，作为扑翼飞行器的一个子系统，仿生翼表现出来的性能会受到扑翼飞行器上其他子系统的影响（尤其是飞行器的扑动机构与动力输出系统），一种仿生翼在不同种类扑翼飞行器上可能会表现出截然不同的性能，因此利用本节介绍的物理参数比较不同仿生翼的性能时，应当保证这些物理参数的测量条件一致，如仿生翼的驱动运动是一致的或仿生翼被安装在同一款扑翼飞行器上进行性能测试。

3.3.1 仿生翼的性能评价

仿生翼作为仿生扑翼飞行器的重要气动部件，其主要功能是为飞行器提供所需的升力和推力，用于克服飞行器自重及前飞时的阻力。因此，升力和推力的大小自然成为评价仿生翼性能的重要参数。不同种类的扑翼飞行器，对升力和推力的要求也不同。对于仿鸟类或蝙蝠飞行器，仿生翼产生推力的能力决定了飞行器的前飞速度，产生升力的能力决定了飞行器的负载能力，但是在通常情况下，仿生翼设计并不需要追求单一的推力或升力最大，而是在满足功能需要的情况下取两者折中，如升力平衡重量下推力最大。对于仿蜂鸟或昆虫飞行器，由于它们的飞行范围较小且长时间处于近似悬停状态，通常不过分追求加速或爬升的能力，因此多重点关注仿生翼产生升力的能力。除了升力和推力以外，有的仿生翼还作为控制部件实现对飞行器的操控，因此还需要进一步评估仿生翼的操纵舵效，即它们产生控制力和力矩的能力。与单纯地比较气动力来决定性能优劣不同，仿生翼产生控制力和力矩的能力至少应当从以下两方面进行评估：一是在飞行器所有的飞行状态下，仿生翼不应产生与预期方向相反的控制力或力矩（即出现操纵反效现象）；二是需要在控制系统的整个控制指令范围内，明确仿生翼产生控制力和力矩的特性和极限。

另一个需要考虑的重要参数是仿生翼扑动中的功耗，即仿生翼克服运动阻力所需的功率。在满足同样升力和推力的需求下，显然消耗的功率越小越好，这样飞行器可以获得更长的续航时间。为了比较不同仿生翼的气动性能，通常采用单位功率下产生升力或推力的能力作为评价指标，称为扑动效率或功率载荷，即仿生翼扑动产生的（平均）气动力与所需功率的比值。扑动效率不仅反映仿生翼消耗能量的“经济性”，也考虑到了仿生翼产生气动力这一最基本的功能。

除上述评价参数，对仿生翼结构感兴趣的研究者有时也需要得到仿生翼的一些结构参数，包括仿生翼的扭转和弯曲刚度以及仿生翼的固有频率。尽管这些结构性能参数不能直接用于比较仿生翼性能，但在仿生翼性能的研究中具有重要的意义。

3.3.2 仿生翼的性能测量

1. 气动力的测量方法

扑翼飞行器采用扑动仿生翼的方式来飞行，所需的气动力通常是随时间变化的。为了在地面条件下测量仿生翼扑动产生的气动力，通常需要依靠风洞模拟扑动飞行时的来流，并依靠力传感器测量仿生翼扑动产生的气动力。对于一些能够悬停飞行的扑翼飞行器，如果并不关注它们前飞时的气动性能，则可以直接在一般的室内环境中完成气动力的测量。

风洞是以人工的方式产生高品质的气流的实验设备，是广泛用于飞行器气动研究的重要设备，可模拟飞行器或物体周围气体的流动情况，并可测量气流对物体的作用力、观察各类流动物理现象,如图3-56所示。对于仿鸟类扑翼飞行器,为测量其前飞气动性能,可以将扑翼飞行器置于风洞中,详细测量不同来流速度和迎角对扑翼气动力的影响。由于大部分扑翼飞行器为无人飞行器,尺寸较小,对安全性要求也较低,在经费有限的情况下,也可通过直接试飞试验的方式,对飞行器的性能进行反复试飞测试。

图3-56　风洞内部

对于仿蜂鸟或仿昆虫的扑翼飞行器,其主要飞行状态近似悬停,因此可在一般的室内条件下,将扑翼飞行器安装在测力传感器上直接测量。如果需要对仿生翼的气动性能进行系统的研究,也可设计一套专用的仿生翼地面测试平台,只需实现符合飞行器要求的扑动运动,不必考虑扑动机构本身的重量,如图3-57所示。该测试平台包括一套用于驱动仿生翼扑动的运动机构,力传感器,用于安装和支撑的底座以及其他配套设备(如稳压电源或电池,信号采集器、放大器、电脑等)。值得注意的是,这类测试平台应避免地效等壁面效应对扑翼气动力的影响,通常与壁面保持一倍展长以上的距离。

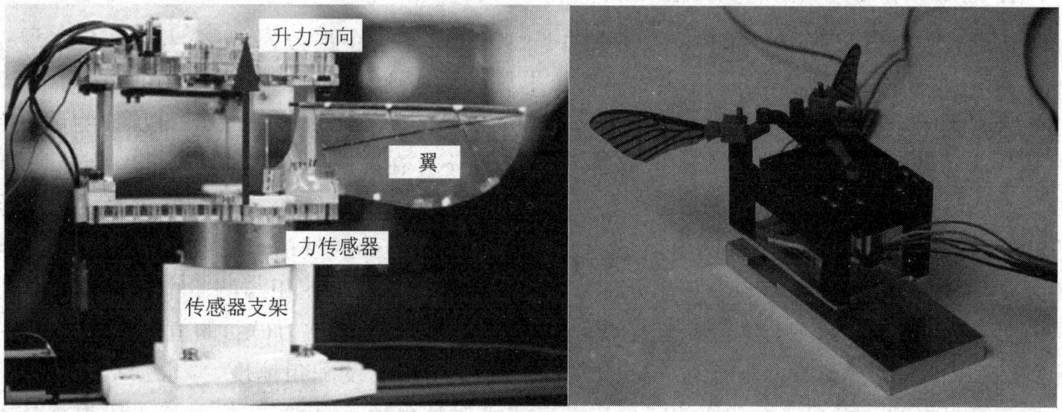

图3-57　两种仿生翼性能测试平台[34,35]

通常情况下,使用测力传感器获取实时变化的瞬态气动力是比较困难的,因为传感器采集到的是扑翼气动力和惯性力的合力,而惯性力的贡献很难准确地分离出来。即便将扑翼置于真空环境中去隔离气动力,但由于缺少气动载荷的作用,翼的运动及变形与空气中的情形也有所不同,所测量的惯性载荷也将不同。幸运的是,扑翼的拍动频率通常较高,飞行器机体的运动时间尺度远大于翅膀的拍动周期,此时可以采取周期平均方法去分析,而惯性载荷在周期平均下总是为零,因此对传感器测量的合力取平均值,即可得到平均气动力。

传感器的选择也至关重要,通常关注量程、精度和采样频率。量程是传感器能测量物理量的最大范围,而测量精度大多直接与量程有关,大量程的精度低,小量程的精度高。由于扑翼载荷是随时间周期变化的,瞬态载荷远高于平均载荷,并且由于翼往复运动引起的惯性载荷与气动载荷几乎同量级,瞬态载荷通常为平均载荷的几倍,因此传感器量程应大于扑翼所产生的最大瞬态力。如果仅按平均载荷大小去选择传感器,则会出现瞬态载荷超量程的现象,此时所获取的平均载荷也会出现错误。通常,最大瞬态力为传感器量程的 1/2 到 2/3 是比较合理的。传感器采样频率的选择通常与待测仿生翼的最高扑动频率有关,香农(Shannon)采样定理提出,为了不失真地恢复模拟信号,采样频率应该大于模拟信号频谱中最高频率的 2 倍,对于非定常气动力来说其信号频谱中的最高频率可以达到扑动频率的 8 倍甚至 16 倍,为了获得更高的测量精度(尤其是对气动力的平均值来说),通常选择传感器的采样频率为仿生翼扑动频率的 40 倍左右。

如果仅仅测量扑翼产生的平均气动力,采用电子秤进行间接测量不失为一种简便快捷的方式。在电子秤上放置一平板,清零电子秤示数,然后利用扑翼产生的下洗气流垂直冲击平板,此时电子秤上的示数大小即可代表扑翼产生的气动力。唯一要注意的是,由于壁面效应的影响,扑翼距离平板太近会使气动力比真实的大,而太远又会因为气流耗散而使数值过小。实际使用时,可以根据传感器测量值进行校对,或根据经验选择合适的距离。

可以看到,实验测量实时气动力的难度较大且存在较多问题,因此在更多时候,研究人员会转而采用数值仿真的方法求解仿生翼扑动产生的瞬时气动力。尽管数值仿真避开了实验测量中的一系列问题,但现有的数值仿真方法也存在一些不足之处,如无法准确实现仿生翼的运动和变形过程、仿真结果与真实值总是存在一定差异,因此现有的研究中实验测量和数值仿真通常互相作为参考验证。

2. 功率和扑动效率的测量方法

仿生翼扑动所需的功率可以分为气动功率和惯性功率两个部分,其中前者表示仿生翼克服气动阻力(矩)需要的功率,后者表示驱动仿生翼反复加速和减速的过程需要的功率。上文已经介绍了测量仿生翼产生气动力的方法,为了得到仿生翼的扑动效率,只需准确地测量仿生翼的气动功率和惯性功率。但令人遗憾的是,目前尚不存在准确测量两种功率的实验方法,其中首要原因是功率很难直接测量;在实验中通常采用测量功率计算公式中的物理量的方法推算功率的大小,例如,测量一个用电器的电功率通常会测量其两端的电压和流经该电器的电流,再利用二者的乘积进一步计算电功率大小。有人可能会设想使用与测量电功率类似的方法,利用力(矩)传感器测量仿生翼受到的实时气动阻力(矩)和惯性力(矩)的值,同时再借助一定的运动测量方法(例如高速摄像)得到仿生翼整体扑动的速度和角速度,并根据功率的计算公式推算出气动功率和惯性功率的值。这种方法看似是合理且自然的,但忽略了仿生翼扑动时会产生变形的问题。由于变形的存在,仿生翼上每一部分的运动角速度都存在差异,将仿生翼视为一个整体并测量得到的角速度,乘以整个仿生翼受到的力(矩)得到的需用功率可能与实际结果存在较大误差,而准确地测量仿生翼的分布载荷是难以实现的,因此也不太可能通过求出仿生翼上每一部分的功率再积分实现功率测量。

现有的仿生翼气动功率和惯性功率的测量方法是从能量角度出发测量的,具体测量原理如下。考虑使用由一个安装仿生翼的扑动机构及供能设备组成的系统，如图 3-57 所示，扑动机构由电机驱动（可以是有刷电机或无刷电机）。当仿生翼在某个频率下扑动时，整个系统需要的功率 P 可分为三个部分：仿生翼扑动所需功率（包括气动功率和惯性功率两部分）、扑动机构自身运动所需功率和电机自身的能量损耗（主要为电机的热损耗和摩擦损耗）。为了便于后续介绍，将三者分别记为 P_w、P_f 和 P_l，其中下标 w、f 和 l 分别表示仿生翼（wing）、扑动机构（flapping mechanism）和电机损耗（loss），那么总功率 P 与 P_w、P_f 和 P_l 的关系可以表示为

$$P = P_w + P_f + P_l \tag{3-1}$$

在不能直接测量仿生翼扑动所需功率 P_w 的情况下，如果能测量 P、P_f 和 P_l，则根据上述关系也能推算出 P_w。由于总功率 P 是电功率，只需要测量供电设备向电机输入的电压和电流即可。扑动机构的电机通常采用稳压电源或电池供电，电压会直接在稳压电源上显示，或者使用万用表测量电池两端电压。由于仿生翼扑动时受到的载荷是时刻变化的，因此驱动仿生翼的电机输出的扭矩也不是恒定值，而电机输出的扭矩通常直接与电机电流相关，所以电流也是时刻变化的。为了准确测量 P，需要测量并记录多个扑动周期内实时电流并取平均。常用的测量方法有两种：一种方法是与电机串联一个电阻值很小、对电机供电的影响忽略不计的采样电阻（电阻值非常准确和稳定），使用示波器测量并记录电阻两端的电压变化，然后根据欧姆定律推算出电流；另一种方法是直接将电流探头（见图 3-58）钳在一条导线上，直接测量导线中的电流，并利用电流探头连接的示波器记录一段时间内的电流值。获得电机输入的电压 U 和电流 I 后，即可计算出总功率 $P=UI$。

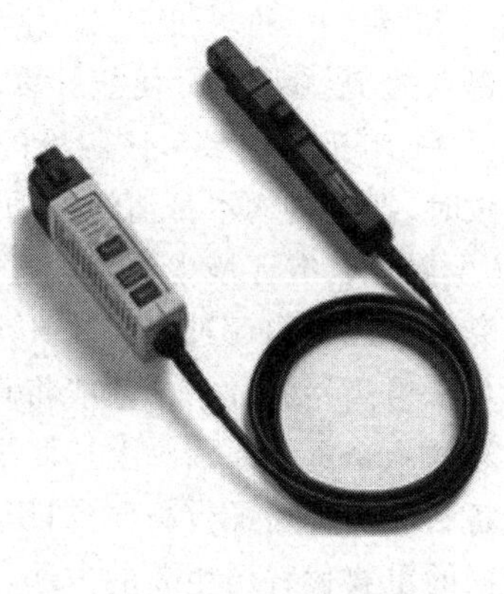

图 3-58　某电流探头

电机自身的能量损耗 P_l 包括发热造成的热损耗和电机内部摩擦造成的机械损耗，可以根据电机输入的电压和电流以及电机的内部参数计算。热损耗就是电机绕组的损耗，可以通过简单测量电机两端电阻和电流计算；内部摩擦损耗通常很小，可以忽略或使用空载电流来估计。无刷电机及电调的损耗相对复杂，这里不再详细叙述。扑动机构自身运动所需功率 P_f 主要来自于扑动机构零部件之间的相互摩擦和碰撞，显然 P_f 是不能直接测量的。它的测量方法是：考虑使用上文介绍的驱动仿生翼扑动的系统，如果将其中的仿生翼拆除并保持扑动机构的扑动频率不变，将此时输入给系统的总功率定义为 P'，显然 P' 仅包括电机的损耗 P'_l 和扑动机构 P'_f 自身运动所需功率，上标"′"表明与之前的测量条件不同，如下：

$$P' = P'_l + P'_f \tag{3-2}$$

P' 的测量方法与 P 一致，P'_l 也同样可以根据电压、电流以及电机的内部参数计算，因此自然可以得到 P'_f。由于扑动机构的扑动频率没有变化，且机构自身运动所需的功率不是很大，因此这里不妨假设"P_f 约等于 P'_f"。至此，P、P_f 与 P_l 都已经得出，那么就能够计算出仿生翼扑动所需功率 P_w，进而得到仿生翼的扑动效率。有时需要评估整个扑翼飞行器在功耗方面的性能，计算飞行器的扑动效率时不再使用仿生翼产生的升力除以仿生翼消耗的功率，而是除以扑动机构的电机输出的有用功率，即上文提到的 P_w 与 P_f 之和，此时不再需要进行第二步测量。此外，上述测量使用了一个看似合理的假设："P_f 约等于 P'_f"。尽管已经使机构保持扑翼运动

时的频率，但考虑到两种测量条件下扑动机构本身的工作条件并非完全一致，如机构负载不等，因此这里也会引入一定的误差。

上文介绍了仿生翼扑动需要的气动功率与惯性功率之和 P_w 如何通过测量得到，如果想要进一步得知气动功率和惯性功率的值，还需要额外的测量方法。为了便于后续介绍，这里将气动功率表示为 P_a，将惯性功率表示为 P_i，下标“a”与“i”分别表示气动(aerodynamics)和惯性(inertia)。常用的测量气动功率和惯性功率的方法有两种，且这两种方法均存在一定的缺陷。第一种方法是将扑动机构置于真空环境中，并使仿生翼以同样的扑动频率扑动，则仿生翼扑动所需的功率不再包括气动功率，此时输入整个系统的总功率 P'' 包括电机损耗 P''_l、扑动机构自身所需的功率 P''_f 和惯性功率 P''_i，如公式 3.3 所示：

$$P''=P''_l+P''_f+P''_i \tag{3-3}$$

按照上文介绍的方法能够测量出 P'' 与 P''_l，由于扑动频率未发生变化，因此假设“P_f、P'_f 和 P''_f 近似一致”和“P_i 约等于 P''_i”。由于 P'_f 在之前已经被测量，按照上式便可直接求出 P_i，再使用已经得到的 P_w 减去 P_i 便能计算出 P_a。上述方法也存在一定误差。首先是在该方法中假设“P_f、P'_f 和 P''_f 近似一致”，该假设的问题在上文已经提到即使扑动频率相同，但是在负载情况不一致时，扑动机构本身消耗的功率也是有所差异的，在精细测量中这种差异不能被忽略；其次，仿生翼在真空环境中的扑动过程与空气中势必存在差异，因此假设“P_i 约等于 P''_i”也是值得研究的；最后，测量过程需要真空环境，而利用常规的涡轮式真空泵很难实现真空的效果，通常需要价格高昂的分子泵才能将真空室中的空气几乎完全抽出，因此实验设备也是限制该测量方法的一个重要原因。上述测量气动功率和惯性功率的方法需要在真空环境中开展，对实验设备和成本提出了较高要求，因此有人提出在扑动机构上安装一个质量和转动惯量与仿生翼相同的重物代替仿生翼的方法，由于重物的体积很小，在扑动时几乎不会受到气动阻力，因此可以认为此过程中的气动功率几乎为零。同样地，只要保持扑动机构的扑动频率与安装仿生翼时一致，测量出总功率 P'' 和电机损耗功率 P''_l，并接受“P_f、P'_f 和 P''_f 近似一致”的假设，则同样可以得到惯性功率和气动功率。用体积小的重物代替仿生翼的方法尽管避免了在真空中进行实验的困难，但由于重物的运动过程同样与仿生翼存在差别，因此这种方法从本质上来说并不具有很高的测量精度。

仿生翼扑动所需的功率也可以由数值仿真得到，但是与计算气动力类似，由于不能精确实现仿生翼准确的运动和变形，数值仿真的结果通常与实验测量结果相互验证。

3. 仿生翼结构性能参数的测量方法

仿生翼的结构性能参数通常采用静态和动态的加载实验测量，其中静态测量实验常用于测量仿生翼的刚度特性，包括扭转刚度和弯曲刚度，而动态测量常用于测量仿生翼的固有频率。通常这两种测量用于尺寸比较小的仿蜂鸟或仿昆虫飞行器的仿生翼。下面分别介绍两种测量实验。

静态测量实验用于测量仿生翼的刚度，在测量过程中需要用到如图 3-59 所示的仿生翼刚度测量平台。该平台由固定仿生翼的夹具和装载力传感器的微调位移平台组成，力传感器上固定安装一根钝头针，当微调位移台的调节螺杆时会带动钝头针移动，钝头针在移动过程中如果与仿生翼接触，则会向接触点施加一个集中力，这个集中载荷会导致金属梁弯曲变形，通过应变片测量金属梁的应变就能够推算梁内部的应力，进而计算出集中力的大小。当然，也可以使用微小量程的力传感器完成集中力的测量工作。在测量仿生翼刚度之前，需要将仿生翼固定在平台的夹具上，测量不同刚度安装方式也有所不同。例如，测量仿生翼的展向弯曲刚度或扭转刚度时，只需要固定仿生翼的翼根部分；而测量仿生翼的弦向弯曲刚度时，需要将整个前缘都夹持固定。同样，在测量之前需要调节钝头针头与仿生翼接触的位置，并确保针尖恰好与仿生翼接触且二者之间几乎没有力的作用（这个状态可以通过力传感器的实时测量值进行判断）。在上述这些测定前的准备工作都完成后，称仿生翼刚度测量平台处于待测状态。

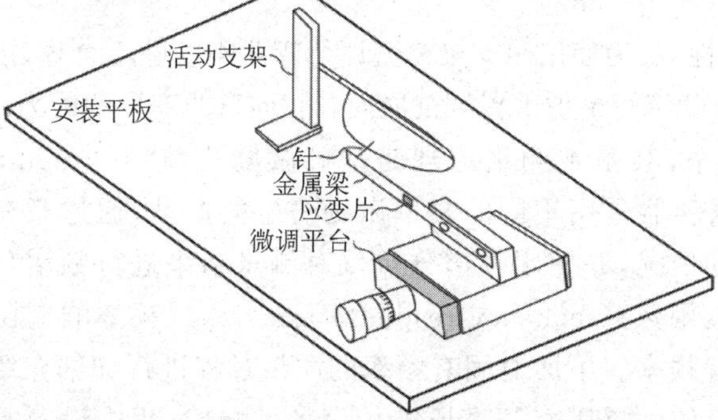

图 3-59　仿生翼刚度测量平台[36]（左）和微调平台（右）

测量仿生翼扭转刚度，需要先测定仿生翼扭转轴的位置，如图 3-60 所示，可以根据展向位置的不同在仿生翼上用记号笔画出多条直线，然后将仿生翼的翼根固定在刚度测量平台上，在每条直线上用钝头针施加集中载荷，找到直线上的特殊点——当载荷施加在该点时，仿生翼只产生弯曲变形而不产生扭转变形。将所有直线上的这些特殊点连接起来就得到了仿生翼扭转轴的位置。调节钝头针与仿生翼的接触点远离扭转轴，使仿生翼刚度测量平台处于待测状态，然后旋转微调平台的调节螺杆，让钝头针推动接触点移动一小段距离，使仿生翼产生轻微的扭转变形，然后根据微调平台上的刻度记录针尖的移动距离 δ，并记录力传感器的测量值 F。仿生翼的扭转角 θ 可以表示为

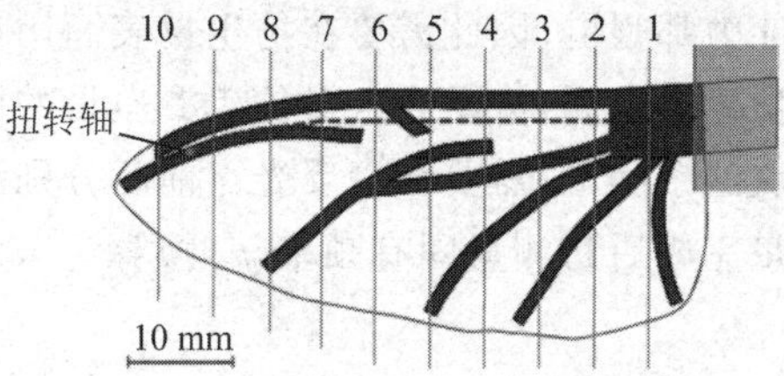

图 3-60　仿生翼的扭转轴[27]

$$\theta = \sin^{-1}\frac{\delta}{y} \tag{3-4}$$

其中 y 表示施加点力的作用点到扭转轴的距离。仿生翼在该处的扭转刚度 GJ 可以表示为

$$GJ \approx \frac{Fyl}{\theta} \tag{3-5}$$

其中 l 是钝头针与仿生翼的接触点到翼根的展向距离。扭转刚度 GJ 的估算关系式来自于圆柱轴的扭转变形公式，即认为仿生翼扭转变形的模式与圆柱轴近似。部分研究者认为结构复杂的仿生翼的扭转变形并不能被圆柱轴模型等效替代，但目前尚不存在更加合理的仿生翼变形模型，因此采用扭转力矩 Fy 与扭转角 θ 之比作为“等效扭转刚度”衡量仿生翼的抵抗扭转变形的能力。

测量仿生翼的展向与弦向弯曲刚度的过程与测量扭转刚度的过程类似，只需旋转微调平

台的调节旋钮使金属针推动仿生翼产生变形，然后通过微调平台上的刻度读出针尖（或者说仿生翼上某点）的移动距离 δ，并根据力传感器得到钝头针与仿生翼之间的相互作用力 F，然后对 δ 和 F 进行处理得到测量点对应的弯曲刚度。在测量展向弯曲刚度时，针尖与仿生翼的接触位置应该在扭转轴上，避免仿生翼在产生展向弯曲变形时同时产生扭转变形而影响测量结果。展向和弦向弯曲刚度 EI 可以根据简支梁弯曲变形的挠度公式估算：

$$EI \approx \frac{Fl^3}{3\delta} \tag{3-6}$$

部分研究者同样考虑到仿生翼结构的复杂性，认为使用简支梁模型评估弯曲刚度并不合理，因此更倾向于采用 F 与 δ 之比作为"等效弯曲刚度"衡量仿生翼抵抗展向和弦向弯曲变形的能力。

动态实验用于测量仿生翼的固有频率，其基本测量原理是基础激励法（Base-excitation Method），即将仿生翼固定在振动器上，振动器采用不同的频率激励仿生翼振动，通过激光传感器测量仿生翼在不同激励频率下的振动情况，并使用频谱分析仪对测量结果进行频谱分析（spectrum analyze），得到对应的频率响应函数（frequency response function），频率响应函数中幅度峰值对应的频率即为仿生翼的固有频率。下面对固有频率的测量过程进行详细介绍。

图 3-61 所示为采用基础激励法测量仿生翼固有频率所需的设备，测量过程中设备需要放置在防震台上以尽可能降低来自地面噪声的干扰。由于采用了激光传感器测量仿生翼的位移，因此需要仿生翼的表面能较强地反射激光发射器发出的激光束，但现有的翼脉材料反射激光的能力都很弱，因此需要在仿生翼表面用反光漆涂几个反光点以便于运动测量。对质量很轻的仿生翼来说，涂反光点对仿生翼质量的影响比较明显，同时会改变仿生翼的固有频率。为了解决这个问题，需要在涂反光点前后分别测量仿生翼的质量 m_0 和 m_e，然后根据如下公式，在测量完成后将测量固有频率 f_e 换算为未涂反光点时的固有频率 f_0：

$$\frac{f_0}{f_e} = \sqrt{\frac{m_e}{m_0}} \tag{3-7}$$

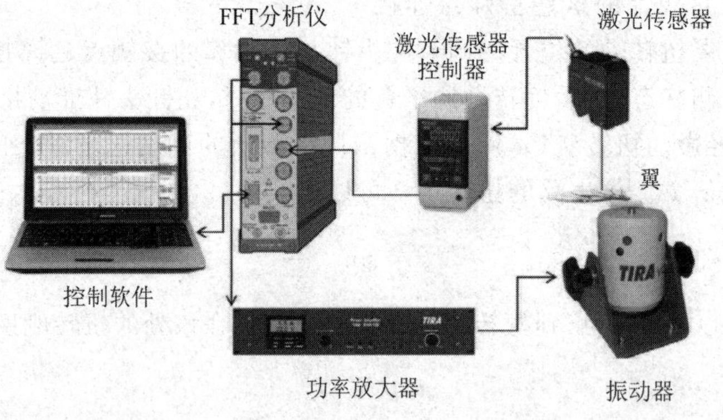

图 3-61　仿生翼固有频率的测量设备[37]

将涂有反光点的仿生翼粘贴在振动器上，并调节激光传感器准备测量仿生翼（或者说反光点）的运动过程。测量开始后，由频谱分析仪向功率放大器输入特定频率的激励信号，再由功率放大器向振动器输入足够的功率激励仿生翼振动，仿生翼的振动过程被激光传感器测量并将测量结果输入至频谱分析仪中；频谱分析仪能在较大的范围内连续改变向功率放大器输入激励信号的频率，因此也能得到仿生翼在不同频率下的运动过程。根据输出的激励信号频率和激光传感器输入的仿生翼运动情况，频谱分析仪能自动完成频谱分析并输出频率响应函数(见图 3-62)。频率响应函数中的峰值表示仿生翼的固有频率，其中最小的固有频率为一阶固有频率。

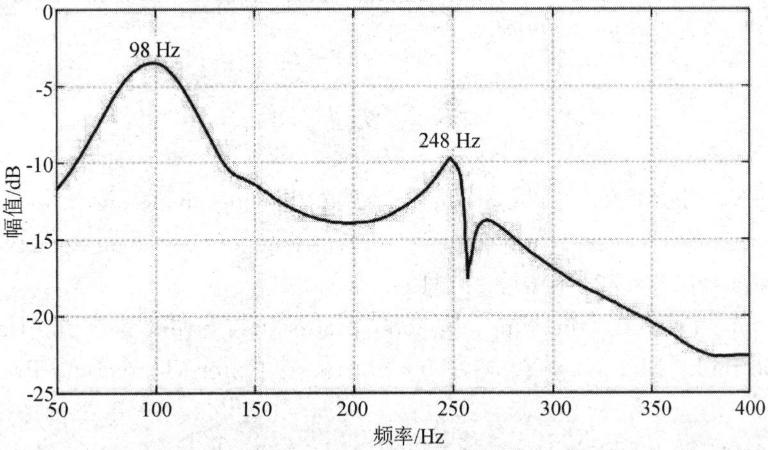

图 3-62　频率响应函数示例

本章小结

作为鸟类、蝙蝠和昆虫的重要飞行器官，生物翼的结构对仿生微型飞行器的翼设计具有重要参考价值。鸟类和蝙蝠的轻质翼在往复扑动时尽可能将能量用于产生升力和推力中，同时利用骨骼、肌肉和神经对翼运动和外形进行主动控制。这使它们能够适应各种飞行环境并完成机动飞行动作。蜂鸟是一种独特的鸟类，它们的翼能够高频大幅度扑动。这使蜂鸟能够完成悬停、倒飞等其他鸟类难以完成的飞行动作。与鸟类的翼相比，昆虫翼不具有主动控制翼运动和变形的肌肉，但这也使昆虫翼的质量更轻，能够以更高的频率扑动并产生远高于昆虫自重的升力和推力。因此，无论仿生扑翼微型飞行器的仿生翼是否具有主动控制运动和变形的能力，都应该在确保仿生翼强度和刚度的前提下，使用轻质材料设计和制造仿生翼。本章介绍了鸟类、蝙蝠和昆虫等生物翼的结构特征，并介绍了现有仿生扑翼微型飞行器如何从生物翼获得灵感完成仿生翼设计和制造，最后给出了评估仿生翼性能的方法，为仿生扑翼微型飞行器的仿生翼设计提供了理论和经验指导。

思考题

1. 在目前诸多人造飞行器中，为什么扑翼仅在微型或小型飞行器中得到应用？如果将扑翼应用至大型飞行器会有哪些问题？

2. 对比鸟类、蝙蝠和人类的骨骼，分析同样作为四足动物的人类难以模仿鸟类或蝙蝠飞行的原因？

3. 鸟类和大多数昆虫依靠一对翼飞行，但具有两对翼的蜻蜓也拥有优秀的飞行能力。对于自然界飞行生物，依靠一对翼还是多对翼飞行各有哪些优劣？

4．试分析哪些因素制约了人造仿生扑翼的性能，使其难以和自然界的生物翼相媲美？

5．除平均升力（或推力）和产生单位升力（或推力）消耗的功率外，你认为还可以从哪些角度来评价仿生翼的气动性能？

6．昆虫和鸟类翼的结构比较复杂，而仿生翼结构相对简单。试分析，若完全依照生物翼结构设计仿生翼，会有哪些好处和难点？

参考文献

[1] Wang X，Clarke J A. The evolution of avian wing shape and previously unrecognized trends in covert feathering[J]. Proceedings of the Royal Society B：Biological Sciences，2015，282(1816)：20151935.

[2] Alexander D E. On the wing：insects，pterosaurs，birds，bats and the evolution of animal flight[M]. New York，United States：Oxford University Press，2015：30-37.

[3] Gordon M S，Blickhan R，Dabiri J O，et al. Animal locomotion：physical principles and adaptations[M]. Florida:CRC Press，2017：117-120，123-130.

[4] Videler J J. Avian flight[M]. New York，United States：Oxford University Press，2006：25-43，47-50.

[5] Dial K P. Avian forelimb muscles and nonsteady flight：can birds fly without using the muscles in their wings? [J]. The Auk，1992，109(4)：874-885.

[6] Furst S J，Bunget G，Seelecke S. Design and fabrication of a bat-inspired flapping-flight platform using shape memory alloy muscles and joints[J]. Smart Materials and Structures，2012，22(1)：014011.

[7] 彩万志.普通昆虫学[M].北京：中国农业大学出版社，2001：68-69.

[8] Phan H V，Park H C. Mechanisms of collision recovery in flying beetles and flapping-wing robots[J]. Science，2020，370(6521)：1214-1219.

[9] Zhang S，Sunami Y，Hashimoto H. Deformation behavior of dragonfly-inspired nodus structured wing in gliding flight through experimental visualization approach[J]. Scientific reports，2018，8(1)：5751.

[10] Deora T，Gundiah N，Sane S P. Mechanics of the thorax in flies[J]. Journal of Experimental Biology，2017，220(8)：1382-1395.

[11] Biophysics of Insect Flight[M]. Singapore：Springer，2021：43-49.

[12] Wakeling J M，Ellington C P. Dragonfly flight：II. Velocities，accelerations and kinematics of flapping flight[J]. Journal of experimental biology，1997，200(3)：557-582.

[13] Combes S A，Daniel T L. Flexural stiffness in insect wings I. Scaling and the influence of wing venation[J]. Journal of experimental biology，2003，206(17)：2979-2987.

[14] Keennon M，Grasmeyer J. Development of two MAVs and vision of the future of

MAV design[C]//AIAA International Air and Space Symposium and Exposition: The Next 100 Years. 2003: 2901.

[15] Keennon M, Klingebiel K, Won H. Development of the nano hummingbird: A tailless flapping wing micro air vehicle[C]//50th AIAA aerospace sciences meeting including the new horizons forum and aerospace exposition. 2012: 588.

[16] Rosen M H, Le Pivain G, Sahai R, et al. Development of a 3.2 g untethered flapping-wing platform for flight energetics and control experiments[C]//2016 IEEE international conference on robotics and automation (ICRA). IEEE, 2016: 3227-3233.

[17] De Croon G, De Clercq K M E, Ruijsink R, et al. Design, aerodynamics, and vision-based control of the DelFly[J]. International Journal of Micro Air Vehicles, 2009, 1(2): 71-97.

[18] Yang W, Wang L, Song B. Dove: A biomimetic flapping-wing micro air vehicle [J]. International Journal of Micro Air Vehicles, 2018, 10(1): 70-84.

[19] Send W, Fischer M, Jebens K, et al. Artificial hinged-wing bird with active torsion and partially linear kinematics[C]//Proceeding of 28th Congress of the International Council of the Aeronautical Sciences. 2012, 10.

[20] Folkertsma G A, Straatman W, Nijenhuis N, et al. Robird: a robotic bird of prey [J]. IEEE robotics & automation magazine, 2017, 24(3): 22-29.

[21] Ramezani A, Chung S J, Hutchinson S. A biomimetic robotic platform to study flight specializations of bats[J]. Science Robotics, 2017, 2(3): eaal2505.

[22] Nan Y, Karásek M, Lalami M E, et al. Experimental optimization of wing shape for a hummingbird-like flapping wing micro air vehicle[J]. Bioinspiration & biomimetics, 2017, 12(2): 026010.

[23] Tu Z, Fei F, Deng X. Untethered flight of an at-scale dual-motor hummingbird robot with bio-inspired decoupled wings[J]. IEEE Robotics and Automation Letters, 2020, 5(3): 4194-4201.

[24] Nguyen Q V, Chan W L. Development and flight performance of a biologically-inspired tailless flapping-wing micro air vehicle with wing stroke plane modulation [J]. Bioinspiration & biomimetics, 2018, 14(1): 016015.

[25] Holness A E, Bruck H A, Gupta S K. Characterizing and modeling the enhancement of lift and payload capacity resulting from thrust augmentation in a propeller-assisted flapping wing air vehicle[J]. International Journal of Micro Air Vehicles, 2018, 10(1): 50-69.

[26] Coleman D, Benedict M, Hrishikeshavan V, et al. Design, development and flight-testing of a robotic hummingbird[C]//AHS 71st annual forum. 2015: 5-7.

[27] Ha N S, Nguyen Q V, Goo N S, et al. Static and dynamic characteristics of an artificial wing mimicking an Allomyrina dichotoma beetle's hind wing for flapping-wing micro air vehicles[J]. Experimental mechanics, 2012, 52: 1535-1549.

[28] Shang J K, Combes S A, Finio B M, et al. Artificial insect wings of diverse morphology for flapping-wing micro air vehicles[J]. Bioinspiration & biomimetics, 2009, 4(3): 036002.

[29] Graule M A, Chirarattananon P, Fuller S B, et al. Perching and takeoff of a robotic insect on overhangs using switchable electrostatic adhesion[J]. Science, 2016, 352(6288): 978-982.

[30] Anderson M, Sladek N, Cobb R. Design, fabrication, and testing of an insect-sized MAV wing flapping mechanism[C]//49th AIAA Aerospace Sciences Meeting including the New Horizons Forum and Aerospace Exposition. 2011: 549.

[31] Arabagi V, Hines L, Sitti M. Design and manufacturing of a controllable miniature flapping wing robotic platform[J]. The International Journal of Robotics Research, 2012, 31(6): 785-800.

[32] Zou Y, Zhang W, Ke X, et al. The design and microfabrication of a sub 100 mg insect - scale flapping - wing robot[J]. Micro & nano letters, 2017, 12(5): 297-300.

[33] Tanaka H, Wood R J. Fabrication of corrugated artificial insect wings using laser micromachined molds [J]. Journal of Micromechanics and Microengineering, 2010, 20(7): 075008.

[34] Lang X, Song B, Yang W, et al. Effect of wing membrane material on the aerodynamic performance of flexible flapping wing[J]. Applied Sciences, 2022, 12(9): 4501.

[35] Moses K C, Michaels S C, Willis M, et al. Artificial Manduca sexta forewings for flapping-wing micro aerial vehicles: how wing structure affects performance[J]. Bioinspiration & biomimetics, 2017, 12(5): 055003.

[36] Zhao L, Huang Q, Deng X, et al. Aerodynamic effects of flexibility in flapping wings[J]. Journal of the royal society Interface, 2010, 7(44): 485-497.

[37] San Ha N, Truong Q T, Phan H V, et al. Structural characteristics of allomyrina dichotoma beetle's hind wings for flapping wing micro air vehicle[J]. Journal of Bionic Engineering, 2014, 11(2): 226-235.

[38] Norberg U M. Vertebrate flight: mechanics, physiology, morphology, ecology and evolution[M]. Berlin, German: Springer Science & Business Media, 2012.

[39] Warrick D, Hedrick T, Fernández M J, et al. Hummingbird flight[J]. Current Biology, 2012, 22(12): R472-R477.

[40] Hefler C, Kang C, Qiu H, et al. Distinct Aerodynamics of Insect-Scale Flight [M]. Cambridge:Cambridge University Press, 2021.

[41] Bomphrey R J, Nakata T, Phillips N, et al. Smart wing rotation and trailing-edge vortices enable high frequency mosquito flight[J]. Nature, 2017, 544(7648): 92-95.

[42] Young J, Walker S M, Bomphrey R J, et al. Details of insect wing design and deformation enhance aerodynamic function and flight efficiency[J]. Science, 2009,

325(5947): 1549-1552.

[43]Wakeling J M, Ellington C P. Dragonfly flight. II. Velocities, accelerations and kinematics of flapping flight[J]. The Journal of experimental biology, 1997, 200(3): 557-582.

[44] Li C, Dong H. Wing kinematics measurement and aerodynamics of a dragonfly in turning flight[J]. Bioinspiration & biomimetics, 2017, 12(2): 026001.

[45] Mischiati M, Lin H T, Herold P, et al. Internal models direct dragonfly interception steering[J]. Nature, 2015, 517(7534): 333-338.

[46] Ellington C P. The aerodynamics of hovering insect flight. V. A vortex theory [J]. Philosophical Transactions of the Royal Society of London. B, Biological Sciences, 1984, 305(1122): 115-144.

[47] De Croon G, De Clercq K M E, Ruijsink R, et al. Design, aerodynamics, and vision-based control of the DelFly[J]. International Journal of Micro Air Vehicles, 2009, 1(2): 71-97.

[48] Gerdes J W, Gupta S K, Wilkerson S A. A review of bird-inspired flapping wing miniature air vehicle designs[J]. Journal of Mechanisms and Robotics. 2012, 4(2):021003.

[49] Festo A G, KG C. BionicFlyingFox: ultra-lightweight flying object with intelligent kinematics[J]. Festo, 2018, 3: 2019-03.

[50] De Croon G, Perçin M, Remes B, et al. The delfly[J]. Dordrecht: Springer Netherlands. doi, 2016, 10: 978-94.

[51] Phan H V, Aurecianus S, Au T K L, et al. Towards the long-endurance flight of an insect-inspired, tailless, two-winged, flapping-wing flying robot[J]. IEEE Robotics and Automation Letters, 2020, 5(4): 5059-5066.

[52] Soboyejo W , Daniel L , Salifu A A , et al. Bioinspired Structures and Design [M]. Cambridge, United Kingdom: Cambridge University Press, 2020: 271-286.

[53] Tanaka H, Whitney J P, Wood R J. Effect of flexural and torsional wing flexibility on lift generation in hoverfly flight[J]. Integrative and Comparative Biology. 2011, 51(1);142-150.

[54] Wu P, Ifju P, Stanford B. Flapping wing structural deformation and thrust correlation study with flexible membrane wings[J]. AIAA journal, 2010, 48(9): 2111-2122.

[55] Phan H V, Park H C. Design and evaluation of a deformable wing configuration for economical hovering flight of an insect-like tailless flying robot[J]. Bioinspiration & biomimetics, 2018, 13(3): 036009.

[56] Sunada S, Zeng L, Kawachi K. The relationship between dragonfly wing structure and torsional deformation[J]. Journal of theoretical Biology, 1998, 193(1): 39-45.

[57] Chen J S, Chen J Y, Chou Y F. On the natural frequencies and mode shapes of dragonfly wings[J]. Journal of Sound and Vibration, 2008, 313(3-5): 643-654.

第4章 仿生扑翼微型飞行器的能源与动力系统

自然界的鸟类或昆虫在空中灵活地飞行或捕猎，都需要大量的能量。这些能量从哪里来呢？能量又是经过怎样的转换，使得鸟类或昆虫进行飞翔的呢？正如俗话说：人无饮食，精力难足；马无草料，寸步难移。为了维持飞行，鸟类或昆虫需要不断地进食，从中获取有机物。这些有机物通过一系列化学反应，一部分被转化为脂肪储存为能源，另一部分通过代谢途径直接为肌肉提供能量。仿生扑翼微型飞行器的能源与动力系统是飞行器的“燃料”和“心脏”。能源系统为飞行器各系统提供源源不断的能量，动力系统将能源系统的能量转换为驱动力矩，通过传动系统带动扑翼往复拍动。

本章主要介绍仿生扑翼微型飞行器能源系统和动力系统的基本类型、参数描述、设计选型方法以及应用实例等。首先介绍能源系统的构成和基本类型，并以微型锂电池为例，重点介绍其基本构造与性能参数；其次，介绍仿生扑翼微型飞行器能源系统的设计选型方法，并结合实际应用案例进行分析；再次，介绍动力系统的构成和基本类型，并以空心杯电机和无刷电机为例，重点介绍其基本构造与性能参数；最后，介绍仿生扑翼微型飞行器动力系统的设计选型方法，并结合实际应用案例进行分析。

4.1 能源系统简介

自然界鸟类为了维持空中飞行，需要通过肌肉不断收缩和舒张，带动翅膀往复拍动。肌肉在这个过程需要消耗大量能量。这些能量主要来源于食物以及体内储存的有机物，如糖类、蛋白质和脂肪等(也可理解为鸟类飞行所需的“燃料”)。鸟类通过体内一系列高效的化学反应，将这些有机物转换为身体运动所需的能量。

对于仿生扑翼微型飞行器而言，能源系统是整机动力系统控制系统和机载设备的能量来源，通常指飞行器的供能和储能装置。能源系统一方面为飞行器动力系统提供稳定的能源输出；另一方面为飞行器的控制系统和机载设备提供能源输出，保障飞行器的稳定飞行和任务设备正常工作。因此，能源系统的性能直接影响仿生扑翼微型飞行器的续航能力以及有效载荷的可用功率。

4.1.1 主要类型

无人机的能源形式主要分为化学能源和电能两种，其中化学能源包括汽油、航空煤油等，电能包括化学电池、燃料电池和太阳能电池等。无人机具体选用哪种能源形式，主要由其动力系统形式决定。例如，若利用活塞发动机提供动力，则只能选取化学能源作为能源；若利用电机作为动力，则只能选取电能作为能源。早期无人机的动力系统以活塞发动机为主，所以无人机主要采用化学能源。1957年，首架由电动机驱动的无人机 Radio Queen 问世，标志着电力能源开始取代传统化学能源，逐渐成为无人机的主要动力源泉。随着电动机技术的快速发展，多种新型电池被广泛应用于无人机。首架采用太阳能电池作为能源的无人机 Sunrise 于1974年试飞，首架采用氢燃料电池作为能源的微型飞行器 Hornet 于2003年首飞成功[1]。

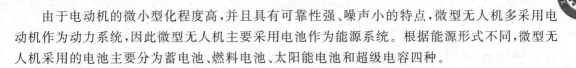

由于电动机的微小型化程度高，并且具有可靠性强、噪声小的特点，微型无人机多采用电动机作为动力系统，因此微型无人机主要采用电池作为能源系统。根据能源形式不同，微型无人机采用的电池主要分为蓄电池、燃料电池、太阳能电池和超级电容四种。

4.1.2　主要指标

1. 蓄电池

蓄电池是一种化学电池（化学电池是指能够将化学能转化为电能的装置），它通过可逆的化学反应实现电能的存储和释放。充电时，蓄电池将外部电能转换为化学能储存在电池内；放电时，蓄电池将存储的化学能再次转化为电能。其中，锂离子电池能量密度高于镍镉电池和锌银电池，特别是聚合物锂电池（PLB，Polymer Lithium-lon Battery ）具有比能量较高、循环次数较多、性能安全、形状容易调整等诸多优势，成为无人机的主要动力源[2,3]。（注意锂电池、液态锂离子电池与聚合物锂离子电池的区别：锂电池以金属锂为负极，液态锂离子电池以石墨类碳材料为负极并且使用非水液态有机电解质，聚合物锂离子电池以石墨类碳材料为负极，但是以聚合物来凝胶化液态有机溶剂，或者直接用全固态电解质）。本节主要介绍聚合物锂离子电池的工作原理、性能参数等内容。

(1) 工作原理

聚合物锂离子电池主要由石墨类碳材料的负极、含锂化合物的正极和可导电的盐类聚合物电解质构成。聚合物锂离子电池充放电过程可以理解为就是锂离子在正极和负极之间的迁移以及和电极中电子结合与分离的过程。在锂离子的结合和分离过程中，同时伴随着当量电子的分离和结合。当对电池进行充电时，电池中电子正极材料中的锂离子脱去电子后，经过电解质/隔膜聚合物迁移到电池负极。同样，当对电池进行放电时，嵌在负极碳层中的锂离子脱出，又运动回正极，如图 4－1 所示。

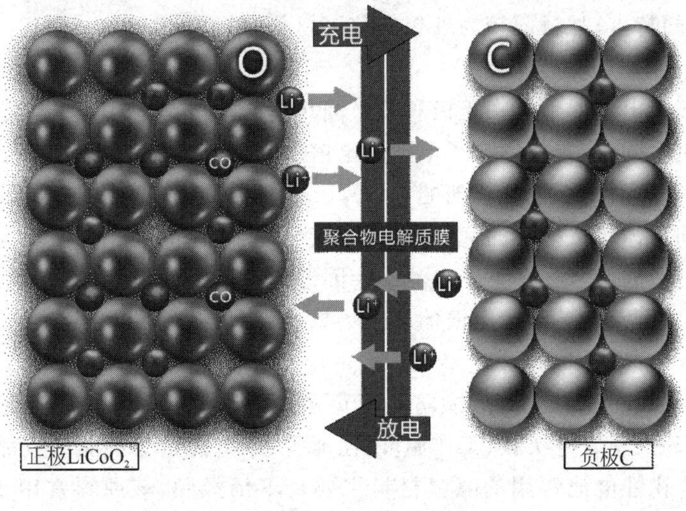

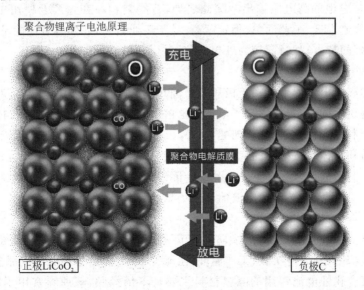

图 4－1　聚合物锂离子电池原理图

(2) 电池结构

聚合物锂离子电池结构通常包括正极、负极、电解质、隔膜、电源管理系统等，其外部形状通常为柱状体、长方体等规则形状。现详细介绍如下。

1) 正　极

锂离子电池的正极，按其材质的不同，可分为钴酸锂、钛酸锂、三元锂电池（镍、钴、锰）、磷酸铁锂材质等。钴酸锂化合物具有结构稳定、一致性好、加工性能优异及比能量较高等特点。但由于其安全性较差、制造成本较高、电池循环寿命一般，钴酸锂材料多应用于笔记本电脑、手机、相机及其他消费级电子产品的锂电池正极。三元锂电池（$Li(NiCoMn)O_2$）是指使用镍、钴、锰作为正极材质的锂电池。由于它将锰酸、钴酸、镍酸三种材质的优势综合在一起，其效果远好于单一材质的正极材质。三元材料制成的电池具有比能量高、安全性高、成本价格适中以及支持高倍率充/放电等优势。这三种不同化合价的元素可组合形成超晶格结构，使材质变得更加稳定。由于三元材料制成的电池具有比能量高、安全性高、支持高倍率充/放电等优异的电化学特性，且成本适中，在消费级电子产品、无人机、新能源动力汽车等动力用电领域显示出了强劲的应用潜力。磷酸铁锂电池（$LiFePO_4$）具有工作电压高、能量密度大、循环寿命长、耐温性高（最高能承受 500 ℃）等特点，且循环后的电池最高仍有 95%的额定容量。因此，该正极材料制成的电池安全性较高，是新能源动力汽车、混合动力等用电设备的理想正极材料。

2) 负　极

负极一般分为碳类材料与非碳类材料两类。由于碳类材料技术成熟、成本低廉，目前大部分锂离子电池负极材料主要采用碳类材料，具体分为石墨类与非石墨类。石墨材料允许大量锂离子嵌入和脱出，电子导电性强，电子迁移内阻低，因而具有较高的储能比能量和倍率充放电特性。其中，天然石墨材料的片层结构整齐排列，具有较低且平稳的嵌锂电位（0.01～0.2 V），能够保证电池的高电压输出。除此之外，石墨类材料在生产及使用中不对周边环境构成污染，其制造成本低、工艺简单、稳定度高、易于工业量化，总体具有比能量较高、循环寿命较长、安全性较好的特点，是目前较为理想的负极材料。

3) 电解质

电解质在锂离子电池中负责在正极和负极间传递锂锂子，形成闭环电路。与传统锂电池使用的液态电解质不同，聚合物锂离子电池的电解质通常由含有锂离子的有机电解液和固态聚合物基质混合制成，有助于增强电池的导电率。大多数固态电解质材料以胶态形式存在，这种形态兼顾固体和液体电解材料的优势，具有高安全性、高比能量和长循环寿命等优点。使用胶态电解质材料制造的聚合物锂离子电池不会因外包装破损而漏液。电解质材料的胶态特性也使电池形态可灵活调整，扩宽了电池的应用场景。

4) 隔　膜

隔膜是锂电池的关键组成部分，能防止正负极短路，同时也是实现电池充放电功能的部件。电池的放电倍率、充放电次数、工作温度、比能量、放电能量等性能参数都会受到隔膜材料的影响。目前聚合物锂电池常用的隔膜材料主要是聚烯烃膜，该原料常用于制作为含有 PE（聚乙烯）膜的三层隔膜。

5) 电池外壳

电池外壳为电池内部材质提供结构性保护，避免正负极、电解质等部件受外部影响。电池

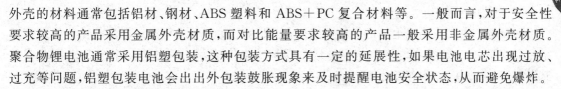

外壳的材料通常包括铝材、钢材、ABS塑料和ABS+PC复合材料等。一般而言，对于安全性要求较高的产品采用金属外壳材质，而对比能量要求较高的产品一般采用非金属外壳材质。聚合物锂电池通常采用铝塑包装，这种包装方式具有一定的延展性，如果电池电芯出现过放、过充等问题，铝塑包装电池会出出外包装鼓胀现象来及时提醒电池安全状态，从而避免爆炸。

6）电池管理系统硬件

电池管理系统通常由电池管理系统硬件板构成，具有监测电池电压、电流、温度等状态的功能，能够实现电池的智能管理，防止出现过充、过放、过流和放电欠压等问题，有效提高循环次数。

（3）聚合物锂离子电池性能指标

聚合物锂电池比能量和安全系数高于普通电池，并且采用胶态电解质，可以根据需要被制造成各种形状及容量，很好地满足无人机、电子产品等的电池的需求。其主要性能指标包括电压、内阻、容量、放电模式、充电倍率、放电倍率、自耗电率和循环寿命等。

1）电池电压

锂电池的电压指正负极之间的电动势差，其中包括：理论电压、开路电压和工作电压。理论电压是基于电池电化学反应理论得出的理论电动势差，其与正极材质、负极材质、电解材质、电化学特性、环境温度条件等有关，与电池的尺寸等物理参数无关。开路电压指电池开路正负极之间的电压差，通常开路电压会小于理论电压。工作电压指电池接通负载以后，在放电过程的正负极间的电压差，工作电压随着放电过程是变化的。例如：额定电压为8.4 V的锂离子电池，开路电压为8.37 V，接通负载时的工作电压可能是7.6 V（由于电池内阻分压），持续放电一定时间后，接通负载时的工作电压可能会下降到6.5 V。

2）电池内阻

电池内阻指的是放电电流在电池内部受到的阻抗，其中包括欧姆内阻和极化内阻。欧姆内阻受其内部构造、正负极材质等因素影响，极化内阻主要受其自身电化学反应的影响。受电池内阻的影响，电池在放电时的工作电压会低于电池开路时测量的开路电压。

3）电池容量

电池容量是指电池储存电能的能力，可以用安时（Ah）或瓦时（Wh）来表示，包括理论容量、实测容量、剩余容量和额定容量。理论容量指电池的所有活性物质全部参加电池的电化学变化所得出的容量，在实际应用中，由于不完全的化学反应和其他效率损失，通常放电容量低于这一理论值。实测容量是指在实际负载条件下电池释放的电量，通过测量电池在特定负载下放电直至完全放空的累积电量而获得。剩余容量是指电池经过一段时间放电之后所剩余的容量，该值为电池按照标称放电方式及标称环境温度，从某一状态开始放电到截止电压时的容量。标称容量是指电池厂商在研制过程中，根据电池使用特性和电池实际测试放电容量所规定的电池在一定放电要求下可以放出的实际容量。

4）放电模式

电池放电模式可分为恒流模式与恒阻模式，恒流模式指电池以恒定电流展开放电，恒阻模式指电池外界恒定阻值负载进行放电。恒流模式下，无论电池电压如何变化，放电电流保持不变；恒阻模式下，随着电池工作电压的下降，电流会逐渐减少，电流的大小依赖于电压和电阻的比值（根据欧姆定律计算）。

5）充放电倍率

充放电倍率用来描述电池的充放电速度，定义为充放电电流与额定容量的比值。通常用字母 C 来表示。例如，某电池额定容量是 10 Ah，充电倍率为 1 C，放电倍率为 5 C，则代表其充电电流为 10 A，放电电流为 50 A。

6）电池自耗电率

电池自耗电率指在静置贮存的状态下，电池在规定的时间段内自身耗损的电量值，用来表示电池自身电量保持的能力，该数值越小则表示电池自身电量保持能力越好。电池自放电率的大小与电池所用材料、加工制程、电池所处的环境温度等有关。在符合要求的贮存状态条件下，电池自耗电率因环境温度的降低而减小，但同时也会减弱电解质的活性，从而导致电池的工作电压和实际放电容量降低。因此，通常不建议低温保存或使用。

7）循环寿命

循环寿命指电池在规定使用条件下反复充放电直至其额定容量低于规格要求的容量（一般规定是额定容量的 80%）时的充放电次数。由于实际使用的充放电条件与理论充放电条件不一致，通常电池实际循环寿命低于电池厂商或实验室给出的循环寿命次数。

(4) 聚合物锂离子电池充放电特性

聚合物锂电池主要功能是对电子产品进行充放电，其充放电特性对电子产品的使用性能影响极大，因此聚合物锂离子电池的充放电特性至关重要。

1）聚合物锂离子电池充电特性

聚合物锂离子电池的充电特性指其在使用一段时间后，使用电源适配器对其进行充电时需要关注的特性。充电电流过低会导致充电时间较长，极大影响电池的使用效率；充电电流过高或充电电压过高则会影响电池使用寿命及安全性，甚至会发生爆炸。因此，聚合物锂离子电池通常会设定过充保护机制（充电过程中，当电池电压达到一个限定值则停止大电流充电）。目前，聚合物锂离子电池的充电方法主要有恒定电压、恒定电流、恒流恒压充电等。

恒压充电即电源适配器以固定电压对电池充电的方法。电源适配器输出的电流将随着充电时间增加而渐渐变小，达到某阈值后停止充电。恒压充电的开始阶段充电电流较大，导致电池出现发热现象，会降低电池的循环寿命，如果大幅超过其自身允许电流的上限值，则容易导致电池起火甚至自燃。

恒流充电即电源适配器以固定电流对电池充电的方法。电流适配器在充电阶段输出恒定充电电流，输出电压会随着电池所充电容量的增加而变大。随着电池逐渐接近满电状态，所需电压可能超过适配器的最大输出能力，从而使电池难以完全充满。

恒流恒压充电即电源适配器先以恒流模式输出恒定电流，使电池电压接近阈值，再以恒定电压充电直至电池电量充满。该方法能有效地平衡充电速度和安全性，在保证电池容量的基础上最大限度地减小充电对电池循环寿命的影响。

2）聚合物锂离子电池放电特性

聚合物锂离子电池放电特性是指其在接通负载时的特性。聚合物锂离子电池的放电特性受环境温度与放电倍率的影响较大。首先是环境温度的影响，电池的输出电压在不同环境温度下表现出显著差异。尤其在低温条件下，电池的工作电压会显著下降，但随着放电过程中电池内阻导致的发热，电池工作电压会有一个缓慢抬升的过程，然后随着放电过程电压又会缓慢下降。其次，电池的放电倍率会对电池工作电压有较大影响。较高的放电倍率会导致电池在初始放电阶段电压迅速下降，从而缩短电池的有效使用时间。

(5) 聚合物锂离子电池主要类型

主流的微型电池主要包括全固态锂电池、微型软包锂离子电池、微型锂金属电池等。其中，有望实现克级制备并在仿生扑翼微型飞行器上应用的几种典型电池见表 4－1。

表 4－1　典型微型电池技术状态分析表

项目	指标	全固态薄膜锂电池	软包锂离子电池	锂空气电池	锂硫电池	Li/CF 电池	锰硅可充锂电池	扣式锂电池	全固态锂离子电池
重量	≤1 g	●	●	□	○	●	●	●	●
容量	≥50 mAh	□	●	●	●	●	○	●	□
比功率	≥20 W/g	●	○	□	□	□	□	□	□
循环性	≥100 次	●	●	□	○	□	●	●	●
技术成熟度	≥5 级	●	●	□	○	●	●	●	□
典型厂家	—	811 所	811 所	811 所	811 所	太平洋西北国家实验室(PNNL)	日本 Seiko Instruments Inc	日本村田	日本 TDK
典型应用	—	传感器	单兵穿戴	应急电源	无人机	遥测系统	时钟	医疗	智能电路
典型样品	—	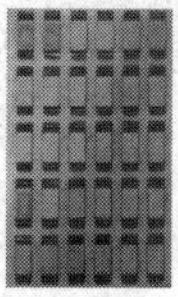	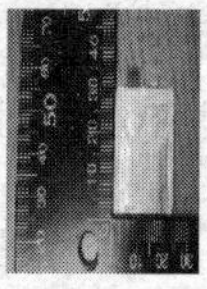	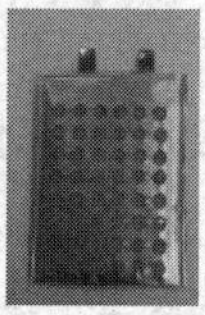		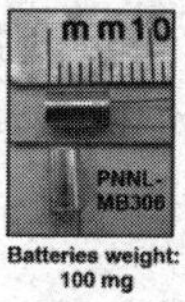			

●已经达到；□可能达到；○难以达到。

① 全固态薄膜锂电池是采用物理气相沉积等技术制备的电池，拥有固态电解质和极薄的电极层。其电池结构致密，厚度极薄，通常在 10～15 微米左右，因离子扩散距离缩短和界面稳健而具有卓越的倍率性能和循环寿命，但在容量扩展方面存在困难，技术成本高。

② 软包锂离子电池使用湿法涂布工艺制备，电极材料以浆料形式涂覆在集电体上。软包锂离子电池结构可塑性强，可以制成不同形状和大小。它们通常使用碳基负极(如石墨)，表现出接近材料理论极限的性能，是目前消费品电池以及特殊场合下微型电池的重要选择之一。

③ 锂空气电池使用金属锂为负极，空气为正极，具有极高的理论能量密度，但其倍率性和循环性能差、技术难度大，尚未实现商业化应用。

④ 锂硫电池使用金属锂为负极，廉价的硫为正极，其能量密度比传统锂离子电池更高、成本较低，但存在循环寿命短和倍率性能差的问题。

⑥ 锰硅可充锂电池使用含锰和硅的材料作为电池的负极材料，采用金属壳封装，容量较高、可多次充放电，在电池放电到低电压时，仍能保持较好的性能和稳定性，但倍率性能较低。

⑦ 扣式锂电池使用金属锂为负极，金属壳封，具有体积小、重量轻、高能量密度的特点。但扣式锂电池通常体积小、容量和输出电流有限，不适用于高功率应用，因此多为一次性电池。

⑧ 全固态锂电池使用固态电解质而非液态或凝胶状电解质，安全性和稳定性更优，倍率性和循环性较高。但其生产成本较高，制造工艺复杂。

总体上，微型电池已经形成了多种类型，应用前景相对明晰，部分已经实现商业化（见图 4-2）。

图 4-2　微型聚合物锂电池

微型电池应该适用于不同领域。表 4-2 所列为几种典型微型电池的性能指标。受微电极面积和微加工技术的限制，同时实现高的能量密度和优异的倍率性能对于微型电池来说仍然是一个严峻挑战。当使用超薄微电极时，微型电池可获得较高的功率密度和优异的倍率性能，但其单位面积活性材料负载量也相对较低，难以满足高能量密度的需求。提高微电极的厚度可以提高单位面积的活性材料负载量，从而得到更高的能量密度。然而，这种方法会增加电子传输和离子扩散的距离，从而可能降低功率密度和倍率性能。因此，开发同时具备高能量密度和优异功率密度的微型电极是未来研究的关键方向。

表 4-2　典型微型电池技术指标对标表

类　型	直径/mm	高度/mm	体积/mm^3	质量/mg	能量密度/Wh · kg^{-1}	能量密度/Wh · L/$^{-1}$
Li/CF_x，(MB306 PNNL 美国)	3	6	42	100	222	528
氧化银电池(JSATS，SR41632)	4.8	3.2	58	260	100	443
村田碱性电池(LR41)	7.9	3.6	176	570	118	38
村田二氧化锰锂电池(CR1216)	12.5	1.6	62.5	670	134	144
德国瓦尔塔 VARTA CP124	12.1	5.4	621	1600	115	297
松下 CG-320	3.5	20	190	600	86	27
Panasonic 二氧化锰 ML421	4.8	2.15	38	—	—	95
3D 电池 $LiFePO_4$/Li4Ti O12/文献报道	1	—	0.23	—	—	1260
多孔薄膜电池 Li/$LiCoO_2$/文献报道	3	—	6	—	—	400

微型电池可以通过设计微型电极结构来提高电池的表面积，从而影响电池的能量密度、充放电速率和循环寿命等。

微电极结构主要包括薄膜微电极、叉指微电极、柱状微电极和三维多孔微电极。薄膜微电极具有较薄的厚度和较高的柔性，是目前应用最广泛的微型电池构型之一。微型薄膜电池通常为平面构型，正极、电解质和负极呈三明治状堆叠，其结构如图 4-3(a)所示。迄今为止，被开发用于微型薄膜电池的正极材料包括 V_2O、$LiCoO_2$，$LiNiO_2$、$LiMnO_2$、$LiFePO_4$，$LiMnPO_4$ 和 $LiNiVO_4$ 等；负极材料主要包括碳基材料、转换型金属氧化物和氮化物、合金类材料以及硅和锂等材料。相比于传统的三明治叠层结构，叉指微电极通常采用交叉或重叠的布局方式，使得正负极之间保持物理隔离，能够有效防止正负极的错位和短路问题。同时，这种结构的微电极间隙较小，且不需要使用有机粘结剂以及聚合物隔膜，使得离子扩散电阻小，并能够极大地减小器件的总体积(见图 4-3(b))。为克服二维平面微电极面积有限、单位面积活性材料负载量较低等问题，研究人员开发了高长宽比柱状微电极，这种结构通过提高比表面积和单位面积活性材料负载量，从而提升微型电池的面积比容量/能量密度。柱状微电极主要分为两种类型：由薄膜微电极发展而来的三明治叠层结构和由叉指微电极发展而来的正负极并列排布结构(见图 4-3(c))。三维多孔微电极是基于复杂的三维多孔集流体骨架构筑的微电极，是最有希望同时兼顾高功率密度、高能量密度和优异的倍率性能的设计之一(见图 4-3(d))。然而大多数构筑三维多孔材料的方法难以与微型电池的微加工工艺兼容，基于三维多孔微电极的微型电池开发仍处于起步阶段。

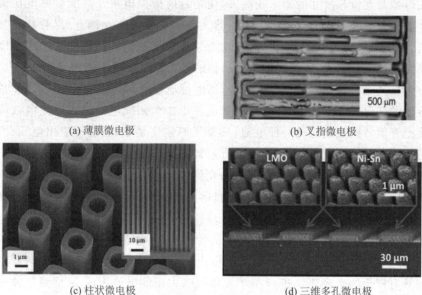

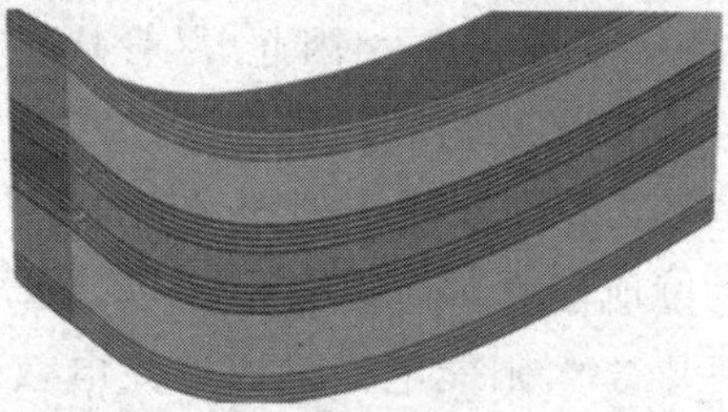

(a) 薄膜微电极

(b) 叉指微电极

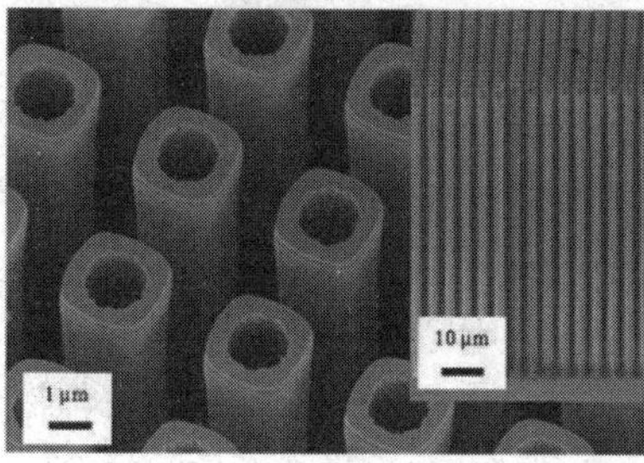

(c) 柱状微电极

(d) 三维多孔微电极

图 4-3　微型电池电极结构

目前，国外已经发展出由叉指、阵列、三维多孔为主的微型电极技术以及以先进工艺技术为基础的多种微型电池产品。微型电池的发展趋势预计如图 4-4 所示，随着薄膜微电极制备工艺的不断发展，可以有效降低基板和电解质的厚度，从而使得普通微型电池与 3D 薄膜微型电池的能量密度快速提高。微型电池的能量密度也将通过封装技术的创新、固态电池技术的突破及电池材料体系的更新而进一步提升。特别是无人机和微型飞行器等领域对高比能和高功率动力源的需求日益增长，推动了微型电池技术的不断突破。

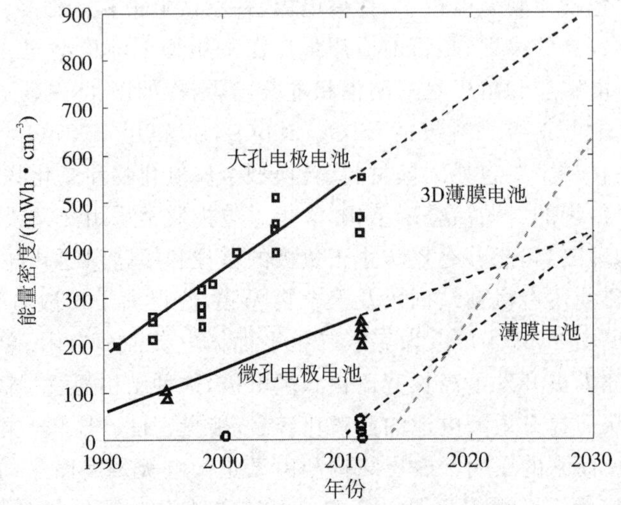

图 4-4　微型电池发展蓝图

2. 太阳能电池

微型飞行器对重量和尺寸的要求较高，即使是目前微型电机及高能量密度比微型锂电池组合成的轻型动力系统也只能支持微型飞行器飞行 10～30 min。因此，尽管扑翼微型飞行器拥有更高的气动效率及结构可靠性，目前的动力装置仍无法为其提供强大的滞空能力。随着太阳能薄膜发电技术日趋成熟，扑翼微型飞行器的动力系统出现了新的可能性，即将太阳能技术应用于仿生扑翼微型飞行器，可以提高飞行器的续航能力。与蓄电池相比，太阳能电池提供了一种可再生的环保发电方式，不会对环境造成污染。太阳能电池是通过光电效应或者光化学效应直接把光能转换成电能的一种电池，只要光照强度足够，就能够输出电压。目前，太阳能电池多用于高空大型无人机，由于高空没有遮挡，能够有足够的光照产生电能[4]。

太阳能电池中，依靠光电效应工作的称为光伏电池，常用的有单晶硅、砷化等太阳能电池；而依靠光化学效应工作的太阳能电池的技术目前尚未成熟[5]。下面重点介绍光伏电池的工作原理、物化指标及性能特点。

太阳能电池的工作原理基础为一种光生伏特效应，具体为：在 P 型半导体(注：太阳能电池中的 P 型半导体通常由含有 4 个外层电子的硅原子与含有 3 个外层电子的硼原子组成)中，产生的空穴具有较长的生命期。在 N 型半导体(注：太阳能电池中的 N 型半导体由含有 4 个外层电子的硅原子与含有 5 个外层电子的磷原子组成)中，电子具有较长的生命期。当太阳光照射到 P—N 结(P 型和 N 型半导体结合)时，由光照产生的空穴会由 N 极区向 P 极区移动，由光照产生的电子则由 P 极区向 N 极区移动，就会在接触面形成电势差。

典型的太阳能薄膜电池是铜铟镓硒薄膜(CIGS)太阳能电池。该电池以 $Cu(In,Ga)Se_2$(CIGS)多元半导体化合物薄膜为光吸收层，具有较大范围的太阳光谱响应特性，可高效吸收弱强度太阳光，实验室最高光电转换效率已接近 20%，是目前薄膜电池中效率最高的电池之一，其不仅效率高还具有超过 30 年的使用寿命，具有较高的可靠性。图 4-5 所示为铜铟镓硒(CIGS)薄膜太阳电池典型结构图。

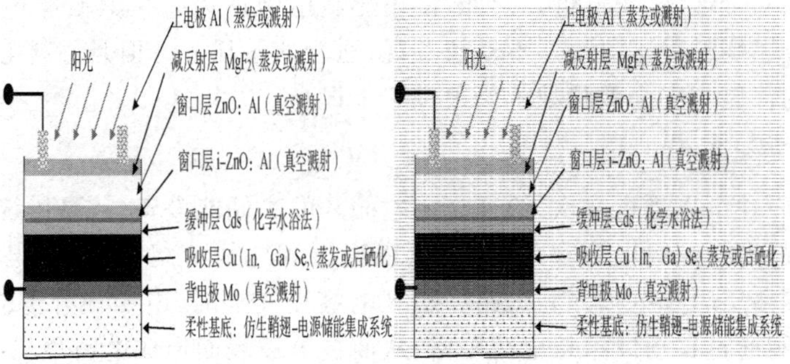

图 4-5　铜铟镓硒(CIGS)薄膜太阳能电池典型结构图

随着飞行器设计技术的发展，具有轻质、高比功率、柔性可弯曲、表面覆盖性好、组件温度系数低等特点的柔性太阳能电池逐渐被重视。市场上柔性太阳能电池的产品类型主要有CdTe柔性太阳能电池、硅基柔性太阳能电池、铜钢镓锡(CIGS)柔性太阳能电池以及砷化镓(GaAs)柔性太阳能电池。由于材料限制，无论是CdTe柔性太阳能电池、硅基柔性太阳能电池还是CIGS柔性太阳能电池都无法制作出高光电转换效率的柔性太阳电池。

柔性砷化镓太阳能电池具有光电转换效率高、耐高温性能好的特点。GaAs为直接跃迁型材料，其带隙宽度为142 eV(温度为300 K时)，非常适合吸收太阳光谱中的主要能量。因此，在可见光范围内，GaAs材料的光吸收系数远高于Si材料，是理想的太阳能电池材料。随着Ⅲ-Ⅴ族三、四元化合物半导体材料生长技术的发展，多结叠层太阳能电池制作技术也逐渐成熟，可以大幅度提高太阳能电池的效率。然而，柔性砷化镓太阳能电池在制备过程中可能面临GaAs或Ge衬底的腐蚀或剥离问题，这可能导致薄膜外延层的内应力释放，从而损害外延层或降低电池性能。

3. 燃料电池

燃料电池通过氧化剂与燃料之间的氧化还原反应，将燃料中的化学能转换成电能(注意：不是将燃料直接燃烧)，相比于蓄电池而言具有更高的能量密度。因此，燃料电池系统可以使用高比能燃料，如氢气。但受限于燃料储存技术的微型化发展，目前燃料电池在无人机中尚处于起步阶段[6-9]。燃料电池的氧化剂一般是空气中的氧气或纯氧；燃料(还原剂)通常是氢气或者某些能分解出氢气的碳氢化合物，如天然气、醇、甲烷等。目前较成熟的燃料电池主要是氢燃料电池。下面依次介绍燃料电池的工作原理及性能特点。

(1) 工作原理

氢燃料电池的一般结构包括阳极、阴极和质子交换膜。其中，阳极为氢电极，阴极为氧电极；储氢装置向阳极供给氢气，储氧装置或空气向阴极供给氧气，阳极和阴极上都含有一定量的催化剂，用于加速电极的电化学反应；质子交换膜是一种离子聚合物的半透膜，用来分离反应物及传导质子，也可以用其他电解质代替。氢燃料电池工作时，氢气在电池阳极处由氢原子变为氢离子和电子，其中氢离子通过质子交换膜到达阴极，而电子则通过外部回路流动形成电流；之后在阴极催化剂的作用下，氧分子和氢离子以及到达的电子发生反应生成水。通过上述工作过程，只要源源不断地向阳极、阴极供给氢气、氧气，燃料电池就可以持续输出电能。

(2) 性能特点

燃料电池的功率密度虽低于聚合物锂离子电池，但其能量转换效率高(最高可达40%～

50%)、比能量高、安全性好、噪声低。因此,使用燃料电池的无人机具有噪声低、无污染、热红外特性低(无直接燃烧过程)等优点,不易被发现,适合侦察任务。但是燃料电池存在还原剂泄露的风险,燃料的存储与安全保障技术仍须进一步提高。

4. 超级电容

超级电容是一种可以进行多次、快速充放电循环的高储能设备,兼具传统电容的高功率特性和大电流放电能力。超级电容通常由电极、隔离层和电解液组成[10,11],电解液充当电解质进行电子交换,隔离层阻止电极之间短路。超级电容在充电时,电子由外部充电器流向电极,电解液中的离子则通过移动以维持电荷平衡,从而在电极表面形成电荷累积,此时超级电容中储存电能;放电时,电子通过负载从负极流向正极,电解液中的离子也相应移动维持电荷平衡,超级电容释放存储的能量。超级电容由于快速充放的特性,其输出功率密度高,适用于高倍率、大功率放电,如电力输送等,而不适合作为长期的能源储存。

4.1.3 设计约束

为满足执行空中任务的续航时间要求,仿生扑翼微型飞行器能源系统应能满足飞行器功率需求与容量需求。

能源系统的能量密度和功率密度不够高是限制当前微型飞行器快速发展的重要因素,能量密度高意味着在同样重量下,飞行器的能源系统能够提供更多的能量,因此也能携带更多的载荷、提供更长时间的续航。功率密度高意味着同等重量下飞行器的能源系统能够提供更高功率输出,从而能够为动力系统提供更高输出提供保障,可以保障飞行器具有更强的机动能力。仿生翼微型飞行器由于自身尺寸小、重量轻,因此对能源系统的能量密度与功率密度均提出非常高的要求,需要电池重量轻、体积小、功率密度高且容易与其他微电子集成。

4.1.4 选型准则

在发展微型飞行器的过程中,电池选型需要综合考虑质量、尺寸的限制,以及与现有动力系统的功率匹配情况。当前实现的可悬停且带电池自由飞行的微型飞行器(即单旋翼、四旋翼和扑翼类微型飞行器)均采用了直流电机的动力形式。这里主要以配合微型电机使用的微型电池介绍选型。微型电池的选型主要考虑电机的工作电压、电流以及升力系统、控制系统与任务载荷系统的能量需求,特别是电机的电压与电流需求。

表 4-3 所列为市场上应用较多的微型四旋翼飞行器和部分可悬停仿生扑翼微型飞行器的主要技术指标。从表中可以看出,现今多数可悬停微型飞行器重量大致在30 g左右。最轻的仿生扑翼微型飞行器可以实现 15 g 左右,其中四旋翼微型飞行器以及扑翼微型飞行器的升力效率均在 4 g/W 左右。根据仿生扑翼微型飞行器的升力要求,结合微型电池的能量密度可以反推出微型电池初始选型方案。以某型仿生扑翼微型飞行器为例,其整机重量 35 g,飞行器的动力系统需要提供大约 40 g① 升力才能满足起飞条件。经过实验测试,其升力系统的效率约 4 g/W,则可以得到升力系统所需功率为 10 W,因此其选型的电池至少要满足 10 W 的输出功率。考虑到控制系统控制板、舵机耗电在 3 W 左右,若单节电池供电(3.7 V 供电),需要电流为 3.51 A,若两节电池供电(7.4 V 供电),则需要电流为 1.76 A。若假定飞行器的续航

① 由于扑翼飞行器重量较轻,因此通常以克(g)为单位衡量其升力大小。

时间为 30 min,则单节电池供电时电池容量不应低于 1 755 mAh(即 3.51 A×30 min),两节电池的电池容量不应低于 880 mAh(即 1.76 A×30 min)。根据电池容量和所需放电电流,可以评估出所需放电倍率。若采用单节电池供电则放电倍率不低于 2*C*(即 3.51/1 755×1 000),若采用双节电池供电,则放电倍率同样不低于 2*C*(即 1.76/880×1 000)。

表 4-3 目前可悬停微型飞行器主要技术指标

MAV 类型	四旋翼			扑翼				
型号	MINIFLY	JJ-1000	F121	蜂鸟	KU beetle	KU beetles	Humm ingbird	Colibri
整机重量/g	30	30	47.5	35	21.4	15.8	19	22
最大尺寸/cm	13	8	12	25	19	20	16.5	21
飞行时长/min	9	8	10	2	0.67	8.8	4	0.8
电池容量/mAh	250	250	660	100	—	160	—	120
电池重量/g	5.7	5.7	8.8	5	3.6	4	4.8	4.6
工作电压/V	3.25	—	—	6.5	7.4	3.7	11.1	3.7
工作电流/A	0.6	0.47	0.99	1.5	—	1.1	—	<1.5A
输出功率/W	1.95	—	—	9.8	—	4.07	—	<5.55
升力效率/$(g\cdot w^{-1})$	3.85	—	—	3.6	—	3.93	—	>4

4.2 动力系统简介

早期飞机普遍采用活塞发动机作为动力系统。随着微型电机和先进电池的发展,越来越多的飞行器采用电机作为动力。电机相对于传统内燃机具有可靠性高、在飞行过程中可重启、噪声和振动小等优势。对于需要执行隐蔽侦察任务的微型无人机而言,电动推进系统所具备的低噪声、低红外辐射等特点具有明显优势。

图 4-6 Cox. 010 RC Tee Dee 发动机

虽然也有部分内燃机满足重量小的特点,例如:世界上最小的内燃机发动机——Cox. 010 RC Tee Dee 活塞发动机(见图 4-6),仅重 14 g,能够提供 20 W 的功率。但其比功率、运行噪声和连续工作时间仍无法与电机相媲美。

4.2.1 驱动装置

1. 电机驱动

微型飞行器普遍采用电机作为驱动装置,而电机的控制通常需要通过电调(电子调速器,Electronic Speed Control,简称 ETC)来实现。下面首先介绍电调的工作原理和主要功能。

电调主要通过接收来自飞行控制系统的脉冲宽度调制(PWM)信号来控制电机的转速。具体而言,电调根据接收到的PWM信号调整电子开关(通常是MOSFETs)通断的时间,改变向电机供应的电流和电压,从而实现控制电机的启停以及转速调节(见图4-7)。PWM信号,也称为占空比信号,是一种表示高电平持续时间占整个信号周期比例的信号。

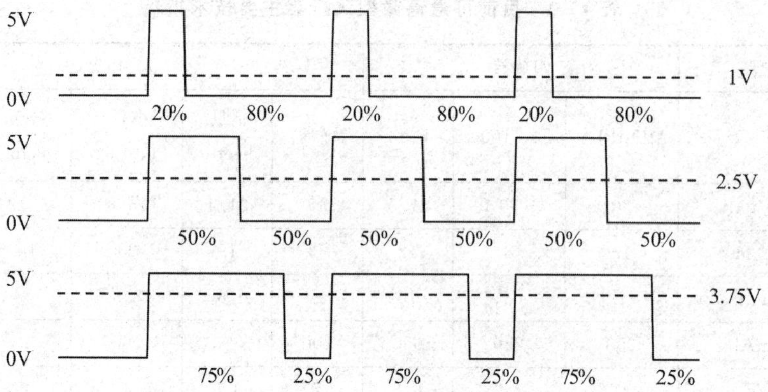

图4-7 PWM占空比调节电压原理示意图

电调可以分为有刷电调和无刷电调两类,有刷电调可以改变电流方向,从而可以改变电机转动方向;无刷电调不能改变电机的转动方向,但是可以将直流电转为三相交流电,从而输出到无刷电机上。电调的两个重要指标为最高电压和最大电流。最高电压表示电调所支持的最高电压。如在电调上标有Li-Po3,则代表电调最高支持电压为3节锂电池电压,即12.6 V(每节锂电池额定电压为4.2 V)。电调的最大电流表示流经电调的电流最大值,通常是10 A、15 A、20 A、30 A或40 A。选择合适的电流容量是关键,因为如果电机运行所需电流超过电调的最大承载能力,可能会导致电调过载并损坏。此外,当实际电流很大时,电调的内阻就不能完全忽略,电调本身就会消耗一部分电池输出功率。

在微型飞行器上,最常用的电机包括空心杯电机和无刷电机,下面对这两种电机的组成、原理和特点进行介绍。

(1) 空心杯电机

空心杯电机也叫绕线型空心杯电机,是一种常见的小型直流永磁电机,目前在微型飞行器领域得到了广泛应用,其结构组成如图4-8所示。空心杯电机由金属外壳包裹,内部定子为铁芯,转子采用导线绕制构成,绕线接通电源后,流经绕线的电流产生磁场并使铁芯磁化,当绕线产生的磁场旋转时会驱使铁芯一起旋转,并带动空心杯一起旋转。空心杯电机与普通直流电机的主要区别在于采用了无铁芯转子,这种转子结构与传统的铁芯电机相比,大幅减小了电机的转动惯量和重量,能够节省能量,提高能量转化效率,电机的控制也更加灵敏,运行更加稳定。

空心杯电机的控制通过有刷电调实现,电调接收PWM信号,控制电机的转速。改变电机两端的电流方向即可改变其输出转动的方向。表4-4所列为四种应用于仿生扑翼微型飞行器的空心杯电机性能指标。从表中可以看出,空心杯电机的升力效率在4 g/W的水平,最高可达约7.46 g/W。

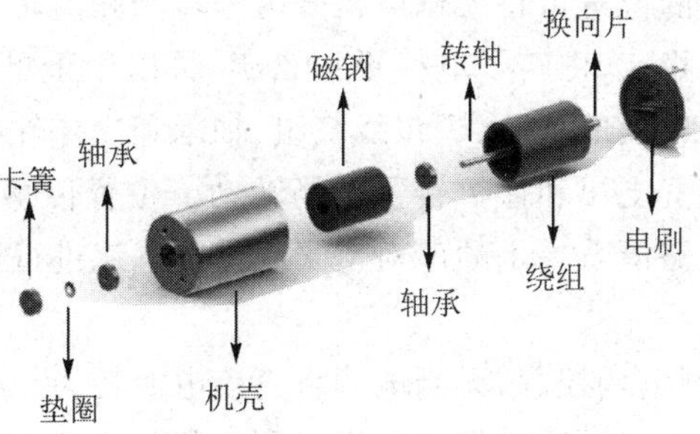

图 4-8　空心杯电机结构图

表 4-4　微型空心杯电机配桨后的主要技术指标

电机型号	配套桨叶/mm	电压/V	电流/A	升力/g	效率/(g·w^{-1})
720	6	3.7	1.51	24.5	4.39
		3	1.13	19	5.60
		2.5	0.88	15	6.82
		2	0.67	10	7.46
820	6	7.4	2.16	70	4.38
		5	1.2	37	6.17
		4	0.93	26	6.99
612	34	3.7	0.73	8.8	3.26
		3	0.48	6.4	4.44
		2.7	0.42	5.3	4.67
		2.5	0.36	4.4	4.89
		2	0.26	2.8	5.38
1 020	6	7.4	2.5	80	4.32
		5	1.27	40	6.30

(2) 无刷电机

无刷电机与有刷电机的最主要区别在于无刷电机没有电刷进行电源换相。有刷电机使用机械式的电刷进行换相，电刷与铜片的摩擦会产生磨损，其寿命不高。而无刷电机以霍尔传感器取代机械的碳刷换向器，具有高效率、温升低、超长寿命、高可靠性、可伺服控制、无级变频调速等优点。

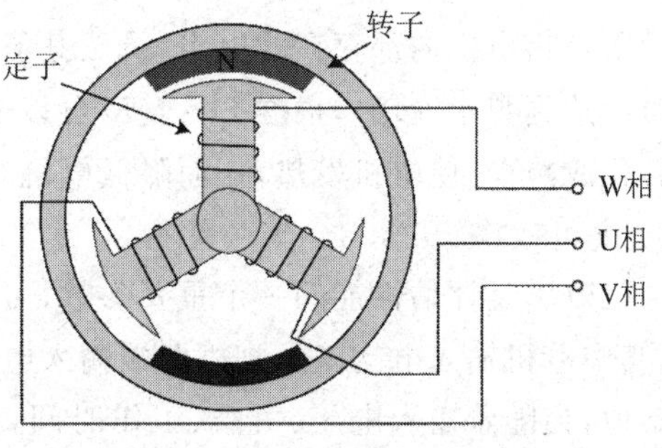

图 4-9　无刷电机结构示意图

无刷电机由转子、定子和位置传感器三部分等组成(见图 4-9)，其中转子部分主要由转轴、磁铁(通常为永磁体，如钕铁硼磁铁)、位置传感器构成，转子在定子旋转磁场的作用下进行旋转，主要由转轴、磁铁、支持件构成。根据转子的位置可将无刷电机分为外转子和内转子电机,其中外转子电机转出力矩更大,其转速也更加稳定;内转子电机更加紧凑,可以用于更小空间。定子是电机产生磁场的部分,通常由硅钢片构成的铁心、漆包线绕组、轴承和支撑件组成。铁心提供磁通路径,绕组负责产生磁场,轴承负责支撑和保护转子顺畅转动。位置传感器检测转子磁极相对定子绕组的位置,并通过控制电路沿着一定顺序对定子绕组的电流进行换流,实现对无刷电机电流方向和大小的调节。

无刷电机的运行由无刷电调控制,无刷电调将直流电源转为三相交流电,并调节输出至电机的电压和频率,从而控制电机转速。想要改变无刷电机转动方向只需要将三根电源线的任意两根反接即可。

无刷电机的主要参数如下。

1)尺　寸

电机的尺寸取决于定子的大小,无刷电机的尺寸通常用四位数字来表示,如"0803"(或写成"08×03"),前两位数字"08"代表定子直径(单位:mm),后两位数字"03"代表定子高度(单位:mm)。因此,前两位数字越大,电机越粗,后两位数字越大,电机越高。高大粗壮的电机重量更重,其输出的功率也更大,适合动力需求较大的无人机。

2)KV值

无刷直流电机的KV值(单位RPM/V,转每分/伏)是指在空载(不安装螺旋桨)情况下,每增加1V电压产生的电机转速增量。比如,1 000 KV值意味着电机空载时,当施加电压为1 V时,电机空载转速将达到1 000 RPM。KV值较低的电机通常绕线更多,能输出更大的功率和扭矩,而KV值大的电机绕线匝数少,产生的扭矩小。但是不能简单以KV值来评价电机输出扭矩大小,因为电机实际输出扭矩还与电机的尺寸、工作电压、绕线等因素有关。

3)额定电压和空载电流

额定电压指电机设计与制造过程中设定的最适合电机运行的电压。空载电流指在额定电压下,电机没有任何负载时的电机电流。

4)最大电流/功率

最大电流/功率是指电机正常工作情况下能承受的最大电流或者功率。例如,最大连续电流"15 A/30 s"代表电机最大可在15 A的持续电流下安全工作,超过这个电流阈值30 s后,电机可能被烧坏。最大功率定义与其类似。

5)内　阻

内阻是指电机内部存在的电阻,虽然其值很小,但是由于电机的工作电流通常较大(部分电机可以达到数十安培),根据 $P=I^2R$ 可以知道电机内阻的热功耗并不小,内阻会让一部分电能转化成热能,使电机发热,从而降低电机效率,所以需要尽量减小内阻的影响。

6)电机效率

电机效率是评估性能的一个重要参数,可以由电机输出机械功与电机输入电功的比值来描述,其中电机输入电功就是电机两端输入电压与电机有效电流的乘积。电机效率并不是一个固定值,会随着输入电压、负载、工作时间,以及电机温度的变化而波动。当外部负载相同时,当输入电压增加时,电机的电流也会增加,电机内部产生的热量和其他能量损失增大,从而使机械功率所占比例下降,可能会导致电机效率的下降。

7）总力效

总力效定义为动力系统带动飞行器产生的升力与动力系统输入的电功率之比，即：总力效(g/W)＝飞行器产生升力(g)/输入电功率(W)。总力效可以描述动力-传动-气动系统的整体性能，其值取决于电机和负载的匹配程度。

2. 压电驱动

压电驱动是一种运用压电效应来实现运动控制的驱动方式。某些晶体材料在施加电场时会产生机械应变，其原理如图 4－10 所示。压电材料可分为四大类，包括压电单晶体、多晶体压电陶瓷、高分子压电材料以及聚合物-压电陶瓷复合材料。在这四大类压电材料中，压电陶瓷占据着相当大的份额，也是目前市场上使用最为广泛的压电材料。

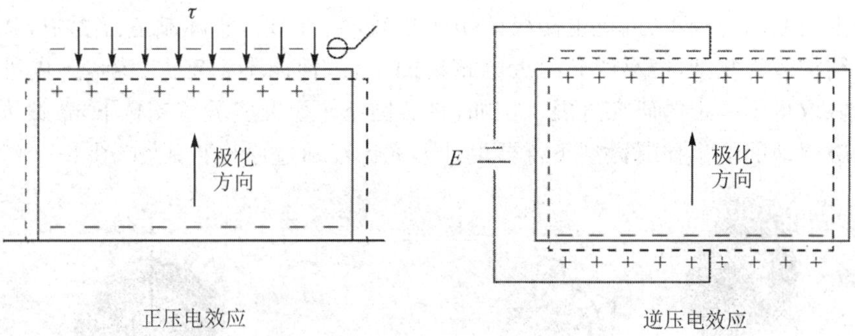

图 4－10　压电陶瓷驱动原理图

压电驱动技术可以应用于驱动仿生扑翼微型飞行器的往复拍动。这种技术基于压电陶瓷晶片的磁致伸缩效应，通过改变电场来引起压电材料的变形，从而为扑翼提供所需的驱动力。压电驱动器具有结构简单、体积小、运动响应快速和精确等优点。然而，压电陶瓷的变形范围有限，特别是在微型化的驱动系统中，技术难度较大，输出动力也有限。目前，美国哈佛大学的 Robobee 微型飞行器是最成熟的基于压电驱动的仿生扑翼微型飞行器之一，如图 4－11 所示[12]。

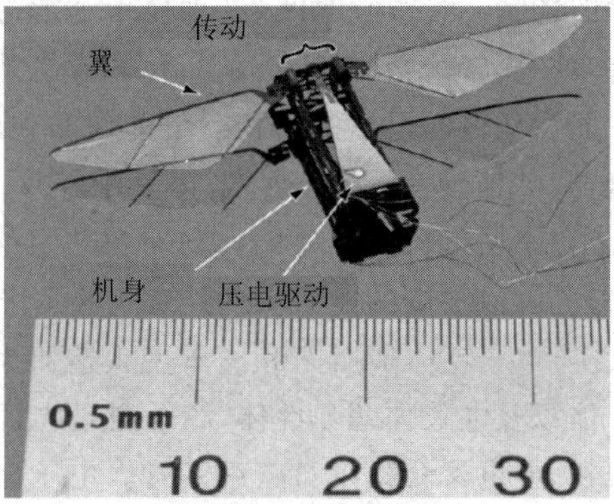

图 4－11　哈佛大学"Robobee"压电驱动装置[12]

3. 电磁驱动

电磁驱动利用电磁感应原理来实现动力的转换和控制。当磁场相对于导体旋转时，导体中会感应出电流，这种现象被称为电磁驱动，其基本原理如图 4-12 所示。当蹄形磁铁旋转时，穿过线圈的磁通量就发生变化。根据楞次定律，这时线圈会产生感应电流，该电流的方向与原来的磁通量变化方向相反，以阻止磁通量的改变。产生的感应电流在线圈中产生安培力，从而使线圈跟随磁铁旋转，实现电磁驱动。这种过程描述了电磁驱动的基本原理。

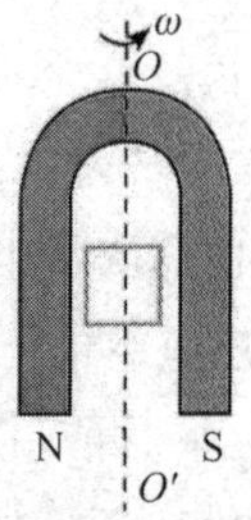

图 4-12　电磁驱动原理图

通过给定磁极(线圈)不同占空比的交流电流输入，可以驱使动磁极以一定频率往复转动，从而构建电磁驱动的机构。这种机构可以应用于仿生扑翼微型飞行器，直接驱动扑翼的拍动。相对于传统的机械结构，这种电磁驱动方式更加灵活，只需调节电流大小就可以控制翼的振幅和频率。值得注意的是，微型电磁驱动装置产生的驱动力较小，因此电磁极的振幅也较小。此外，实际制造过程中，微型化的电磁驱动系统结构较为复杂，容易受到附近电磁场的干扰，性能不稳定。目前，国内外的研究机构在这一领域取得了一定的研究进展。例如，在美国空军研究实验室支持下，普渡大学负责研制的基于电磁驱动的仿生扑翼微型飞行器设计方案已经通过原理验证，如图 4-13 所示[13]。

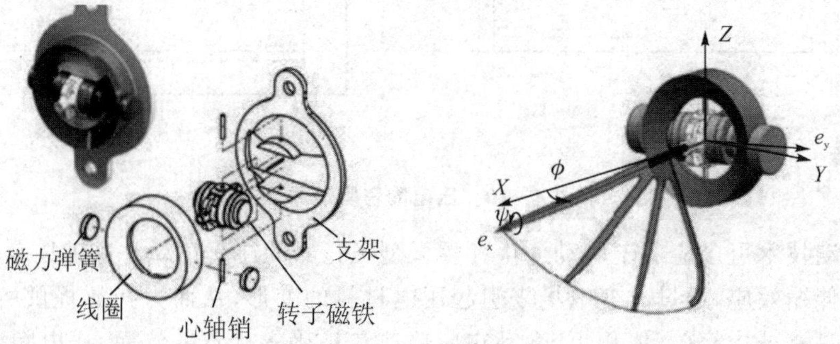

图 4-13　普渡大学电磁驱动扑翼飞行器设计方案

4. 人造肌肉

鸟类和昆虫能够以极少的能量飞行很长时间，这种效率远超过目前基于电机驱动的机械机构。生物学家发现，由肌肉伸缩来驱动骨骼运动是一种非常节能的方式。这种驱动方式是通过两种纤维状蛋白质——肌动蛋白和肌球蛋白相互滑动而实现的，从而产生对外做功的机械能。因此，一些专家正在研究如何使用“人造肌肉”来驱动扑翼的“骨骼”，而无需借助电动机、减速齿轮等复杂的机械装置来实现机械运动[14]。这种方法可能会大大提高机械运动的能效，使得仿生扑翼微型飞行器能够以更少的能量实现长时间的飞行。

人造肌肉可以分为两大类：电子型人造肌肉和离子型人造肌肉。电子型人造肌肉包括绝缘弹性体、铁电聚合物、电介体以及电致伸缩弹性体，离子型人造肌肉包括离子型聚合胶状体、金属与离子型聚合物的合成物、导电聚合物以及碳纳米管。电子型人造肌肉的原理是通过电场来驱动自由电荷，在两个电极之间产生麦克斯韦应力，从而压缩材料并引起其变形。电子型人造肌肉的有效压力可以根据库仑定律进行计算。与此不同，离子型人造肌肉的致动机制与材料特性相关。离子型人造肌肉的致动同样需要柔性电极的支持。在电压作用下，材料中的阴阳离子受到正负极的吸引而分别向正负极聚集。随着阴阳离子的移动，材料内部的水分子也会随之移动，导致薄膜两侧的水分子密度产生显著差异。不同水密度在薄膜两侧产生不同的内部压力，这个压力差使薄膜一侧伸展、另一侧收缩，从而产生摆动运动，如图 4-14 所示。

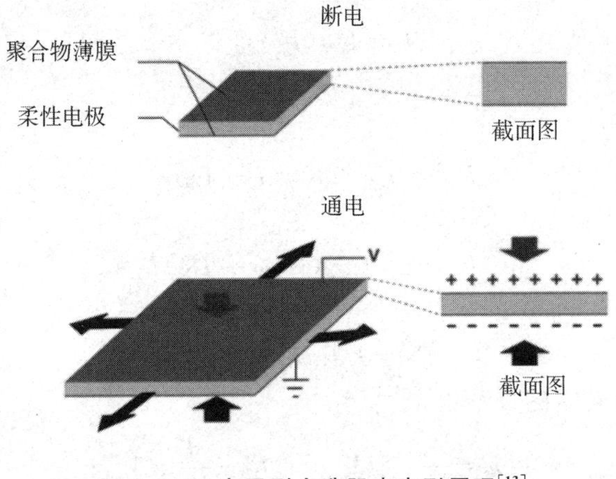

图 4-14　电子型人造肌肉变形原理[13]

人造肌肉的主要发展方向包括两个方面：①特殊材料和能源转化：这个方向的研究集中在寻找适用于人造肌肉的特殊材料，并研究如何将能源有效地转化为驱动这些人造肌肉的机械运动。一些材料可以直接将化学能转化为机械能，如含有催化剂的碳纳米管可以作为电极用于燃料电池，将化学能转化为电能，还能作为电容器电级存储电能，并将电能转化为机械能；形状记忆材料，如：钛镍合金，可以在外力作用下改变形态，并在移除力后恢复原状。通过催化反应产生的热能可以激活这些材料的形状记忆功能，从而实现人造肌肉的收缩和膨胀，模拟自然肌肉的动作。②机构设计：这个方向的研究集中在设计能够执行特定动作的机构，这些机构通过人造肌肉伸缩产生所需的特殊动作。这涉及机械结构、控制算法等方面的知识。

4.2.2　选型准则

微型动力装置设计除需满足常规飞行器的要求外，还需满足仿生微型飞行器特殊的设计需求。从功能上讲，适用于仿生扑翼微型飞行器的微型动力装置应重量轻、功率密度高、输出的扭矩大且耗能小；从使用要求上讲，微型动力装置应尽可能小、易于启动、噪声低、振动小、电磁干扰小、不易发热、可靠性高等。

4.2.3　匹配设计方法

在仿生扑翼微型飞行器的设计中，动力系统的匹配性至关重要，以确保扑翼能够有效产生升力且电机运行在最优效率点。其主要包括以下环节：电机特性分析及电机特性曲线绘制、电机与传动系统匹配设计。下面结合实际飞行器动力系统，对匹配设计方法进行介绍。

1. 电机特性分析

对于安装在仿生扑翼微型飞行器上的直流电机来说，电机通过传动机构放大扭矩进而带动扑翼往复拍动。传动机构减速比表征了扭矩放大倍数，在不同的拍动条件下应对电机和传动机构减速比进行匹配，从而使飞行器产生足够升力时电机尽量运行在较高机械效率点。

电机特性分析首先推导功率表达式。规定总电压为 U_T，反电动势电压为 U_1，电机角速度

为 ω，反电动势系数为 K_e，总输出力矩为 T，总输出功率为 P_e，总输出机械功为 P_M，功率损耗为 P_c。电机特性主要描述公式如下

① 总输出力矩为

$$T = K_T(I - I_0) \tag{4-1}$$

其中，K_T 为扭矩系数，I_0 为空转电流。

② 总输出机械功为

$$P_M = T\omega = K_T(I - I_0)\omega \tag{4-2}$$

③ 总输出功率为

$$P_e = U_T I = (K_e\omega + IR)I \tag{4-3}$$

④ 功率损耗为

$$P_c = I^2R + K_T I_0 \omega \tag{4-4}$$

⑤ 电机转速(n)与转矩的关系为

$$n = \frac{30}{K_T\pi}\left(U_T - I_0R - \frac{T}{K_T}R\right) \tag{4-5}$$

⑥ 机械效率为机械功和电机总输出功的比值，则机械效率可表示为

$$\eta = \frac{P_M}{P_e} = \frac{(U_T - IR)(I - I_0)}{U_T I} \tag{4-6}$$

电机转速与输出转矩是一个与内阻有关的函数，并且与工作状态的电压有关。当电机在正常工作状态运转时，电阻可以认为是空转电阻，此时转速与转矩是线性关系。注意，实际工作状态下电机发热会导致电阻增加，所以用空转电阻来分析是不合适的。由(4-6)可知，当 $I = \sqrt{I_0 I_H}$ 时效率最高，此时效率最高为

$$\eta_{max} = \left(1 - \sqrt{\frac{I_0}{I_H}}\right)^2 \tag{4-7}$$

效率最高时对应转速为

$$n = n_0 \frac{1}{1 + \sqrt{\frac{I_0}{I_H}}} \tag{4-8}$$

2. 电机特性曲线

基于上述理论分析，首先需要输入电压、此电压下的空载电流和空载转速以及电阻。通过稳压电源供电，测量电机在不同电压下的电流和转速，对测得的电流和转速取平均值然后应用线性回归分析来建立电压与转速之间的关系(见图 4-15)。在得到对应电压的空载转速和空载电压后，利用电机的转速常数和电机电阻信息得到电机特性曲线。实际运转工作情况下，电机电阻因为发热与空载电阻相差较大，所以不能将电机标定电阻作为输入参数，需要通过携带负载来获得真实的电阻数据。

一般来说，电机的最大效率点与输出功最大点是不重合的，图 4-16 所示为测试电机在电压 6 V 时的特性曲线。从图中可以看出，效率最高点的输出功率是比较低的，此时不能给仿生扑翼微型飞行器提供足够的输出功率来驱动其飞行，而最大输出功率处的电机效率又比较低。基于该曲线进行动力系统的匹配设计，主要考虑以下情况：首先，工作状态的电流与电压不能超过额定电流与额定电压；其次，应选择合适的转速和功率，确保能驱动机构产生足够的升力，

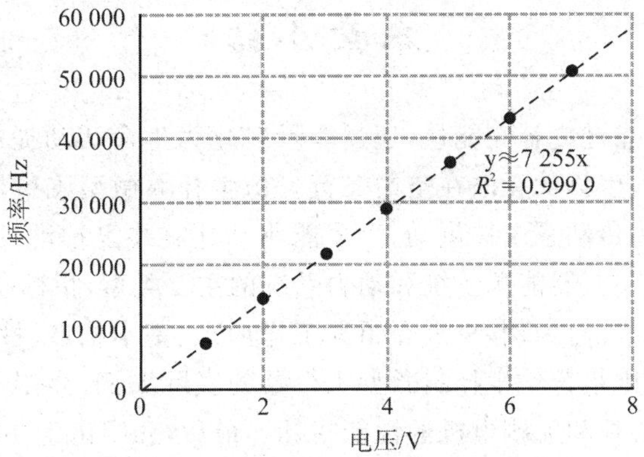

图 4-15　电机空转转速与电压关系

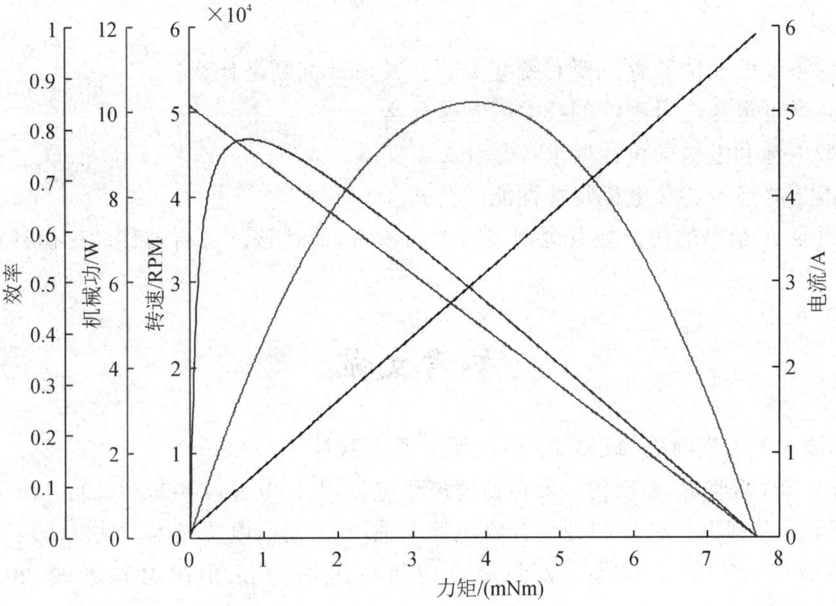

图 4-16　空心杯电机特性曲线

理想转速在最大效率点对应转速和最大机械功点对应转速之间，在此转速下，电机既可以保证输出功率足够，又可以维持较高的效率。

3. 传动机构减速比匹配

在获得电机的特性曲线后，进一步对减速比进行初步匹配设计，其目标是通过减速比设计，使电机在最佳工作点附近工作。这里以齿轮减速机构为例来说明匹配设计过程。在减速比匹配前，根据飞行器升力需求首先确定扑翼的几何及运动参数，如展弦比、拍动幅度、迎角、翼展、扑翼面积二阶距、面积等；其次确定该翼满足升力要求的拍动频率范围；最后，为了同时保证输出机械功率和效率两个条件，选取电机效率最高点对应转速和机械功率最大点对应转速的平均值作为电机工作状态点，并根据翼拍动频率确定传动系统减速比。

本章小结

自然界中的生物依靠进食补充能量，通过能量转化为生命活动提供源源不断的动力。如果没有这些能量和动力，生物就无法在空中飞行。仿生扑翼微型飞行器需要依靠能源系统补充能量，通过动力系统为传动系统提供动力，才能驱动扑翼往复拍动，维持空中飞行。本章分别介绍了仿生扑翼微型飞行器能源系统和动力系统的主要类型、指标参数、设计约束和选型准则。其中，能源系统以锂电池为例，重点介绍其工作原理、基本构造、性能指标、充放电特性和主要类型等。动力系统则结合仿生扑翼微型飞行器的实际案例，介绍了不同动力装置的工作原理，并重点介绍了空心杯和无刷电机的性能指标。最后，介绍仿生扑翼微型飞行器的动力系统匹配设计方法，为其动力系统选型提供借鉴与参考。

思考题

1. 能源系统的储能装置主要有哪些类型？其设计准则是什么？
2. 提高微型电池能量密度的技术限制是什么？
3. 微型电池和电机的设计要求各是什么？
4. 请推导描述空心杯电机特性性能的公式。
5. 以附录A给出的仿生扑翼微型飞行器为参考，简述该款飞行器传动比设计过程并给出设计值。

参考文献

[1] 邓涛. 无人机简史[M]. 北京：机械工业出版社，2018.
[2] 肖立新，郭炳焜，李新海. 聚合物锂离子电池[J]. 电池，2003，33(2)：110-113.
[3] 郑如定. 锂离子电池和锂聚合物电池概述[J]. 通信电源技术，2002 (5)：18-21.
[4] 张秀清，李艳红，张超. 太阳能电池研究进展[J]. 中国材料进展，2014，33(7)：436-441.
[5] 王慧，邵竹锋. 太阳能电池概述[J]. 中国建材科技，2008 (6)：67-69.
[6] 戴月领，贺云涛，刘莉，等. 燃料电池无人机发展及关键技术分析[J]. 战术导弹技术，2018 (1)：65-71.
[7] 谭涛，黄泽涛. 燃料电池旋翼无人机的研究进展[J]. 农业与技术，2020，8.
[8] 张志祥. 燃料电池多旋翼无人机混合动力系统设计[D]. 杭州：浙江大学，2018.
[9] 张晓辉，刘莉，戴月领，等. 燃料电池无人机动力系统方案设计与试验[J]. 航空学报，2018，39(8)：221874.
[10] 王晓峰，解晶莹，孔祥华，等. “超电容”电化学电容器研究进展[J]. 电源技术，2001S1：166-170+190.
[11] 廖川平. 超级电容电池[J]. 化学通报，2014 (9)：865-871.
[12] Wood R，Nagpal R，Wei G Y. Flight of the robobees[J]. Scientific American，

2013.308(3):60-65.
[13] Deng X, Schenato L, Wu W C, et al. Flapping flight for biomimetic robotic insects: Part I-system modeling [J]. IEEE Transactions on Robotics, 2006, 22(4): 776-788.
[14] 逯海卿,吴兴丽,张鹏,等. 基于液晶弹性体和液态金属的人造肌肉纤维的制备及分析[J]. 材料导报,2022,36(14):21050105-4.
[15] 杨俊. 基于石墨烯双层复合材料的多功能驱动器及行为调控[D]. 杭州:浙江理工大学,2020.

第 5 章　仿生扑翼微型飞行器传动系统

自然界鸟类或昆虫翅的灵巧拍动运动主要通过神经控制肌肉实现。仿生扑翼微型飞行器模仿自然界飞行生物的运动特征,其中就包含翼的运动。为使扑翼能够实现期望的拍动运动,需要设计某种机械连接方式,连接飞行器的动力系统和扑翼,将动力系统输出的能量高效传递至扑翼,实现翼的往复拍动,进而为飞行提供升力和控制力矩。实现这种运动连接和能量传递的部件组合就是传动系统。传动系统既保证了扑翼能够根据设计方案实现精确的运动,又通过与控制系统配合,进一步实现微型飞行器的可控飞行。

传动系统是飞行器的重要组成部分,其特性直接影响飞行器的飞行性能、效率、精度和使用寿命等。但对于仿生扑翼微型飞行器而言,受限于材料、尺寸、加工工艺等方面的约束,当前技术还难以复现如生物般精确且复杂的运动,因此在设计时往往只保留扑翼主要的运动特征,设计高精度、简便、轻质的传动系统,确保飞行器能够实现基本的飞行功能。

5.1　传动系统简介

5.1.1　驱动生物翼拍动的生理结构

开展仿生扑翼微型飞行器传动系统机构设计首先应了解和学习自然界生物翼是如何被驱动的。自然界中体型较大的鸟(如信天翁、老鹰等)主要采用低频拍动及滑翔的方式飞行,振翅频率在零到十几赫兹,主要飞行模式为前飞。飞机产生升力的设计原理就来源于鸟类滑翔。鸟类翅膀的肌肉附着在骨骼上,肌肉内的神经接收信号控制骨骼运动,实现翅膀上下拍动运动和展开收合运动。下面通过类比人体上肢骨骼和肌肉的运动方式理解鸟类翅膀运动的实现原理。

人体上肢由大臂、小臂和手部三段组成,大臂骨骼为肱骨,小臂骨骼由尺骨和桡骨构成,手部由腕骨、掌骨和指骨构成。骨与骨之间借助结缔组织、软骨或骨形成的关节连接。大臂与肩部靠肩关节连接,借助这一球窝关节实现大臂的上下、前后和旋转运动;大臂和小臂间靠肘关节连接,完成手臂的屈曲和伸展动作;小臂末端和手部通过小腕关节连接。上臂可以实现多方位的运动,不同方向的运动通过对应的肌肉群实现(见图 5－1),如胸大肌外端附着在肱骨上,内端附着在锁骨内侧端、胸骨、第 1～7 肋上,胸大肌收缩可以实现肩内收、内旋,使上臂靠近胸部。三角肌位于肩部,包裹着肩关节,肌肉收缩可以使上臂抬起。斜方肌位于项部和背上部,背阔肌位于腰背部和胸部后外侧,二者收缩均可以实现上臂向背部运动。大臂、小臂和手部的相对运动由上臂肌肉实现,上臂肌肉群分为前群(屈肌群)如和后群(伸肌群),前群肌肉肱二头肌、肱肌和肱桡肌等收缩能使肘关节屈曲,后群肌肉肱三头肌收缩使肘关节伸展(见图 5－2)。

下面对应人体上肢结构与运动来认识鸟类翅膀。与人类上肢类似,鸟类翅膀由内到外也可以分为三段(见图 5－3),分别为肱骨、尺骨、桡骨、指骨和掌骨,对应人体的大臂、小臂和手掌。肱骨通过关节与肩处的喙骨相连。尺骨和桡骨构成了鸟类翅膀的内段翼,类似于人的小臂,主要起着支撑外段翼、传递力量的作用。鸟类的指骨和掌骨构成了鸟类翅膀的外段翼,相比于人类的指骨和掌骨来说,尺寸更大,主要起着控制外段翼面翻转的作用。

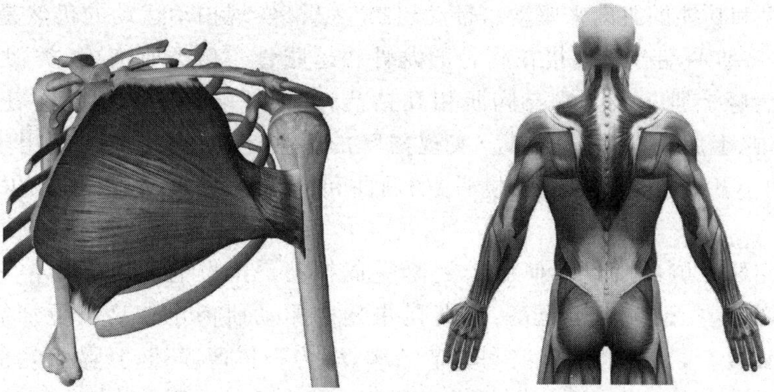

图 5－1　人体胸大肌[1]、斜方肌[2]示意图

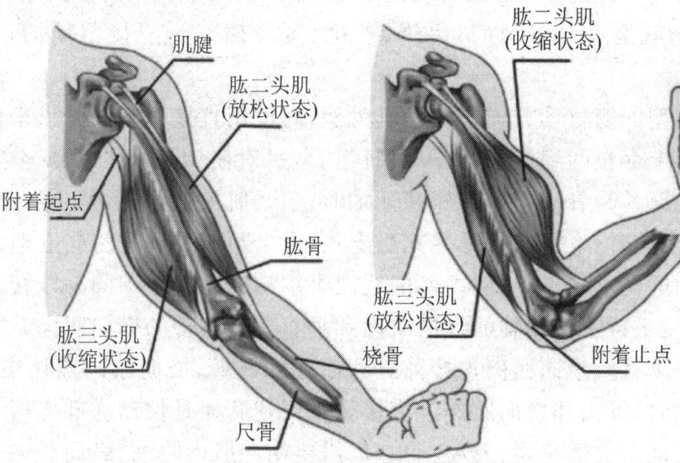

图 5－2　肱二头肌和肱三头肌示意图

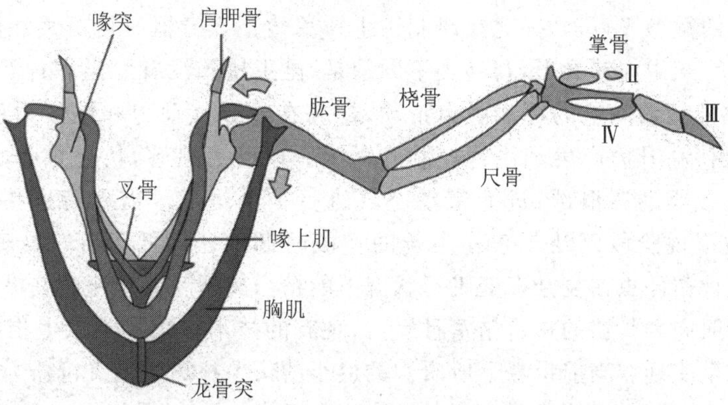

图 5－3　鸟类翅膀骨骼示意图[3]

不仅人体上肢与鸟类翅膀的骨骼结构相似，两者肌肉结构中也有共通点。鸟类翅膀运动同样靠不同类型和功能的肌肉来驱动。带动翅膀“大臂”实现拍动运动的仍然是胸肌，与人的胸肌类似，鸟类胸肌两端分别连接在胸骨的龙骨和翅肱骨。鸟类肌肉中，类似人体三角肌、斜方肌的肌肉为喙上肌。喙上肌与胸肌相互拮抗，其中一端绕过肩胛骨附着在肱骨上侧，原理类似滑轮，喙上肌收缩带动“大臂”实现翅膀的上拍运动，而胸大肌则用于带动翅膀往下拍动。鸟类“小臂”(这里是尺骨和桡骨)的屈曲和伸展运动也大致依靠鸟的“肱二头肌”和“肱三头肌”。

接下来介绍昆虫胸部肌肉如何驱动翅膀完成拍动。昆虫的起源更为古老、体型更小、翅结构更加简单、翅拍动频率也更高，因此昆虫翅的驱动肌肉也较鸟类更加简单。不像鸟类翅膀结构那么复杂，昆虫翅无骨骼和关节结构，多为一体薄膜翅，且昆虫翅的主动运动控制集中在翅根部分。总体上，昆虫肌肉驱动翅膀的形式可分为两类(见图 3-23)：一种是由单对肌肉直接驱动翅膀拍动(直接驱动)，另一种是胸部肌肉群整体驱动翅膀拍动(间接驱动)，见图 3-25。此外，有一部分昆虫翅膀的驱动混合了以上两种方式(混合驱动)。生活中经常看到的蜻蜓翅就是直接驱动的，果蝇、苍蝇、蜜蜂翅就是间接驱动的，而蝗虫翅就是混合驱动的。

下面列举两种典型的翅驱动方式。以蜻蜓为例，对使用直接驱动的昆虫来说，胸腔在垂直于身体纵向轴的方向上存在两组上举肌-下掣肌组合，每对肌肉组合的一端连接在翅膀根部，另一端连接在胸腔底部的胸骨。当蜻蜓翅膀下拍时，上举肌松弛并充当支点，由下掣肌拉动翅膀向下运动；当翅膀上拍时，下掣肌松弛并充当支点，由上举肌拉动翅膀向上运动。

对使用间接驱动的昆虫来说，胸腔内部的肌肉组织结构则完全不同。以蜜蜂为例，这些肌肉组织大致分为两块：平行于身体轴的纵向肌肉和垂直于身体轴的横向肌肉，这两组肌肉组织在胸腔内的方向几乎垂直。纵向肌肉连接前胸和后胸的侧壁，横向肌肉连接中胸的背板和胸骨。在驱动翅膀拍动时，纵向和横向肌肉不直接作用于翅膀而是拉动胸部变形，再利用胸部背板的变形驱动拍动运动。具体来说，翅膀上拍时，需要横向肌肉收缩、纵向肌肉放松，胸部腔体被压缩得更加“细长”。此时，向下运动的胸部背板通过支点向上翘起翅膀，完成上拍。当翅膀下拍时，胸部横向肌肉放松、纵向肌肉收缩，胸部腔体变得更加“短粗”。此时，胸部背板会显著向上隆起，进而通过支点驱使翅膀向下转动。

昆虫是天然的微型飞行器，因此在研制仿生扑翼微型飞行器时也更关注昆虫的运动生理结构。从上面的介绍中能够看出，与鸟类不同的是，昆虫翅翼没有肌肉和神经，其扑翼拍动运动完全由附着在外骨骼内壁的根部肌肉带动，翅翼在外界气动力和惯性力的双重作用下产生被动变形以维持高升力产生和飞行控制的需求。以此为灵感，仿昆虫扑翼飞行器的传动系统往往也设计成驱动翼根部，进而带动整翼进行拍动运动。需要特别指出的是，人造机械机构的传动效率现阶段以及未来相当长的一段时期内还远低于自然界对应的仿生对象，高效地实现不同种类昆虫在复杂多变飞行状态下的精巧翅运动变化还面临极大的困难。昆虫驱动翅翼运动的肌肉和骨骼的构造精密且复杂，现有的技术难以将类似生物的“驱动装置”在扑翼飞行器上完全实现。当前世界上所研制的最小的仿生扑翼微型飞行器为哈佛大学研制的昆虫尺度的 Robobee 微型扑翼飞行器。该飞行器仅重 60 mg，大小接近一个指甲盖，通过仿照双翅类昆虫的驱动原理，采用压电驱动的方式实现昆虫尺度下的扑翼拍动运动。尽管如此，该飞行器的扑翼运动也仅实现了拍动和绕展向轴的翻转，与昆虫翅尖轨迹复杂多变的特征还相差甚远。

现阶段人类对昆虫飞行驱动原理仍未有清晰的认识,现代仿生扑翼微型飞行器设计和传动机构微加工制造能力还远未成熟,因此在模仿生物特征进行仿生设计、研制仿生扑翼微型飞行器传动机构时,就必须有所取舍,应首先解决关系飞行器“飞得起”“飞得好”的传动机构设计问题。

5.1.2　仿生传动机构的设计要求

“麻雀虽小,五脏俱全”,与传统大型飞行器相比,仿生扑翼微型飞行器尽管小,但除满足飞行的基本要求外,也同样应保证传动高精度、低噪声、运行长寿命等要求,以实现更佳的飞行性能。这些整机尺度的多学科设计要求,主要涉及传动机构的尺寸、重量、运动特性、力学特性、声学特性、加工装配工艺及可靠性等。下面大致介绍一下仿生传动机构的多学科设计要求。

1. 尺寸及重量

传动机构微型化是飞行器微型化的重要特征和重要保证,这要求机构要同时满足尺寸小、重量轻的要求。仿生扑翼微型飞行器的定义界定了飞行器双翼在最大展开位置的翼尖距离。飞行器的尺寸确定后,扑翼与传动机构的尺寸关系也基本确定。“为减轻每一克质量而奋斗,一克质量比金贵”,这是一句来自飞机设计领域的至理名言。对于微型化程度高的飞行器而言,可以从几个角度理解。首先,传动机构及整机质量的减轻降低了翼的设计要求,降低了整机能耗,如更重的飞行器需要翼更加高频的拍动、承受更大的载荷;此外,传动机构质量的降低,使得飞行器能够有更多的质量余量分配到其他系统(如电池、任务载荷等),有助于增强飞行器的任务完成能力;另外,质量越轻意味着对升力的需求越小,在相同的扑翼拍动运动下,产生的净升力越高,更有助于飞行器实现更出色的机动性能。传动机构是微型飞行器质量占比较高的系统,因此也是仿生扑翼微型飞行器减重设计关注的重点。参考自然界生物的质量与翼展的关系,仿生扑翼微型飞行器也存在扑翼展长与飞行器质量的约束关系(见图 5-4)。当整机尺寸确定时,需要合理设计传动机构及其他部件的重量分配,选择合适的材料密度、布局形式及尺寸,合理确定并进一步优化结构重量。

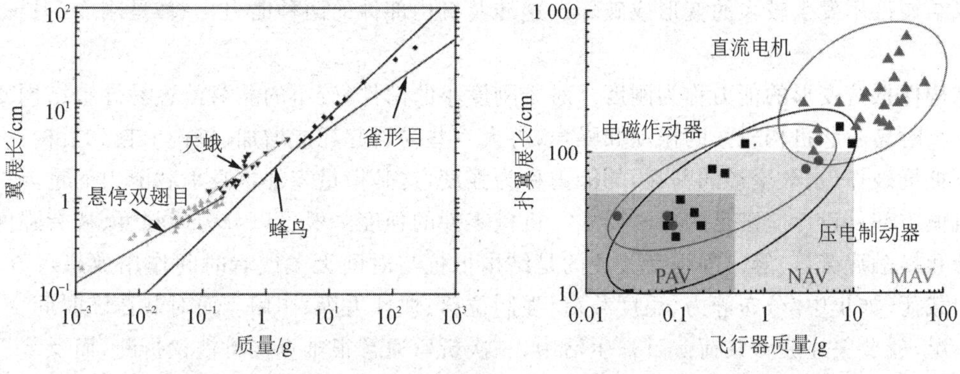

图 5-4　飞行生物与仿昆虫仿生扑翼微型飞行器的翼展与重量的关系[4,5]

2. 运动特性

昆虫扑翼运动行为极为复杂，借助高速拍摄，目前已经可以观测到各类灵巧的拍动、翻转、抬升等复杂运动。相较鸟翅的主动控制，昆虫翼不能主动变形，但是利用翼根处的肌肉带动翼拍动后，在惯性力和气动力的共同作用下翼也发生柔性变形。当前高集成度的人造微机构还未能完全模拟这些运动，因此设计仿生扑翼微型飞行器就必须对运动有所取舍，首先实现那些显著影响升力和控制力矩产生的运动。随着对扑翼飞行力学原理的认识，目前已经能够找到这些关键运动，即拍动运动和俯仰运动。因此，传动机构首先需要保证实现给定运动规律的拍动运动和俯仰运动，以保证升力足够平衡重力和支持机动飞行。

自然界中的鸟类、昆虫、蝙蝠等的身体构造多为对称翅翼布局形式。昆虫悬停飞行时，两侧翅的拍动运动关于身体对称，因此产生的升力也是对称的，此时左右翼力和力矩对称且平衡。由于翅既是升力面也是气动舵面，因此翅的对称运动保证昆虫在进行机动飞行时有尽可能多的控制余量进行飞行控制，保证了飞行的机动控制能力。昆虫如此，飞行器亦是如此。对于仿生扑翼微型飞行器而言，左右侧扑翼拍动运动的对称性对飞行器的运动控制也至关重要。扑翼的拍动运动对称性包括拍动幅度、速度、加速度的对称。良好的对称性保证了悬停以及其他机动飞行状态下具有较好的可操控性。根据扑翼非定常运动的空气动力学原理，扑翼的气动力与拍动的频率和幅值密切相关，扑翼的气动力矩与气动合力的作用点紧密相关，因此，若初始时扑翼拍动幅度不对称，必然产生非对称力和力矩，使得飞行器从一开始就存在偏转趋势。这种非对称的偏转需要使用较大的舵偏去修正，白白浪费了飞行器的控制能力，严重时还使飞行器起飞就倾倒，更难谈稳定飞行。因此，传动机构设计还需重点关注左右扑翼运动的对称性。

3. 刚度与强度

传动机构的核心功能是将电机等动力源产生的驱动力传递至扑翼端，克服扑翼运动过程中的各种“阻力”载荷(主要是机构和扑翼的惯性载荷、机构内的摩擦载荷、扑翼的气动载荷等)实现高频运动。在这一过程中，传动机构势必要在工作时承受复杂多变的载荷。承载力的部件不发生结构失效和破坏是其最基本的能力，传动机构也不例外。传动机构若没有强劲的“体魄”，何谈“长时”“有效”地工作。因此，传动机构必须保证在一定的工作载荷下，其组成结构件不发生较大的变形或破坏。这涉及机构部件的两种能力，一种是刚度，另一种是强度。

结构件抵抗变形的能力称为刚度。对于刚度小的部件，较小的载荷就容易导致结构变形。变形较小时易引起机构较强的振动和噪声，再大一些易引起耗能增加、机构卡顿。机构在外力作用下抵抗破坏(永久变形和断裂)的能力称为强度，这是衡量零件本身承载能力的重要指标，也是机械零部件设计应满足的基本要求。机械零件的强度一般可以分为静强度、疲劳强度(弯曲疲劳和接触疲劳等)等。静强度关注的是结构抵抗与时间无关或者时间作用效果可以忽略的静力载荷(如集中/分布静力、温度载荷、强制位移、惯性力等)作用。而对载荷随时间变化剧烈的情况，就要关注疲劳载荷。日常生活中，一次折弯通常很难直接将铁丝折断，而反复折弯，铁丝最终都会断开，这就是因结构随时间变化的载荷反复作用使结构疲劳导致的，特别需要注意的是使部件发生疲劳破坏的载荷要比结构发生静强度破坏的载荷小的多。扑翼高频拍动是仿生扑翼微型飞行器最典型的特点，这也决定了其传动机构始终处于动载荷为主的受力环境中，也更容易发生疲劳破坏（见图 5-5），因此也更应关注这一问题。

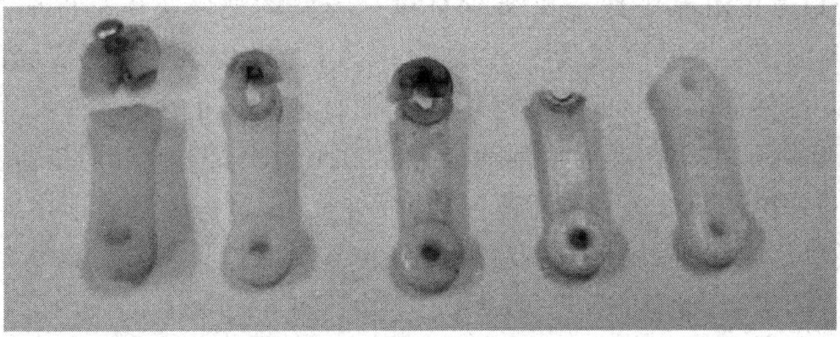

图 5-5　微型扑翼飞行器机构零件疲劳断裂破坏图

设计飞行器时，需要考虑设计足够的强度和合适的刚度，通常的做法是进行部件的加厚加固，但是这样不可避免地会增加飞行器的重量。因此机构设计时通常需要在保证强度和刚度的条件下进行轻量化设计。

4. 振动与噪声

振动是自然界最普遍的现象之一，日常生活中接触到的大多数振动情况，其作用都是消极的。例如，振动可能引起结构的大变形破坏，有的桥梁曾因振动而坍毁，如 1940 年的美国塔科马海峡大桥倒塌事故就是由于阵阵大风横扫而过引发桥的共振，导致桥的振幅达数米之大，以致刚落成 4 个月的大桥断裂倒塌。飞机机翼、舵面的颤振，机轮的抖振也容易导致飞机发生结构破坏，造成飞行安全事故。同样，在仿生扑翼微型飞行器中，振动也会造成一定的负面影响。

仿生扑翼微型飞行器的振动来自多个方面。一方面，受加工精度、装配误差以及机构长时间运行磨损等因素的影响，传动机构的连接处不可避免地会存在间隙。飞行器运行过程中机构承受周期交变载荷，机构各部件在间隙处会发生碰撞进而产生振动。另一方面，诸如齿轮等传统机械传动装置不同部件运动接触面因摩擦、啮合等也会存在振动。

飞行器传动机构振动过强时会影响传动的流畅程度，甚至会造成机构卡顿。当阻碍正常的拍动运动时，易导致拍动频率或拍动幅度低于设计值，造成升力和控制力矩损失、坠机，或加剧飞行器能量的消耗，大幅降低续航时间。传动机构强烈振动还给附着安装的机载传感器（如陀螺仪）或任务载荷（如摄像头）的正常工作带来不利影响，如振动较强时会引入极强的测量噪声使待测物理量（如加速度）淹没其中无法测量，或使摄像头图像晃动过强无法识别目标等。

特别需要提到的是，仿生扑翼微型飞行器的应用场景集中在军事领域，高频的振动还会产生较为明显的噪声，不利于飞行器在侦察、精准打击等军事场景中的应用。仿生扑翼微型飞行器运动机构产生的噪声多为结构噪声，主要是由于机构运动副摩擦碰撞、齿轮啮合产生。飞行器振动频率较高，如齿轮的啮合频率就在 1 kHz 以上，因此飞行器结构噪声中会包含部分中高频噪声，这都是近距作业时人耳能够较为清晰地分辨的。若其噪声问题不能得到有效解决，那么飞行器的隐蔽性优势就会荡然无存，无法在相应的军事场景中得到有效的应用。因此必须对振动和噪声进行有效的控制。

5. 加工与装配

当前借助理论分析和虚拟设计与装配，人们已经能够设计出各类精巧的机构，但这些设计大多数时间仍停留在图纸和模型阶段。这是因为这类精巧的设计多数时间只能表明机构设计原理是可行的，若想方案由虚变实，还需要保证设计方案的部件实体是可加工的，且加工出来的部件能按照预期的配合关系完成装配，否则设计将不能从图纸转化为实际的机构。

虚拟设计方案各种追求性能极限的操作多不能如愿。如有的零部件尺寸(如孔直径)要求过于精巧，超出了实际加工工艺所能达到的最大能力而无法加工或与期望值相差甚远；机构微型化设计使得传动系统的装配关系过于复杂，如设计复杂、过盈的轴孔连接装配时易导致轴孔同轴度改变，造成机构卡顿；而一旦费心精妙装配的传动部件发生部件破坏后又难以维修，往往陷入“进退两难”的困境；此外，由于个人装配经验和操作方法不同，也难以保证零部件的重复性，产品品质很难控制。因此，设计传动机构就必须“接地气”，必须保证加工制造可实现、部件装配易实现、维修换件易开展，根据实际使用要求，考虑加工工艺水平和精度、材料可加工性的限制，科学评估部件间是否存在运动干涉问题，设计装配维修方案，切忌“纸上谈兵”。

6. 可靠性

任何产品或飞行器都必须保证在预期的工作时间内，在一定的使用条件下能够执行相应的功能，产品的这种特性称为可靠性。如衡量仿生扑翼微型飞行器齿轮的可靠性可以是判别扑翼以设计拍动频率工作时，产生预期升力，齿轮工作预期时间(如续航时间)内仍能良好啮合且实现传动功能的能力。在给定的设计条件下，在一定的工作预期时间内，齿轮仍能有效传动就能够证明其可靠，反之则不可靠。从这里看，可靠性界定与部件或系统的应用条件、工作时间和性能要求密切相关。这一“能力”应高出预设的期望能力，二者差值称为性能裕量，裕量大于 0 表明部件或系统是可靠的，否则表明其失效。失效意味着部件或系统不再满足可靠性的要求，会导致其不能执行规定的功能，如电子元器件老化、轮胎严重磨损或爆破。

可靠性的描述对象可以是部件，如仿生扑翼微型飞行器上的齿轮、电机，也可以是系统，如传动系统、控制系统等。影响部件或系统可靠性的因素往往十分复杂。一般来说，随着运行时间的增加，部件或系统本身的关键参数也会发生变化。这种变化多数情况下都会导致性能裕量减小，也称性能发生了退化。不论是部件、系统本身存在的内因，如材料分散度、材料的初始缺陷等，或是工作环境、条件等外因，如加工和装配误差等因素，都蕴含着诸多不确定性，这种不确定性导致不同对象之间的性能存在差异，因此可靠性的计算和表征往往采用概率来衡量，如果这一概率值与期望值相比过低，是不可以接受的，也就是部件或系统不再“可靠”。

5.2 仿生扑翼的传动系统原理与举例

昆虫的生理结构和驱动方式虽然精巧，但直接模仿还存在较大的困难。因此，在过去国内外众多科研机构发展仿生扑翼微型飞行器的过程中，主要仍是借鉴和应用现有传动形式。就目前而言，传动系统主要有机械传动、流体传动、电力传动三大类。机械传动利用机械装置直接实现传动，是当前应用最广泛的传动形式，也更易于微型化和集成设计，因此现有仿生扑翼微型飞行器传动均采用这一形式。流体传动是以液体或气体为工作介质的传动，又可分为依靠液体静压力作用的液压传动、依靠液体动力作用的液力传动、依靠气体压力作用的气压传动。电力传动是利用电动机将电能变为机械能，以驱动机器工作的传动。

典型的机械传动机构分类如图 5-6 所示。机械传动按照传力方式不同主要分为摩擦传动、啮合传动两大类,除此之外还有连杆传动、凸轮传动等形式。顾名思义,摩擦传动靠机件间的摩擦力传递动力和运动,包括带传动、绳传动和摩擦轮传动等。摩擦传动容易实现无级变速,大都用在轴间距较大的传动场合,过载时打滑还能起到缓冲和保护传动装置的作用,但这种传动一般不能用于大功率的场合,准确的传动比也很难保证。啮合传动靠主动件与从动件啮合或借助中间件啮合传递动力或运动的啮合传动,包括齿轮传动、链传动、螺旋传动等。啮合传动能够用于大功率的场合,传动比准确,但一般要求较高的制造精度和安装精度。

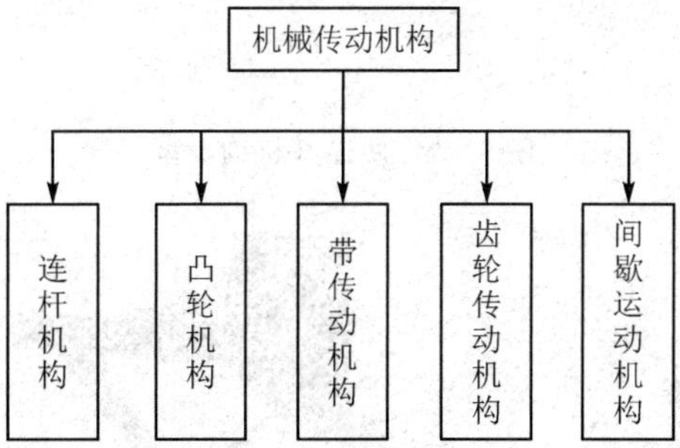

图 5-6　典型的机械传动机构分类

下面对机械传动典型形式、原理及其在仿生扑翼微型飞行器上的应用情况进行介绍。

5.2.1　机械传动典型形式

在机械传动系统中,机构是指两个或两个以上的零件组成的、能够完成特定运动任务的装置。机构所涉及的基本单位是构件,汽车内燃机里的构件就包括曲轴、连杆、滑块等。在仿生扑翼微型飞行器中实际应用的机构可能为两种或多种机构类型的组合,如连杆机构和齿轮机构组合形式。下面将对常见的机构类型进行简单介绍。

1. 连杆机构

连杆机构分为平面连杆机构和空间连杆机构,它被广泛地使用在各种机器、仪表、操纵装置和生活实践之中,如缝纫机、内燃机、折叠桌椅等。平面连杆机构的类型很多,单从组成机构的杆件数来看,有四连杆、五连杆和多连杆机构,其中以四连杆机构最为简单。对于四连杆机构来说,机架和连杆总是存在的,但有的连架杆能够进行圆周转动,而有的则是往复摆动,前者称为曲柄,后者称为摇杆。因此按照连架杆的运动形式的差别,又大致将四连杆机构分为三种基本形式:曲柄摇杆机构、双曲柄机构和双摇杆机构(见图 5-7)。以图 5-7(a)为例,其中 AD 为机架,BC 为连杆,AB 和 CD 为连架杆。

以飞机起落架为例,其收放位置对应的机构示意图和机构简图如图 5-8 所示,不难看出其运动核心部件就是四连杆机构。

2. 凸轮机构

为了实现复杂的运动,生活中还经常会用到凸轮机构。一般情况下,凸轮是具有曲线形状的盘状体或柱状体做等速运动,常作为主动件,推动从动件往复直线运动或往复摆动(见图 5-9)。凸轮机构的主要特点在于,只要正确地设计制造出凸轮轮廓曲线,就可使从动件实现预定的运动规律,而且结构简单、紧凑,工作可靠。但是由于凸轮与从动件之间为点接触或线接触,易于磨损。因此,凸轮机构多用于传递动力不大的控制机构和调节机构中。例

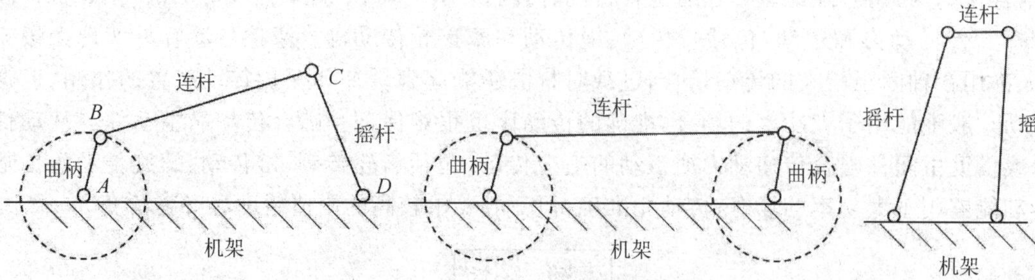

(a) 曲柄摇杆机构　(b) 双曲柄机构　(c) 双摇杆机构

图 5－7　四连杆机构类型

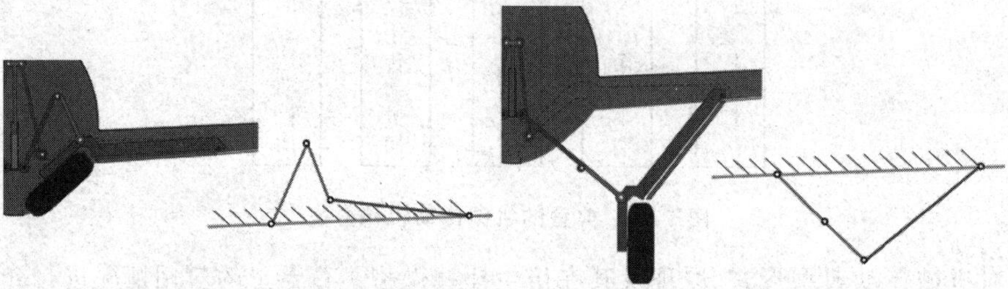

(a)飞机起落架收起状态　(b)飞机起落架放下状态

图 5－8　不同位置的飞机起落架及其四连杆机构示意图

如,发动机中有两大机构:曲柄连杆机构和配气机构。其中配气机构的作用是按照发动机每一气缸内所进行的工作循环和发火次序的要求,定时开启和关闭各气缸的进、排气门,使新鲜充量得以及时进入气缸,废气得以及时从气缸排出。控制进、排气阀门位置的机构中就包含有凸轮,其工作原理见图 5－10。

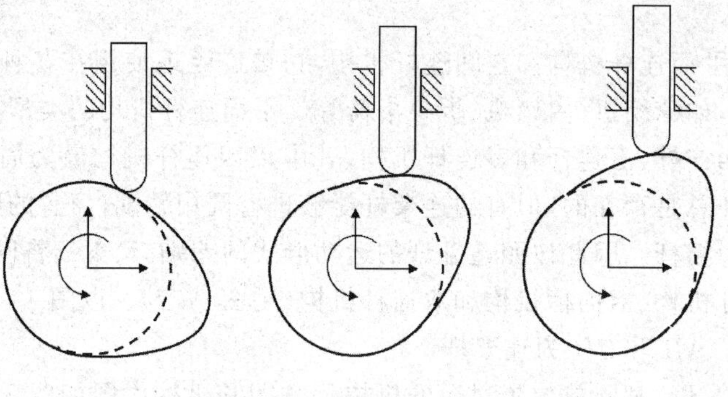

图 5－9　凸轮机构示意图

3. 带传动机构

带传动主要靠带与带轮间的摩擦力传递运动和力,主要适用于两轮转轴平行的场合,如传送带、滑轮组等。带传动按照传动原理,可以分为两类:①摩擦带传动:靠传动带与带轮间的摩擦力实现传动,如 V 带传动、平带传动等;②啮合带传动:靠带内侧凸齿与带轮外缘上的齿槽相啮合实现传动,如自行车中的带传动(见图 5－11)。带传动的主要优点是适于大中心距传动;具有良好的弹性,可缓冲、吸振,传动平稳;结构简单,制造、安装和维护方便,成本低。带传

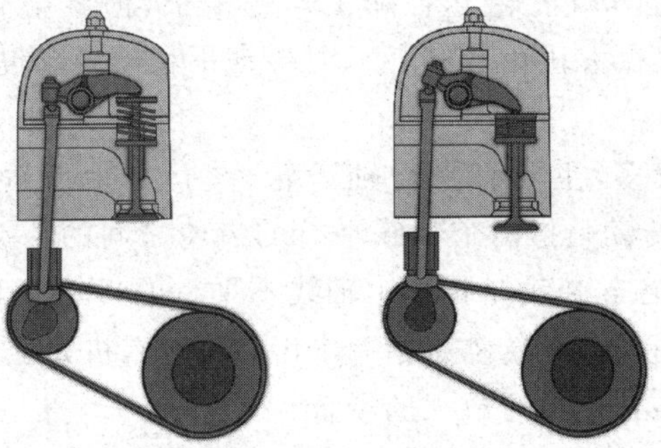

图 5-10　活塞发动机进排气机构中的凸轮机构示意图

动的主要缺点是皮带的弹性变形和易打滑等特点造成运动不精确，不能保证定传动比；需张紧装置和末端固定装置；摩擦力会加快皮带寿命的损耗，使得带的寿命短、承载能力小等。

图 5-11　自行车中的啮合带传动

4. 齿轮机构

齿轮机构是机械传动中应用最广泛的形式，它的原理是基于齿轮之间的啮合和滚动摩擦，通过转动一个齿轮，将动力和转矩传递到另一个齿轮上，起到传递转矩和动力、调整转速、改变传动方向等作用。齿轮机构传动准确可靠、效率高、寿命长，适应的载荷和速度范围广，能在空间任意两轴间传递运动和动力等，但同时对制造和安装精度要求较高，不适宜用在远距离传动的场合。从手表的传动系统到变速箱、机床等大型器械，都有齿轮机构的应用(见图 5-12)。

图 5-12　常见的齿轮应用场景

根据齿形、啮合轴线方向等的不同，齿轮可分为直齿轮/斜齿轮/弧齿轮、圆柱齿轮/锥齿轮等，齿轮形状和参数都会影响传动效果。圆柱齿轮啮合时两齿轮轴线均平行，而锥齿轮啮合的轴线成一定角度相交；直齿圆柱齿轮的齿轮齿长方向线与齿轮轴线平行，斜齿圆柱齿轮齿轮齿长方向线与齿轮轴线倾斜一个角度。锥齿轮可以类比直齿和斜齿。直齿轮加工成本低，精度也容易保证，斜齿轮尽管加工工艺复杂，但其啮合传动较直齿轮传动平稳，能够传递的力较大，因此在大扭矩、空间小，对传动平稳度要求高的情形下一般使用斜齿轮传动。

齿轮传动的种类也比较多，主要有平行轴齿轮传动、交轴齿轮传动、行星齿轮传动等(见图 5-13)。平行轴齿轮传动是指两个轴线平行的齿轮之间的传动，这种传动具有结构简单、传动效率高等优点；交轴齿轮传动是指两个轴线不平行的齿轮之间的传动，这种传动一般用于转动方向改变的场合；行星齿轮传动是指一个齿轮固定在机壳上，另一个齿轮围绕着它旋转，这种传动一般用于高速减速或扭矩放大的场合。

图 5-13　常见齿轮机构类型

5. 间歇运动机构

在某些情况下，原动件的匀速连续圆周运动需要转变为从动件的周期性停歇间隔单向运动或者是时停时动的间歇运动，如自动化生产线中的运输机构等。这类场景下的传动就需要间歇运动机构。可作为间歇运动的机构很多，如棘轮机构、槽轮机构等。在间歇运动机构中，主动构件作连续回转运动或往复摆动，从动构件作间歇运动。

棘轮机构主要由棘轮、棘爪、摇杆等组成，从工作原理上分为齿啮式和摩擦式，从结构上可分为外啮合式和内啮合式，从传动方向上分为单向式和双向式。棘轮机构的特点是结构简单，改变转角大小较方便；但其传递动力不大，且传动平稳性差，因此只适用于转速不高、转角不大的低速传动，常用来实现机械的间歇送进、分度、制动和超越等运动。棘轮机构的驱动力可以由驱动棘爪或施加在棘轮上的其他外载提供；棘轮机构的止动由止回棘爪实现，防止棘轮反向转动。在工程实践中，棘轮机构常用在实现间歇送进(如牛头刨床)、止动(如起重和牵引设备中)等场合。以起重设备中的棘轮制动器为例(见图 5-14)，当提升重物时，棘轮逆时针转动，止动棘爪在棘轮齿背上滑过；当需使重物停在某一位置时，止动棘爪将及时插入棘轮的齿槽中，防止棘轮在重物重力作用下顺时针转动使重物下落，以实现制动。

除棘轮机构外，常见的间歇运动机构还有槽轮机构，类型有外槽轮机构、内槽轮机构、槽条机构等。槽轮机构(见图 5-15)由带有圆柱销的主动拨盘、从动槽轮等组成。主动拨盘匀速转动，从动槽轮间歇运动。当拨盘上的圆柱销没有进入槽轮的径向槽时，槽轮的内凹锁止弧面

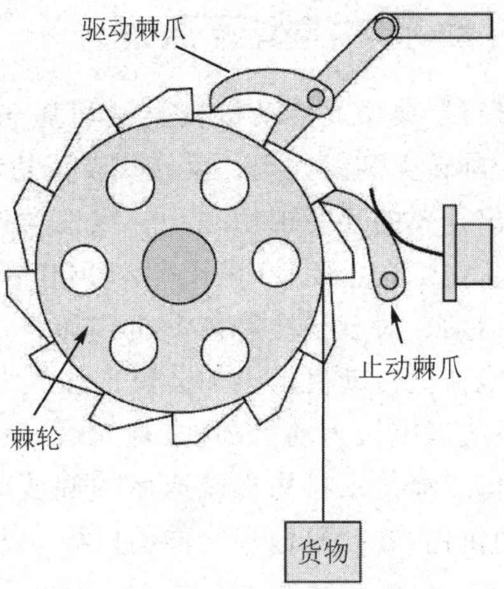

图 5-14　起重设备中的齿啮棘轮制动器示意图

被拨盘上的外凸锁止弧面卡住，槽轮静止不动。当圆柱销进入槽轮的径向槽后，锁止弧面被释放，圆柱销驱动槽轮转动。当拨盘上的圆柱销每次离开径向槽时，下一个锁弧面又被卡住，槽轮又维持静止。由此将主动件的连续转动转换为从动槽轮的间歇转动。槽轮机构结构紧凑、制造简单、传动效率高，能较平稳地进行间歇转位，可在蜂窝煤压制机工作台转位机构、电影放映机卷片机、六角车床刀架转位机构等发现这类机构的应用。以电影放映机卷片机构(见图 5-16)为例，槽轮具有四个径向槽，拨盘上装一个圆销。拨盘转 1 周，圆销拨动槽轮转过 1/4 周，胶片移动一个画格，并停留一定时间，放映一个画格。利用人眼的视觉暂留特性，当每秒钟放映 24 帧画面时即可使人看到连续的画面。

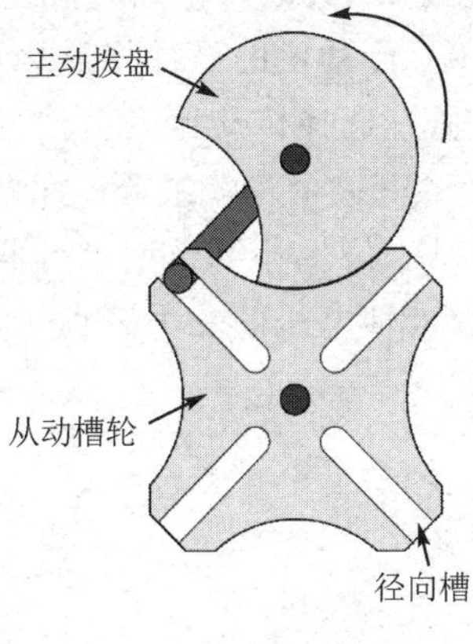

图 5-15　槽轮机构

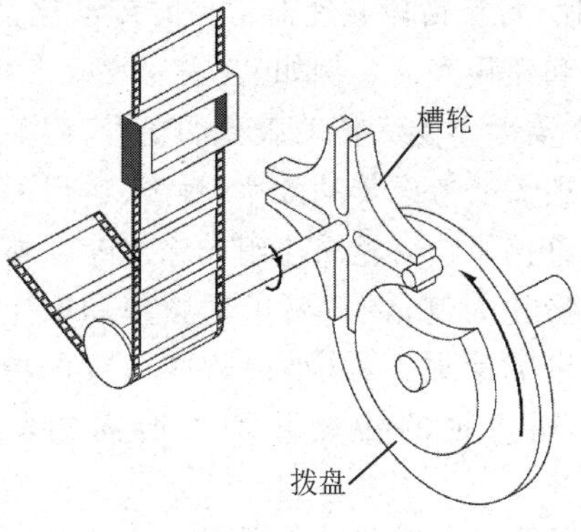

图 5-16　电影放映机卷片机构

需要注意的是，生活中的机械装置通常都是极为复杂的，很难仅仅依靠单一形式的传动机构，因此多种机构融合应用是机构设计的常态。如汽车发动机就融合了曲柄连杆、齿轮传动、带传动等机构。作为机械装置的一种，仿生扑翼微型飞行器传动机构虽然小巧，也同样具有这样的特点。

5.2.2 仿生扑翼传动系统类型及原理

下面介绍仿生扑翼微型飞行器典型的传动机构类型和基本原理。根据传动运动形式，该类型飞行器的传动机构又分为旋转类和线性类。旋转类传动机构主要将电机输出的高速旋转运动转化为线性运动，最终输出扑翼的往复拍动运动。线性类传动机构主要是由新型驱动方式（如静电驱动、压电驱动、形状记忆合金驱动、电磁驱动和电活性聚合物驱动等）形成的传动机构，直接驱动扑翼完成拍动运动。对于线性类传动机构而言，其输出运动本身就是线性的，但输出运动的位移较小，因此线性类传动机构多加装有位移放大装置。相比较而言，旋转类传动机构较为复杂。这些传动系统以电机为动力部件，首先借助齿轮减速组将电机端的高速旋转运动减速，之后借助连杆机构或绳传动机构将减速后的旋转运动转换为扑翼驱动杆的往复运动。其中主要涉及齿轮传动机构、连杆机构和绳传动机构。为此，本节着重介绍以上三种传动机构的基本原理。

1. 齿轮传动机构

仿生扑翼微型飞行器的齿轮传动机构主要起到两种作用，一种是减速，另一种是转变运动方向。在仿生扑翼微型飞行器中，通常电机输出的转速很快，而扑翼的拍动频率相比之下较低，因此需要借助齿轮组对电机旋转运动进行减速。量化减速效果的重要设计指标是传动比，其定义为齿轮组主动轮与末端从动轮的转速之比。齿轮传动改变运动方向利用旋转轴非共线的齿轮，实现主动轮与从动轮转动方位、方向的变化。

设计齿轮传动时，应根据实际情况选择合适的设计方案，以保证传动效果和使用寿命。不同类型的齿轮或不同参数的齿轮组合可以形成不同的齿轮传动类型，并发展形成多样化的减速器，如直齿轮传动、斜齿轮传动、蜗杆传动等。通常，单级圆柱齿轮减速器适用于3～5的传动比需求，而双级圆柱齿轮减速器可产生高达8～40的传动比；单级锥齿轮减速器适用于2～4的传动比；行星齿轮减速器常见的传动比为3/4/5/6/8/10。传动比的设计将显著影响机构传动效果和使用寿命。例如，在需要大幅衰减转速的场合，适宜选择传动比大、齿数少的齿轮组合，而在需要承受大传动载荷的场合，需要选择齿数多、齿顶高大的齿轮组合。此外，不同的应用场合还需要考虑传动效率、噪声、运行平稳性等因素。对于仿生扑翼微型飞行器而言，传动比除了直接影响齿轮减速组的输出速度外，还显著影响输入轴电机的受力特性。以外啮合直齿圆柱齿轮为例，在扑翼拍动频率和非定常翼载荷固定的前提下，减小齿轮减速组的传动比将降低输入轴的转速并增大所需的驱动扭矩。

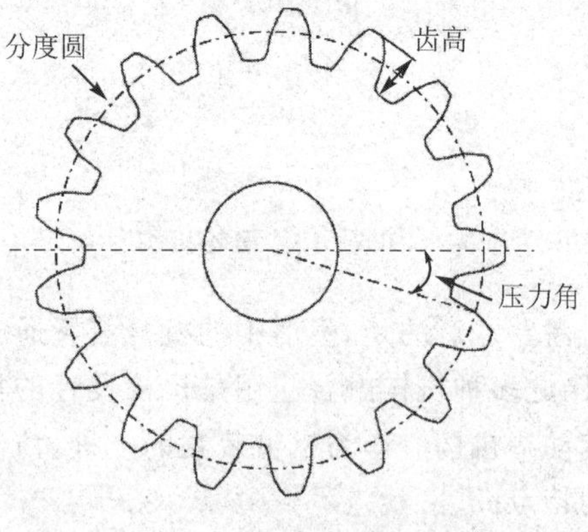

图 5-17 齿轮的主要参数

齿轮是齿轮传动机构中最基本也是最重要的部件。齿轮虽小，但设计的讲究也极多。描述齿轮的参数有很多，主要包括齿数、模数、压力角、分度圆直径、齿高等（见图5-17）。下面简要介绍几个重要的参数。

齿数即为齿的数目，齿数越大，齿轮的传动平稳性和精度越高，但制造难度和成本也会增加。齿轮齿数过多会使齿轮的外形尺寸过大，因此为节省空间，对传动比过大的齿轮传动，一般采取二级传动或多级传动的设计方案。齿轮齿数过小，采用传动展成法加工齿轮时易出现齿轮根切的问题(即齿轮根部被削薄)，使齿轮强度减弱，因此齿轮的最少齿数通常限制为 14～17 齿。

齿轮模数决定了齿大小，是为标准化齿轮加工刀具、生产模数制齿轮而定义的参数，其定义为分度圆(为设计、计算和制造齿轮方便而规定的参考圆，用于度量齿轮尺寸，圆半径介于齿顶圆和齿根圆之间)齿距与 π 的比值。当前齿轮模数已经标准化，设计时可以查表取用。需要注意的是，随着工业发展水平不断提高，定制的、大批量生产的齿轮很多也采用了一些非标模数。模数除衡量齿轮大小外，也影响齿轮传动的传动比、传动精准性和扭矩传递能力。齿数相同的齿轮，若模数不同，其尺寸也会不同，模数越大，齿距、齿厚、齿高均增大，齿轮的强度和承载能力也越大；模数越小，齿距、齿厚、齿高通常也减小，强度和承载能力减低。

齿轮压力角是指齿廓在该点处所受正压力的方向(即该线方向)与该点的速度方向所夹的锐角，它的大小会影响齿轮的啮合性能。当齿数、模数和分度圆大小一定时，压力角决定了齿廓形状。为了方便齿轮的设计、制造和检验，在国家标准中也将齿轮的分度圆压力角取为一系列标准值，典型的取值有 20°和 25°。

2. 连杆机构

仿生扑翼微型飞行器中应用的连杆机构较多，这类机构的常见应用之一是将减速组齿轮输出的低速旋转运动转变为部件的线性往复运动(即运动方向转变功能)，同时放大部件的低幅值往复运动，进而转化为扑翼杆的往复拍动(即位移放大功能)。当然也存在少量飞行器直接将减速后的旋转运动转变为扑翼杆的往复拍动运动。现有机械结构中典型的连杆机构形式就能够满足这些功能需求。第一种功能可使用曲柄滑块机构，而第二种功能则可以选用含有滑块和摇杆的机构。那么设计具备这些功能的连杆机构，需要注意哪些要点呢？观察连杆机构不难发现，在这类机构中有的杆件或部件(如减速组的齿轮)存在整周旋转运动(这类部件称为曲柄)，而大多数杆件或部件仅在一定角度范围内往复旋转(称为摇杆)或直线运动(称为滑块)。因此需要首先明确连杆机构在何种条件下作为曲柄，在何种情况下又转变为摇杆。

通常情况下，连架杆(与机架相连的杆)成为曲柄必须同时满足杆长条件(即最长杆与最短杆长度之和小于或等于其余两杆长度之和)且连架杆与机架两者之一为最短杆的要求。当四连杆机构满足杆长条件时：若此时连架杆为最短杆，则连架杆成为曲柄，机构称为曲柄摇杆机构，往复摆动的构件为摇杆；若机架为最短杆，则两个连架杆均为曲柄，成为双曲柄机构。但当四连杆机构不满足杆长条件或当最短杆为连杆时，则机构中无整周旋转杆件存在，此时只能得到双摇杆机构。

了解四连杆机构杆件类型的判别方法后，接下来学习设计这类连杆机构应该关注哪些特性，即如何评价连杆机构的性能。在设计、分析和评价连杆机构时，通常关注机构急回特性、死点位置和压力角(或传动角)等。

四连杆机构中，当曲柄为主动件做匀速回转时，从动件摇杆的往复摆动行程和往复速度通常是不一样的，返程比往程要快一些，这种运动特性称为急回特性。图 5-18 所示为一曲柄摇杆机构，主动件曲柄 1 在转动一周的过程中，有两次与连杆 2 共线。在这两个位置，铰链中心 A 和 C 之间的距离 AC_1 和 AC_2 分别为最短和最长，因而摇杆 3 的位置 C_1D 和 C_2D 分别为其两个极限位置。摇杆 3 在两极限位置间的夹角 ψ 称为摇杆的摆角。当曲柄 1 由 AB_1 顺时针转到 AB_2 时，摇杆由 C_1D 摆到 C_2D，摆角为 ψ；而当曲柄顺时针再转到 AB_1 时，摇杆由 C_2D 摆回 C_1D，其摆角仍是 ψ。虽然摇杆 3 往复摆动的摆角相同，但对应的曲柄转角不相等。若曲柄匀速转动，则对应的摆动时间也不相等，从而反映了摇杆往复摆动的快慢。牛头刨床、往复式运输机等机械就利用这种急回特性来缩短非生产时间，提高生产率。

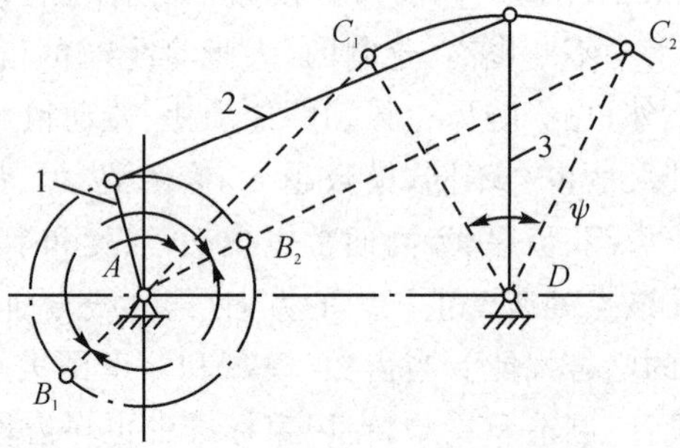

图 5-18　四连杆机构急回特性示意图

急回特性与连杆机构的运动输出有关，而压力角（或传动角）和死点位置与机构传力特性有关。在实际工程中，当连杆与从动件连杆共线时（称机构处于死点位置），有时会出现连杆不能驱动从动件工作的情况。此时以脚踏缝纫机上的曲柄摇杆机构为例（见图 5-19(a)），摇杆 1(脚踏板)为主动件。当它处于两个极限位置时，从动件 3 和连杆 2 共线，这时主动件 1 通过连杆 2 作用于从动件 3 上的力恰好通过构件 3 的回转中心，此时不论驱动力多大，构件 3 都不能转动，出现了“顶死”现象。

此外，在机械设计中还关注机构传力特性的好坏，这通常用传动角或压力角来衡量。对于机械机构上的某点，该点正驱动力与速度方向所夹锐角为压力角，与其互余的角则为传动角。与其互余的角则对应称为该点的压力角。在图 5-19(b)所示的曲柄摇杆机构中，若不考虑惯性力、重力和运动副的摩擦力，则连杆 BC 是二力构件，主动件 AB 通过连杆 BC 作用于从动摇杆 DC 上的力 F 是沿 BC 方向的。力 F 的作用线与点 C 的速度方向所夹的锐角称为机构在此位置时的压力角 α，压力角的余角为传动角 $\gamma=90°-\alpha$。力 F 在速度方向的分力为切向分力 $F_t=F\cdot\sin\gamma$，此力为有效分力，做有效功；而沿摇杆 CD 方向的径向分力 $F_n=F\cdot\cos\gamma$，非但不能做有用功，还增大了运动副的摩擦阻力。压力角越小或传动角越大，对机构的传动越有利，机构效率也越高。扑翼飞行器传动机构在往复拍动的运动过程中，机构的传动角是不断变化的，最小传动角越大，越有利于电机驱动传动机构顺滑运行。为了保证机构的传动性能良好，通常要求 $\gamma_{min}\geqslant 40°$。

下面以仿生扑翼微型飞行器中应用较多的曲柄摇杆机构和曲柄滑块机构为例，介绍这类飞行器上所应用的连杆传动机构。

曲柄摇杆机构是将曲柄作为传动机构的原动件，通过曲柄的连续圆周转动带动摇杆做往复摆动运动。该类传动机构具体包括单曲柄传动机构和双曲柄传动机构。单曲柄方案意味着两侧机构共用一个曲柄，特点是布局形式结构简单（见图 5-20），可以把传动系统的尺寸设计得很小，并可以有效减小飞行器的结构重量，但缺点是左右拍动运动存在相位差。双曲柄方案则是采用两个曲柄分别驱动两侧机构，可以消除两侧传动机构的相位差。

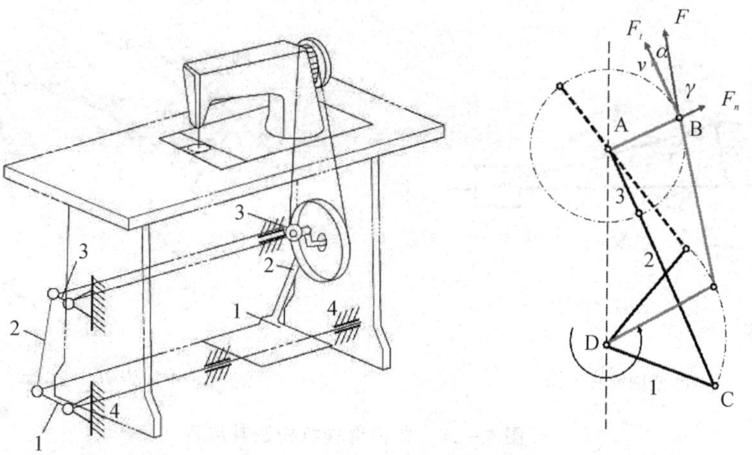

(a) 脚踏缝纫机　　　(b) 曲柄摇杆机构

图 5-19　连杆机构的死点位置和压力角定义

曲柄滑块机构是平面四杆机构的演化，相较单曲柄摇杆机构，该机构将原本摇动的从动杆变为直线往复的滑块，因此该机构具有与单曲柄摇杆机构类似的特点。该机构的结构简单，也可以把传动系统的尺寸设计得很小，有效减轻飞行器结构质量。在仿生扑翼微型飞行器中，通常将滑块作为两侧拍动机构的运动输入部件，保证拍动机构输出左右对称的往复运动。曲柄滑块传动机构的设计原理如图 5-21 所示。

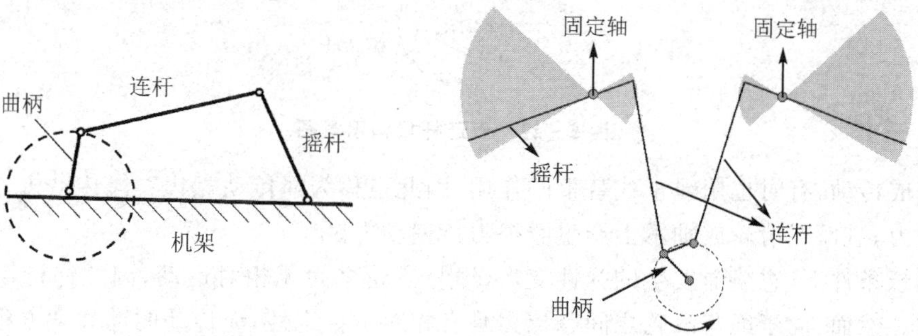

(a) 曲柄摇杆机构示意图　　　(b) 单曲柄传动机构设计原理图

图 5-20　曲柄摇杆机构及其应用

在四连杆机构的基础上增加连杆数量，人们又相继设计了五连杆机构(见图 5-22)和六连杆机构等。五连杆机构原理与双曲柄摇杆机构类似，使用一个曲柄带动两套连杆机构的运动，代表作品为韩国首尔国立大学设计的仿生扑翼微型飞行器。与双曲柄摇杆机构类似，五连杆机构的结构同样简单，利于设计安装，但所占用空间通常较大，不利于飞行器机构的微型化和轻量化设计，因此在大尺寸的仿鸟扑翼飞行器或多扑翼飞行器的传动机构中应用较多。

3. 绳(带)传动机构

在仿生扑翼微型飞行器中，带传动是另一类普遍应用的传动形式。这类传动机构通常依

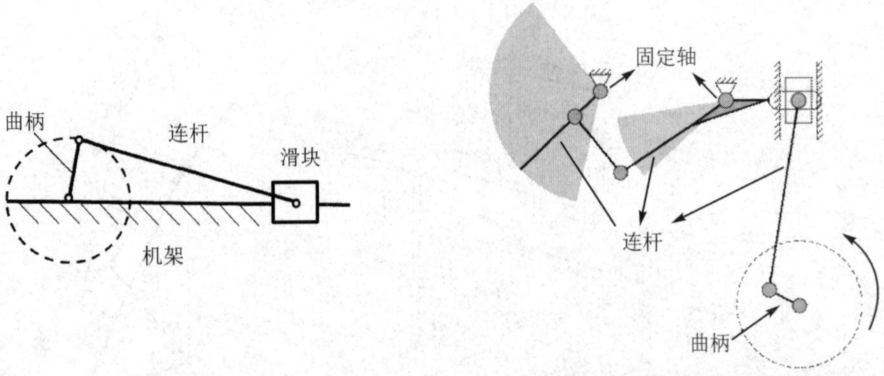

(a) 曲柄滑块机构　　(b) 曲柄滑块传动机构设计原理图

图 5-21　曲柄滑块机构及其应用

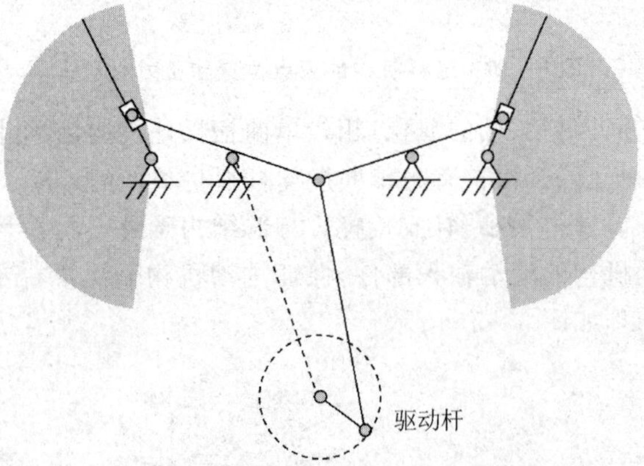

图 5-22　五连杆机构示意图

靠摩擦完成传动，有时也用绳来代替带的作用，因此也称为绳传动机构。绳传动机构利用绳张紧产生张力，进而在滑轮或轴承上产生摩擦力传递动力。

在理想条件下，忽略绳发生的弹性变形，绳与滑轮之间无相对运动，因此绳传动的传动比是固定的。然而，由于绳与滑轮之间摩擦力具有相对不稳定性，绳传动的动力学方程不能准确预测各运动参数变化，因此理想条件的动力学求解结果只能作为理论参考。影响绳传动效果的因素有绳的弹性变形程度、预紧力、负载、以及主动带轮转速等。下面介绍两个重要参数：绳的预紧力和弹性变形。

预紧力是绳传动机构的关键参数。预紧力过小，绳和滑轮间容易打滑；而预紧力过大，绳子内部的应力显著增加，使绳过早地产生疲劳破坏，也会增大对轴和轴承的压力。因此，需根据绳传动机构预期工作环境，合理设置预紧力，提高绳传动精度。绳的预紧力会随着运动次数的增加而改变，直观来说，就是绳子会逐渐变"松"。因此需要定期检查绳传动机构并调节预紧力。传动绳无论选用尼龙线还是钢丝绳，和传统的部件相比，其刚度均偏小，因此非常容易产生弹性变形，这是绳传动无法避免的固有运动特性。这种特性会导致传动比在传动过程中发生改变，影响输出运动的精确性。通过在绳传动机构的动力学建模中引入传动绳的弹性变形效应，可以进一步提高传动机构设计的精确性。

5.3 仿生扑翼传动系统举例

下面分别举例介绍仿鸟和仿昆虫扑翼微型飞行器的传动系统，重点讲解传动系统类型、驱动方式、加工技术要点和技术突破。

5.3.1 仿鸟(有尾式)扑翼飞行器传动系统

当前的仿鸟扑翼飞行器尺寸通常较大，这类飞行器严格讲并不能归纳到微型飞行器的范畴内，为更加全面的介绍飞行器传动机构类型，这里仍介绍仿鸟飞行器的传动系统。仿鸟扑翼微型飞行器的传动系统设计主要混合使用齿轮减速传动机构与连杆机构，其中连杆机构以双曲柄传动机构和单曲柄传动机构为主。

连杆机构为双曲柄传动机构的仿鸟扑翼微型飞行器代表是德国 FESTO 公司研制的 SmartBird。该飞行器的展长为 2 m，平均弦长 0.25 m，总重 0.48 kg，飞行速度 5 m/s，拍动频率 2 Hz。图 5-23(a)展示了该飞行器扑翼的三个拍动位置。Smartbird 选用了传动比为 1:45 的两级正齿轮减速组。为保证扑翼运动对称，电机输出端的齿轮同时驱动两个从动齿轮(见图 5-23(b))。双曲柄传动机构将齿轮转动转化为内翼的往复拍动，内翼段的连杆机构进而带动外翼进行上下运动。

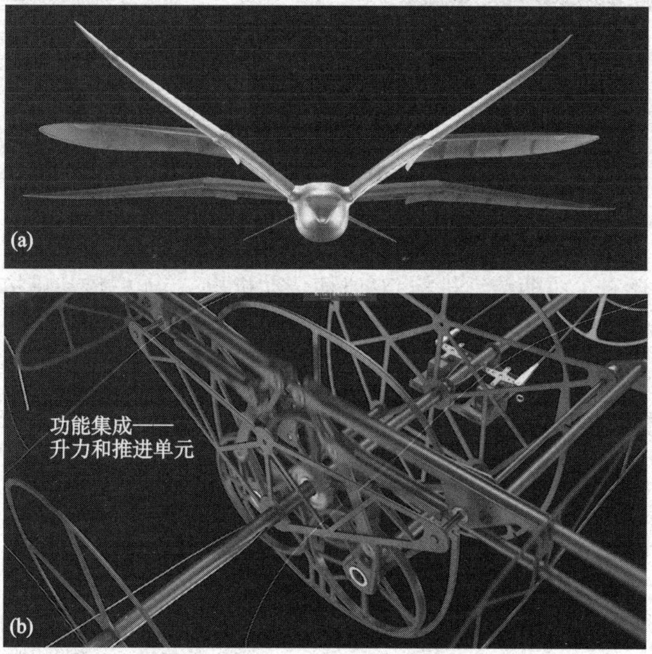

图 5-23 SmartBird 扑翼飞行器整机和局部机构示意图[6]

采用单曲柄传动机构的仿鸟扑翼飞行器的代表是西北工业大学研制的 Dove 飞行器(见图 5-24)。该扑翼飞行器的翼展为 50 cm，总重 220 g，拍动频率 4～12 Hz，飞行速度 8～12 m/s，飞行时长在 2 h 以上。给出了 Dove 飞行器的传动机构设计图，通过调整传动机构的连杆长度，左右两翼拍动的平均相位差可控制在 2°以内。

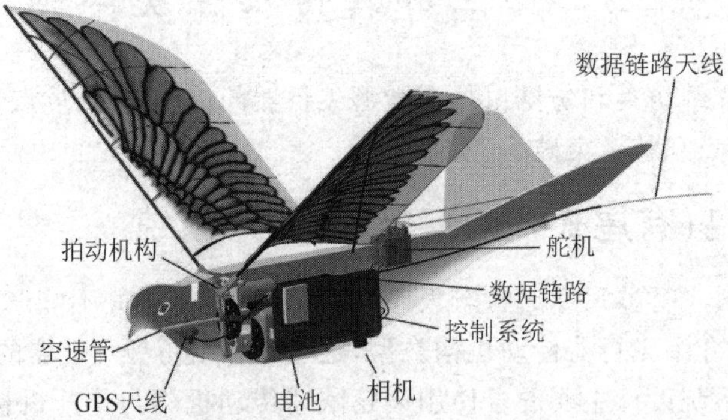

(a) Dove飞机的结构

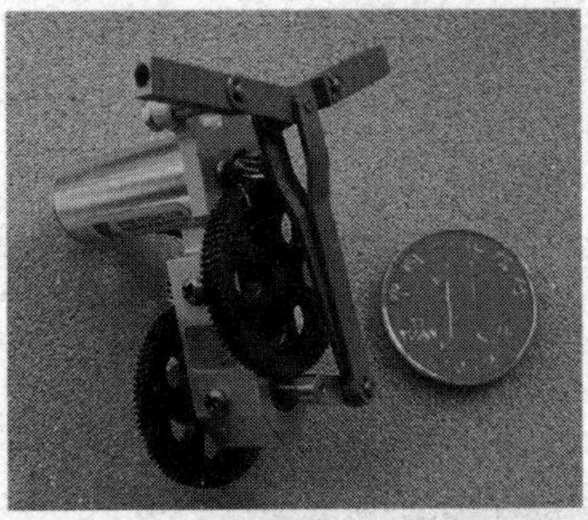

(b) Dove传动机构实物图

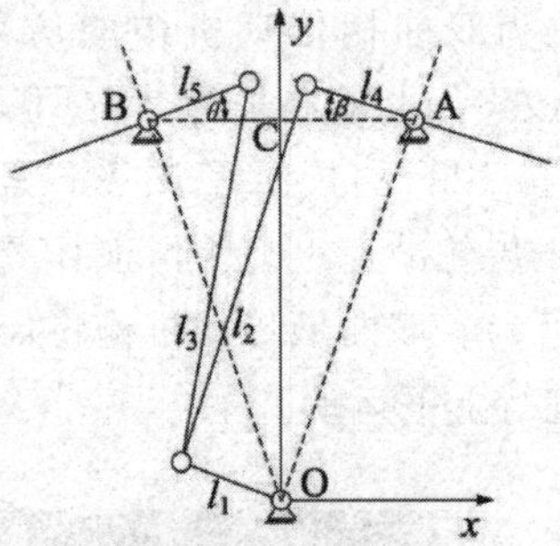

(c) Dove传动机构示意图

图 5-24　西北工业大学研制的 Dove 扑翼飞行器[7]

5.3.2　仿昆虫(无尾式)扑翼微型飞行器传动系统

下面重点介绍仿昆虫扑翼微型飞行器常采用的传动系统。除齿轮减速装置外，该类飞行器的传动系统主要还有单曲柄传动机构、双曲柄传动机构、五连杆传动机构、曲柄滑块-四连杆传动机构、齿轮齿条传动机构、纯齿轮传动机构、绳传动机构等形式。

采用单曲柄传动机构的代表飞行器有代尔夫特大学研制的 DelFly Ⅰ(见图 5-25)和美国 DARPA 研制的 Nano Hummingbird 初代样机(见图 5-26)。这一类型的传动机构采用一个共用的曲柄驱动两个尺寸相同的并联摇杆进行摆动，进而驱动左右扑翼拍动，即“一托二”模式。其优点是结构简单，体积重量小，但是缺点也显而易见，即机构不能实现完全对称的左右拍动运动，易存在初始滚转力矩，不利于飞行控制。

双曲柄传动机构与单曲柄传动机构类似，但没有共用的曲柄，两个摇杆都由独立的曲柄驱动，左右各为连杆机构。双曲柄传动机构相比单曲柄传动机构会增加一定的尺寸和结构重量，但优点是结构的对称性相较单曲柄摇杆高，两个独立的曲柄可分散载荷，提高动力传递结构的稳定性。其代表飞行器是代尔夫特大学研制的 DelFly Ⅱ(见图 5-27)。该飞行器于 2007 年研制成功，含电池和摄像头在内的飞行器重 16 g，翼展 28 cm，实现了盘旋和前飞，续航时间达到 15 min。DelFly Ⅱ既可悬停，还能以 7 m/s 的速度前飞，以 1 m/s 的速度后飞。

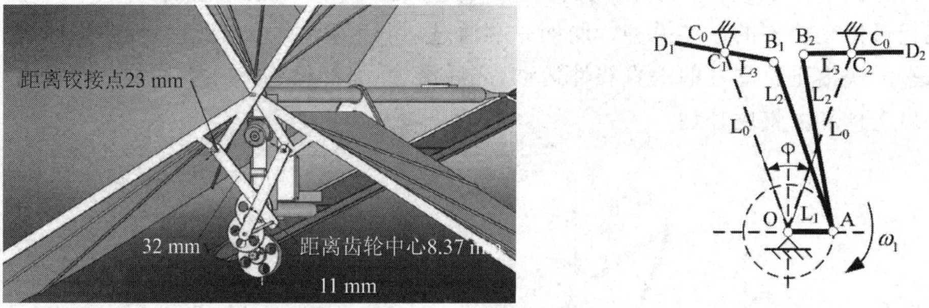

图 5-25　DelFly Ⅰ单曲柄摇杆机构设计原理图[8]

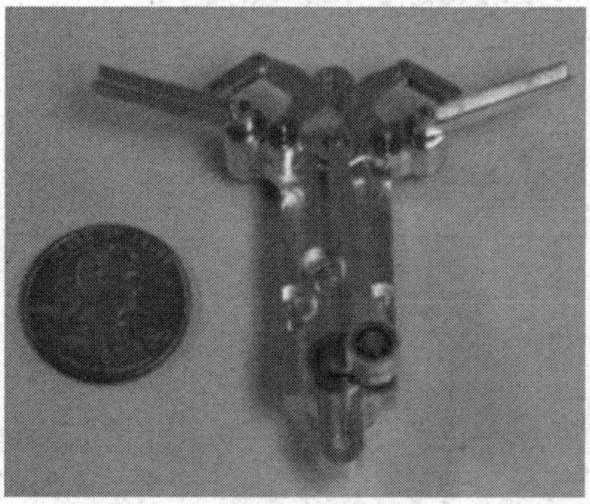

图 5-26　Nano Hummingbird 初代样机[9]

图 5-27　DelFly Ⅱ样机及传动机构示意图[10]

采用五连杆传动机构的仿生扑翼微型飞行器代表为马里兰大学 2015 年设计的仿蜂鸟扑翼微型飞行器(见图 5-28)。该飞行器传动机构连杆采用 6061 铝合金加工,机构底座由 ABS 材料 3D 打印制成,重 5.3 g,采用无刷电机作为动力,齿轮组减速比为 9.3:1,包括电机在内的总传动系统重量为 16.7 g,占整机重量的 26.9%。传动机构输出的扑翼拍动幅度为 120°。传动系统与电机齿轮分别安装在机构底座的上下两侧,相比安装在底座同侧的方案,该布置方式减小了传动系统结构部件相对于底座的转动惯量。

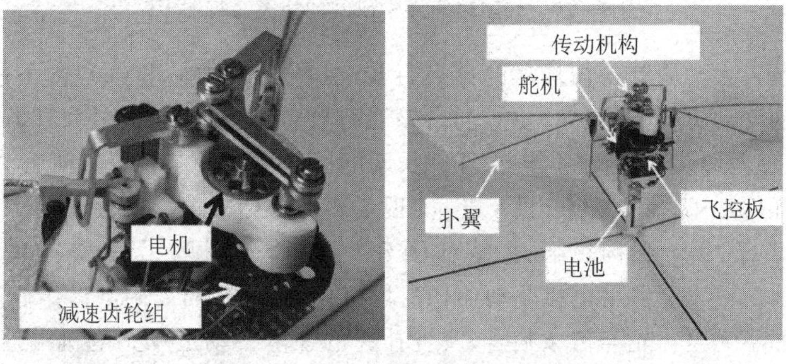

图 5-28　美国马里兰大学研制的仿蜂鸟扑翼微型飞行器[11]

此外,还能在韩国建国大学研制的仿昆虫扑翼飞行器中看到曲柄滑块与滑块摇杆组成的传动机构(见图 5-29)。该飞行器仅重 7.36 g,翼展 12.5 cm,能垂直起飞。图 5-29(b)所示为该飞行器传动机构的三维模型。曲柄一端通过,销钉与水平滑块连接,使曲柄的旋转运动转化为水平滑块沿垂直立柱的垂直线性运动,之后滑块-摇杆机构进一步将垂直往复线性运动转换为输出连杆的大幅度扑动。

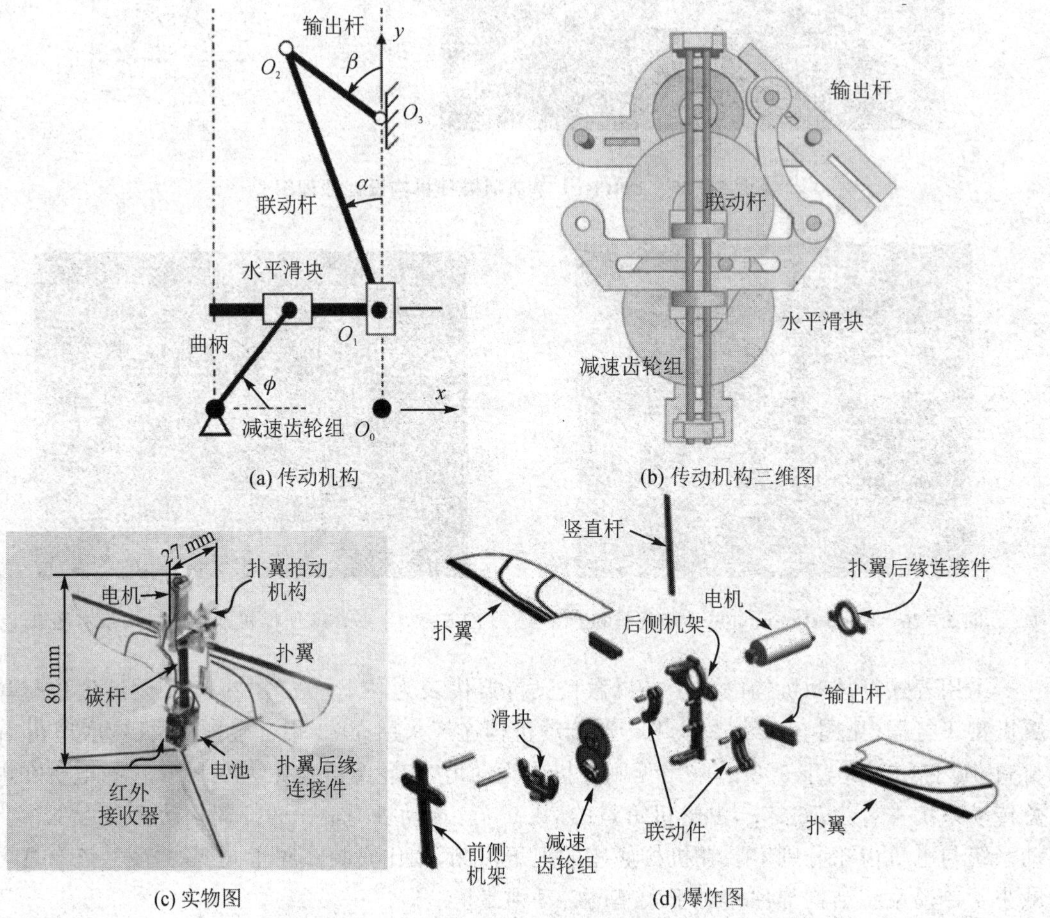

(a) 传动机构　(b) 传动机构三维图

(c) 实物图　(d) 爆炸图

图 5-29　韩国建国大学研制的扑翼飞行器[12]

北京航空航天大学研制的仿蜂鸟扑翼飞行器(见图 5-30(a)和(b))则采用了曲柄滑块-四连杆相结合的传动机构(见图 5-30(c))。该飞行器整机重约 35 g,最大升力 50 g 以上。机构由电机驱动,经两级齿轮组减速,机构杆件长度的优化保证了左右翼拍动运动的对称性。传动机构的结构部件加工采用注塑开模工艺,实现了零部件标准化加工及装配。

采用齿轮齿条传动机构的代表是韩国建国大学研制的另一款扑翼微型飞行器,如图 5-31 所示。该飞行器由电机驱动曲柄滑块机构,滑块带动齿条部件作往复直线运动,借助与翼杆相连的不完全齿轮与齿条啮合,实现扑翼的往复拍动运动。电机端连接的齿轮组减速比为 16:1,最终输出运动幅度可达 140°。

除连杆机构与齿轮减速机构的配合应用外,还有一些仿昆虫或仿蜂鸟扑翼微型飞行器采用绳传动机构与齿轮减速机构相结合的方案。如美国 DARPA 研制的 Nano Hummingbird

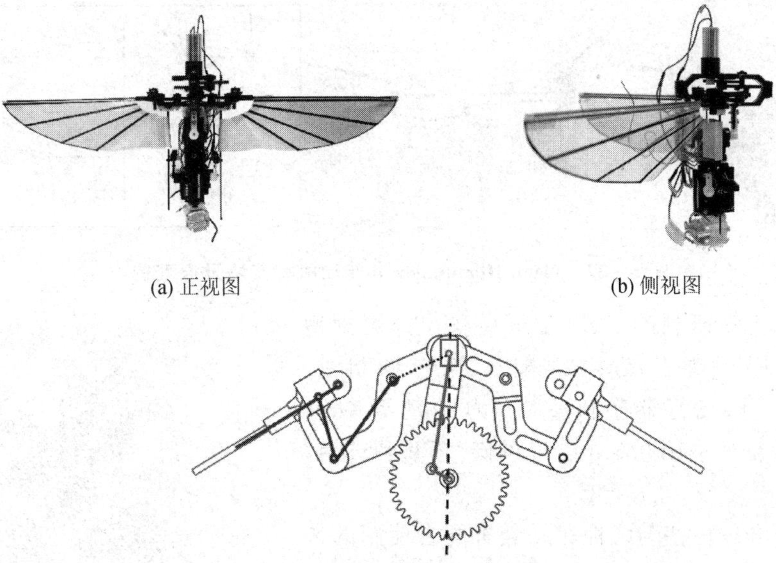

(a) 正视图　　(b) 侧视图

(c) 传动机构原理图

图 5-30　北京航空航天大学研制的仿生扑翼微型飞行器整机图及传动机构原理图

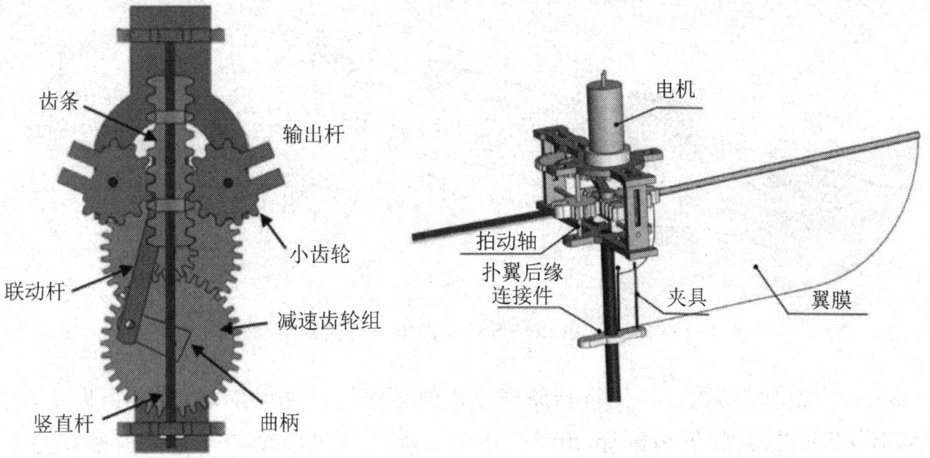

图 5-31　齿轮齿条传动机构原理设计图[13]

和韩国建国大学研制的 KU Beetle 扑翼飞行器。Nano Hummingbird 总重 19 g，翼展 16.5 cm，可空中悬停数分钟，最大前飞速度 6.7 m/s，可向地面站传输图像。其绳传动机构的旋转曲柄由电机输出轴驱动，固连在曲柄上的针销分别与两根传动绳连接，两根传动绳进一步与两侧滑轮配合。此外，还有额外的两根绳直接连接两侧滑轮，既保证了两侧滑轮旋转带动左右扑翼进行同相位拍动，也确保了传动绳的预紧力（见图 5-32）。Nano Hummingbird 最终版实物图见图 5-33。其传动机构的主要结构由 7075 铝合金切割制成，并在旋转关节处使用球轴承以延长使用寿命，同时每一根绳都可以通过小的旋转部件调节长度和预紧力，类似小提琴的调弦作用。

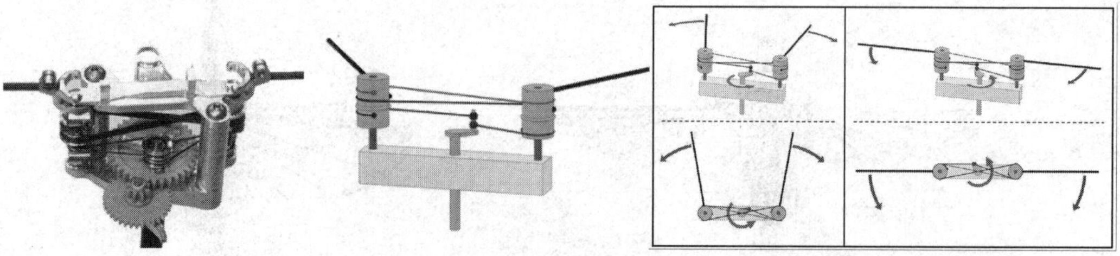

图 5-32 Nano Hummingbird 传动机构实物及原理图[9]

韩国建国大学研制的 KU-Beetle 仿生扑翼微型飞行器也采用了绳传动机构配合四连杆机构（见图 5-34）。该飞行器整机重 21 g，拍动频率约 30 Hz，连杆和框架采用 0.8 mm 厚的碳/环氧和玻璃/环氧基板。

图 5-33 Nano Hummingbird 实物图[9]

最后简单介绍一些与线性驱动装置配合使用的传动机构。2008 年，哈佛大学微型机器人实验室以大黄蜂（体重 120 mg，扑翼频率 180～250 Hz）为仿生对象，设计了一款 Harvard Microrobotic Fly（HMF，见图 5-35(a)）微型机器人。该飞行器原理样机的结构设计非常简单，主要由四个部件组成：压电驱动器、传动机构、扑翼和机身，由单个压电驱动器通过两个四连杆同时驱动左右两个扑翼实现拍打运动。该飞行器翼展仅 3 cm，质量仅为 60 mg，能够以 110 Hz 频率拍打翅膀。其

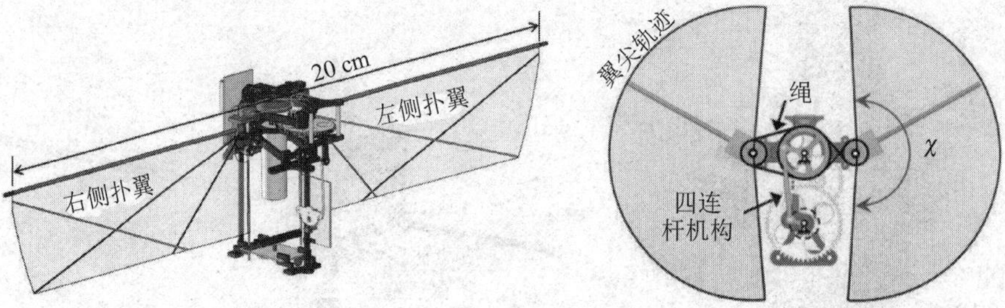

图 5-34 KU-Beetle-S 扑翼微型飞行器及传动机构[14]

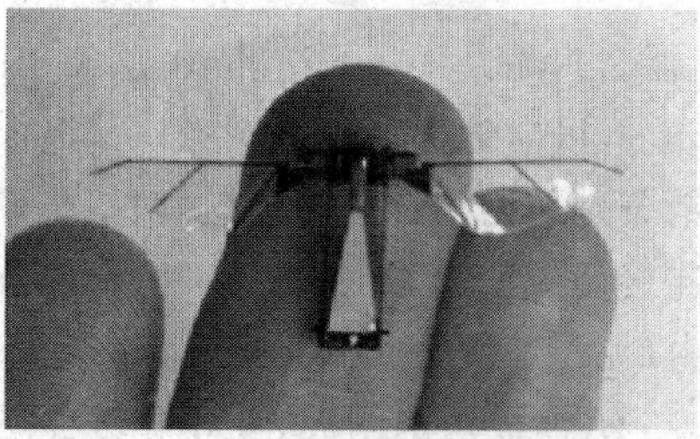

(a) HMF扑翼飞行器实物图[15]

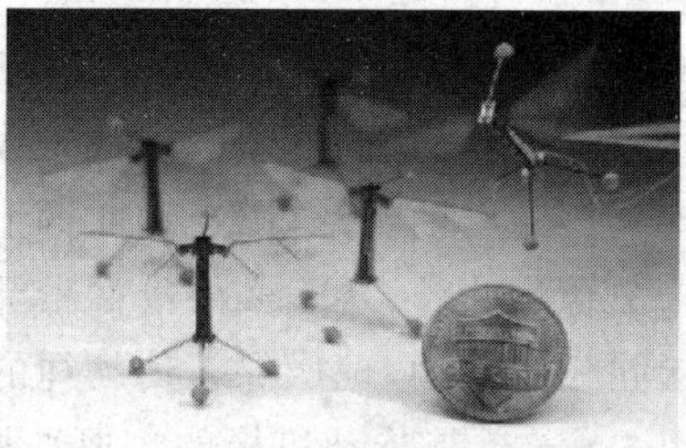

(b) Robobee实物图[16]

图 5-35 采用压电传动方案的仿生扑翼微型飞行器

飞行依赖“人造肌肉”——一种施加电压时会收缩的压电材料。扑翼可以完成两种方式的运动:来回拍打和旋转俯仰。人造肌肉控制扑翼的拍打运动,但扑翼的迎角变化是被动的,由翼的惯性载荷、气动载荷和弹性铰链共同决定。这款飞行器的两个扑翼由同一个压电驱动器控制,在原理上无法实现三维空间的多自由度控制。

2012 年,该团队研制了一款 Robobee 扑翼飞行器(见图 5-35(b)),该飞行器总重 86 mg,翅膀每分钟扇动 120 次,可产生大于 1.3 mN 的峰值升力。该飞行器以 Diptera 为仿生对象,能够实现 120 Hz、幅度 110°的拍动运动,以两个压电驱动器独立解耦驱动左右两个扑翼,可实现受控的滚转、俯仰、偏航动作。

5.4　仿生扑翼的传动系统设计流程

仿生扑翼微型飞行器传动机构设计通常包括机构选型、传动机构详细设计、传动机构性能分析、实物制备与测试等环节。具体的设计流程如图 5-36 所示。

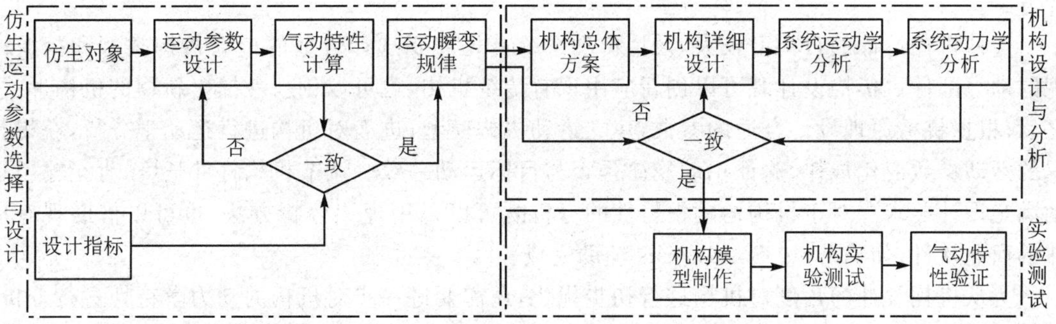

图 5-36　总体设计方案流程图

5.4.1　仿生扑翼传动机构选型

仿生扑翼微型飞行器传动机构设计首要解决的是传动机构选型问题。本章前几节内容重点介绍了各类传动机构的特点与原理,这些传动机构均是选型设计的类型库。传动机构选型主要考虑机构设计约束(如尺寸、重量)、机构传力特性以及与其他系统(动力系统、控制系统等)融合设计的便利性等。例如,整机重量与尺寸确定后,扑翼尺寸和运动参数在总体设计阶段已基本确定,传动机构的重量、尺寸约束也大致划定了一定范围,传动机构的输出运动要求(主要是拍动运动)也基本明确。在此基础上开展的传动机构选型就要充分考虑上述约束。传动机构还要考虑与动力系统(如电机)以及控制系统的融合,传动机构应能够便于增加控制装置。此外,传动机构的选型还要考虑零件加工工艺成熟度、机构装配和维修难度以及机构的可靠性等要求。

5.4.2　传动机构设计与优化

仿生扑翼微型飞行器在总体设计阶段已经根据目标飞行器的性能要求和设计约束确定了飞行器的尺寸约束,飞行器重量及各系统分配,扑翼几何参数、运动参数及其范围,扑翼的功耗水平及动力装置选型。传动机构设计是在飞行器总体设计方案的基础上进行。围绕选定的传动机构类型，首先明确传动机构设计的约束和要求。设计约束主要是尺寸、质量，设计的要求包括连接动力源，输出运动规律要求（如拍动幅度、拍动角对称性）等。借助机构设计原理和方法，开展传动机构几何参数设计。当前微小尺度、具备悬停飞行的仿生扑翼微型飞行器主要采用机械传动方式。下面以这类飞行器常用的传动机构（齿轮减速机构配合连杆机构）设计为例说明。

齿轮减速装置主要是确定减速比以及减速组类型。减速比的选取一方面参考现有仿生扑翼微型飞行器原理样机传动机构统计参数，另一方面根据飞行器电机特性和扑翼气动特性确定。飞行器电机特性主要指的是电机转速与电机能耗、效率之间的关系，扑翼气动特性主要指的是扑翼升力、能耗与效率随拍动频率之间的关系，而将电机转速和拍动频率联系在一起的是传动机构齿轮减速组减速比。因此，结合现有飞行器减速比统计值、电机-扑翼状态匹配结果，以及齿轮减速装置常用减速比就能够初步确定齿轮减速组传动比。根据减速组的传动比确定采用单级减速亦或是多级减速方案，对于多级减速方案确定多级减速比分配。之后，根据常用的齿轮模数、齿数并考虑齿轮传力需求和加工工艺和材料特性确定齿轮设计方案。

连杆机构设计的自由度较大，设计传动系统首先需要选择合适的传动机构类型和相应匹配的动力部件。机构设计既可以创新应用现有传统机构，也可以创新性提出新颖的机构形式。之后，根据机械原理设计合适的参数，建立运动机构模型，进而对机构进行运动学分析，获得扑翼的运动参数变化规律，验证拍动规律是否与目标运动一致。调节机构杆件长度，直至输出运动满足设计要求。对于机构运动学特性的分析既可以采用理论分析方法，也可以借助现有成熟的商业软件，如 Adams、Solidworks 辅助完成。

为从机构设计的角度对机构进行初步优化，还需要进一步对机构的动力学特性进行分析。动力学特性分析需要获得机构的受载状态。载荷来自两部分，一是气动载荷，二是惯性载荷。气动载荷部分可以根据机构输出运动及扑翼参数采用数值估算、仿真计算甚至实验测量方式获得，以此形成载荷输入，建立机构部件的动力学模型。基于模型对传动机构进行动力学分析和力学特性分析，获得系统各部件受力情况和和动力系统的输出要求。以此为基础，为优化传力特性和动力/传动/气动系统的匹配度，对传动机构减速组传动比、杆件长度、电机选型进行综合优化，以确定传动机构最终形式。

5.4.3 传动机构加工装配与测试

设计的传动机构还需要通过实验测试进行检查和验证。按照机构设计方案，通过购买标准件，加工、制作机构模型进行装配测试，在这一过程及时调整不利于装配和维修的设计，并形成传动机构装配。迭代完善机构实物加工、装配方案。

装配好的机构在进行测力或试飞试验之前，需要进行一系列测试，保证实验的有效性和飞行器的可用性。加工好的零部件首先要进行若干组的抽样质检，保证部件的尺寸在可接受的精度范围内，一般可以采用投影仪、相机等进行拍照处理；对于扑翼、电机等关键部件也应进行质量检验。装配好的完整机构，还需检测其性能是否达标，检测并排除机构可能出现的拍动不对称、关节连接处过松过紧等问题。该部分测试一般可以分为不带翼测试和带翼测试，关注在不同电压下的电流、升力、拍动频率、拍动角等关键参数。根据参数结果可以计算得到机构的功耗、效率，并判断其是否满足可用要求。最后，还需进行可靠性测试，其目的是测试机构、电子元器件、扑翼等的可用寿命。通常在飞行器悬停状态下，对飞行器进行连续时长测试，每隔固定时间测量各部件关键参数，分析飞行器从可用状态到不可用状态转变的时间点，记录整个测试过程中出现的所有问题，以指导飞行器传动机构的改进和优化。

5.4.4 传动机构减重优化

传动机构以传动系统的设计要求为约束条件，根据实际需求选取优化目标，如轻质量、长寿命等，通过优化分析使飞行器具有更好的性能。

传动机构满足机构运动学设计要求后，进一步根据集成化和微型化设计要求进行结构拓扑优化，以实现减重。拓扑优化是指根据指定的约束条件（应力、变形、固有频率、体积分数等），对设计区域寻求最优的材料布局的方法。机构拓扑优化多依靠材料插值模型、借助计算仿真分析完成。常用的材料插值模型包括均匀化方法、变密度法、变厚度法等。

以变密度法为例，该方法是将连续体（如飞行器传动机构底座）划分为一系列有限单元，各单元的初始密度相同，通过调节和优化这些单元内材料密度寻求满足设计要求的最优材料分布。采用变密度法进行拓扑优化设计时，通常引入插值函数，即定义材料相对密度和弹性模量的数学关系，以求解重新分布后的材料密度。在此模型基础上，以结构部件的总柔度作为目标，选取多组载荷工况，以静态等效应力极限值和结构变形范围作为优化过程的约束条件，借助拓扑优化寻求设计区域的最优材料分布方案。

在设定优化问题时通常要设定多个约束条件，如对称性设计、部件最小厚度定义等。如基于 3D 打印加工技术的要求，部件的局部最小厚度应不小于 0.8 mm，据此将加工限制的最小尺寸作为底座结构拓扑优化设计的约束。每一个拓扑优化设计问题只能定义唯一的目标函数。考虑到底座的最大等效应力值远小于其屈服应力极限，其结构强度设计余量较大，通常将体积最小化定义为底座结构拓扑优化设计的目标函数。

本章小结

扑翼的扑动运动是仿生扑翼微型飞行器的重要仿生特点。自然界中鸟类和昆虫翼具有不同的扑动运动。针对这两类生物翼不同的运动特征，仿生扑翼微型飞行器的传动机构设计也有所区别。与生物通过神经控制肌肉实现翼运动不同，仿生扑翼微型飞行器的翼运动一般由电机驱动传动机构实现。除了实现基本的往复扑动外，传动机构还需要满足其他的设计要求，如尺寸和重量限制、运动特性、刚度与强度等，以此保证整机的飞行性能。基于以上仿生原理和设计要求，本章列举了仿生传动系统的典型形式，并详细介绍了国内外现有的仿生扑翼传动系统设计案例，总结归纳了传动系统的设计和优化流程，为提高仿生扑翼微型飞行器的飞行性能奠定了基础。

思考题

1. 鸟和昆虫驱动翅翼的生理结构有何区别？
2. 适合仿鸟扑翼与仿昆虫扑翼传动系统的机构类型有哪些，各有什么特点？
3. 举例说明现有仿生扑翼微型飞行器使用了哪些传动机构？

4. 仿生扑翼传动系统设计主要包含哪些过程,各个过程主要解决哪些问题?

参考文献

[1] 萧血. 功能解剖|胸大肌[OL]. [2020-03-12]. https://zhuanlan. zhihu. com/p/112821674

[2] decade3d. Trapezius Muscle-Anatomy Muscles isolated on white [OL]. [2016-05-16]. https://www. shutterstock. com/zh/image-illustration/trapezius-anatomy-muscles-isolated-on-white-421145371

[3] L. Shyamal. Wing muscles of birds [DB/OL]. [2009-02-15]. https://zh. m. wikipedia. org/wiki/File:WingMuscles. svg

[4] Phan H V, Park H C. Insect-inspired, tailless, hover-capable flapping-wing robots: Recent progress, challenges, and future directions[J]. Progress in Aerospace Sciences, 2019, 111: 100573.

[5] Ho S,Nassef H, Pornsinsirirak N, et al. Unsteady aerodynamics and flow control for flapping wing flyers[J]. Progress in aerospace sciences, 2003, 39(8): 635-681.

[6] Send W, Fischer M,Jebens K, et al. Artificial hinged-wing bird with active torsion and partially linear kinematics[C]//Proceeding of 28th Congress of the International Council of the Aeronautical Sciences. 2012, 10.

[7] Yang W, Wang L, Song B. Dove: Abiomimetic flapping-wing micro air vehicle[J]. International Journal of Micro Air Vehicles, 2018, 10(1): 70-84.

[8] De Croon G, DeClercq K M E, Ruijsink R, et al. Design, aerodynamics, and vision-based control of the DelFly[J]. International Journal of Micro Air Vehicles, 2009, 1(2): 71-97.

[9] Keennon M, Klingebiel K, Won H. Development of the nano hummingbird: A tailless flapping wing micro air vehicle[C]//50th AIAA aerospace sciences meeting including the new horizons forum and aerospace exposition. 2012: 588.

[10] De Croon G C H E,Groen M A, De Wagter C, et al. Design, aerodynamics and autonomy of the DelFly[J]. Bioinspiration & biomimetics, 2012, 7(2): 025003.

[11] Coleman D, Benedict M,Hrishikeshavan V, et al. Design, development and flight-testing of a robotic hummingbird[C]. AHS 71st annual forum. Virginia: American Helicopter Society International, Inc. 2015.

[12] Phan H V, Truong Q T, Park H C. Implementation of initial passive stability in insect-mimicking flapping-wing micro air vehicle[J]. International Journal of Intelligent Unmanned Systems, 2015, 3(1): 18-38.

[13] Nguyen T A,Phan H V, Au T K L, et al. Experimental study on thrust and power of flapping-wing system based on rack-pinion mechanism[J]. Bioinspiration & biomimetics, 2016, 11(4): 046001.

[14] Phan H V, Aurecianus S, Au T K L, et al. Towards the long-endurance flight of an insect-inspired, tailless, two-winged, flapping-wing flying robot[J]. IEEE Robotics and Automation Letters, 2020, 5(4): 5059-5066.

[15] Wood R J. The first takeoff of a biologically inspired at-scale robotic insect[J]. IEEE transactions on robotics, 2008, 24(2): 341-347.

[16] Ma K Y, Chirarattananon P, Fuller S B, et al. Controlled flight of a biologically inspired, insect-scale robot[J]. Science, 2013, 340(6132): 603-607.

第6章　仿生扑翼微型飞行器的控制系统

前面几章介绍了仿生微型扑翼飞行器的各个组成部分，有了上述系统，就可以形成完整的仿生微型扑翼飞行器物理外观，使其具备飞行的潜力，但若要飞行器实现按照人们的意愿飞行，则需要一个“大脑”来控制飞行器的行为，这个“大脑”就是飞行器的飞行控制系统。本章将从飞行控制的基本原理、控制系统的硬件构成和仿生扑翼微型飞行器的控制律设计三方面介绍仿生扑翼微型飞行器的控制系统。

6.1　飞行控制的基本原理

飞行控制是操纵者通过操纵飞行器上的装置改变飞行器状态，让飞行器按照操纵者的意愿飞行的过程。自然界的生物启发了人类的飞行梦想，人类研制的飞行器也从各个方面模仿自然界的生物飞行，其中基本的飞行控制原理和分析方法可以类比固定翼飞行器、旋翼类飞行器等较为成熟的飞行器进行阐明。但目前仍然有很多生物飞行控制机理受机构、材料、传感器等工程实现的约束，暂时无法得到有效转化，这也将成为人类不断努力追求的目标。

6.1.1　飞行稳定性

飞行器的稳定运动是飞行的前提条件，也是飞行控制的目标之一。飞行器的运动由平动运动和转动运动叠加而成，平动运动是在力的作用下产生速度，进而发生位置的变化，而转动运动则是在力矩的作用下产生角速度，进而发生角度的变化。一般而言，飞行器的转动运动比平动运动更快，其运动稳定性也更加受到关注。在分析和评价运动的稳定性时通常会用到一些专业名词，下面进行简要解释。

1. 稳定性与稳定裕度

在物理上，如果认为一个系统是稳定的，意味着这个系统在受到扰动偏离初始状态时，即便不进行额外控制，也会自动恢复至初始状态，而这个系统能够抵抗的最大外界扰动就代表了这个系统的稳定程度，这个稳定程度也称作稳定裕度。

可以通过一个简单的例子说明稳定性的含义。如图6-1(a)所示，将一个圆球放入凹槽底部，它会保持静止。如果此时将小球稍稍推离最低点后松开，它便会在重力的作用下向最低点运动，经过短暂的振荡后重新稳定在最低点(考虑摩擦力)，也就是说在初始扰动的影响下，小球的位移响应幅度随着时间推移逐渐趋近于零，这就是一个典型的稳定系统。而如果将小球推开至凹槽边缘以外，那么它将无法再自动回到最低点，此时初始的扰动就超出了这个稳定系统的裕度。

与稳定系统对应，如果一个系统是不稳定的，意味着系统即使受到非常小的扰动也无法再自动恢复至初始状态。如图6-1(b)所示，如果将小球放置在一个半球形顶部，它在初始时刻是可以静止的。然而，一旦小球受到任意横向扰动，它就会沿着边缘持续滚落，无法自动恢复到初始位置，这就是一个不稳定系统的例子。对于不稳定系统，如果希望小球在受到扰动后仍然恢复至初始状态，就需要在它受到扰动后快速进行额外控制，比如一个反向作用的恢复力。

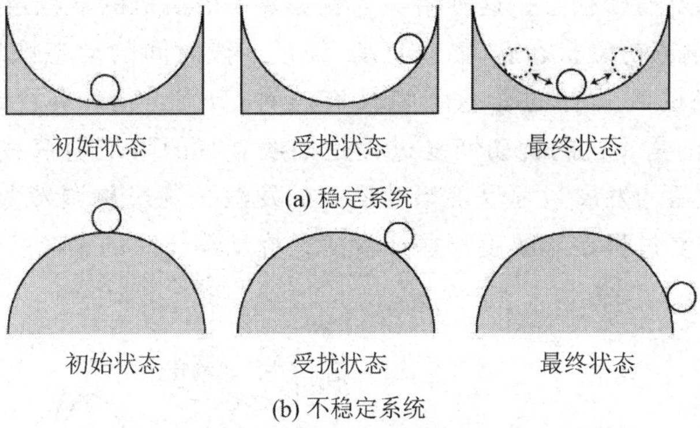

图 6-1　稳定系统与不稳定系统的示意图

因此，为了维持不稳定系统的状态，往往需要时刻监控系统状态并对随时有可能出现的扰动做出快速控制。

2. 静稳定特性与动稳定特性

对于飞机系统来说，其稳定性的研究可分为两部分：静稳定特性和动稳定特性。简言之，静稳定特性是指系统受扰后是否有恢复趋势，动稳定特性则是指受扰后是否能最终恢复到初始状态。由于飞机在空中的运动是三维的，通常可将飞机的稳定性分析分为纵向运动和横航向运动两部分，这两部分的稳定性分析是解耦的。其中，纵向运动指的是飞机在纵向对称面内的运动，例如：前进/后退、上升/下降、抬头/低头；横航向指的是其他非对称的飞行运动，例如：侧向移动、滚转运动、偏航运动等。为了便于理解概念，在介绍飞机稳定性与控制的基本概念时以纵向运动为例。

在分析飞机纵向静稳定特性时，首先需要找到飞机的气动焦点。这里的气动焦点指的是在飞机纵向上存在的气动中心点，当飞机迎角变化后，全机气动力相对于该点的合力矩保持不变；换言之，气动焦点是全机气动力合力增量的作用点。如果飞机的气动焦点位于重心后方（见图 6-2），当飞机迎角增大时，其产生的升力增大，相对于重心产生额外的低头力矩。这个力矩将驱动飞机低头、减小迎角，以此抵消迎角增大的扰动。如果飞机迎角减小，升力的减小量也会驱动飞机抬头，同样抵消迎角减小的扰动。由于飞机抬头会增大迎角，为了避免大迎角导致飞机失速，通常认为气动焦点位于重心后方的飞机是纵向静稳定的。与之对应，如果飞机的气动中心位于重心前方，就认为飞机是纵向静不稳定的。

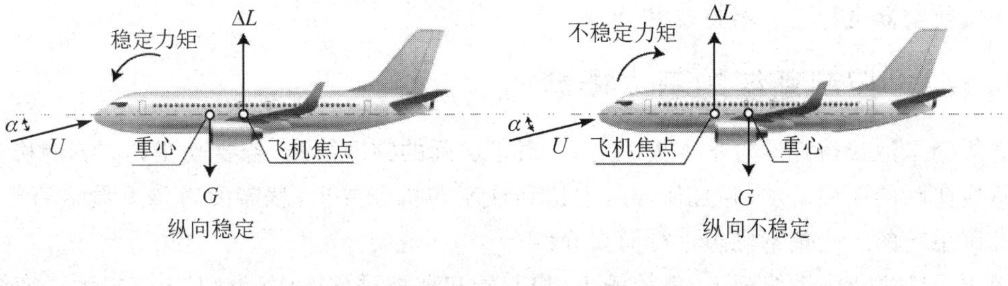

图 6-2　飞机纵向静稳定与静不稳定特性的示意图

上述静稳定特性描述的是飞机在受到扰动后的自动恢复趋势，但无法保证飞机在经过一段时间后能成功恢复至初始状态。这种情况下就需要考虑飞机的动稳定特性。动稳定性指的是飞机在受到扰动、偏离初始状态后，撤去扰动，经过一段时间的动态恢复过程能否回到初始状态的特性。通常飞机所具有的动稳定特性有三种：动稳定、动不稳定和动中立稳定（见图 6-3）。动稳定指的是飞机的扰动恢复过程是幅度衰减的阻尼振荡或单调递减运动；动不稳定指的是飞机受扰后的发展过程呈现幅度增大的发散振荡或单调发散趋势；动中立稳定指的是飞机受扰后的恢复过程是等幅度振荡或保持在扰动停止时的偏离状态。

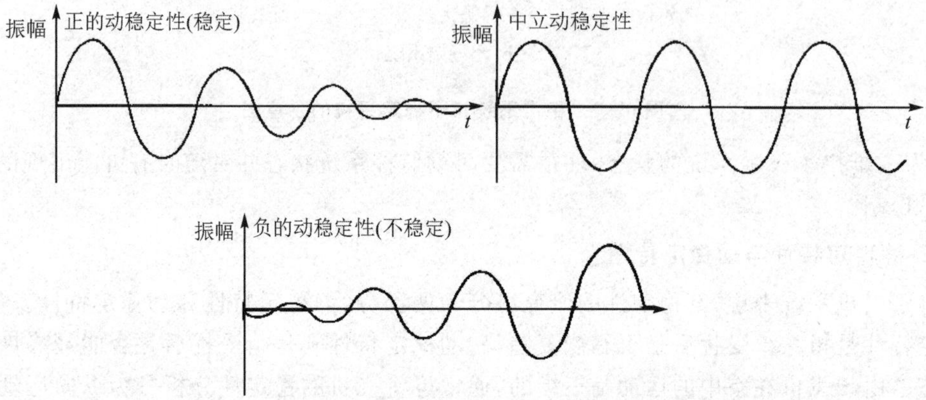

图 6-3　动稳定、动不稳定和动中立稳定的振荡恢复过程

在这三种特性中，只有具备动稳定特性的飞机在受到扰动后才能够成功恢复至初始状态，并且恢复的快慢由系统阻尼决定，而动不稳定的飞机在受到扰动后，尽管可能会存在初始的回复趋势，但是总体上仍然会持续偏离初始状态。显然，飞机的动稳定特性也是具有一定裕度的，只能抵抗一定范围内的扰动。对于飞机来说，其稳定性是越强越好吗？如果飞机没有受到外界扰动，反而是由飞行员通过操纵舵面来施加扰动时，具有稳定性的飞机会自动阻碍飞行员改变姿态。所以，通常认为飞机的稳定性和操纵性（或机动性）是需要协调设计的，在进行飞机的稳定性设计时需要仔细考虑其应用场景。例如：对于民航客机这类不需大幅调整飞行姿态的飞机来说，具备较强的稳定性是有益的。然而，对于经常机动飞行的战斗机来说，设计时往往选择不稳定的气动布局，这样有益于提升其操纵特性。

在分析飞机的稳定性时，通常需要建立飞机的动力学模型，并对模型进行线性化处理，针对其状态矩阵的特征根和特征向量进行分析。这部分内容本书不再详细展开，感兴趣的读者可以查阅航空器飞行力学相关教材。

6.1.2　控制系统的基本概念

在明确了运动稳定性的基本概念之后，对于实际的物理系统，若要改变其固有的稳定性强弱来适应实际的应用需求，并且使得运动达到预期的指令要求，就需要对该系统进行控制，下面对控制系统的一些基本概念进行简要介绍。

控制系统主要由系统输入、系统输出、控制器和被控对象组成（见图 6-4），为了使被控对象趋于某种期望的稳定状态，消除系统的不稳定部分或受到的干扰，需要通过控制器将期望的和实际的状态之间的差异进行补偿，其中真实状态可通过传感器获得，期望和实际状态之间差异消除的过程在物理层面上由执行机构完成。

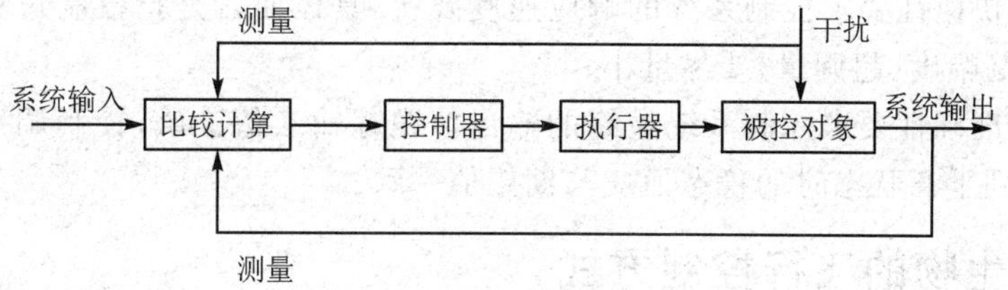

图 6-4　控制系统框图

控制系统的核心是反馈，因此控制系统可根据有无反馈分类，分为无反馈系统和有反馈系统。无反馈系统又称为开环控制系统(open-loop control system，见图 6-5)，不涉及反馈回路，输入端的控制信号单向传递至输出端。这使得控制器与被控对象之间只有顺向作用而缺少反向联系，同时控制系统的输出量也不作为输入控制信号的参考。因此，在这样的系统中，输入信号是不具备自动修正功能的。然而，开环控制系统也有它的优势。因为不需要观测输出量并返回至输入端，因此设计系统时不涉及反馈测量元件，整个控制系统的结构简单、成本低；同时，开环控制系统相对于闭环控制系统的控制稳定性更好、控制响应速度更快。因此，开环控制系统常用在响应速度控制很重要而精度要求相对较低的场景，例如：飞行器进行大幅度俯仰或滚转机动时，在机动初始阶段通常偏转全部的操纵面，以获得最大的机动角速度。

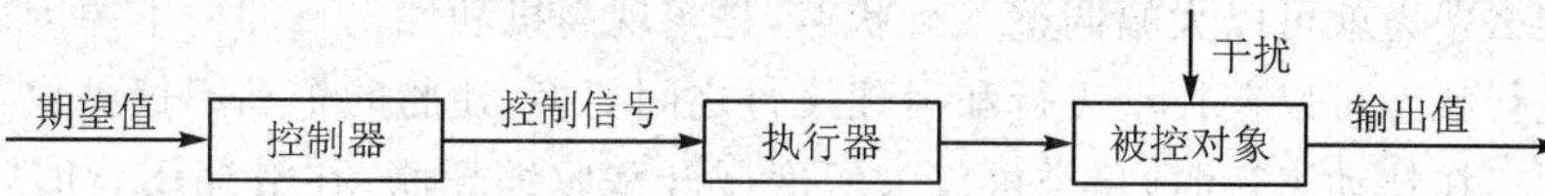

图 6-5　开环控制框图

反馈控制系统又称为闭环控制系统(closed-loop control system，见图 6-6)，可分为负反馈系统和正反馈系统，负反馈系统输出的作用与输入相反，这一过程使得系统输出与系统期望目标之间的差异减小，系统逐渐趋于稳定；正反馈系统输出的作用方向与输入相同，此过程中系统输出和期望之间的偏差不断加大，系统会进入振荡状态，控制作用被放大。在飞行器控制系统中更常用的是负反馈系统，其基本工作原理是根据检测输出量的实际值，将实际值与期望值(输入量)进行比较得出偏差值，用偏差值产生控制调节消除偏差值。任何反馈控制系统至少应具备测量、比较和执行三个基本功能。与开环控制系统相比，闭环控制系统控制精度更高、动态性能更好、抗干扰能力更强等，广泛应用于需要较高精度、较高速度、较高灵活性的应用场景。但闭环控制系统结构比较复杂，调试难度较高。

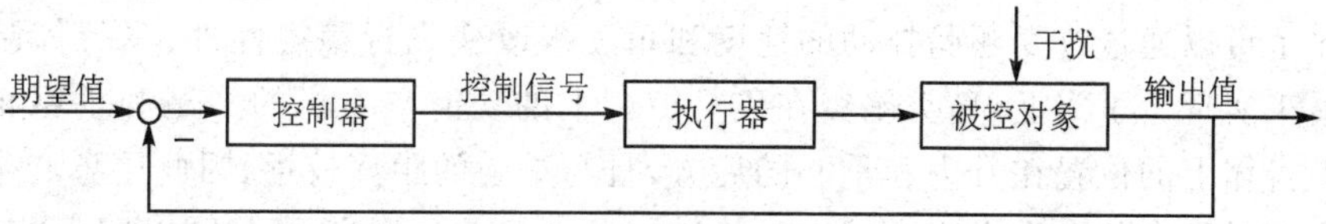

图 6-6　反馈控制框图

控制精度是衡量控制系统优劣的重要尺度，通常从稳、快、准三个方面来评价控制系统的质量，即

① 稳定性：稳定性要求指的是控制系统的动态过程要平稳，这是保证控制系统能够正常

工作的条件；

② 快速性：快速性要求控制系统的响应速度要快，具体而言是指控制过程的调节时间要尽量短，最大振荡幅度（超调量）要尽量小；

③ 准确性：准确性要求控制系统最终的输出值跟踪输入值准确，控制调节的过渡过程结束后，被控量达到平衡状态时的稳态值应与期望值一致。

6.1.3 生物的飞行控制方式

仿生扑翼微型飞行器是模仿鸟类、昆虫等生物扑动翅膀的飞行方式设计的微小型飞行器，与传统的飞机在外形和飞行特点上有明显的不同，在分析其稳定性的基础上需要飞行控制来保证其稳定飞行。由于这类飞行器具有明显的仿生特征，首先介绍生物是如何通过改变自身状态来实现飞行控制的。

1. 鸟类的飞行控制

鸟类的飞行控制过程同样可以通过图 6-4 来描述。对于飞行中的鸟而言，主要通过视觉接受外界信息，眼睛作为鸟类飞行的传感器，感知外界事物来调整自己的飞行姿态和方向。

对于鸟类飞行的稳定性，之前普遍认可的观点是鸟类在自然选择的进化中逐渐具备不稳定的特性。这意味着，鸟类飞行时需要时刻控制飞行姿态，否则稍有气流扰动便会显著偏离飞行状态。虽然这种不稳定特性不利于它们在飞行时被动修正因扰动而产生的偏差，但同时也使它们不需多么费力就可以大幅调整飞行状态，是实现高机动性飞行的根本原因。

鸟类的飞行状态可以在扑动飞行和滑翔飞行之间切换，翅膀的拍动不仅提供升力，也能提供前飞的推力。在扑动飞行时，鸟类可以大幅度展开和收缩翅膀；在滑翔飞行时，鸟类也可以通过控制关节而调整翅膀姿态。从本质上来说，鸟类可以类比作一种变体飞行器且这种变体是可以主动操控的。根据牛顿力学的基本原理，刚体的重心位置、转动惯量和惯性主轴是不变的，而变形体虽然总质量不变，但通过调整各部分可改变重心位置、转动惯量和惯性主轴。因此，鸟类在改变翅膀姿态时便会调整上述动力学参数，同时翅膀的气动性能也不可避免地发生变化。由于飞行器的静稳定特性主要由气动焦点与重心的相对位置决定，因此鸟类在理论上具备主动调整静稳定性的能力。

依据 2022 年最新发表于《自然》期刊的文章[1]，许多鸟类可以通过调整翅膀变形而大幅改变滚转和偏航方向的转动惯量，同时保持重心位置基本不变。这一研究还发现，随着身体质量的增大，鸟类飞行的机动性和稳定裕度均出现减弱。最重要的是，这项研究证实了鸟类在进化过程中并不是一味地削弱飞行稳定性，反而自然选择驱动的进化是同时趋向稳定和不稳定飞行的。

鸟类除了可以通过改变翅膀扑动的速度和角度来改变飞行稳定性外，飞行控制也可以通过调整尾翼来实现。事实上，鸟类尾翼在飞行控制上的功能与飞机的平尾和垂尾相似。由于尾翼在鸟类身体上的位置在升力和重心的后方，且与重心的距离较远，因此尾翼产生一个较小的气动力改变量便会相对重心产生较大的旋转力矩改变量。鸟类尾翼可以向上或向下倾斜、向左或向右旋转、展开和折叠，以此改变作用在尾翼部分的升力、阻力和侧向力。

从几何形状上来说，鸟类尾翼大多呈三角形，在空气动力学特性上与三角翼十分相似。当尾翼延伸至一定程度后，其边缘又硬又窄的羽毛会构成尾翼侧方锋利的前缘。即使迎角较小，这种锋利的前缘涡也会促使来流在前缘出现分离并沿着前缘形成一个锥形旋涡。这个旋涡在尾翼上表面诱导产生低压区域，进而提高尾翼上下表面压力差来产生垂直于尾翼的气动力。随着尾翼前缘变长，这个锥形旋涡也会相应拉长，进而提高尾翼产生的气动力。这个气动力是尾翼产生升力的主要来源，同时也会在水平方向上存在投影，产生阻力。不过，尾翼的阻力来源还有来流与羽毛表面的摩擦阻力。

一些敏捷性突出的鸟类（如燕子）往往拥有又轻又深的叉型尾翼，能够用来辅助翅膀为飞行提供额外升力（见图 6－7(a)）。同时燕子的叉形尾翼还可以改变跨度，并以此控制飞行时的转弯角度。当叉形尾翼关闭、外圈羽毛展开时，燕子转弯飞行的半径是最大的。另外，许多海鸟的翅膀较大而尾翼相对短小（见图 6－7(b)）。这些短小尾翼的额外升力相对于翅膀产生的升力是非常有限的，但相对于重心能够产生更大的控制力矩，提高它们飞行的操纵性。还有一些鸟类生活在茂密的丛林中，而不是像海鸟这样飞翔在广阔的海面上。这意味着，这些鸟类飞行时需要穿梭于茂密丛林，具备更高的飞行机动性。因此，它们尾翼的开叉角度通常较小，如欧亚麻雀鹰和长尾鹰的尾翼又长又直（见图 6－7(c)），这种长直尾翼能够为它们的飞行提供动态稳定性，规避在丛林间飞行时的障碍物。

(a) 燕子的深叉尾翼　　(b) 海鸟的短小尾翼　　(c) 欧亚麻雀鹰的长直尾翼

图 6－7　典型鸟类的尾翼形状

视觉的反馈、羽毛的优秀气动性能和灵活的控制使鸟类成了天空中自由飞行的生物，优秀的控制机制和飞行能力赋予了它们较快的飞行速度和优秀的机动能力，例如：中型食肉猛禽游隼（见图 6－8(a)）的视力是人类的 2.6 倍，身体可以承受自身 25 倍的重力，在飞行过程中可以随时转弯。作为世界上俯冲速度最快的鸟类，高速俯冲狩猎时的速度可以达到 320 km/h，凭借着高超的猎捕技术和机动性，游隼成为了鸟类食物链上的佼佼者。而尖尾雨燕（见图 6－8(b)）是世界上飞行速度最快的小鸟，正常飞行的速度为 170 km/h，最快速度可以达到 352.5 km/h，尖尾雨燕的一对剪刀尾巴可以有效地减少空气带来的阻力。

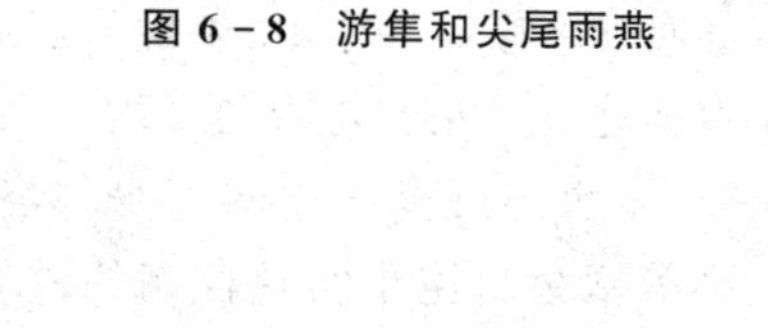

(a) 游隼　　(b) 尖尾雨燕

图 6－8　游隼和尖尾雨燕

2. 昆虫的飞行控制

相对于需要适应长途飞行的鸟类，昆虫的活动范围相当有限，且很多昆虫具有多种不同的飞行状态，使得昆虫飞行的控制原理与鸟类有显著的不同。一些昆虫的翅膀宽大，拍动翅膀的频率较低，这些昆虫在拍打翅膀后主要通过滑翔在空中飞行，蝗虫就是其中典型的代表；而甲虫在飞行的时候会先展开保护翅，然后再展开主翅飞行；苍蝇和蚊子的平衡棒使它们能够快速地躲避危险，在完成对危险的判断后立刻转向飞行；食蚜蝇能够在空中垂直起落、悬停飞行和平移；蜻蜓的两对翅在飞行时能够独立拍动，使它们能够随意控制自己飞行的速度、方向和高度，甚至能够倒飞，并在空中悬停。

昆虫的飞行十分敏捷，能够快速从静止状态起飞、在飞行过程中改变飞行方向与速度等，这些运动状态的改变往往只需要十几个拍动周期即可完成。以果蝇为例，它们可以在 18 个拍动周期（约 80 ms）内完成高达 120 °的飞行方向调整[2]。昆虫飞行的高机动性有利于它们在自然界捕食、追逐和躲避天敌，是经过自然选择而演化得到的结果。这些高机动性的实现依赖于昆虫飞行所固有的动不稳定特性，这种动不稳定特性意味着，如果昆虫不对飞行姿态加以控制，则在受到扰动后很快便会大幅偏离预定状态。乍看之下，这种不稳定的飞行特性是非常不方便的，需要昆虫时刻感受外界扰动并进行相应控制。而正是这种不稳定特性使得昆虫调整飞行姿态、实现高机动性飞行更加容易。以人体为例，当人站立时，这一姿势具有动不稳定特性，如果人在受到侧向作用力时不调整身体，便会倾倒；但当人行走起来时，正是这种不稳定特性使得人无须施加非常大的控制力就可以轻松调整运动行为。

既然昆虫飞行是动不稳定的，那么昆虫如何感知身体状态变化，又进行了哪些运动学响应来实现增稳控制呢？

现有的研究证明，昆虫可以通过视觉等传感器感知身体运动的状态量，但感知系统对状态量的估计一般会受到环境扰动的影响。昆虫飞行的控制器通过对比期望状态和感知系统评估的状态偏差做出决定，进而改变翅膀的拍动运动、实现增稳控制，昆虫飞行增稳控制的典型逻辑框架如图 6－9 所示。

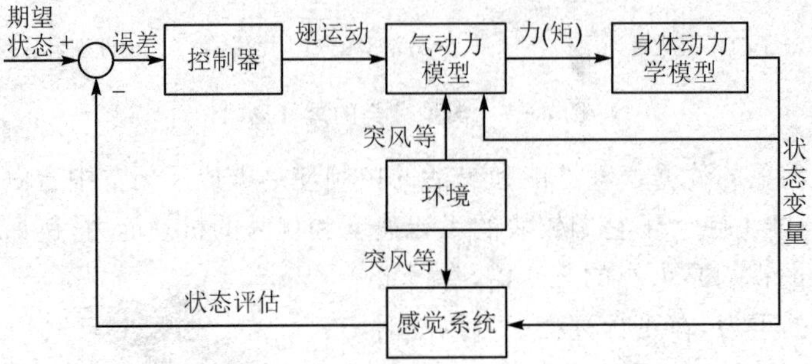

图 6－9　昆虫飞行的增稳控制模型

昆虫的飞行控制通过控制翅膀的拍动规律来产生不同方向的控制力矩。一些蝇类会改变左右翅膀的拍动幅度来进行侧向转弯[3]，蜻蜓也可以通过左右不对称的翅膀拍动幅度产生滚转力矩进而发生倾斜转弯[4]；果蝇可以通过改变翅膀拍动的平均位置来产生俯仰方向的力矩，通过非对称地改变左右翅膀的平均迎角产生偏航力矩。

此外，昆虫还可以通过调整身体各部分的姿态来实现增稳控制，而不仅仅是翅膀。例如，蚊、蝇等双翅目昆虫实现控制的重要器官被称为平衡棒，它是在这类生物进化过程中由后翅退化而成，其振动频率与前翅相同，方向相反，在水平飞行时起稳定和平衡的作用，如果这类昆虫的航向发生偏离，平衡棒振动平面的变化信号会被它基部的感受器接收到，信号传到脑部后经过大脑分析，会向肌肉组织发出指令纠正航向；丽蝇可以在湍流环境下伸展腿部，增大滚转惯量来增强稳定性[5]。在迎风时，蜜蜂和鹰蛾的腹部向上翘起使整个身体呈流线型，既可以减少气动阻力也可以调整升力方向，辅助翅膀实现增稳控制[6,7]。蝴蝶腹部的摆动运动更是与它们翅膀的拍动同频，能直接起到稳定蝴蝶身体的作用[8,9]。总之，尽管大多数昆虫的飞行是动不稳定的，但是它们可以通过多种手段来有效控制这些不稳定的飞行状态。

昆虫飞行的不稳定特性也同时赋予了其高机动性。目前研究人员重点探究了昆虫前飞、起飞、转弯和逃逸等机动飞行过程的身体和翅膀控制。昆虫通常有三种起飞方式：跳跃后拍动翅膀起飞、跳跃同时拍动翅膀起飞和不跳跃仅拍动翅膀起飞。蝗虫通常会跳跃腾空然后拍动翅膀飞行[10]。红蝽在起飞时，跳跃和拍动翅膀几乎是同时的或者跳跃略迟于翅膀拍动[11]。蝴蝶则依靠翅膀拍动产生的气动力起飞[12]。果蝇既可以依靠翅膀拍动产生气动力完成起飞，在受到惊吓时也可以借助腿部力量跳跃来完成快速起飞[13]。针对昆虫转弯飞行的研究大多以果蝇为例。果蝇在转弯过程中，通常先快速向一侧滚转，随后又向另一侧滚转，同时绕着身体的偏航轴缓慢转向。果蝇通过调整滚转力矩的大小控制转弯角度[14]，需要的控制力矩一般由改变左右翅膀的俯仰角产生。尽管食蚜蝇和果蝇的重量差别很大，但是它们的转弯过程是类似的[15]。逃逸也是昆虫的一种基本行为，对果蝇逃逸机动飞行的研究表明，果蝇面对不同方向的刺激会有不同的响应策略：当面对正前方的刺激时，果蝇迅速抬头远离刺激；当面对正后方的刺激时，果蝇则迅速滚转偏离[16]。这种多变的逃逸飞行轨迹表明果蝇会根据不同刺激制定不同的逃跑策略，迅速远离捕食者。

蜂鸟是一种非常特殊的鸟类，虽然它在生物学上属于雨燕目蜂鸟科，但从飞行原理上讲，它更接近昆虫。蜂鸟在世界范围内一共约有超过 320 种，主要分布在美洲，其中最小的吸蜜蜂鸟成年体长仅有 5 cm，体重约为 1.8 g，而蜂鸟中最大的巨蜂鸟也只有 20 cm 的体长以及 20 g 左右的体重，这样的体重和尺寸甚至小于一些大型的飞蛾。作为世界上最小但飞行技术最高超的鸟类，蜂鸟与大多数的鸟类相比，不仅能够实现上下和向前飞行，还能向后、左右以及空中悬停飞行。

由于上述特殊性，蜂鸟采用的控制方式与昆虫较为相似。一般的鸟飞行时，翅膀是上下挥动的，而蜂鸟的翅膀与其他鸟类不同，它的肩关节（连接翅膀的关节）是鸟类中最灵活的，所以，它可以将翅膀根据自己的飞行需求任意变换角度。当蜂鸟需要悬停飞行来进食时，它们会将身体尽量保持在垂直于水平面的方向上，然后将翅膀改为前后挥动，如果需要调整竖直方向上的位置，只需要改变挥动翅膀的频率即可。

尽管结合图 6－9 所提出的控制模型和气动力数据可以基本解释昆虫在多种飞行状态下的控制原理，并为仿生扑翼微型飞行器的设计提供理论指导，但这些研究仍然是以逆向思维来剖析这些控制策略的。也就是说，目前从生理学角度对昆虫飞行的控制原理进行直接解释的研究极其有限。这是由于对昆虫这样微小身体的生物进行解剖学、神经学等研究的难度非常大，且需要具备较强的力学基础。这些研究也是昆虫飞行控制原理在未来的重要研究方向之一。

6.1.4　仿生扑翼飞行器的飞行控制方式

在了解了鸟类和昆虫等生物的飞行控制原理后，本节将分别介绍仿鸟扑翼飞行器和仿昆虫扑翼飞行器的飞行控制方式。

1. 仿鸟扑翼飞行器的飞行控制

仿鸟扑翼飞行器的主要飞行状态为前飞，需要像固定翼飞行器一样具备较大的飞行半径和巡航能力。借鉴鸟类尾巴的舵面作用，固定翼飞行器采用了类似的控制原理，因此其成为了人类最早实现的飞行器类型。1903 年 12 月 17 日，美国俄亥俄州的自行车制造商莱特兄弟在北卡罗来纳州成功试飞了人类历史上第一架能够自由飞行并且完全可以操纵的动力飞机——“飞行者一号”。“飞行者一号”是一架双翼飞机，配备两个前置升降舵、两个后置升降舵升降舵和两个推进螺旋桨，操纵索连接在操纵手柄上。尽管这架飞机的部件十分原始，但现代飞机用于转弯和机动动作的主要部件都可以从这架飞机上找到雏形。

6.1.1 节中已经讨论了固定翼飞 qvq 行器的稳定性，下面先对固定翼飞行器的飞行控制原理进行简要介绍。常规固定翼飞行器采用副翼、升降舵和方向舵来改变飞行器的姿态，从而实现飞行器的姿态控制。固定翼飞行器的重心为重力作用点，气动中心为升力作用点。两者之间需要保持适当距离才能产生控制力矩，但若相距过远，飞机则会失去平衡。常规固定翼飞机的俯仰操纵由升降舵控制，后拉操纵杆升降舵上偏，产生抬头力矩，前推操纵杆升降舵下偏，产生低头力矩。飞机的滚转操纵由副翼控制，当左副翼上偏，右副翼下偏时，飞机向左滚转，反之飞机向右滚转。飞机的偏航操纵由方向舵控制，方向舵左偏产生左转力矩，飞机向左偏航，方向舵右偏产生右转力矩，飞机向右偏航。图 6－10 为固定翼飞机操纵示意图。

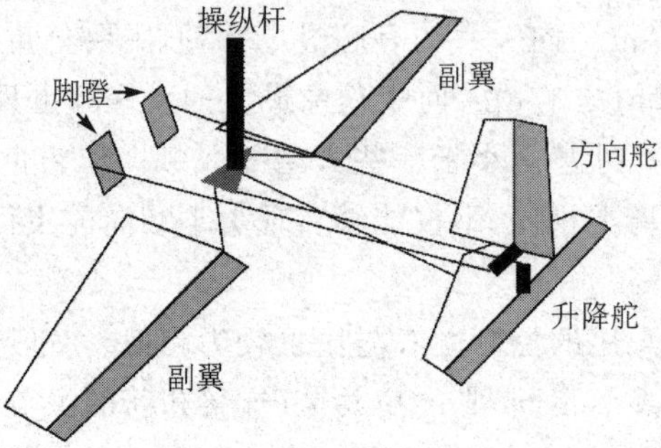

图 6－10　固定翼飞机操纵示意图

对于仿生飞行器而言，仿鸟式扑翼微型飞行器通常是稳定布局，主要采用和固定翼飞机相似的控制方式，通过扑翼运动产生前飞的推进力，通过尾翼或左右翼的差动产生操纵力矩。仿鸟扑翼飞行器可以通过舵机驱动左右翼产生不同的扑动幅度和扑动频率从而产生差动效果，进而改变飞行状态，也可以通过共同调整机翼扑动平衡位置夹角来调整机翼气动中心的位置，进而改变飞行姿态。仿鸟扑翼飞行器的姿态控制也可以通过尾翼辅助实现，常用的尾翼布局也与固定翼飞行器大体相似，有 T 型尾翼、扇形尾翼、V 型尾翼等形式。此类尾翼可以通过扭转、差动等形式产生升力差，从而产生力矩，进而改变仿鸟扑翼飞行器的姿态。

2. 仿昆虫扑翼飞行器的飞行控制

仿昆虫扑翼飞行器的主要飞行状态为悬停。在实现悬停功能的飞行器中，四旋翼飞行器是目前人们最熟悉、应用较为广泛的布局之一(见图 6－11)。

四旋翼飞行器的姿态控制和位置控制都是通过调节四个驱动电机的转速改变四旋翼合力的方向,从而产生控制力矩。飞行器在悬停状态下四个旋翼转速相等但方向各异。具体来说,前后端旋翼转向一致,假设为顺时针方向;则左右端旋翼的转向需均为逆时针方向。此时,四个旋翼产生的总升力等于自身重力,且总力矩为零。在此情况下,若同时增加或减小旋翼的转速,升力就会变大或变小,进而使飞行器产生垂直运动。当飞行器前后端旋翼转速不变时,改变左右端的旋翼转速,左右旋翼之间出现升力差,沿机体左右对称轴产生力矩,沿飞行器产生滚转运动。四旋翼飞行器左右端旋翼转速不变时,改变前后端的旋翼转速,前后旋翼出现升力差,沿机体前后对称轴产生力矩,进而使飞行器产生俯仰运动。此外,若要实现偏航运动,需要同时两两控制四个旋翼转速,当前后端旋翼转速相同但方向相反,并且大于左右端旋翼转速时,若前端旋翼顺时针旋转,则反扭矩总和为逆时针方向,引起逆时针偏航运动;反之,引起顺时针偏航运动。

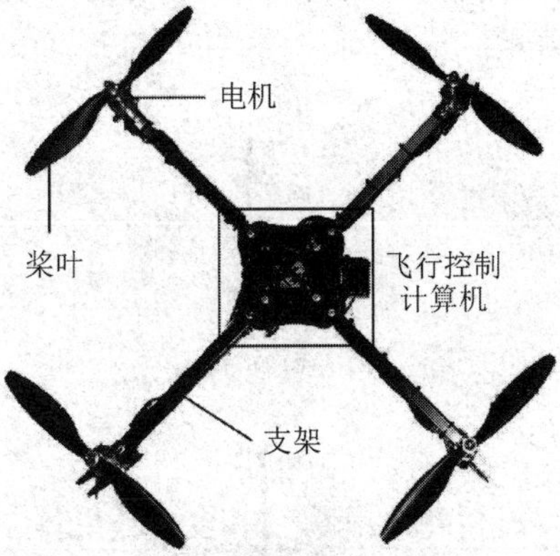

图 6-11　四旋翼飞行器

仿昆虫扑翼飞行器在姿态控制与四旋翼飞行器有相似之处。在悬停飞行的基础上改变姿态时,四旋翼飞行器通过调节桨叶转速产生升力差,而仿昆虫扑翼飞行器更多利用左右翼产生的升力差。自然界中的昆虫通过翅膀的扭转实现拍动平面和拍动迎角的变化,使左右翼产生的气动力不同,进而产生控制力矩。这就意味着扑翼不仅起到产生升力的作用,也同时起到舵面的作用。与仿鸟扑翼飞行器单独设计舵面相比,这类飞行器的控制方式更为复杂。目前大多数公开的仿昆虫扑翼微型飞行器的控制方式主要分为控制扑翼的翻转运动和控制扑翼的平拍运动两类,下面对这两种控制方式进行简要介绍。

第一种方式是控制扑翼的翻转运动。通过调节扑翼的拍动迎角,实现一个拍动周期内左右翼升力和阻力的差异,从而产生控制力矩(见图 6-12 中(a)～(c))。通过调节左、右扑翼迎角,使得飞行器左扑翼上、下拍迎角同时增大(或减小),右扑翼上、下拍迎角同时减小(或增大),增大(或减小)左扑翼上、下拍时的升力,减小(或增大)右扑翼上、下拍时的升力,从而使左、右扑翼周期平均升力不平衡,由于左、右扑翼升力作用点与重心不重合,从而产生滚转控制力矩。通过使飞行器左、右扑翼上拍迎角同时增大(或减小),下拍迎角同时减小(或增大),增大(或减小)左、右扑翼上拍时的阻力,减小(或增大)下拍时的阻力,从而产生非零的周期平均阻力。由于阻力与重心不在同一水平面内,从而产生俯仰控制力矩。通过使飞行器左扑翼上拍迎角增加、下拍迎角减少,右扑翼上拍迎角减小、下拍迎角增加,实现左扑翼上拍时阻力增加、下拍时阻力减小，右扑翼上拍时阻力减小、下拍时阻力增加，从而左右翼产生方向相反的非零周期平均阻力。由于阻力作用点与重心不重合，从而产生偏航力矩。

第二种方式是控制扑翼的平拍运动。通过对平拍运动的拍动幅度和拍动平均位置（即扑翼拍动范围的中间位置）的调节，从而实现左右翼气动力的差异以及气动中心与重心相对位置变化，进而产生控制力矩（见图 6－12(d)～(f)所示）。通过差动调节左右翼拍动幅度，而拍动平均位置保持不变，使得左扑翼的拍动幅度增加（或减少），右扑翼的拍动幅度减小（或增加），从而实现左、右扑翼周期平均升力不平衡。由于左、右扑翼升力作用点与重心不重合，从而产生滚转控制力矩。通过同向调节左、右翼拍动平均位置，而拍动幅度保持不变，使得左、右扑翼拍动平均位置同时向前或向后，从而使得左、右扑翼产生的周期平均升力大小近似不变，但其升力作用点前移或后移。由于升力作用点与重心不重合，从而产生俯仰力矩。通过反向调节左、右翼拍动平均位置，而拍动幅度保持不变，使得左扑翼拍动平均位置向前（或向后），右扑翼拍动平均位置向后（或向前），从而使得左、右扑翼产生的周期平均升力大小近似不变，但其阻力产生不一致，从而产生偏航力矩。

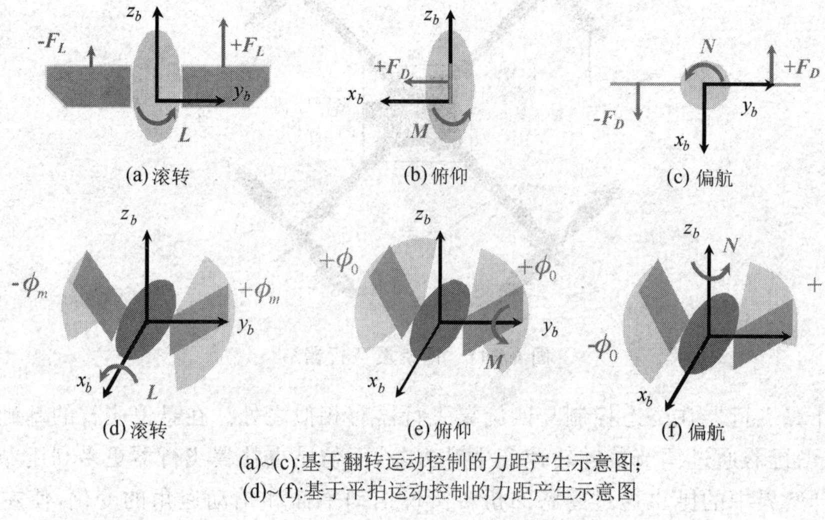

图 6－12　仿昆虫扑翼微型飞行器控制原理

上述两种方法中，基于迎角控制的方法的优点在于只需额外增加扑翼拍动迎角的控制执行机构，而不用改变传动机构设计，从而降低传动机构设计难度；基于平拍运动控制的方法的优点在于不需额外增加执行机构，将传动机构与控制执行机构一体化，能够更加微型化。

两类仿生扑翼飞行器的控制方式有所区别，适用于不同的应用场景。仿鸟扑翼飞行器主要飞行状态为前飞，通常与固定翼飞行器一样用于飞行半径较大的侦察、监测、巡逻等任务，在室外的高空飞行时与真实的鸟类相差无几，无法被人眼辨别；而仿昆虫扑翼飞行器主要飞行状态为悬停，主要可应用于飞行半径较小、飞行环境较为狭窄的室内或管道等场景，易于进入其他无人飞行器无法进入的室内空间，借助其仿生外观和隐蔽性实现侦察、跟踪等功能。

6.2　控制系统的硬件构成

控制系统通过测量反馈、比较计算、指令生成等各个环节实现对预期指令的跟踪(见图 6-4)。将其应用到真实的仿生飞行器上则需要配置相应的控制系统硬件和软件,对于仿生扑翼微型飞行器而言,其重量限制决定了必须采用微型集成硬件。这里主要介绍组成控制系统的基本硬件构成,包括传感器、飞控计算机和执行机构。

6.2.1　传感器

传感器是一种把非电学物理量转变成便于利用的电信号的器件。飞行器的姿态角、角速度、加速度、速度等物理量都需要通过传感器转化成电信号,经过计算与处理,实现飞行器的控制和飞行。仿生扑翼微型飞行器上搭载的传感器主要包括加速度传感器、陀螺仪、磁力计和气压计等。

(1) 加速度传感器(Acceleration sensor)

加速度传感器简称加速度计,可以感知飞行器运动中任意方向上的加速度并输出加速度信号,是惯性导航系统中的重要惯性元件。加速度传感器的低频特性好,通过感知重力加速度的方向,可以得到飞行器姿态的粗略估计信息。

(2) 陀螺仪(Gyroscope)

陀螺仪的工作原理是根据角动量守恒,通过测量三维坐标系内陀螺转子的垂直轴与设备之间的夹角并计算角速度,通过夹角和角速度来判别物体在三维空间的运动状态,最终判断出飞行器的移动轨迹和加速度。陀螺仪的高频特性好,但存在零漂误差。

融合加速度计和陀螺仪测量的数据进行解算,可以得到飞行器较为精确的姿态和运动轨迹,因此两者通常配合使用,集成在同一块芯片上,统称惯性测量单元(Inertial Measurement Unit,简称IMU)。一般而言 IMU 要安装在被测物体的重心上。IMU 无法判断飞行器的航向,若要判断航向,则需要用到磁力计。常用的 IMU 型号包括 MPU6050(见图 6-13)、ICM20602、BMI088 等。

(3) 磁力计(Magnetometer)

磁力计也叫作电子罗盘,是重要的导航工具,磁力计采用三个互相垂直的磁阻传感器,每个轴向上的传感器检测在该方向上的地磁场强度,得到飞行器在各轴所承受磁场强度,将相关数据汇入姿态解算算法,可以计算飞行器关于磁北极的航向角。常用的磁力计包括 AK8975(见图 6-14)、HMC5893 等。

(4) 气压计(Barometer)

气压计可以通过测量大气压强得到飞行器的相对高度和绝对高度。与加速度计、陀螺仪等进行数据融合解算,可以得到更加准确的飞行器位置信息。常用的气压计包括 MS5611(见图 6-15)、BMP280、SPL06 等。

图 6-13　MPU6050

图 6-14　AK8975

图 6-15　MS5611

6.2.2 飞控计算机

飞行器上的飞控计算机需要具备接收信息、处理信息、输出信息的功能，性能要求做到快速、实时、准确。仿生扑翼微型飞行器上搭载的飞控计算机一般由主控处理器和其他外设组成，包括数据储存模块、通讯模块、电调、供电管理模块等。

(1) 主控处理器

主控处理器的功能是融合各传感器测量的信息，解算飞行器的姿态和轨迹，根据用户操作的指令，通过飞行算法控制飞行器的稳定运行。目前在无人机的飞控计算机中常用的嵌入式处理器大多基于 ARM 架构，包括 STM32、MSP、TM4C 等。

(2) 数据存储模块

数据存储模块可以存储飞行器的各项参数和传感器采集的飞行器的姿态、角速度等信息，便于后续对飞行器的飞行状态进行分析。

(3) 通信模块

飞行器在飞行过程中需要与地面控制部分产生信息交互，这时就需要使用通信模块在飞行器和地面控制端之间进行数据的输入和输出，现在常用在微型飞行器上的通信模块包括 RFM22B、nRF24L01(见图 6-16)等。

(4) 电子调速器

电子调速器简称电调，也可以称为电机调节器。飞行器的驱动方式通常采用电机驱动，而电机的输出是靠电调来控制的。电调的工作原理如下：电调接收 PWM 信号将输入的总电压调制为不同的电压值输出给电机，使其产生不同的转速。有刷电调通过改变电流方向来改变电机转动方向，而无刷电调不能改变电机的转动方向，但是可以将输入的直流电转为驱动无刷电机所需的三相交流电。

图 6-16 nRF24L01

(5) 供电管理模块

供电管理模块的功能是稳定电池提供的电压，并降压或升压至飞控系统的各个部分需要的电压，如上述提到的主控处理器、传感器、数据存储模块等，通过对不同部分的供电分配来实现飞行过程中的电量调节。电源管理对于依赖电池电源的移动式设备至关重要。

6.2.3 执行机构

执行机构作为控制系统的执行部分，主要功能是根据飞控计算机的指令，执行实际动作来实现控制。正如 6.1.4 节提到的仿鸟和仿昆虫扑翼飞行器的控制方式，实现两类仿生扑翼飞行器控制的执行机构也略有不同。

对于仿鸟扑翼飞行器而言，执行机构相对比较简单，通过舵机拉动尾翼摆动和偏转或者通过舵机拉动固定在尾翼上的活动舵面即可实现控制的执行(见图 6-17)。

仿昆虫扑翼飞行器由于其控制方式的不同，控制执行机构也有所区别。控制扑翼的翻转运动的执行机构主要功能是使柔性翼的迎角发生变化，可以由舵机及其相应的连杆机构组成，通过对舵机的控制带动翼根杆运动，实现飞行器的姿态控制，如图 6-18 所示。

控制扑翼平拍运动的执行机构更加丰富一些，如通过改变拍动范围的平均位置改变飞行

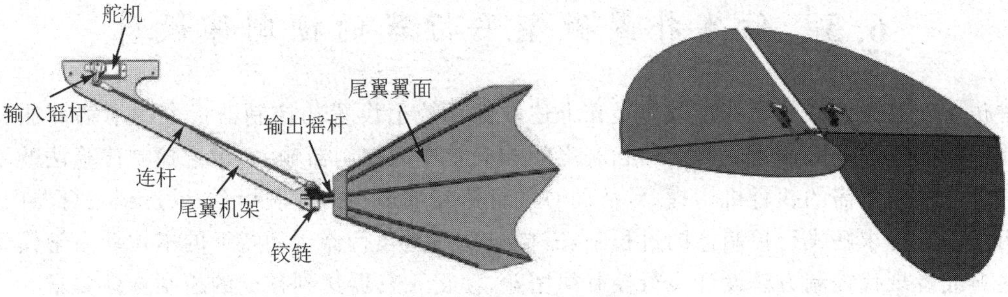

图 6-17　尾翼控制示例[17,18]

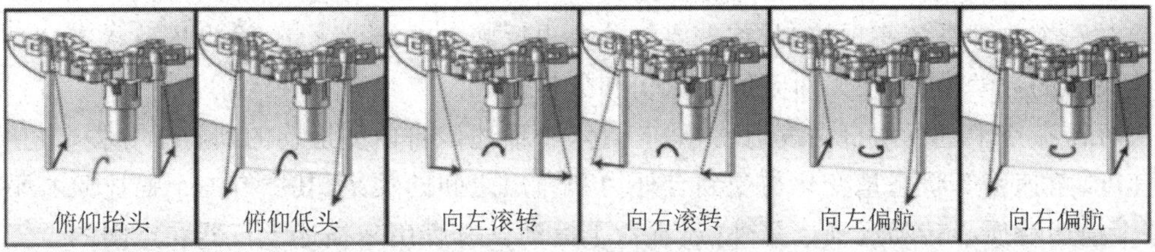

图 6-18　控制扑翼翻转的执行机构示意图

器的升力大小和产生位置实现控制(见图 6-19 左),而改变拍动范围的平均位置可以用止挡件限制扑翼的拍动幅度,通过调整杆件的位置使止挡件向前或向后偏移;也可以将驱动机构直接作为执行机构,通过电机输出直接改变扑翼的拍动幅度和拍动平均位置。第二种方式是通过舵机带动飞行器框架整体进行偏转,使拍动平面整体发生倾转,改变飞行器升力产生的方向实现控制(见图 6-19 右)。

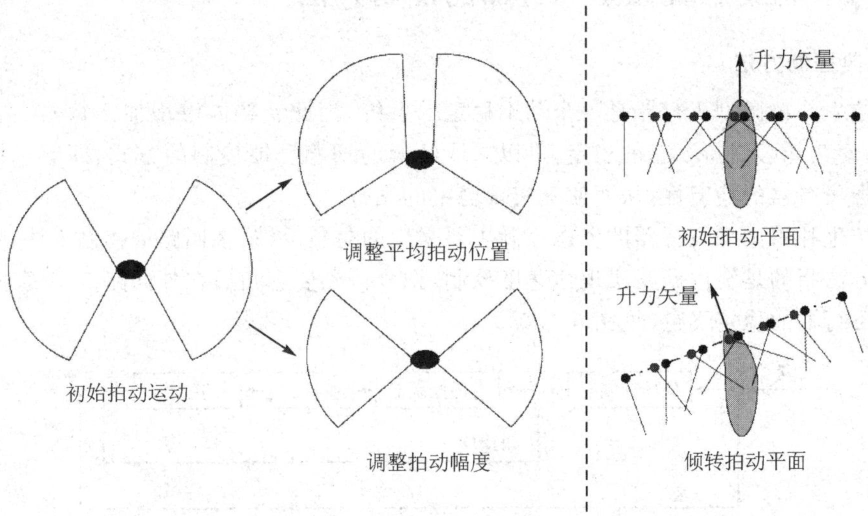

图 6-19　控制扑翼平拍运动示意图

仿昆虫仿鸟扑翼飞行器也可以选择类似于仿鸟扑翼飞行器一样的尾翼,采用类似的执行机构实现控制。

6.3 仿生扑翼微型飞行器的控制律设计

仿生扑翼微型飞行器的控制律是在上述硬件系统上设置的控制器指令的求解算法，飞行控制律是通过解算预期指令和实际状态之间的偏差作为控制器输入，设置控制律算法的增益，最终解算输出所需的执行机构指令，从而对飞行器施加适当的控制指令，以达到飞行器的预期飞行状态。在求解飞行控制律的过程中，需要建立描述飞行器运动特征的本体动力学模型，运用经典或者现代控制方法设计飞行控制律增益，使得飞行器达到预期的控制指标要求。

6.3.1 仿生扑翼微型飞行器模型

要对一个物理系统实现控制，首先要能抽象出反映该系统输入量、输出量及状态量之间动态变化关系的数学模型，便于对系统的认识和分析。

飞行器在空中进行六自由度运动，对应着六个描述该自由度运动的动力学方程，表达了飞行器速度、角速度等状态量变化与受到合外力和力矩之间的关系，其中有三个描述质心平动运动，三个描述绕质心转动运动。另外，还有六个运动学方程用来描述飞行器在空间的位置和姿态的变化。上述十二个方程构成了飞行器的模型，模型中一般将速度、角速度、位置和姿态角等定义为 12 个状态量，输入量是能够改变扑翼飞行器受力状态的执行机构运动量，如尾翼变化量或者扑翼翼根偏转的偏转量等，输出量是飞行器的速度、角速度、姿态、位置等信息。模型的精度越高，对于仿生扑翼微型飞行器系统的描述就越准确。如果将飞行器需要的输入量输入到模型中，经过模型的计算，能够得到希望的输出，则可以证明该模型能够代表飞行器系统的真实运行状态。

6.3.2 仿生扑翼微型飞行器的控制方法

1. 经典控制方法

由于仿生扑翼微型飞行器是一个动不稳定的系统，因此希望能够增加飞行器在各个轴向上的阻尼，使其能够保持姿态的稳定，可以采取经典的增稳反馈控制的方式，即通过增加阻尼的方式增强飞行器的稳定性，从而使其实现稳定的飞行。

目前仿生扑翼微型飞行器的姿态控制主要采用的是负反馈、多回路的控制方法，所谓多回路的控制方法指的是在内回路实现角速度控制，积分得到姿态角后在外回路实现姿态角控制，从而实现飞行器的稳定飞行(见图 6-20)。

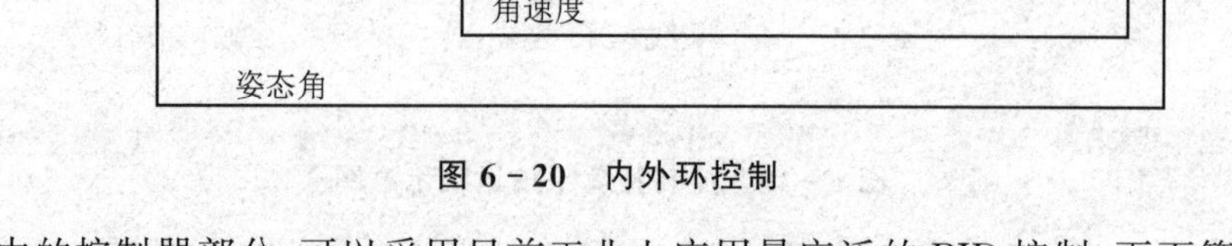

图 6-20 内外环控制

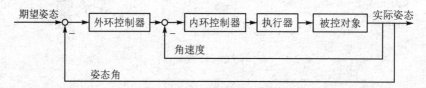

对于图中的控制器部分，可以采用目前工业上应用最广泛的 PID 控制，下面简单介绍 PID 控制的原理。

比例积分微分控制，简称 PID 控制，简单来说，根据给定的期望值和实际输出值构成控制偏差，将这一偏差按比例、积分和微分通过线性组合构成控制量，如图 6－21 所示，对被控对象进行控制。其中比例控制(proportional control)也可简称为 P 控制，P 控制器的输入信号成比例地反应输出信号，将控制偏差乘以一个系数 k_p 后加到实际输出值上，缩小期望值和实际输出值之间的差距，它的作用是提高系统的稳态精度，加快系统的响应速度，也就是说 k_p 的值越大，系统的响应速度越快。

如果只用比例控制还是存在不足，其中最难以解决的问题就是存在稳态误差。如果一个系统从一个稳定状态过渡到另一个稳定状态，或者一个系统受到扰动后重新恢复到原始的平衡状态，在这两种过程中系统出现的偏差即为系统的稳态误差。当飞行器存在一定的衰减效果时，会导致系统的实际输出值与期望值之间始终存在一定的偏差，通过调整 P 控制的参数 kp 是无法解决的，这时就需要用到积分控制。积分控制(integral control)也可简称为 I 控制，I 控制器的本质就是将偏差进行积分(也可视作累加)，只要有偏差存在，积分值就随之进行变化调节，直至偏差值是零时，积分值才不再变化，将积分的结果乘以一个系数 k_i 后加到实际输出值上，可以使系统输出完全达到给定值，消除系统的稳定误差，但是相比 P 控制，I 控制的响应速度比较慢。

微分控制(derivative control)也称作 D 控制，其功能是通过将系统的偏差微分得到系统偏差的变化率，通过这一变化率来预报偏差变化的趋势，提前修正信号，增加系统的阻尼，使被控过程趋于稳定，提高系统的响应速度和动态性能，减少控制过程中的振荡，它经常用来抵消积分控制产生的不稳定趋势。但 D 控制的缺点是，如果系统的输入量不变，即使系统输入量和输出量之间存在偏差，微分控制也无法产生作用；若出现了变化率很大的噪声，微分控制会反应过度，反而使控制器的效果变差。

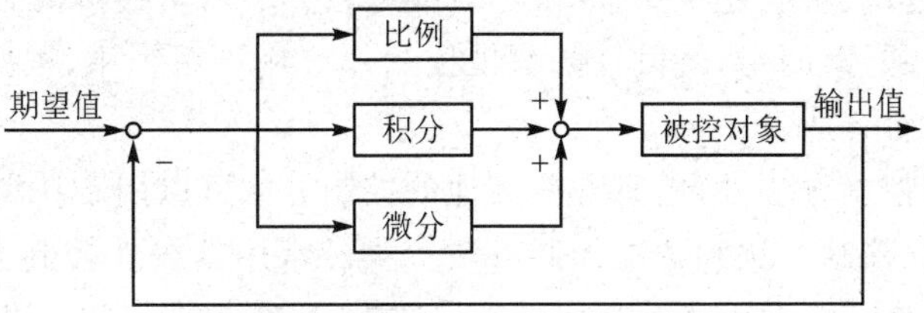

图 6－21　PID 控制框图

2. 现代控制方法

由于仿生扑翼微型飞行器产生的复杂气动力，该类飞行器存在较为复杂的扰动特性，因此一些线性的控制方法如上述提到的 PID 控制，有时会无法满足控制的需求。为了应对这种控制范围有限的情况，可以采用一些新的控制方法，如模型参考自适应控制、滑模变结构控制等。

(1) 模型参考自适应控制

模型参考自适应方法的实现是通过构造一个“参考模型”，用来表示期望的闭环系统控制性能和控制输出，并设计一种动态调整的反馈控制律，将模型参考自适应的控制器增益进行实时更新，使原系统的闭环控制性能与参考模型的控制性能保持一致(见图 6－22)。

控制实现过程如下：将控制指令同时输入构造的参考模型和被控系统，此时控制器的参数为初始参数，控制器根据这个初始参数将得到的控制量输入到被控系统，被控系统和参考模型同时根据这一指令作出响应。由于被控系统与参考模型的输出一定会存在误差，将这个误差输入给自适应律,自适应律会根据这个误差来调整控制器参数,在下一个采样时刻,控制器用新的参数、新的状态反馈和期望指令计算新的控制量,输出给被控系统,在每一个采样时刻参数都一直循环更新,直到被控系统的输出与参考模型一致时停止。

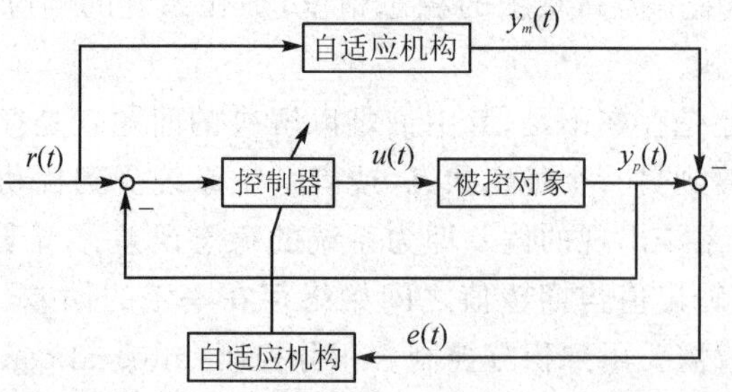

图 6-22　模型参考自适应控制框图

(2) 滑模变结构控制

滑模变结构控制是一种非线性控制方法,是一种不连续的控制,且结构不固定。滑模变结构控制的基本原理是根据系统期望的动态特性来设计滑模面,通过滑模控制器使系统状态从滑模面之外向滑模面收束,简单来说就是通过滑模控制器将被控系统拉到滑模面上来。系统到达滑模面后,控制作用将保证系统沿滑模面到达系统原点。滑动模态可以设计且无视外界扰动和不确定参数,响应速度快。

控制实现过程如下:第一步,先设计滑模面,选择合理的滑模面能够使系统状态尽快收束到该面上;第二步,选择适合的趋近律,使得系统能够在滑模面上做滑模运动,常见的趋近律有等速趋近律、指数趋近律、幂次趋近律、一般趋近律等;第三步,生成滑模曲线,用来描述系统状态和滑模面之间的关系;第四步,将设计的滑模控制律应用于系统中,根据不同的输入验证滑模面和趋近律设计是否合适。

除了前面提到的控制方法外,还有一些其他的控制方法可以用于扑翼飞行器的控制,分为线性控制方法、非线性控制方法和智能控制方法三类。常用的线性控制方法还有线性二次型控制(LQR 方法),主要应用于线性系统。但实际的物理系统常常是非线性系统,因此反馈线性化方法、反步控制方法、自抗扰控制方法等非线性控制方法更适用于解决非线性的控制问题。除此之外,还有模型预测控制(MPC 方法)等智能控制方法可以尝试在扑翼飞行器上应用。

6.3.3　仿生扑翼微型飞行器控制器的运行流程

若要在真实扑翼飞行器上构建控制系统,在飞行控制器设计和软硬件基础上,需要遵照以下流程:

① 首先由地面控制端给出指令,运行包括油门指令、角速度指令、姿态角指令等,该指令由机载的通讯模块接收,传递给机载的主控处理器;

② 主控处理器按照控制器设计的方法进行解算,得到输出给相应执行部分的信号(如向电机或舵机通道口输出 PWM 波信号),驱动动力源或执行机构动作,改变飞行器的飞行状态。

③ 飞行器的飞行状态由机载的传感器感应得到相应的数据,这部分数据一方面传输回主控计算机进行控制计算,使飞行器到达指令要求的预期状态,另一方面可以经由通信模块传输

回地面端进行数据存储,或者传输给机载的数据存储模块进行数据存储,试飞记录数据对飞行器的后续分析和改进会起到非常重要的作用。

本章小结

仿生扑翼微型飞行器的控制设计是在飞行器具备飞行能力的基础上,按照一定的控制方法设计控制器,并且应用在支撑控制器实现所需软硬件系统上的过程。本章首先从飞行的稳定性出发,介绍了控制系统的基本概念,将生物的飞行控制原理延伸到飞行器的控制上;其次介绍了控制系统的硬件构成,描述了仿生扑翼微型飞行器的不同控制方式如何实现;最后介绍了仿生扑翼微型飞行器模型的概念和仿生扑翼微型飞行控制律常用的设计方法以及运行过程。

思考题

1. 仿生扑翼微型飞行器的静稳定性和动稳定性该如何分析?
2. 控制系统的特性有哪些?仿生扑翼微型飞行器的控制更应该重视哪一方面?
3. 仿生扑翼微型飞行器的拍动过程会对控制产生哪些方面的影响?
4. 你还了解哪些控制方法?你认为哪种控制方法更适用于仿生扑翼微型飞行器?

参考文献

[1] Harvey C,Baliga V B, Wong J C M, et al. Birds can transition between stable and unstable states via wing morphing[J]. Nature, 2022, 603(7902): 648-653.

[2] Bergou A J, Ristroph L, Guckenheimer J, et al. Fruit flies modulate passive wing pitching to generate in-flight turns[J]. Physical review letters, 2010, 104(14): 148101.

[3] Vogel S. Flight in Drosophila: II. Variations in stroke parameters and wing contour[J]. Journal of Experimental Biology, 1967, 46(2): 383-392.

[4] Alexander D E. Wind tunnel studies of turns by flying dragonflies[J]. Journal of Experimental Biology, 1986, 122(1): 81-98.

[5] Combes S A., Dudley R. Turbulence-driven instabilities limit insect flight performance[J]. Proceedings of the National Academy of Sciences of the United States of America, 2009, 106(22): 9105-9108.

[6] Dyhr J P,Morgansen K A , Daniel T L, et al. Flexible strategies for flight control: an active role for the abdomen[J]. Journal of Experimental Biology, 2013, 216(9): 1523-1536.

[7] Taylor G. J,Luu T, Ball D, et al. Vision and air flow combine to streamline flying honeybees[J]. Scientific Reports, 2013, 3(1): 1-11.

[8] Tejaswi K. C, Sridhar M K, Kang C K, et al. Effects of abdomen undulation in en-

ergy consumption and stability for monarch butterfly[J]. Bioinspiration & Biomimetics, 2021, 16(4): 046003.

[9] Jayakumar J, Senda K, Yokoyama N. Control of pitch attitude by abdomen during forward flight of two-dimensional butterfly[J]. Journal of Aircraft, 2018, 55(6): 2327-2337.

[10] Pond C M. The initiation of flight in unrestrained locusts, Schistocerca gregaria. [J]. J. Comp. Physiol, 1972, 80: 163-178.

[11] Govind C K, Dandy J W T. Non-fibrillar muscles and the start and cessation of flight in the milkweed bug, Oncopeltus[J]. Journal of Comparative Physiology, 1972, 77(4): 398-417.

[12] Sunada S, Kawachi K, Watanabe I, et al. Performance of a butterfly in take-off flight[J]. Journal of Experimental Biology, 1993, 183(1): 249-277.

[13] Dickinson M H, Muijres F T. The aerodynamics and control of free flight manoeuvres in Drosophila[J]. Philosophical Transactions of the Royal Society B, 2016, 371(1704): 20150388.

[14] Muijres F T, Elzinga M J, Iwasaki N A, et al. Body saccades of Drosophila consist of stereotyped banked turns[J]. Journal of Experimental Biology, 2015, 218(6): 864-875.

[15] Zhang Y L, Sun M. Wing kinematics measurement and aerodynamics of free-flight maneuvers in drone-flies[J]. Acta Mechanica Sinica, 2010, 26(3): 371-382.

[16] Muijres F, Elzinga M J, Melis J M, et al. Flies evade looming targets by executing rapid visually directed banked turns[J]. Science, 2014, 344(6180): 172-177.

[17] 黄繁章.仿鸟扑翼机器人结构优化与自主飞行控制研究[D].南京:东南大学,2021.

[18] 常振强. 基于神经动力学的扑翼飞行器位置和姿态控制[D].兰州:兰州大学,2021.

第7章　仿生扑翼微型飞行器的任务载荷系统

经过漫长的进化，生物具备了飞行能力以适应生存需求，例如：候鸟通过飞行完成迁徙，以寻找最适宜生存的气候环境和地区。对于生物来说，能够完成飞行的核心系统是翼及驱动翼的胸腔，但同样也需要神经、视觉、听觉等系统的配合来完成飞行任务，例如：蝙蝠在飞行时利用发射超声波并接收回声的方式来辨别飞行方位。这种类似声呐的超声波发射与接收系统是蝙蝠在黑夜飞行的重要任务载荷。同样，人造的仿生扑翼微型飞行器也需要配备各类任务载荷系统，以完成预期的飞行任务。

本章将简要介绍仿生扑翼微型飞行器的任务载荷系统。首先，介绍任务载荷系统的总体性能指标；其次，介绍仿生扑翼微型飞行器可能需要的八种典型任务载荷系统的组成、功能以及用途，总结现阶段各类任务载荷系统的发展现状并对其未来发展趋势提出建议。

7.1　总体性能指标要求

无论仿生扑翼微型飞行器要执行何种飞行任务，其携带的任务载荷系统在重量、尺寸和功耗方面都存在一定限制。这些限制由其负载能力和能源余量决定。通常，任务载荷系统需采用模块化设计，仿生扑翼微型飞行器可以根据任务类型灵活选配对应的载荷系统模块，以便于在实际应用中快速切换功能。目前，已有仿生扑翼微型飞行器样机的最大负载能力一般不超过自身重量的150%。因此，为了确保飞行器仍具备一定的机动能力，通常要求单个任务载荷系统的重量不超过自身重量的20%。在尺寸方面，仿生扑翼微型飞行器的机体特征尺寸为分米量级，约10～20 cm。为了尽可能缩小任务载荷系统所占据的机体空间，通常要求单个系统模块的特征尺寸在厘米量级，最大尺寸不应超过10 cm。在功耗要求方面，不同任务载荷系统运行的功耗特性差异较大。例如，爆炸毁伤系统在触发爆炸前无需耗能，而导航系统需时刻运行并持续消耗能源。因此，对于不同任务载荷系统，在确保飞行器能够完成飞行任务基础上，通常仅提出一个最大功耗占比要求（约为总功耗的30%）。

7.2　图像采集系统

图像采集系统是各类无人机最常携带的任务载荷系统。仿生扑翼微型飞行器也不例外，无论是战场侦察、目标识别等军事飞行任务，亦或边境检测、灾害救援等社会飞行任务，图像采集系统都是必不可少的。通过与虚拟现实等新技术结合，图像采集系统可使操纵员身临其境般地操纵飞行器完成任务。

通常来说，图像采集系统都是依赖无线传输技术将图像信息输送至地面站终端，依据传输原理可细分为数字图像传输和模拟图像传输。飞行器原始采集的视频信息均为模拟信号，而存储时转为数字信号。数字图像传输与模拟图像传输的区别主要体现在信号处理流程和实时接收的信号类别，其功能构成如图7-1所示。

下面重点介绍飞行器携带的机载系统，忽略实现图像采集与传输所需的地面基站和远途

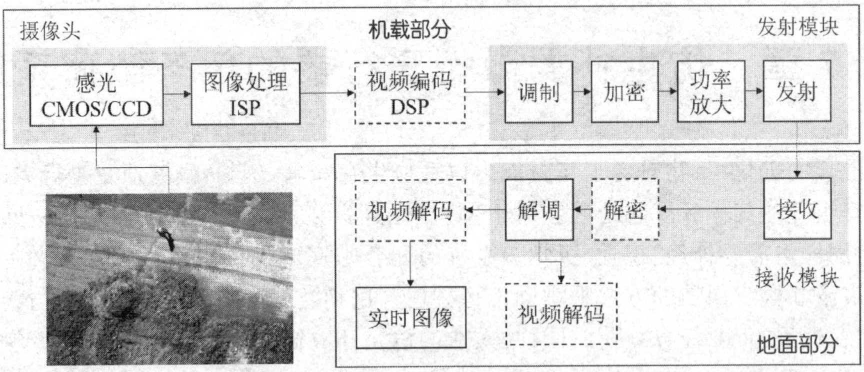

(注:以数字图传为主线,跳过虚线模块即为模拟图传)

图 7-1　无线图像采集系统的工作原理图

传输可能需要的中继站。机载图像采集系统主要包括摄像头、视频编码/解码芯片和通讯元器件(见图 7-2)。其中,摄像头分为模拟摄像头和数字摄像头两类,区别为数字摄像头额外集成了模拟/数字转换芯片,可直接输出数字图像信号。两种摄像头的工作电压通常为 3.3 V 或 5 V,都包括感光芯片、图像信号处理芯片(ISP)两部分。为保证采集视频图像的清晰度和流畅性,要求摄像头至少需要达到 480 P 分辨率和 30 帧率。

摄像头的感光芯片主要将光信号转变为电信号,按照原理不同可分为 CCD(Charge Coupled Device,电荷耦合)和 CMOS(Complementary Metal Oxide Semiconductor,互补金属氧化物半导体)两类。CCD 技术更成熟,具有功耗小、性能稳定、寿命长、动态范围大、成本低的优势;而 CMOS 虽然成像功能不及 CCD,但它的光转电过程更直接,不需要复杂的外部时钟驱动器,拥有更好的集成性,目前仍有较大的发展空间。综合考虑应用于仿生扑翼微型飞行器的微型化和画质要求,建议其图像采集系统采用以 CMOS 为感光芯片的摄像头。

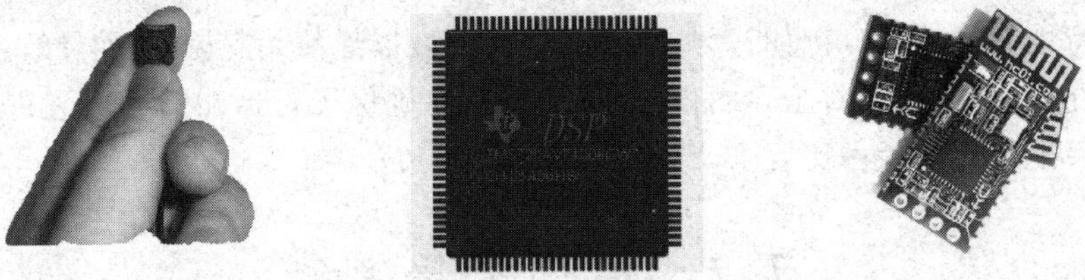

(a) CMOS摄像头　　(b) 编码/解码芯片　　(c) 通信元器件

图 7-2　无线图像采集系统的主要元器件

图像信号处理(ISP)芯片对摄像头采集的原始图像信号(需为数字信号)进行处理,使图像得以复原和增强。芯片通常内置在摄像头中,根据需求修改图像亮度、对比度、色彩饱和度、色调、清晰度、伽玛、白平衡、背光对比度、曝光等基本参数。

视频编码/解码芯片的作用是在调制传输信号前,对数字信号进行压缩处理,解决数字信号占用带宽大的问题。机载视频编码/解码芯片通常将 A/D 输出的数字信号进行编码转换,转换成 MPEG-4 或 H.264 等标准码流。无人机图像采集系统常采用的视频编码/解码芯片厂商以海思、TI 为主。编码过程是剔除视频或图像信号的多余信息,将文件大小压缩至指定要求。这个过程会产生一定延迟并压缩信息,信息压缩情况与编码规格、码率格式和码率大小紧密相关。为了满足传输速率较高的需求，仿生扑翼微型飞行器需要采用 H.264 或 H.265 标准的视频编码/解码芯片。

无线通信元器件主要包含调制和发射模块。由于仿生扑翼微型飞行器常运行于战场、丛林和楼宇等复杂环境，因此更加建议采用数字图像采集系统，其具有传输距离远、不易干扰的优势，且可根据需要进行加密。无线通信元器件的选购需要考虑传输距离、延时、抗干扰、带(频)宽和传输速率等。

对于无人机系统，尤其是仿生扑翼微型飞行器这样具有微小化设计需求的系统，通常将数字图像采集系统的视频编码/解码芯片和无线通信元器件与系统级芯片(SoC)集成，甚至直接将摄像头也集成在 SoC。这种设计方案具有体积小、功耗低、可靠性高、接口丰富的特点。表 7-1 对比了两款典型微型无人机数字图像传输系统的主要性能指标。

表 7-1　微型无人机典型数字图像传输系统的性能指标

无人机	成飞 CF922 迷你四轴无人机	AIRFLY 仿蜂鸟飞行器定制
分辨率/像素点	640×480	1280×720
功耗/W	≈1	≈2
摄像头	—	OMNIVISION OV9782
图像传输系统	成飞 CF922 定制系统	句点志能 JD-TC 系列
工作频段/GHz	2.4	2.4/5.8
质量/g	≈1.9	≈4.3
天线	无天线、手机直连	片状天线、手机直连

7.3　声音采集系统

声音采集系统也是仿生扑翼微型飞行器经常携带的任务载荷系统，可用于战场侦察、目标识别等军事任务。

声音采集系统的种类丰富，主要包括有线声音采集系统、无线传输声音采集系统、存储介质类声音采集系统、激光声音采集系统、伪基站声音采集系统等。通常来说，飞行器采集的声音信号需要采用无线传输技术进行回传，因此本节主要介绍无线传输声音采集系统以及激光声音采集系统。无线传输声音采集系统的信号传输是基于无线信号传输技术的，如蓝牙(Bluetooth)、WiFi、GSM、VHF、UHF 等。该系统的主要模块一般包括前端声信号传感器(见图 7-3)、微型无线发射模块、微型天线、供电电源和地面专用接收设备。其工作原理是将前端传感器获取的声音信息经过调制后通过高频载波发射，并在一定的距离内使用专用接收设备接收声音信号并进行还原，随后可在地面站实时播放或存储。这一系统模块目前能够实现的最小尺寸约为拇指大小，常与其他电子设备结合，如具备窃听功能的手电筒、鼠标、花瓶、遥控器等。当然，这类无线传输声音采集系统也可搭载在仿生扑翼微型飞行器上，从而进行远距离空中监听与声信号回传。

激光声音采集系统利用激光探测物体表面极微弱的振动并转化为声音信号。该系统利用激光发生器产生一束极细的激光，持续发射至被窃听空间内的任意物体。当被窃听空间有人讲话时，物体受到室内声波干扰而发生轻微振动，这样反射的激光束也会随振动发生变化。室外窃听人员利用激光接收器接收反射激光，并通过技术处理还原室内声音。这类声音采集系统的作用距离可达 300～800 m，并且即便房间采用隔音窗户也很难有效防备这类系统的窃听。依据上述功能介绍，激光声音采集系统主要包括激光发射和接收装置，其中机载系统主要是发射装置，接收装置可以放置在距离较远的安全隐蔽位置。机载激光发射装置主要包括半导体激光器和光学元器件，其中半导体激光器的作用是发射连续的红外激光，光学元器件的主要功能是调整激光，让其尽可能射入玻璃中心，以此获得较好的反射光线。接收装置主要包括光电探测器、光学接收系统以及电信号转换系统。

(a) 微型声传感器　　(b) 无线发射模块

图 7-3　无线声音采集系统的主要元器件

通过对比上述两类系统，激光声音采集系统可覆盖的范围更大且信号传输过程的衰减较小，适用于远距离声音采集任务。然而，激光束的能量很高，功率消耗大，持续发射激光束会对能源系统的容量提出更高要求，也势必会显著影响仿生扑翼微型飞行器的续航性。因此，在设计声音采集系统时，建议依据任务需求在这两类系统之间做出取舍，选取综合性能最优且对飞行器飞行性能影响最小的方案。

7.4　大气信息采集系统

大气信息采集系统是无人机常携带的任务载荷系统之一，通过利用机载传感器实时采集大气环境的温度、湿度、压力等数据，以及 $PM_{2.5}$、PM_{10}、CO、NO_2、O_3、SO_2 等污染物数据，实现大气质量检测，服务于气象、空气污染等领域研究。

传统大气信息采集手段包括监测站采集、载人飞机采集和卫星采集等，这些手段都具有一定局限性。例如，大气监测站的部署通常较稀疏，难以提高检测精度；载人飞机存在飞行高度和速度限制，难以适应复杂的环境要求，而且在有害或有风险的污染源附近采集数据会对飞行员造成危害；卫星平台价格昂贵，且难以持续观测。随着各式气体检测传感器的研发与普及，无人机逐渐成为大气信息采集领域的新平台之一。

搭载大气信息采集系统的无人机，通常应包含以下几部分：无人机平台、数据融合模块、数据采集模块和传感器。传感器将大气信息（如温度）转化为模拟信号，并经过数据采集模块转化为数字信号。多个传感器和采集模块得到的多类别大气数据经过数据融合模块整合后，经由通信模块发送给地面站，实现大气信息采集，如图 7-4 所示。

环境压强是飞行器最需要采集的大气信息之一，飞行器可以通过气压来估计飞行高度。这里以瑞士 MEAS 生产的一款高分辨率高度计传感器 MS5611-01BA 为例（见图 7-5），该压强传感器的高度分辨率为 10 cm，在 1.8 ～ 3.6 V 供电电压下的功耗非常低（1μA），可实现 20 MHz 的采样频率。该传感器满足安装在仿生扑翼微型飞行器的基本重量和尺寸要求。

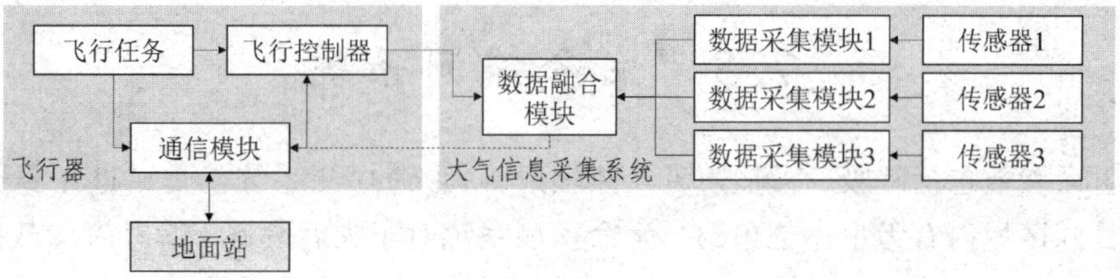

图 7-4　大气信息采集系统工作原理图

无人机常采用的温度和湿度传感器以 DHT11 数字温湿度传感器为代表(见图 7-5),其内置一个测温元件、一个电阻式感湿元件和一个微型单片机,可覆盖 0～50 ℃的温区测量以及 20%～95%的湿度测量,在 5 V 供电电压下的工作电流约为 1 mA。该传感器具有品质高、响应快、抗干扰能力强、性价比高等优点,十分适合应用于仿生扑翼微型飞行器。

(a) MS5611-01BA压力传感器　(b) DHT11温湿度传感器　(c) OPC-N2颗粒物传感器　(d) NO2-B43F二氧化氮传感器

图 7-5　常见的大气信息采集传感器

颗粒物传感器的工作原理是将大气中的 PM1、PM2.5 和 PM10 的数量浓度转换为质量浓度,再转化为电信号。常见的颗粒物传感器内置了数据采集模块,例如,英国生产的 OPC-N2 传感器,无需外接其他元件便可将测量的模拟信号转换为数字信号。遗憾的是,这类传感器目前的尺寸和重量均较大,暂时不具备应用于仿生扑翼微型飞行器的条件。

二氧化氮传感器用于将大气中的二氧化氮浓度转化为模拟信号,常见的传感器有英国生产的 NO2-B43F 传感器。该传感器产生模拟信号,需要接入数据采集模块将模拟信号转换为数字信号,采样周期可以在每个样本 0.01～100 s 的范围内调整。该传感器轻巧紧凑,适合装备在仿生扑翼微型飞行器,同时也经过了美国环境保护署(EPA)验证。

表 7-2 所列为三款大气信息采集无人机系统的主要性能指标对比。

表 7-2　三款大气信息采集无人机系统的主要性能指标对比

型号	Carolo P50	Carolo P140	UAV-based platform
类型	固定翼飞机	固定翼飞机	六旋翼飞行器
质量/kg	0.55	2	2.4
尺寸/cm	50	140	55
有效载荷/g	50	300	传感器约 110
续航时间/min	—	30	30
大气信息采集功能	粗略的温度、湿度测量	温度在 -40～+60 ℃内实现 16 位高精度数据采样,湿度精度约为 2%	NO_2、PM1、PM2.5、PM10

7.5 生命探测系统

人体生命参数包括呼吸、心跳、声音及热辐射等，生命探测系统就是通过探测这些参数来确定特定目标区域内有无生命迹象的。生命探测系统对于灾后废墟下幸存者的救援工作具有重要意义。由于无人机具有灵活性和机动性，因此搭载生命探测系统的无人机可以显著扩展生命探测范围和精度，从而更容易发现生命迹象。这些无人机可搭载的生命探测系统通常包括红外生命探测系统、声波振动生命探测系统、雷达生命探测系统等。

红外辐射生命探测系统的基本原理是通过探测人体发出的热辐射来探测生命迹象，并将所探测到的信息以图像的形式显示在屏幕上。该系统的主要特点在于能够在黑暗环境进行生命探测，尤其适合废墟内部的生命探测。此外，由于红外生命探测器采用红外热成像的方式来进行探测，因此可清晰显示被困者状况。

用于探测物体红外辐射信号的电子元件被称为红外探测器。该探测器的核心组成部分是探测器芯片，包括传感器和 CMOS 转换电路；传感器用于响应物体的红外辐射信号，而 CMOS 转换电路用于接收传感器的响应信号，并将其处理为可被成像系统识别的电信号（见图 7－6）。根据传感器的材料不同，接收到的红外辐射响应信号也会有所不同。

基于红外传感的生命探测系统的尺寸可以做到非常小，如美国 FLIR 公司的红外热成像仪 FLIR Lepton 3.5（最大尺寸约 1 cm），具体尺寸大小取决于所使用的红外传感器灵敏度、探测范围和分辨率等因素（见图 7－7）。由于红外生命探测系统采用非接触测量的工作方式，探测范围可达数十米，价格相对低廉，可以嵌入各种设备和系统中，因此是目前无人机最为广泛采用的生命探测系统。

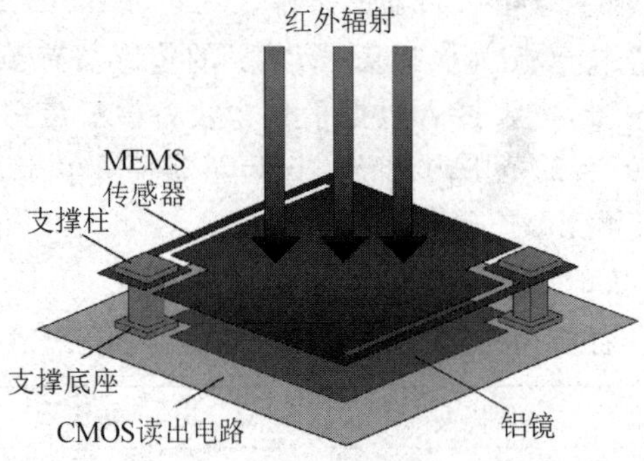

图 7－6　红外探测器系统内部结构

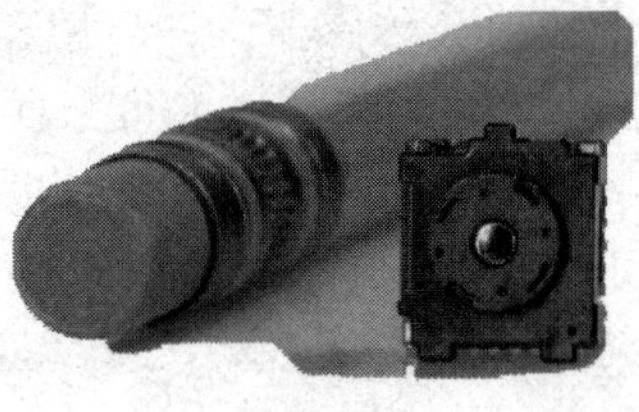

图 7－7　红外热成像仪 FLIR Lepton 3.5

声波振动生命探测系统通过探测人体的呼吸、心跳等声音信号对生命体进行定位。从实现原理上来说，声波振动生命探测系统与声音采集系统相似。在探测时，声音传感器采集声音信号并将其转换为电信号，然后经过前放、陷波、滤波等处理模块后将信号送入监控耳机，由操作人员收听并分析监控耳机发出的声音。由于探测区域的外界环境对声音信号传播会产生较大干扰，因此，探测环境的噪声水平严重影响测量的灵敏度和准确度。

雷达生命探测系统主要利用电磁波反射原理，通过检测人体生命活动所引起的各种微动，提取获得呼吸和心跳等有关信息，从而辨识有无生命。雷达生命探测系统是目前先进的生命探测系统之一，与其他两类生命探测系统不同，它采用主动探测方式，不易受温度、湿度、噪音、现场地形等因素影响，在生命探测领域拥有广阔的应用前景。

雷达生命探测系统利用多普勒效应探测生命信息，首先通过一个发送/接收天线发射电磁信号，该信号穿过废墟碎片到达幸存者所处位置，通过相位调制将幸存者的肢体动作信息加载到电磁信号上，随后反射电磁波再次穿过废墟返回地面并被天线接收（见图7-8）。雷达生命探测系统可以轻易穿透数米甚至数十米的石块或混凝土等障碍物，对废墟下的幸存者进行生命探测。此外，只要废墟下的幸存者存在呼吸、心跳等能够代表生命信息的生理特征，无论幸存者处于运动还是静止状态，都可以被雷达生命探测系统探测到。但是，目前的雷达生命探测系统尺寸和重量都非常大，即便是负载能力更大的四旋翼无人机也尚未实现装备。

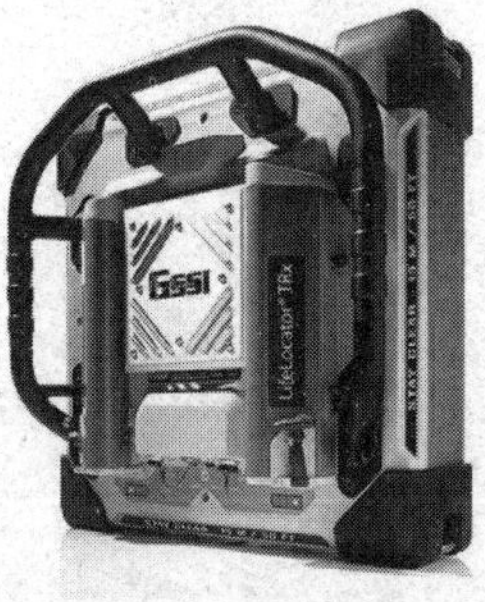

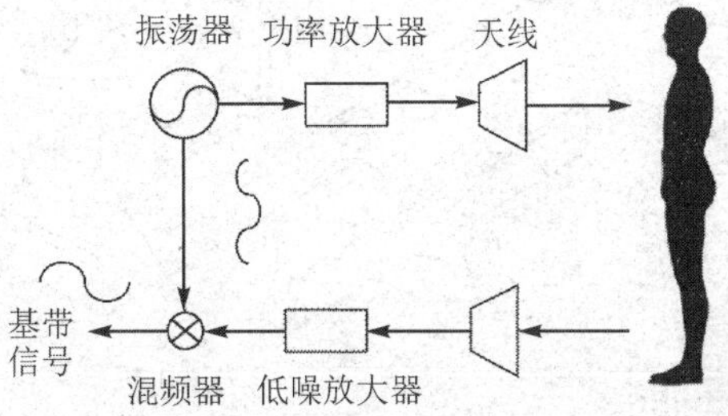

图7-8　美国莱福雷达生命探测仪和雷达生命探测系统原理

7.6　导航系统

7.6.1　惯性导航系统

飞行器的惯性导航系统是一种利用安装在飞行器上的陀螺仪和加速度计来测定飞行器位置的导航参数解算系统，该系统根据陀螺的输出建立导航坐标系，根据加速度计输出解算出飞行器在导航坐标系中的速度和位置，是一种既不向外部发射信号，也不从外部接收信号的自主式导航系统。惯性导航的基本工作原理是以牛顿力学定律为基础的，通过测量载体在惯性参考系的加速度，将它对时间进行积分，并把它变换到导航坐标系中，从而获得在导航坐标系中的速度、偏航角和位置等信息。

惯性导航系统主要分为两类，分别是平台式惯性导航系统（见图7-9(a)）和捷联式惯性导航系统（见图7-9(b)）。平台式惯性导航系统是将陀螺仪和加速度等惯性元件安装在一个稳定平台上，以平台坐标系为基准测量载体运动参数，采用机电控制的方法使平台的三个稳定轴直接模拟导航坐标系，保证加速度计三轴的指向是可知的；另外，平台式惯性导航系统能够隔离载体的角运动，给惯性测量元件提供较好的工作环境，系统精度较高，但是平台本身的结构复杂、体积较大、制造成本高，因此经常用于大型的船舶、飞机，不适用于微型的飞行器等小型载体。

捷联式惯性导航系统是在平台式惯性导航系统基础上发展而来的一种无框架系统，由惯性测量单元（IMU）和微型计算机组成，其中惯性测量单元（IMU）由三个陀螺、三个线加速度计组成。捷联式惯性导航系统的加速度计测量飞行器在机体坐标体系上的三轴加速度信号，而陀螺测量飞行器相对于导航坐标系的角速度信号，并以此解算出飞行器的姿态。该功能和导航功能通过计算机计算实现。由于捷联式惯性导航系统不再依赖于平台，且惯性测量单元和微型计算机容易实现微型化和集成，所以这种惯性导航方式在微型飞行器上应用更加广泛。

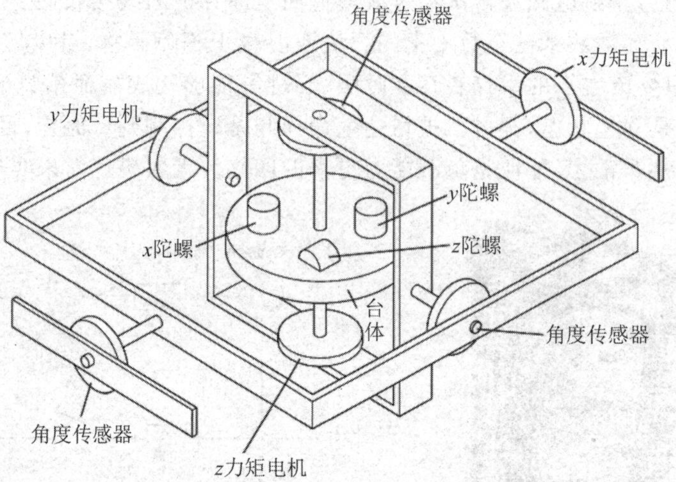

(a) 平台式惯性导航系统

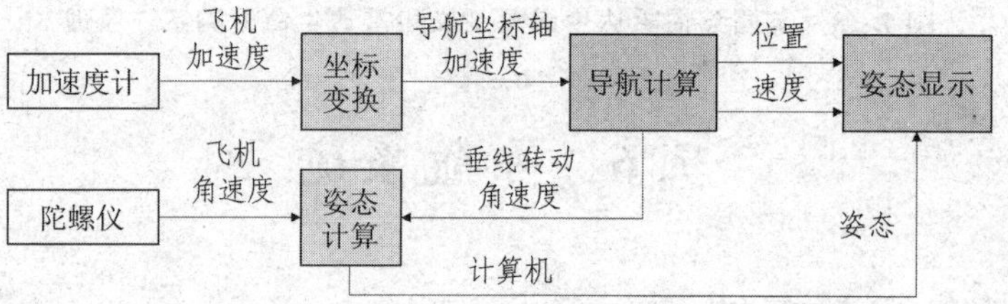

(b) 捷联式惯性导航系统

图 7-9　惯性导航系统原理示意图

7.6.2　卫星导航系统

无论惯性器件的精度有多高，陀螺的漂移和加速度计的误差都会随时间逐渐累积，长时间运行必然会导致误差积累。因此，除不断探索提高自主式惯性导航系统的精度外，科学家还在寻求引入外部信息，弥补惯性导航系统的不足。其中最常用的外部导航方式就是卫星导航系统。

卫星导航系统是指采用导航卫星对地面、海洋、空中和空间物体进行导航定位的系统，包括中国北斗卫星导航系统（BDS）、美国全球定位系统（GPS）、俄罗斯格洛纳斯系统（GLONASS）和欧洲伽利略系统（Galileo）四大全球卫星导航系统和印度星座导航（NavIc）、日本准天顶卫星系统（QZSS）两大区域卫星导航系统。

飞行器的卫星定位采用三角定位原理，通过借助卫星发射的测距信号测量卫星到飞行器的距离，然后通过该距离来确定飞行器在地球表面或空中的位置。卫星不断发送包含卫星位置的轨道信息和卫星所携带的原子钟产生的精确时间信息，同时发射测距信号。飞行器机载的接收机（自带时钟，并且拥有无线电信号接收器）接收卫星传来的信号，并测定该卫星到接收机的空间距离，此时接收机位于以观测卫星为球心、观测卫星到飞行器接收机空间距离为半径的球面剩余，以此类推，可以确定以第二、第三颗观测卫星为球心，卫星到飞行器接收机空间距离为半径的球面，三个球面相交于两点，根据地理常识舍去不合理的位置点，剩余点即为飞行器接收机的位置。由于接收机内部采用的石英钟和卫星搭载原子钟相比误差较大，因此需要至少接收 4 颗卫星的观测值，解算出卫星钟和接收机时钟的时间差，以便算出准确的传播时间，最终测算出准确的传播距离(见图 7－10)。

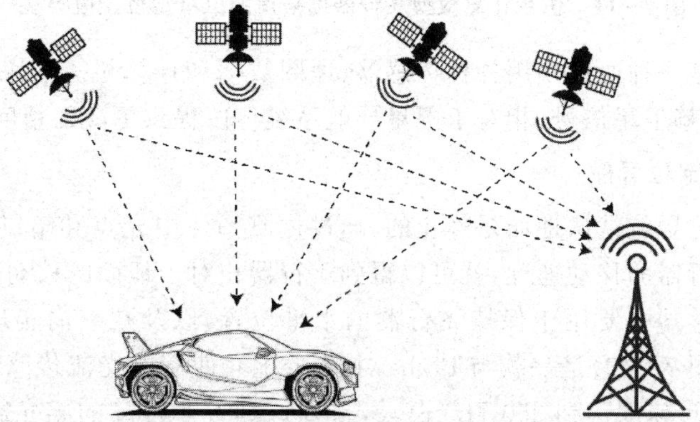

图 7－10　卫星导航系统原理示意图

以 GPS 系统为例，一个典型的卫星定位系统分为空间部分、地面监控部分、用户接受部分。空间部分由 24 颗 GPS 工作卫星组成，其中 3 颗为备用卫星，分布在 6 个倾角为 55°、约 20 200 km 高的轨道上绕地球运行，每颗卫星都会发射用于导航定位的信号。这种布局保证在全球任何地点、任何时刻至少可以观测到 4 颗卫星。地面监控部分分为主控站、监控站和注入站，主要功能是计算卫星星历和卫星钟的改正参数、监控卫星状态、进行卫星调度与参数注入工作等。用户接受部分指一切具备 GPS 信号接收能力的终端机，可以依据所观测信号计算得到自己某时刻所处的空间三维位置。

仿生扑翼微型飞行器可采用的卫星定位接收模块有 SKG12D、SKM66、SKM56 等(见图 7－11)。SKG12D 具有－162 dBm 跟踪灵敏度，支持 GPS、GLONASS、BDS、GALILEO、QZSS 等多系统，内建地磁传感功能，支持 NMEA 协议和 UBX 协议；SKM66 拥有－165 dBm 跟踪灵敏度，通过内置天线接收信号，支持 NMEA 协议或串行接口自定义协议，支持 GPS/GLONASS/BD/QZSS 多系统，内置 12 多频有源干扰消除器和地磁传感器 HMC5883L，其测量范围从毫高斯到 8 高斯(gauss)；SKM56 拥有－165 dBm 跟踪灵敏度，是一款带有天线的 GPS 模块，一般用于无人机的遥控部分。

7.6.3　室内导航系统

虽然卫星导航系统已实现在室外的定位和导航，但在室内环境中却存在很大的问题：卫星导航系统需要接收卫星信号来确定飞行器位置，而在室内环境中，信号会被墙壁、天花板等建筑物阻挡，导致信号弱化或丧失；由于信号受到干扰和反射等影响，卫星导航系统在室内精度较低、误差较大，且无法提供准确的地图信息。在这种情况下，若微型飞行器需要在室内飞行，需要考虑应用室内导航系统。

图 7-11　仿生扑翼微型飞行器可采用的卫星定位接收模块

室内导航技术是一种通过使用各种传感器、地图数据和计算机算法来实现在室内定位和导航的技术，其不依赖卫星信号，相对于卫星导航系统可以提供更高的精度和准确性。

1. 光流传感器定位导航

光流传感器定位导航默认地面是静止的，通过检测图像中光点和暗点的移动来判断图像中像素点相对于飞行器的移动速度，就可以得到飞行器相对于地面的移动速度，从而监测飞行器的移动。光流传感器主要用于保持飞行器的水平位置，以及在室内实现定高或定点飞行。例如，PX4Flow（见图 7-12）是一款与 Pixhawk 飞控配套使用的光流传感器，拥有原生 752×480 像素分辨率，计算速度达到 250 Hz（白天，室外），具备非常高的感光度，在室内或者室外暗光环境下可以以 120 Hz（黑暗，室内）的计算速度工作，而无需照明 LED。

图 7-12　PX4Flow 光流传感器

2. 无线网络定位导航

无线网络定位导航包括 Wi-Fi 定位、蓝牙定位、超宽带（UWB）定位等，它们的基本原理是通过设置局域网接入点组成的网络，广播相应频段的信号，通过计算信号的传播损耗、检测信号强度、计算反射信号时间、测量电磁波的入射角度等方式对已接入的移动设备进行位置定位，其中 Wi-Fi 定位精度大约在 5～10 m，蓝牙定位精度大约在 0.5～1 m，UWB 定位精度大约在 0.1～0.15 m。

3. 光学定位导航

激光 SLAM（simultaneous localization and mapping）的基本原理源于激光雷达导航技术，能够同时实现飞行器定位和周围地图的构建。飞行器利用激光雷达扫描发射激光脉冲，并由计时器记录射出时间与返回时间之差，即可获得光的“飞行时间”。根据光速和飞行时间可计算出距离，并以此构建飞行器所处环境的三维模型，从而实现导航。激光 SLAM 构建地图精度可达到 2 cm 左右。

视觉 SLAM 与激光 SLAM 原理类似，区别在于视觉 SLAM 环境特征的提取是通过相机而不是激光，可采用单目相机、双目相机、深度相机等多种相机。单目相机只有一个摄像头，而双目相机克服了单目相机无法计算距离的缺点。深度相机（又称 RGB－D 相机）还可以像激光传感器那样，通过主动向物体发射光并接收返回的光，测出物体离相机的距离，比双目相机节省大量计算量。

7.7　导引系统

导引系统是制导系统的一部分，是用以获取飞行器和目标的相对位置参数和运动参数的测量装置。针对活动目标的导引主要有雷达导引、图像导引、红外导引、激光导引等方式。这四种导引方式常用于寻的制导，也即利用探测装置发现目标，测量目标相对于飞行器的位置参数和运动参数，形成控制指令，操纵飞行器飞向目标。

雷达导引是利用雷达微波获取目标相对于飞行器的位置和运动参数的导引方式，分为主动导引、半主动导引、被动导引和复合导引，对应的原理结构如图 7－13 所示。主动导引由天线、发射机、接收机、信息处理机和伺服系统组成；半主动导引由直波天线、直波接收机、回波天线、回波接收机、相参处理器、信息处理机和伺服系统组成；被动导引由天线阵、接收机、信息处理机和伺服系统组成；单一体系的主动、半主动和被动导引可以组合成复合导引。

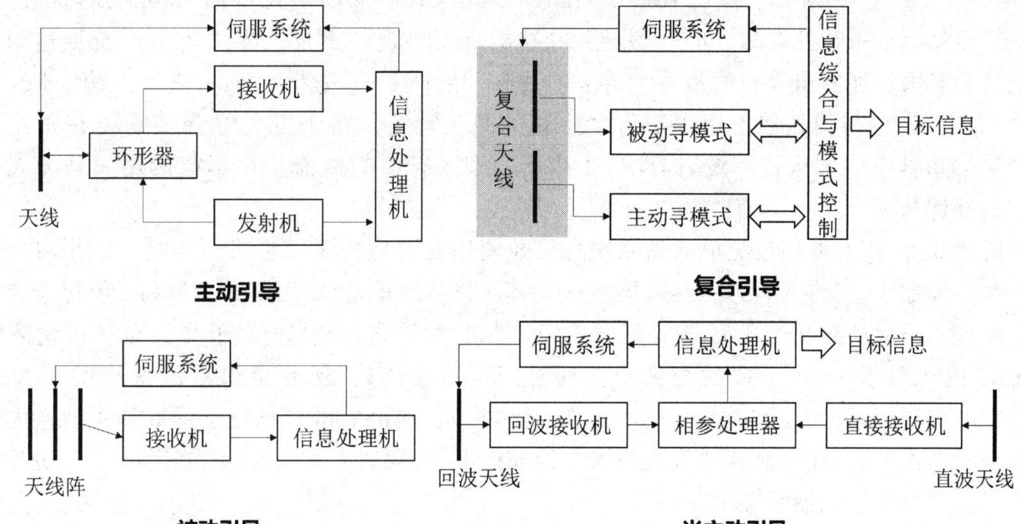

图 7－13　雷达导引四类实现方式的原理结构示意图

图像导引常用于图像制导，图像制导的工作原理是将目标区域高分辨率图像储存在机载计算机，然后计算机会自动比对现场拍摄的目标图像与储存图像，从而分辨出欲打击的目标。图像导引的核心部件是可见光成像组件。

红外导引用于红外成像制导和红外点源（非成像）制导。红外成像制导系统一般由红外摄像头、图像处理电路、图像识别电路、跟踪处理器和稳定系统等组成。红外摄像头接收前方视场范围内目标和背景红外辐射，利用各部分辐射强度的差别获得能够反映目标和周围景物分布特征的二维图像信息,然后由图像处理电路进行预处理和图像增强,得到可见光图像以视频显示输出。同时,将数字化后的图像送给图像识别电路,通过特征识别算法从背景信息和干扰中提取出目标图像,由跟踪处理器按照预定的匹配跟踪算法计算出光轴相对于目标的角偏差,最后通过稳定系统驱动红外镜头运动,消除相对误差实现目标跟踪。红外点源(非成像)制导系统通常由光学系统、调制器、红外探测器、制冷器、伺服机构以及电子线路等组成。其工作过程为:光学系统接收目标红外辐射,经调制器处理成包括目标信息的光信号,由红外探测器将光信号转换成易处理的电信号,再经电子线路进行信号的滤波、放大、处理,检测出目标角位置信息,并将此信息送给伺服机构,使光轴向着目标方向运动,实现制导系统对目标的持续跟踪。

激光导引一般用于激光制导,激光制导就是利用激光获得制导信息或传输制导指令,使导弹按照一定的导引规律飞向目标的制导方法。激光导引与雷达导引类似,只不过它的媒介从雷达微波换成了激光。

7.8 武器系统

仿生扑翼微型飞行器的重要应用场景之一是战场中远距离目标搜寻与攻击任务。相对较大的无人机系统可以采用多种导弹或炸弹来完成攻击动作,例如:美国雷神公司研制的AGM－175“格里芬”导弹就广泛装备于“捕食者”无人机。美国洛克希德·马丁公司研制的“蝎子”导弹也是一款性能相近的轻型导弹。这类轻型导弹的重量大多约 15 kg、长度达到几十厘米。美国雷神公司研制的最小的导弹为 Pike 导弹,长度约为 40 cm、重量大约 1 kg(见图 7-14)。这些导弹显然不适用于仿生扑翼微型飞行器。由于发射导弹还需要在飞行器额外装配悬挂系统和火控系统,因此仿生扑翼微型飞行器的武器系统不能沿用大型无人机系统的导弹体系。

既然如此,还有哪些成熟的武器系统有可能应用在仿生扑翼微型飞行器呢?如果将导弹的尺寸持续缩小,它将变为另一类武器——子弹。遗憾的是,目前大部分步枪和手枪的子弹重量也超出了仿生扑翼微型飞行器的负载能力,例如:步枪常用的 5.66 子弹的全弹重量高达 13 g,手枪常用的 0.38 子弹的全弹重量也达到了 7～8 g。现有全弹重量最小的子弹为 0.22LR 步枪子弹,全长约为 25 mm,全弹重量约 6 g。理论上可以将该子弹的弹头替换为一个简易的撞击装置,在不显著增大全弹重量的前提下,实现约 4 克火药的爆炸。这是仿生扑翼微型飞行器可用的武器系统之一。

除了在现有导弹和子弹产品中寻找灵感外,也可以将仿生扑翼微型飞行器的机体结构与高能炸药结合,设计一种类似结构电池的“结构炸药”。这类“结构炸药”既充当飞行器的重要结构部件,又可以在触发装置作用下迅速爆炸。由于军事应用场景的仿生扑翼微型飞行器定义为一次性产品、无需回收,因此这种设计方案可最大限度增加飞行器的爆炸杀伤能力。事实上,仿生扑翼微型飞行器能源系统的未来发展趋势之一也是结构电池方案。因此,可以考虑将结构电池与“结构炸药”的概念相互融合,实现一体化设计。

目前,除仿生扑翼微型飞行器外,其他构型的微型飞行器也尚未装配有效的武器系统,这有可能是因为在微小化的尺寸和重量限制下,现有工艺水平无法制造杀伤力可观的微型武器系统。若要使得仿生扑翼微型飞行器具备武器系统,一方面需要持续推进高能武器的研制,如

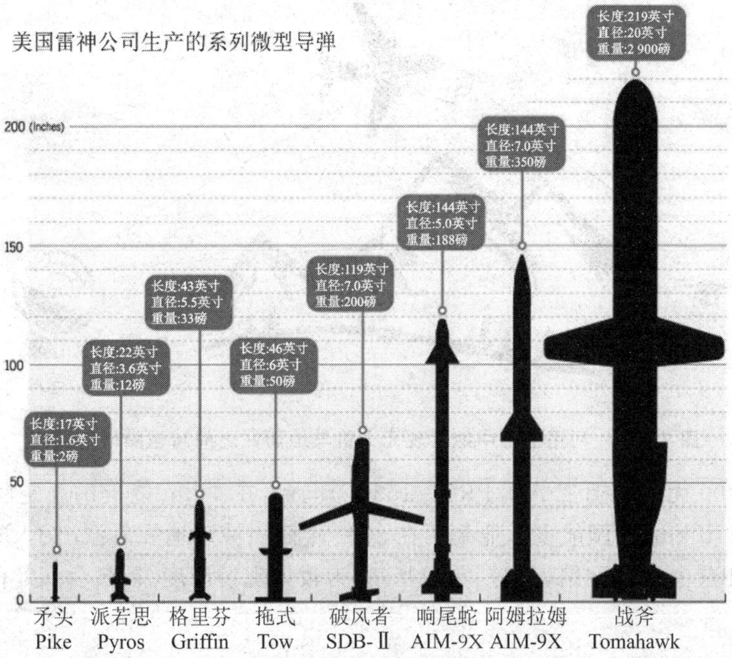

图 7-14　美国雷神公司生产的导弹尺寸与重量对比图

高能炸药、结构炸药等；另一方面也需要进一步提升飞行器的负载能力，使其具有装载更重武器系统的可能。

7.9　中继系统

通信中继系统是无人机常用的辅助系统之一。由于无人机处在更高的高度，因此具备通信中继优势，其中最重要的是在地面（或空中）发射器与空中（或地面）接收器之间更加清晰的通信通道能够降低障碍物的影响，在空中实现无人机之间或无人机与地面站之间的数据传输，从而扩大通信范围和覆盖区域，提高通信质量和可靠性。这在城市等复杂环境的集群任务或灾难情况的应急通讯中起着重要作用。同时，通过中继系统搭建无人机信息传递链路，能够减少高大建筑物、山脉等障碍对无线电信号、光信号等通信信号的影响，使得操纵员更容易完成复杂环境下的远距离、高精度的飞行操纵。

通常来说，中继系统是作为中转节点来完成发射端到终端的数据传输。以地面站作为发射端，无人机作为接收端为例，在一个飞行任务中，地面基站负责目标任务发布及无人机控制等功能，节点端负责转发机载端和地面基站之间的数据，机载端负责接受和转发任务给目标无人机进行作业，以及发送和接收终端飞行信息、坐标、状态信息、图像资料等数据（见图 7-15）。

对于无人机中继系统，其核心在于保证通信的质量，主要包括通信的流量、强度和延迟。表 7-3 所列为一个自重 2.4 kg 旋翼无人机中继系统的主要性能指标[1]，能满足一般快速图像传输等任务需求[2]。旋翼和固定翼无人机中已有多个使用案例：美军在伊拉克和阿富汗战

图 7-15　利用空中中继实现无人机与地面站之间跨越障碍的通信

场上使用影子 200 无人机携带 AN/PRC-152(C)电台，在 4 km 以上的高空将战术通信的作用距离拓展至 170 km；中国航空工业集团在 2022 年四川泸定地震后派出了"翼龙"-2H 型号无人机搭建空中应急通信网络，作为"空中基站"为救灾现场调度、视频会商等任务提供了强力保障。

表 7-3　典型旋翼无人机中继系统的主要性能指标

通信距离/m	流量/(Mb·s^{-1})	延迟/ms	信号强度/dBm
300	48	41	−57
1 000	16	67	−63
3 000	2	87	−76
5 000	2	101	−81

然而，目前固定翼和旋翼无人机使用的中继系统尺寸和重量较大，无法应用于负载能力更弱的仿生扑翼微型飞行器，也尚未出现专用于微型飞行器的微型中继系统。

本章小结

研制仿生扑翼微型飞行器的首要任务是实现其高效飞行，而将这些飞行器应用于军事和民用领域则需要进一步有效集成任务载荷，使其具备在飞行过程实现某种功能的能力。从现阶段无人机经常从事的任务来看，仿生扑翼微型飞行器需要具备信息采集(图像、声音、大气信息)、生命探测、导航引导和武器攻击等功能。然而，仿生扑翼微型飞行器的尺寸和重量都非常小，其负载和续航性能也十分有限，因此目前已经在大型无人机得以使用的上述任务载荷系统大多无法直接应用于仿生扑翼微型飞行器。未来也需要结合仿生扑翼微型飞行器的特点，实现这些任务载荷系统的升级和定制，使其符合仿生扑翼微型飞行器的负载要求，并且不会显著影响其飞行性能。

思考题

1. 仿生扑翼微型飞行器有哪些可选任务载荷系统？能实现哪些功能？
2. 图像采集系统有哪些主要元器件？
3. 导航系统主要有哪些类别？

参考文献

[1] 宪三野波，Nonami K，Kendoul F，Suzuki S，等. 自主飞行机器人：无人机和微型无人机[M]. 北京：国防工业出版社，2014.
[2] 巴恩哈特. 无人机系统导论[M]. 北京：国防工业出版社，2014.
[3] PegAustin，奥斯汀，陈自力，等. 无人机系统：设计、开发与应用[M]. 北京：国防工业出版社，2013.
[4] 丁卫. 基于超小型无人机的地面目标实时图像跟踪[M]. 上海：上海大学出版社，2011.
[5] 刘颖，曹聚亮，吴美平. 无人机地磁辅助定位及组合导航技术研究[M]. 北京：国防工业出版社，2016.

第8章 仿生扑翼微型飞行器试飞

航空界一直有这么一句话:“发明一架飞机算不了什么,制造一架飞机也没什么了不起,而试验它才无比艰难。”这对于仿生扑翼微型飞行器来说也同样适用。通常制作一架飞行器必须经过论证、概念设计、总体设计、详细设计、试制和试飞4个阶段,而试飞在所有环节中周期最长、要求最多、风险也最大,仿生扑翼微型飞行器的试飞与大型飞行器相比,风险要小得多,但流程却一点也不简单。仿生扑翼微型飞行器自身的强非线性和各系统间的强耦合性,给飞行器的控制和试飞调参制造了极大的难题。新飞行器试飞前,没有任何真实飞行测试数据,几乎是一张白纸。试飞就是摸清飞行器的极限性能在哪里,为飞行器填上各项性能参数,如油门量多小时飞行器会因升力不足而无法操纵、舵机安装初始误差多大时会超出飞行器的控制能力等。仿生扑翼微型飞行器的试飞一般分为地面实验和试飞测试两个阶段,地面实验又包括传动系统测试实验、升力系统测试实验和控制系统测试实验三个阶段,主要确保飞行器能够达到试飞测试的标准、减少飞行器的损坏率、提高试飞效率。试飞测试则是仿生扑翼微型飞行器出厂前的最后一个阶段,通过飞行测试对飞行器的控制参数和操控性能进行最后调整,从而完成各项飞行科目和任务。

8.1 地面试验

地面模拟飞行试验是指通过计算机软件及外部硬件设备来对真实世界飞行中所遇到的各种元素和场景,如空气动力、气象、地理环境等,综合地进行仿真模拟,并通过外部硬件设备进行飞行仿真操控和飞行感官回馈的一个环节。无人飞行器的地面模拟飞行试验是依托计算机硬件和软件技术,应用互联网、局域网环境、高速摄像以及云台等外部硬件,进行近似于真实飞机的仿真飞行实验。仿生扑翼微型飞行器的地面试验主要包括测力实验、运动观测和云台实验三部分,通过这三部分的实验,为真实试飞实验提供有效的数据支持,提高试飞的成功率和效率、减少飞行器的损坏频率、降低成本。

8.1.1 传动系统测试实验

传动系统是仿生扑翼微型飞行器的骨架,传动系统是否流畅直接决定了飞行器的飞行能力,因此在试飞试验之前要对飞行器的传动系统进行分系统验证。传动系统验证需要准备待测飞行器一架、稳压电源一台、频闪仪一台、高速摄像机三台、空心杯电机一个以及润滑油一瓶。将电机与安装完成后的传动系统进行组装,由于仿生扑翼微型飞行器的传动系统设计大多采用紧配,刚装配完成的机构运转不会特别流畅(见图8-1)。需要首先在3 V的电压下对机构进行打磨,注意刚开始打磨机构时不宜使用过高的电压,以防机构和电机出现损坏。在3 V电压下飞行器拍动电流达到稳定状态时,将飞行器断电取下,注射润滑油润滑机构,重点在各个转动轴的连接处进行润滑。注射完成后将飞行器重新与稳压电源进行连接,在3 V的电压下进行拍动,待到电流稳定后观测飞行器的拍动电流,并使用频闪仪观测飞行器的拍动幅度和拍动频率,直到满足飞行器传动机构出厂标准。这里主要关注飞行器传动机构运行的电流和拍动幅度，飞行器在 3 V 电压下拍动，电流稳定处于 0.2 A 以下，且不装载翼拍动幅度对称时，飞行器传动系统的装配是达标的。若机构出现明显的拍动不对称或滑齿现象（拍动频率过低），可通过高速摄像进行运动观测，从而进行更加细致的故障诊断。

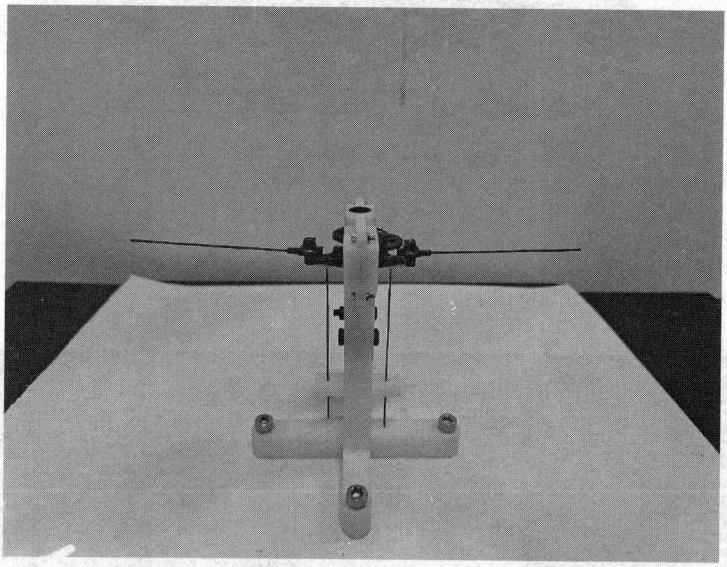

图 8-1　传动系统测试平台

8.1.2　升力系统测试实验

升力系统测试实验是检验仿生扑翼微型飞行器是否达到飞行标准的最基础环节，首先需要确认扑翼飞行器组装完成后是否具备足够的升力。一般情况下，扑翼飞行器的升重比达到 1.3 以上时，它才具备可控飞行的能力，否则是不达标的。通过升力系统测试实验可以大幅提升试飞实验的效率和成功率，避免了大量不必要的测试。

升力系统测试实验主要包括两个步骤。

（1）翼制作质量检验

仿生扑翼微型飞行器的翼都是通过模板制作完成的，在装载翼之前需要对翼的外观和质量进行检验，确保翼符合制作标准：无破损和开胶情况、外表整洁平滑、翼切割对称、翼装配辅助线及型号命名规范。确认完成后再将翼装配到传动机构上进行后续测试流程。翼成品示意图见图 8-2。

（2）测力实验

进行测力实验时需要准备一台稳压电源、一台电子秤、一台高速摄像机、固定支架以及日光灯。将稳压电源的电压设为实际飞行电压后连接在飞行器电机，将机构竖直放在电子秤上方，让扑翼后缘距电子秤平面约一个翼展的高度（消除近地效应），升力达到 45 g 以上，电流小于 2 A，则测力环节达标（见图 8-3）。飞行器升力不达标的原因有很多，主要归于传动系统和升力系统两大类。传动系统中主要存在的问题包括拍动幅度较小、不对称，拍动频率较低，机构装配间隙过大等；升力系统中主要存在的问题包括翼破损、碳杆脱落、制作误差等。可通过高速摄像进行详细的观测，最终确定升力不达标的原因。除了最大升力的测试外，为了方便飞

图 8-2 翼成品示意图

手的操纵，还需要对飞行器的升力油门曲线进行标定，测试推动油门杆分别达到 50%、60%、70%、80%、90%和 100%油门时对应的升力数值并记录，帮助飞手更好地操控飞行器，对应实现悬停、爬升以及机动飞行等飞行科目。

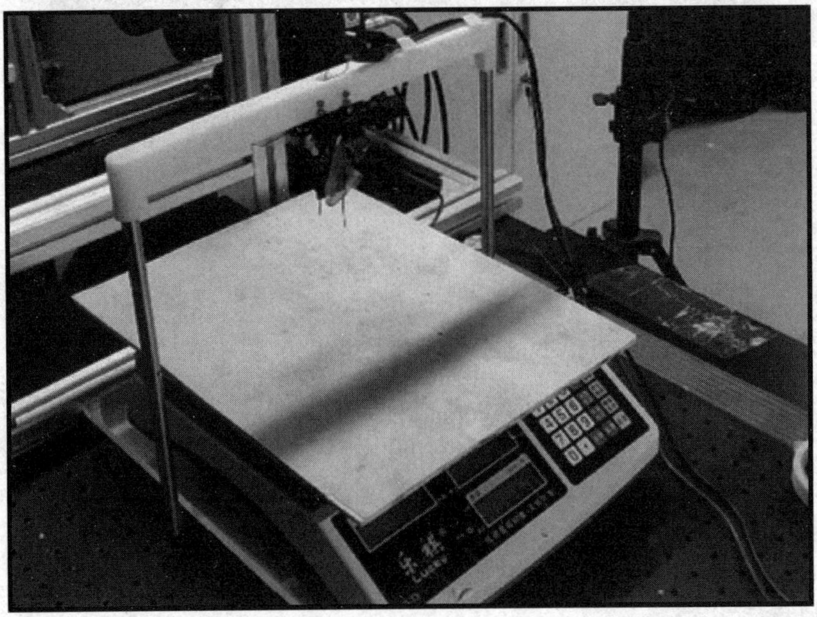

图 8-3 测力实验示意图

8.1.3 控制系统测试实验

1. 舵机调试

仿生扑翼微型飞行器的控制主要是通过滚转、俯仰和偏航三个舵机完成的，因此在飞行器云台实验和试飞之前，首先需要对控制舵机的中值、控制行程以及响应速度进行精确的调试和观测。舵机调试需要使用稳压电源一台、舵机调试器一个、电池一个、待测舵机三个、装有飞行器地面站软件的笔记本电脑一台、遥控器一台、USB 连接线一条。首先将舵机与舵机调试器和电池连接，通过舵机调试器观测舵机是否可以正常运动，并调节待测舵机处于中值状态。若舵机本身也携带有主控板，则还需要对舵机的 PID 参数进行调试，观测舵机的响应速度和指令跟随水平。调节完成后将舵机和飞行器和飞控板进行连接，装成完整的试飞样机进行舵机行程的调试。使用稳压电源给飞控板供电，打开遥控器并使用 USB 线将遥控器与笔记本电脑连接，遥控器通过通讯模块接收飞控板的实时数据，并通过 USB 线传输至电脑地面站显示。电脑地面站指令通过遥控器发射端传输至飞控板。此时就可以通过地面站对控制舵机进行实时调节。首先需要检测已经调节好的舵机中值是否准确，可能仍然会存在较小的装配误差，可以通过地面站进行微调，接着调节三个控制舵机的行程使舵机前后行程保持对称，最后检验舵机指令是否正确，通过地面站检查舵机指令是否出现指令反向、滚转俯仰混淆等问题，并及时调整。调节完成后可以通电使飞行器处于拍动状态，通过手持的方式先粗略感受飞行器的三轴控制力矩是否明显，若能感受到明显的控制力矩再进行下一步云台测试实验，若感受不到力矩，则需要先返回检查升力系统和控制系统是否出现问题。

2. 云台测试

不同于传统的固定翼和旋翼微型飞行器，仿生扑翼微型飞行器依靠一对翼同时产生升力和控制力矩。翼能否在产生高升力的基础上获得高的控制力矩对于此类飞行器的机动性极为重要。必须在设计之时便能够测量飞行器三轴控制时翼所产生的控制力矩，进而评估飞行器舵效，验证控制系统的有效性。除上述问题外，控制系统的调试即控制参数整定也同样面临困难。目前控制系统的调试主要有两种调试方法，第一种是手持飞行器进行调试，通过感受飞行器产生的阻尼大小来判断控制效果的好坏，这样可以很直观地感受到控制效果，但是这种方法太过主观，并且没有数据作为科学依据，不能对实验结果进行分析验证，缺乏说服力；第二种是通过自由试飞的方式进行调试，虽然也可以直观地看出控制效果的好坏，并且也是最具有说服力、结果最为准确的方法，但是每次试飞的流程较为复杂，而且如果试飞参数设置不当，会导致飞行器飞行过程极其不稳定且有摔落的风险。这样调试效率过于低下，同时容易造成飞行器的损坏，成本太高，影响实验进程。自由试飞的方法更适合用于平台调试完成后对结果进行最终确认。在第 6 章已经向大家介绍了扑翼飞行器主要是通过横滚、俯仰和偏航三轴控制飞行，通过舵机运动改变仿生翼的迎角或拍动平面等方式产生足够大的控制力矩，从而完成对飞行姿态的控制，同时通过调节控制参数来提高控制精度和控制能力。云台实验便是为了使飞行器能够在地面模拟飞行器的实际飞行状态，在云台上进行横滚、俯仰和偏航运动，从而得到飞行器的三轴控制力矩并对三轴控制参数进行调试，为自由试飞提供数据和理论支持。

(1) 滚转力矩测试及调参平台搭建

如图 8-4 所示，扑翼飞行器滚转力矩测量及滚转控制调参平台包括基座 1(光学平台)、两根竖直支撑杆 2、两个直角套筒 3、待测飞行器 4、两根水平支撑杆 5、配重 6、竖直角度板 7，组装后构成完整的云台。

(2) 滚转力矩测量

① 如图 8-5 所示，首先测量连有水平支撑杆的待测飞行器的重量 m，测量待测飞行器重心位置(通过三线摆方法或模型估算方法)并做好标记，使用卡尺测量待测飞行器重心位置距离滚转轴的直线距离 L，之后在待测飞行器机身的竖直平分线上用记号笔描出一条直线，并在云台后方竖立一块竖直角度板，保证竖直角度板的 90°刻度线与机身红线重合，以便读数；

② 之后将固定有待测飞行器的水平支撑杆安装在直角套筒上；

③ 通过遥控器操控飞行器拍动至预期频率，并给定一个滚转指令使待测飞行器产生滚转偏转；待待测飞行器机身稳定后，在竖直角度板上读出机身上的红线与垂直方向的夹角为 θ，

则待测飞行器滚转时机翼所产生的滚转力矩就等于重力在重心位置产生的力矩，即在当前指令下产生的滚转控制力矩为 $mgl\ \sin\theta$；接下来，改变滚转控制舵偏，记录新平衡位置下的滚转力矩，得到不同舵偏输入对应的控制力矩。

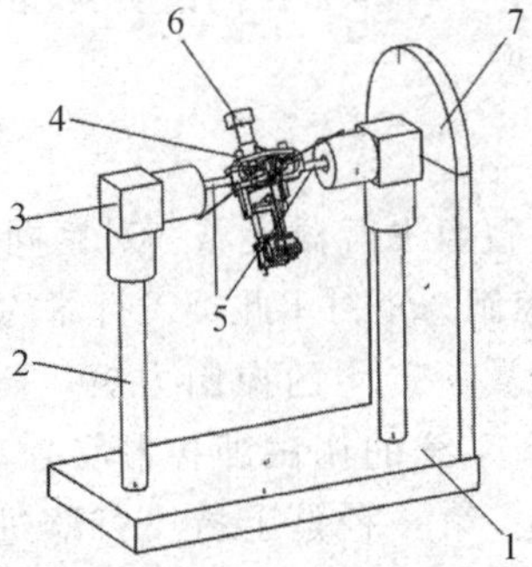

图 8-4　滚转力矩及调参云台

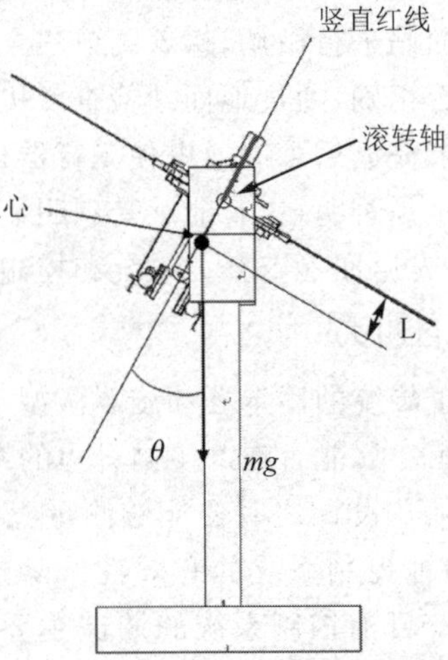

图 8-5　滚转力矩测试示意图

(3) 滚转控制调参方法

① 将待测飞行器与云台连接并按要求进行配重；配重用于滚转控制参数调试前的待测飞行器重心位置调节，多采用铁片等表面平整、易粘贴、高密度的物品；配重粘贴后，使得含配重的飞行器重心在滚转轴上，以排除重力对调试参数的干扰；配重粘贴后飞行器重心过滚转轴的验证方式为：配重后在断电状态下沿待测飞行器的滚转轴拨动机身，约束机身与竖直方向成一定角度后解除，若飞行器不发生滚转运动，即表明配重后的重心恰好过滚转轴。

② 打开遥控器，推动油门杆使待测飞行器以固定频率开始拍动，将飞行模式调整为速率模式，之后手拨动待测飞行器，使待测飞行器与竖直方向形成固定夹角。

③ 释放手部束缚，首先通过待测飞行器沿滚转轴的摆动幅度、摆动频率以及滚转角速度来调整比例参数 P：若待测飞行器摆动较大或滚转角速度变化较大，则调整比例参数 P，直到松手后飞行器的滚转角速度变化较小且摆动幅度和频率较小。

④ 在此基础上，调节积分参数 I 的数值，实现松手后待测飞行器能够稳定在当前位置，说明角速度为零，内环 PID 参数调节完成。

如图 8-6 所示，与滚转力矩测试平台不同，俯仰力矩测试平台由于飞行器结构的限制，需要从飞行器滚转轴向外延展，通过一个较大的框架将飞行器包围，从而实现沿俯仰轴的转动。这种外框架包围的设计具有较大的转动惯量，从而对飞行器的动力学响应带来较大影响，这在测试过程中是不能忽略的。而真实自由试飞时，飞行器不存在这个转动惯量，这样会给俯仰力矩的测试数据带来非常大的误差，无法模拟真实飞行环境。如果使用这个数据进行自由试飞实验，可能会造成飞行器失控坠毁的情况。对于本文所提及的仿生扑翼微型飞行器而言，其俯仰轴和滚转轴的控制力矩与转动惯量均较为接近，因此俯仰控制调试一般会直接借鉴滚转控制调试结果，进行自由试飞实验，从而完成参数调试。

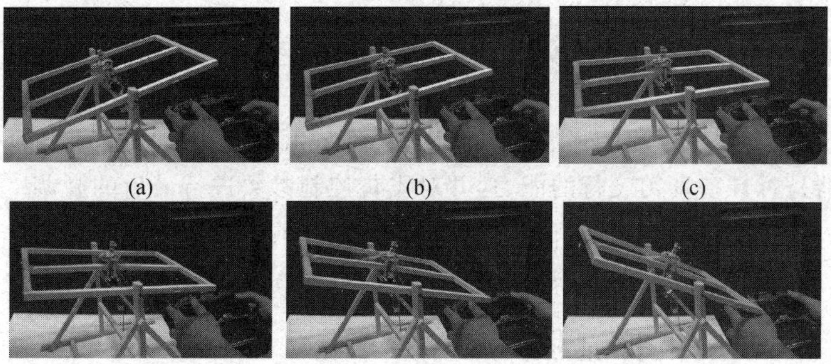

图 8-6　俯仰调参云台测试示意图

8.1.4　运动观测

运动观测平台(见图 8-7)由三台高速摄像机组成,主要用于对扑翼的运动进行观测,从而深入分析不同飞行现象的本质原因。在地面实验和试飞试验的过程中会出现各种各样无法现场解释的现象,如飞行器不规则飞行、测力实验升力不足等,都有多种可能原因,无法快速分辨和确定,因此需要通过运动观测平台来进行细致的观测和判断。首先需要将待测飞行器固定在运动观测平台中央,对待测飞行器位置进行标定,使得需要观测的部位能够完整清晰地呈现在摄像头的范围内,同时保证拍摄环境明亮整洁,四周最好使用白色幕布背景,在软件端设置完成后开始拍摄。通过高帧率的摄像头可以更加清晰地看到机构的运动以及仿生翼的变形过程,便于解释在地面实验或者试飞实验中出现的各种现象,指导后续机构和仿生翼的维修和调整,推进试飞试验的高效进行。

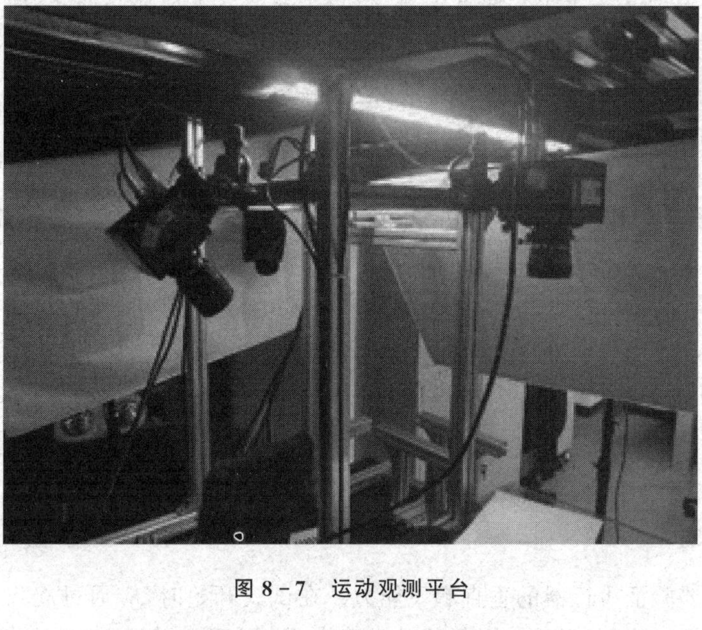

图 8-7　运动观测平台

8.2 试飞测试

试飞测试是飞行器出厂前的最后一个测试,通过自由试飞实验来验证地面实验的调试结果,检验飞行器是否具备真实飞行的能力,并对飞行控制参数进行最后的微调。调整结束后进行各项飞行科目的预演,熟悉不同飞行器的操纵手感,并对相应的控制舵量进行标定和记录。各项科目试飞都没有问题后,达到最终的出厂标准。

8.2.1 试飞前检验流程

为了提高试飞的成功率和效率,在进行试飞前需要进行详细的检验流程:

① 检查拍动机构运转流畅度:避免飞行器零件出现损坏,影响升力大小及飞行稳定性。

② 检查各杆件安装是否晃动:避免飞行器老化造成飞行器可靠性下降,造成升力下降或飞行稳定性下降,更严重可能会出现机构损坏坠毁。

③ 检查翼有无破损,斜碳杆有无脱落,翼根胶带有无松动,安装是否牢固:保证飞行器升力符合飞行标准且翼保持对称,有利于飞行稳定性。

④ 检查飞控板、电机、舵机接线是否正确,有无断路,裸露部分是否用绝缘胶带密封好。

⑤ 固定飞控板位置:飞行器姿态是通过飞控板解算的,若飞控板固定不牢,在高频振动下很容易出现明显的晃动和偏移,造成姿态解算出现误差,影响飞行稳定性。

⑥ 飞控板接稳压电源并调至工作电压,检查机构拍动幅度、拍动频率、拍动平面是否满足要求:确保飞行器升力大小和对称性满足要求。

⑦ 检查遥控器接线是否正确,有无断路或短路。

⑧ 检查遥控器与飞控板通信是否正常。

⑨ 满油门台秤升力大于飞行器自重,标定起飞油门及大致油门曲线,使得飞手清楚飞行器的油门性能,方便后续飞手对于飞行器的操纵。

⑩ 检查油门通道、滚转通道、俯仰通道、偏航指令是否执行。

⑪ 检查舵机和电机的中值、行程。

⑫ 检查混控矩阵参数设置和各通道是否正确开启。

⑬ 检查控制参数(PID 内外环)设置,由于不同飞行器 PID 控制参数可能有细微差别,因此需要根据不同飞行器的实际表现进行参数微调。

⑭ 开启增稳模式后,验证滚转、俯仰及偏航控制是否有阻尼,有阻尼说明飞行器控制系统有效,且控制能力足够,可以进行后续的参数微调,提高控制效率。

⑮ 验证飞行器在设定拍动频率下是否有姿态漂移,验证飞控板是否出现损坏。

⑯ 安装至电池。

⑰ 调整飞控板姿态至水平。

8.2.2 起　飞

起飞试验主要验证飞行器的垂直起飞能力。在试验开始时,应通过起飞前检验流程中的升力曲线标定结果,控制油门量使飞行器升力略大于其自重。在调试完成前不宜使用大油门起飞,防止飞行器失控造成飞行器损坏或人员受伤。在做好油门标定使飞行器可以爬升后,应调整三轴控制舵量使其可实现垂直起飞。若飞行器本身存在较大的姿态偏移，应返厂进行机构和翼的二次检修，直到经过三轴控制舵量的微调可以实现垂直起飞。起飞试验过程如图8-8所示。

图8-8　起飞试飞示意图

8.2.3　悬　停

悬停试验主要验证飞行器的悬停飞行能力。通过起飞前检验升力曲线标定结果，控制油门量使飞行器升力与重量相等。悬停飞行测试主要检验飞行器的PID控制参数是否准确，在地面试验的基础上，通过飞行器悬停飞行时的响应对PID参数进行微调。在飞行器控制能力范围内，通过调整舵量使其不发生姿态偏移和振动，此时飞行器便可以实现悬停飞行。试飞试验过程如图8-9所示。

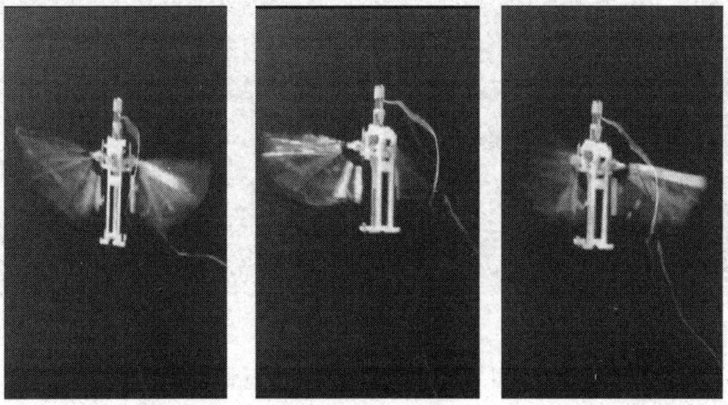

图8-9　悬停飞行试验连拍图

8.2.4　机动飞行

机动飞行试验主要验证飞行器的机动飞行能力，通过遥控器打舵使飞行器实现前后飞和侧飞。机动飞行试验主要是在调整好的PID参数下，对飞行器滚转和俯仰的机动能力进行测试，由于扑翼微型飞行器俯仰与横航向均具有不稳定模态，机动飞行试验就是在飞行器不失稳的前提下，操控飞行器能够达到最大的俯仰和滚转机动能力(包括平移与旋转能力，如最大前飞速度、最大侧飞速度、最大滚转角速度等)，机动飞行实验就是为了测试在多大的滚转或俯仰控制舵量下，会超出飞行器的控制能力极限，造成飞行器失控。试飞试验过程如图8-10所示。

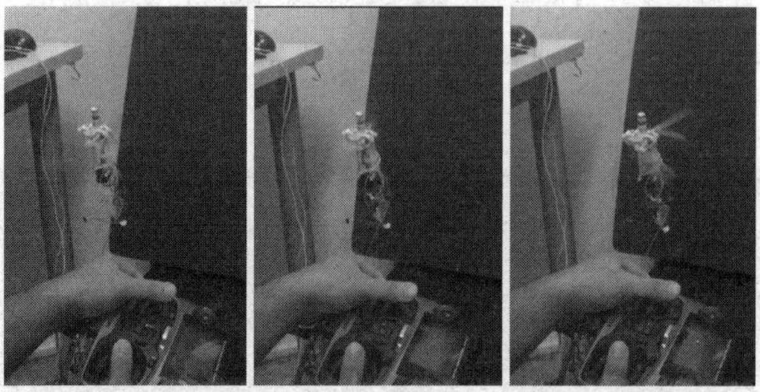

图 8-10　前飞/倒飞试验连拍图

8.2.5　室外飞行

室外飞行试验主要验证飞行器的最大飞行高度、最远飞行距离以及飞行器在室外环境下的稳定飞行能力。室外飞行由于环境较空旷，因此对于防碰撞的操纵难度较小，其操纵难度主要在于飞行器抗风。由于飞行器较轻，因此其轨迹容易受风力影响产生偏移，因此需要操纵飞行器回到预期飞行轨迹，并保持姿态的稳定。试飞试验过程如图 8-11 所示。

图 8-11　室外试飞测试

8.3　试飞阶段常见问题及解决措施

1. 在飞行姿态稳定的情况下，续航时间远小于性能指标

这种问题一般是升力不足造成的，仿生扑翼微型飞行器在试飞阶段升力不足的原因一般有以下几种可能：

① 电池充电时间不够，显示电量为虚电，需要更换电池或继续充电。

② 翼寿命到达极限，性能出现明显下降，需要更换新翼进行地面测试。

③ 机构寿命到达极限，各连接点出现松动或齿轮损坏，需要通过高速摄像确定损坏位置，并进行零件更换。

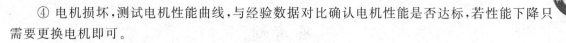

④ 电机损坏，测试电机性能曲线，与经验数据对比确认电机性能是否达标，若性能下降只需要更换电机即可。

2. 飞行器在起飞阶段就沿一固定方向产生姿态漂移

其主要有以下几种现象：

① 沿某一方向产生小幅度姿态漂移但可控。这种现象一般是由于 PID 参数不够精确，尤其是积分环节的参数偏小，造成明显的稳态误差。

② 沿某一方向产生大幅度姿态漂移且不可控。这种现象一般是机构本身的拍动幅度不对称造成的，表现为俯仰方向的大幅度姿态漂移，需要进行机构的返厂维修。

③ 起飞后维持短暂几秒的稳定飞行姿态后突然沿某一方向产生大幅度的姿态漂移且不可控。这种现象一般是由于剧烈振动使飞控板陀螺仪姿态产生漂移，致使飞行器失控。可以手持飞行器并推动油门到起飞升力，观测地面站接收的飞行器姿态数据是否出现明显漂移。解决方法一般为重新校准陀螺仪姿态或更换飞控板。

3. 飞行器悬停飞行测试时，出现俯仰、滚转和偏航轴向无法独立控制或难以维持悬停飞行

造成这种现象的原因主要有以下几种：

① 翼出现破损，如翼根处白胶带脱落、碳杆松动或翼面胶带脱落等。应细致检查，进行修理或更换新翼。

② 翼粘贴不对称造成两侧翼迎角不一致。因为仿生扑翼微型飞行器的三轴控制都是通过改变迎角完成的，因此对于翼安装后的迎角对称性要求较高。应检查翼是否严格按照装配标准进行安装，根据飞行现象适当调整对应翼的初始迎角。

③ 飞行器横碳杆固定处松动，即将达到寿命极限。再确认机翼没有问题后，应检查两侧横碳杆是否出现松动，用手略微用力拉动横碳杆，检验连接是否牢固。

4. 飞行过程中飞行器突然失去控制，与遥控器无法连接

其主要有以下几种可能：

① 飞控板天线脱落，应重新焊接备用天线。

② 遥控器背面通信模块接线脱落或损坏，应检查通信模块指示灯是否异常及接线情况，若损坏则需要及时更换。

本章小结

自然界中的昆虫和鸟类，如蜂、蝇、蜻蜓、蝴蝶、蜂鸟等，普遍采用拍动翼来获取升力，这类生物是自然界中天然的“微型飞行器”。仿生扑翼微型飞行器就是结合上述鸟类和昆虫的仿生概念，凭借其运动灵巧、控制精确、成本低廉、便于隐蔽的特点，主要用于执行城市、山地、丛林以及室内等多种复杂环境下的情报侦查、精确打击、反恐作战等任务。上述多类场景均对仿生扑翼微型飞行器的飞行控制能力以及可操作性提出了要求。能否完成高机动性的飞行科目也就成为了仿生扑翼微型飞行器能否投入应用的重要检验标准之一，因此试飞实验是仿生扑翼微型飞行器研制的重要一环。本章从地面试验和自由试飞两方面简要介绍了仿生扑翼微型飞行器试飞的具体方法和流程，并汇总了试飞阶段的常见问题及解决方法，提高了试飞的效率和飞行器的飞行稳定性，为该类飞行器的实际应用提供保障。

思考题

1. 简述仿生扑翼微型飞行器在自由试飞试验前经过了哪些流程检验？

2. 仿生扑翼微型飞行器在 PID 参数调试时出现下列状况，实验人员应该怎样调试？

a. 飞行器姿态响应较快，但响应过程中出现快速振动。

b. 飞行器稳定时始终朝某个方向偏移。

c. 飞行器机身大幅摆动，无法稳定姿态。

参考文献

[1] 运输类飞机合格审定飞行试验指南(AC25-7)[M]. 宫西卿，等译. 西安：中国飞行试验研究院，1987.

[2] 李成忠，肖业伦，方振平，等. 军用规范—有人驾驶飞机的飞行品质(MIL-F-8785C)的背景资料和使用指南[M]. 西安：飞行力学杂志社，1985.

第 9 章　未来技术发展与应用设想

仿生扑翼微型飞行器是近二十年快速发展起来的一种微小型无人机。尽管这种类型的飞行器在机动性、气动效率和隐蔽性等方面呈现优势，但与固定翼和旋翼等传统气动布局相比，仍然有非常多亟需突破的关键技术和需要长期探索的方向。围绕仿生扑翼微型飞行器在概念提出时赋予的特色能力，本章具体介绍其在未来发展中需要重点攻克的几个关键技术问题，并对这些关键技术的未来发展方向提出建议。最后，结合仿生扑翼微型飞行器期望具备的飞行性能和多功能性，本章还将介绍其在军用和民用领域的若干个典型应用场景与完成的任务类型，以此帮助读者理解该类飞行器的特点与优势。

9.1　技术领域及其发展趋势

9.1.1　主被动可控变形

通过第 3 章的学习，读者已经了解仿生扑翼微型飞行器的翼结构是具有一定柔性的，目的是使其在拍动时产生气动性能较优的弹性变形，同时利用柔性翼结构变形所储存的弹性能来提高效率。这种设计的初衷是为了模仿自然界昆虫的柔性翅膀，但受限于现阶段人工合成材料与加工工艺，仿生柔性翼结构所能产生的弹性变形特征仍然与昆虫柔性翅膀有一定差别，较难实现昆虫翅膀的高效拍动。

上面描述的问题是一个典型的流固耦合问题，无论是昆虫翅膀还是仿生翼结构，都是在拍动产生的气动力、惯性力和弹性力综合作用下出现的被动变形。这些变形特征随着拍动的进行呈现周期变化的特点。未来可以尝试在一个拍动周期内的某些时刻人为调控仿生翼结构的被动变形，以此改变其产生的瞬时气动力，进而实现快速飞行姿态调整、实时抵抗飞行过程的突风干扰等能力。

这种调整是一种针对被动变形的人为操控。如果将仿生翼结构与驱动结构看作一个多约束弹性系统，那么翼结构最终实现的周期性被动变形就是系统在预定拍动运动下的稳态响应。这个稳态响应的特征（如翼结构的弹性变形和被动俯仰规律等）主要由系统的固有特性决定，如翼结构的质量和刚度分布、传动机构控制被动翻转的扭簧等。因此，如果尝试在系统运动时改变其固有特性，就可以实现对响应特征的主动控制。

那么如何调整系统固有特性呢？对于翼结构的质量和刚度分布，最直接的方式就是设计一种可以变形的翼结构，但这会在翼上引入额外的变形控制结构，反而容易降低翼运动的效率。既然无法在现有翼结构上增添新的控制结构，不如转换思路，将软体机器人的变刚度技术引入进来，例如设计一种完全由气柱支撑的仿生柔性翼结构，这种翼结构的刚度分布由其内部的充气柱布局和各个气柱的气压决定，在拍动时动态调整各气柱的气压即可调整翼结构的刚度分布。这种气柱设计十分常见，在许多商品的包装盒内部都能找到类似的充气缓冲柱，用来防止商品与外界碰撞。

此外，还可以利用某些具有多个稳态形状的结构来设计翼结构，使其拍动时产生的被动变形在有限个稳态响应特征之间切换。这种稳态响应切换的触发可以与拍动频率、幅度等运动参数有关。这种设计思路对理论基础的要求更高,涉及非常复杂的高维度非线性动力学问题。

除了通过调整运动系统固有特性而调控被动变形之外,是否还有其他方法来更加直接地控制翼结构的变形特征呢?假如已经通过理论分析知晓了给定翼结构在预期运动状态下兼顾性能与效率较优的变形特征,是否可以放弃利用翼结构-空气的流固耦合作用产生被动变形,转而直接主动输入翼结构的变形呢?若要实现对翼结构变形特征的主动控制,首先需要设计一种可任意主动控制变形的"智能"翼结构。此外,还需要具备结构变形的低延迟调控技术。这些设想在目前看来有些"痴人说梦",毕竟在仿生翼如此严苛的质量约束下,还要实现其结构的主动调控是超出当前技术水平的。不过,就像三十年前人类无法想象设计并制造一款昆虫大小的仿生扑翼微型飞行器一样,随着材料科学与微电子技术的不断发展,也许某一天翼结构的主动变形控制技术也会获得突破。

前面主要介绍了翼结构主被动变形控制的未来发展方向,而除了翼结构之外,随着软材料科学与软体机器人设计的不断发展,仿生扑翼微型飞行器目前的刚性机身结构终将转换为软体结构。这也是未来几年内仿生扑翼微型飞行器结构设计研究的热点方向之一。

若机身采用软体结构,通过结合一定的微控制器,将很容易操纵飞行器的机体变形,使之成为一种变体飞行器。与常规飞行器相比,变体飞行器能够实时改变其重心与气动布局,进而调整飞行稳定性特征与操纵性能,对于提高飞行器整体性能意义重大。此外,软体机身也有助于提高飞行器抵抗碰撞的能力,增强实际应用的可靠性。

然而,软体机身结构也可能出现极限强度较低、抗振性能差、不耐低温、加工制造难度大等问题。因此,在设计软体机身结构时应全面衡量其各方面的性能水平,依据各个性能指标的关键程度而设计寻优。考虑到仿生扑翼微型飞行器的软体机身结构还更容易实现与动力能源和任务载荷的一体化集成设计,未来值得在这一方向投入更多的研究精力。

9.1.2 疲劳、寿命与可靠性

在设计常规飞行器时,需要考虑飞行器在执行多次任务后出现的结构或子系统疲劳损伤,进而确定这些飞行器在进行首次大修前能够正常运行的寿命。通常,飞行器结构的疲劳强度、在循环受载(如往复的起飞-落地循环)下出现的裂纹及其扩展现象等都会决定飞行器整体结构的寿命。此外,设计飞行器动力系统、电子系统等其他子系统时也需要考虑各自的疲劳与寿命问题。因此,整个飞行器的寿命由这些子系统寿命的最小值决定,具有典型的"木桶效应"。这也意味着,提高飞行器的使用寿命需要系统考虑整机以及它的所有子系统,是一个较复杂的系统研究问题。

对于仿生扑翼微型飞行器来说,尽管这种飞行器的制造成本没有大型飞行器高,有时也不考虑回收后的循环使用问题,但也需要研究它在执行一次或多次飞行任务时的疲劳与寿命问题。由于扑翼及驱动其扑动的传动机构都包含高频周期性往复运动的部件,它们在往复振荡过程时会受到等同于拍动频率(甚至拍动频率倍频)的高强度交变载荷。这一现象虽然在常规大型飞行器上不存在,但会显著加速仿生扑翼及其传动系统出现疲劳现象(如裂纹、断裂等),因而大幅降低使用寿命。因此,对于仿生扑翼微型飞行器的设计与应用,更需要仔细考虑其各系统结构的疲劳与寿命问题。

对于仿生扑翼微型飞行器，通常重点关注翼结构与传动机构的疲劳问题与使用寿命。这是因为在绝大多数样机测试中，都是这两个系统首先出现严重的疲劳问题，使得飞行器无法继续飞行。翼结构常出现的疲劳破坏包括翼膜破裂、翼膜与梁结构分离、被动翻转机构破坏失效等(见图 9-1)；而传动机构常出现的疲劳破坏包括传动摇杆/连杆断裂、转动副间隙增大/断裂等。由于仿生扑翼微型飞行器的拍动运动频率高、传递的载荷相对于结构自重较大，翼结构或传动机构一旦开始出现疲劳裂纹或磨损，裂纹将在交变载荷作用下快速发展，导致翼结构在若干个拍动周期内就会完全失效。因此，设计这些飞行器时往往不考虑在飞行任务之间进行针对疲劳的维护，而更注重交付使用时的制造与装配品质和关键部件替换的便携性，通过在飞行任务之间直接更换新部件而避免在飞行途中因疲劳而失效。

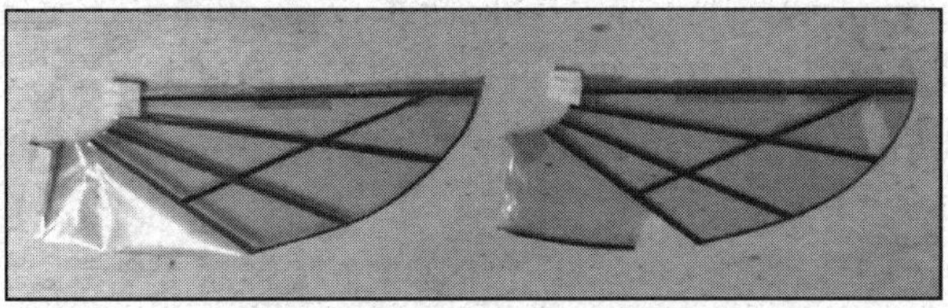

图 9-1　翼结构常见的疲劳破坏

与常规飞行器设计类似，提升仿生扑翼微型飞行器翼结构抗疲劳能力的最主要努力方向之一是研制性能更优异的新材料，例如：采用纳米纤维素和石墨烯增强的复合塑料薄膜，在单位质量和厚度下具有更强劲的韧性和抗灰尘能力；或研制用于传统塑料薄膜的高韧性耐磨涂层。这些新材料都能够有效抵抗翼膜在拍动时受拉伸可能出现的破损，提高单个翼结构的使用寿命。此外，研制新型高精度切割的翼膜裁剪方案，提高翼膜断面的完整度，避免因切割边界存在毛刺而加速翼膜破损，也是提高翼结构抗疲劳能力的努力方向之一。近年来，仿生扑翼微型飞行器翼结构的设计与制造转而采用梁-膜一体化层铺工艺。这种工艺将翼梁结构设计为一个碳纤维骨架并由若干层碳纤维织网层铺加工，之后将翼膜压塑在碳纤维翼梁骨架形成一个整体结构。这种加工工艺能够有效避免翼膜从翼梁脱落、降低翼膜在拉伸时的破损可能性，同时还便于设计翼结构的刚度和厚度分布，有望在未来广泛用于仿生翼结构的设计与制造。

为了提高仿生扑翼微型飞行器传动机构的寿命，可以应用韧性和硬度更高的轻质材料。此外，也需要尽可能减少传动机构包含的运动副、提高运动副的加工精度。近年来，传动机构设计开始引入带传动和齿轮传动来代替早期的曲柄摇杆机构，这便大幅减小了传动机构的运动副和振动部件，进而提高传动机构寿命。随着柔性软体机器人的发展并逐渐成熟，希望未来传动机构能够引入更多的柔性部件，甚至与动力系统整合在一起，研发出一种与昆虫胸腔高度相似的软体驱动-传动系统。

在推进仿生扑翼微型飞行器的实际应用时，除了要考虑疲劳破坏和寿命评估外，还需要针对飞行器及其各个子系统展开可靠性分析，提升这些系统运行的可靠性。尤其某些对灵敏度、飞行性能和功能要求严苛的军用场景，更是要求飞行器充分可靠。一般来说，仿生扑翼微型飞行器出现事故的原因与常规无人机相近，机械故障、人为错误、恶劣天气等不一而足，但目前它们的研制过程还远远未考虑到可靠性因素。这将是未来仿生扑翼微型飞行器的重要研究方向之一。

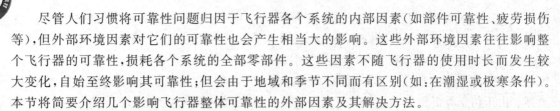

尽管人们习惯将可靠性问题归因于飞行器各个系统的内部因素(如部件可靠性、疲劳损伤等),但外部环境因素对它们的可靠性也会产生相当大的影响。这些外部环境因素往往影响整个飞行器的可靠性,损耗各个系统的全部零部件。这些因素不随飞行器的使用时长而发生较大变化,自始至终影响其可靠性;但会由于地域和季节不同而有区别(如:在潮湿或极寒条件)。本节将简要介绍几个影响飞行器整体可靠性的外部因素及其解决方法。

(1) 降雨气候

由于重量轻,仿生扑翼微型飞行器的更易受降雨影响。尤其对于飞行器采用的复合材料翼结构,雨水若大面积附着在翼膜表面将显著恶化翼的气动性能。这就要求翼膜材料要像真正的昆虫翅膀一样具备疏水界面特性,避免翼膜对雨水的吸附。此外,在降雨环境下使用的飞行器子系统(尤其是电子系统)需要具备一定的防水特性,避免电子元器件因雨水而短路、损坏。需要注意,使用额外结构将电子系统密封是非常直接的解决方案之一,但由于会额外增加飞行器重量,可能不适用于仿生扑翼微型飞行器。

(2) 低温环境

在高纬度地区,仿生扑翼微型飞行器往往需要在低温环境下飞行,甚至可能在翼面出现结冰现象。一旦出现结冰,将对扑翼的气动性能、控制能力和续航都产生非常大的不利影响。同时,由于仿生扑翼微型飞行器的翼结构简单、质量极轻,无法使用常规飞机机翼所使用的解决办法,因此针对这种飞行器研制的抗结冰方案可能还要归结于界面特性研究。此外,就像在低温环境使用手机一样,如果飞行器采用锂电池供电,那么低温环境下的续航也会显著降低。

(3) 突　风

由于重量轻,仿生扑翼微型飞行器在飞行过程受突风影响也十分明显。通常在进行气动外形设计和控制系统设计时会考虑飞行器在突风扰动下的气动性能与稳定性,尽可能削弱突风的影响,但这依旧无法涵盖真实飞行场景的实际情况。尽管自然界飞行的昆虫具有很强的抗突风能力,但这些性能还未被完美应用到仿生扑翼微型飞行器中。

实际上,对仿生扑翼微型飞行器可靠性的关注应贯穿于其寿命周期的各个阶段。从确定飞行器的设计需求开始,在概念设计、初步设计、详细设计直到使用和退役,都需考虑飞行器的可靠性。大量的飞行器设计实践说明,一个可靠的飞行系统不但要注重其系统性能,更要在概念设计阶段就注意可靠性与维修性。如果在设计阶段以牺牲其可靠性为代价,片面追求性能提升,将会导致飞行器在实际应用场景出现许多问题,如任务成功率低、维修率高等。为了在控制制造成本、满足设计需求的同时提高可靠性,通常在设计飞行器时须考虑如下原则:依据成熟的标准进行设计、设计简单原则、设计预先诊断能力、零件易于互换、考虑人为因素影响的敏感性、冗余设计和故障安全保护设计、可生产性设计、零件质量维持和控制等。

在仿生扑翼微型飞行器加工完成后,应先通过一些可靠性测试,再交付使用。常见的可靠性测试包括高低温测试、跌落测试、通信测试、振动测试、按键操纵测试、电子线路弯折测试等。这些测试是大多数无人机都应进行的可靠性测试。对于仿生扑翼微型飞行器,需要根据其预期应用场景设计额外的可靠性测试环节,如防水测试、任务载荷测试、寿命测试等。随着飞行器应用场景的不断丰富,其可靠性测试也将随之增多。

9.1.3 全机轻量化

轻量化设计理念起源于F1赛车运动,现如今已是设计航空航天飞行器需要考虑的关键因素之一。对于常规飞机来说，轻量化设计所带来的经济优势巨大。以载客 400 余人的波音 747－400 为例，其最大燃油量约为 22 万升，从美国洛杉矶飞到上海的单程燃油成本便超过 10 万美元。因此不难理解为什么波音公司在研制其新型 787 飞机时，愿意投入超过 3 亿美元来研究将飞机某个部件替换为钛合金制品的可行性，以此实现减重 2.5 t 的目标。减重能够降低飞行所消耗的燃油量，产生的经济收益是持续的。除经济收益外，飞机轻量化设计也源自于现代航空的绿色环保理念，以应对全球变暖和环境污染的加剧。

对于仿生扑翼微型飞行器的轻量化设计，主要是从提高其续航能力的角度来考虑的，而不是希望获得长时飞行的经济效益或降低碳排放。这是因为现阶段仿生扑翼微型飞行器的续航时间大多在 10 min 以内，严重限制其单次充电所能完成的任务范围。因此，仿生扑翼微型飞行器轻量化设计的发展方向仍以降低整机自重、提高飞行续航时间为主。

与传统轻量化设计相似，仿生扑翼微型飞行器的轻量化设计主要通过三种途径：轻量化材料应用、结构优化设计和先进制造工艺。其中，仿生扑翼微型飞行器的机体结构已使用了大量轻质、高强度的碳纤维增强复合材料，生物高分子材料在未来的进一步发展能够为其提供更加符合需求的仿生轻质功能材料，尤其是其在翼结构的应用。目前，仿生扑翼微型飞行器的翼结构与真实昆虫翅膀的性能差距仍然较大。此外，随着热处理技术的发展，第三代铝锂合金不仅具有低密度、高弹性模量、高比强度和高比模量等优点，同时还兼具低疲劳裂纹扩展速率、较好的高温低温性能。仿生扑翼微型飞行器传动系统、动力系统和控制系统的少数部件仍然需要使用金属材料来获得更优异的性能，可以在未来尝试使用第三代铝锂合金来加工这些部件。

结构优化设计是仿生扑翼微型飞行器轻量化在现阶段的重要研究方向之一。在飞行器初始设计环节，设计师大多依靠自身经验或参考现有机型，先初步设计每个零部件的尺寸、材料和装配方式，再通过数值计算校核设计方案的可行性，这种迭代设计方法往往需要重复多次才能最终满足设计需求。在进行结构优化设计时，设计师会首先明确设计空间、约束以及设计目标，建立结构的初始有限元模型，再通过拓扑优化，确定结构的最优拓扑形式（拓扑形式也指材料分布）。之后，在拓扑形式的基础上建立部件几何模型，再经过尺寸和形状优化，最终得到最优设计结果。

上面提到的尺寸优化、形状优化和拓扑优化都是仿生扑翼微型飞行器结构轻量化设计的重要方法。尺寸优化是确定结构最佳尺寸的最基本方法，主要设计对象是部件截面积、厚度等尺寸参数。形状优化主要针对结构外边界和孔洞形状，不改变结构连通性。拓扑优化用于确定零部件在满足某些约束下的最佳材料分布，以最轻的材料总重将外载荷有效传递到结构支撑。因此，拓扑优化在减轻结构自重的同时，也增强了结构的载荷传递性能。

需要注意的是，仿生扑翼微型飞行器的轻量化设计不仅局限在结构部件，电子元器件、动力系统和任务载荷也需要各自进行轻量化设计。这样才能将整个飞行器的总重控制在最低水平。

仿生扑翼微型飞行器的轻量化也需要考虑结构与系统的可制造性，在材料选择、结构优化设计过程中，设计师必须考虑可制造性方面的问题。例如：拓扑优化设计的结果往往是复杂的几何形状，有些形状是不能通过激光切割等传统制造工艺获得的。近年来，快速发展的增材制造工艺（也称为 3D 打印工艺）创造了一种“自下而上”材料累积制造方法，便于制造几何形状复杂的结构，并且可以释放制造约束，增强结构设计的灵活性。由于仿生扑翼微型飞行器采用了大量非常规标准形式的零部件结构，十分契合增材制造工艺可加工制造的范围，未来仍需要进一步挖掘增材制造工艺在加工仿生扑翼微型飞行器结构上的潜力，例如：能否利用金属材料的增材制造工艺加工仿生扑翼微型飞行器传动系统与控制系统的非标准形式金属部件？

9.1.4 气动噪声与静音降噪设计

在设计仿生扑翼微型飞行器时也需要考虑其飞行时产生的噪声。尽管这些噪声不会和民用飞机一样影响客舱内乘客的飞行体验，但会显著降低飞行器的隐身性能，这在军事应用场景下尤其重要。

无论是常规飞机还是仿生扑翼微型飞行器，其飞行时噪声的重要来源之一是气流在机身结构附近快速变化所产生的气动噪声，是气动声学领域的重要研究方向之一。与经典声学问题不同，气动噪声的一个显著特点是运动的气体介质对声音的产生和传播都具有不可忽略的影响。

现阶段的气动噪声理论主要基于 Lighthill、FfowcsWilliams 和 Hawkings 等人的理论研究，在方法层面可以分为声比拟方法、线性化波动方程法和经验/半经验理论方程法三类。声比拟方法（由 Lighthill 提出）是用一系列分布式的等效声源分布来代替非定常流场非均匀性和时变特性对声音传播的影响，这个方法可以直接解释湍流和气动声源之间的关系，在数学上的形式与电磁场中的四极子相同，因此被叫作四极子气动声源。随后，Curle 推广了 Lighthill 的声比拟理论，成功解释了气流与固定墙壁作用的发声问题。最终，FfowcsWilliams 和 Hawkings 两人利用广义函数将运动的壁面边界条件写入控制方程，从而给出了 Lighthill 声比拟方程的一般形式（FW－H 方程），从物理机制上解释了直升机旋翼的三个气动声源：湍流声源（四极子）、旋翼表面脉动力声源（偶极子）和旋翼运动造成的气动声源（单极子）。

在进行降噪设计之前，首先要弄清飞行器产生气动噪声的源头。目前，针对仿生扑翼微型飞行器及其生物原型的气动噪声研究十分有限，仅有的少数研究也是直接借鉴了 FW－H 声比拟方程探究扑翼的气动声源[1-3]。其中，有不少研究将目光聚焦在猫头鹰的安静飞行动作，研究其翅膀锯齿状前后缘对降低气动噪声的贡献[4]（见图 9－2）。然而，针对昆虫飞行的气动噪声研究仍然十分匮乏，也尚未提出一种有效减噪的仿生设计。通过对比现有仿生扑翼微型飞行器样机与其生物原型之间的气动噪声，可以发现这些样机所产生的气动噪声水平都明显更高，这可能与真实生物结构和仿生结构的声学性能差异有关。如何设计并制造出与生物结构声学性能相近的仿生结构也是未来的重要研究课题之一。

需要注意的是，除非在军事侦察等需要极低噪声水平的应用场景外，仿生扑翼微型飞行器的设计仍需要以飞行性能、安全可靠和能耗效率为优先条件，气动噪声和减噪研究需要以辅助设计目标的形式与上述条件结合，开展多目标优化，这样才能在满足飞行器性能、可靠性与经济型的前提下，尽可能降低气动噪声。随着新的计算工具（如量子计算与人工智能）与实验设备（如阵列成像技术）的不断出现，相信未来能够对气动噪声问题开展更加精细和全面的多物理场耦合研究。

图 9－2 猫头鹰翅膀初级飞羽的锯齿状前后缘[4]

9.1.5 新能源技术的运用

仿生扑翼微型飞行器现阶段的主要机载动力能源为聚合物锂电池，具有能量密度高、充放电特性优异的优势。事实上，聚合物锂电池也是日常生活中电子产品最普遍使用的电池之一，小到手机、大到新能源汽车，都能发现它的身影。由于现阶段仿生扑翼微型飞行器的动力系统仍主要以电机驱动为主，因此采用电池作为储能装置是最直接的，无需进行额外的能量形式转化。然而，聚合物锂电池也有它固有的劣势，如低温环境性能差、安全性顾虑等。

在未来几十年，全世界都将面对越发严峻的能源问题，极有可能引发新一轮能源技术革新，产出性能优于聚合物锂电池的储能装置。最近几年，已经有研究团队发现在聚合物锂电池中加入石墨烯元素，能够进一步提高电池的能量密度和充放电效率，并成功应用于电动自行车和新能源汽车。能否将这一技术应用于仿生扑翼微型飞行器的小型聚合物锂电池值得期待。

此外，仿生扑翼微型飞行器目前主要通过地面充电来完成电池的储能。随着太阳能充电技术的发展，可以在飞行器加装轻质的柔性太阳能帆板，来实现其在飞行状态下的实时充电。这与航天器在太空展开帆板进行充电的原理类似，只不过需要缩减尺寸并维持较高的充电效率。若这一技术成功应用于仿生扑翼微型飞行器，将从根本上解决其续航能力不足的问题，极大提升其使用效率。

除太阳能充电技术外，同样期待其他无线(非接触)快速充电技术的发展及其在仿生扑翼微型飞行器上的应用。一旦这些技术实现突破，仿生扑翼微型飞行器便可以通过应用智能算法自动飞往充电点完成充电。这一充电行为模式在近年来较火的扫地机器人领域已经得到了实际应用。

除了以电池的形式储能外，是否有可能在仿生扑翼微型飞行器上应用其他动力能源呢？目前，答案是未知的，但随着氢储能等新形式储能概念的提出与发展，这种新储能形式成为了极具前景的研究方向。当仿生扑翼微型飞行器用于军事打击场景时，可以将任务载荷(如高能量炸药)与动力能源整合为同一种形式。此时，氢储能便有望成为该类飞行器的动力来源。需要注意的是，如何有效利用氢能源驱动翼的拍动运动，必然需要设计一种全新的动力系统和传动方案。传统喷气和燃烧做功的形式显然不适合仿生扑翼微型飞行器。

9.1.6 隐身性能提升

隐身性能通常是军事战机或无人机十分看重的一项性能指标，决定其能否突破防御方的预警与探测手段，进而成功完成任务。通常可以将飞行器的隐身性能细分为光学隐身、声学隐身、雷达隐身、红外隐身、射频隐身等几大方面。对于仿生扑翼微型飞行器，现阶段还没有研究考虑这些方面的隐身性能，但这些性能却决定其能否用于军事场景。

光学隐身通常指的是以减弱光反射的方式使得观察者无法通过肉眼分辨飞行器(见图 9-3)，从功能上有点像小说《哈利波特》中的“隐身斗篷”。在常用战机和军事无人机中，可以在机体表面添加特殊涂层来实现这一功能。然而，自然生物没有这种高科技材料，它们有些在进化过程中通过自然选择而形成了与生存环境十分接近的“生物伪装”(见图 9-3)，以此躲避捕食者。对于仿生扑翼微型飞行器，亦可在机体外围覆盖一个轻质外壳并涂装光学隐身涂层来实现光学隐身。

声学隐身通常是水下航行器为躲避声呐系统的追踪而考虑的性能指标。对于仿生扑翼微

图 9-3　纳米涂层的光学隐身斗篷与枯叶蝶的生物伪装

型飞行器，它们在军事场景下大多与战斗人员近距离接触。虽然它们无需做到规避声呐系统探测这样强的声学隐身性能，但也至少需要做到不容易由人耳听觉感知。实现这一要求需要建立在气动噪声与减噪技术研究的基础上。

雷达隐身是指防御方主动发射的电磁波照射到飞行器后的散射控制技术。简单说，就是尽量避免飞行器将电磁波沿着原路反射回去。实现雷达隐身的关键是缩减飞行器对电磁波的威胁角域。通常采用的技术手段包括采用功能复合材料、避免机身出现大而平的反射面和凹形结构、电磁波隐身涂层、武器库内置（见图 9-4）等。对于仿生扑翼微型飞行器，结合外形设计手段与隐身涂层是实现其雷达隐身最为有效的方式之一。

图 9-4　声呐系统探测水下潜艇与歼-20 的内置武器库

红外隐身是指规避防御方利用以飞行器散发的热量为信息源的红外热成像技术对飞行器展开的探测。这对常规战机和无人机十分重要，因为它们装载的航空发动机尾喷口温度能够高达两三千摄氏度。如果不做额外处理，防御方在非常远的距离之外就可以看到尾喷射流的红外热成像。然而，对于仿生扑翼微型飞行器，它的动力系统在飞行时不会产生显著高于常温的热流，因此无需过度考虑其红外隐身性能。

射频隐身是指规避防御方通过无源头雷达探测器直接搜索飞行器平台在通讯、控制、制导等环节发射或辐射的射频特征信号。与传统雷达隐身相比，射频隐身重点考虑如何减弱飞行器自身向外发射或辐射的雷达信号，而非外界传入的雷达信号。近年来，我国取得长足进步的相控阵雷达技术，就是一种基于射频探测飞行器的雷达技术。射频隐身技术本身是一项复杂的博弈与概率研究，考虑到飞行器的机载设备在运行时无法避免向外界辐射信号，射频隐身更多时候并不是指让防御方完全无法截获射频信号，而是争取在防御方截获射频信号时已来不及对飞行器的攻击展开有效防御。常用的射频隐身技术是利用有源对消技术对射频信号进行对消或对常规射频信号叠加干扰信号，以此延缓防御方探测并辨识射频信号的时间。目前，由于仿生扑翼微型飞行器携带的机载电子系统相对简单、射频信号功率低，尚无需考虑它们的射频隐身性能。然而，随着机载电子系统性能与功率的逐步提升，射频隐身终将成为设计环节不可回避的一项重要性能。

9.2　应用场景构想

本小节介绍仿生扑翼微型飞行器在未来军用与民用市场的几个典型应用场景，方便读者理解这种飞行器有别于传统微型飞行器的优势。

9.2.1　军用场景

(1) 单兵携带的超视距侦察打击飞行器

现代战争对单兵作战能力及其可执行任务类型的全面性提出了更高要求。当大量的战斗小组投入战场后，如何为这些散布在不同位置的战斗小组快速准确地侦察战场动态是情报部门的一大棘手问题。目前，最新的战场情报侦察理念是由战斗小组利用随身携带小型无人机直接对前方战场进行超视距侦察，这样能够第一时间获取准确情报信息，便于战斗小组快速做出判断。

这类场景在许多军事题材的影视作品中已有呈现，例如：讲述我国撤侨行动的电影《红海行动》中就有使用小型四旋翼无人机探察攻击敌方迫击炮阵地的情节。四旋翼作为比较成熟的无人机布局，是现阶段这一军事应用场景的主力机型。然而，从气动理论上来讲，四旋翼布局在逐渐微小型化的过程中存在极限，但扑翼布局在微小型化上更具优势。这意味着，若未来战场为躲避反侦察而需要尺寸更小的、可单兵携带的侦察打击飞行器，仿生扑翼微型飞行器可替代现阶段的小型四旋翼无人机，完成各项任务(见图9-5)。

图9-5　战斗小组利用仿生扑翼微型飞行器进行战场侦察与打击

考虑到仿生扑翼微型飞行器在外形上贴近生物，在执行侦察打击任务时，更不易被防御方通过肉眼察觉。这也是它们在军事应用场景中的独具优势之处。

(2) 高隐蔽性的侦察、信号干扰与监听布网

利用仿生扑翼微型飞行器隐蔽性强的特点，还可以在未来利用它们快速布置战场侦察、信

号干扰和监听的通信网络。假设战斗人员身处丛林战场深处，此时战场后方的通讯基站可能无法将足够功率的信号发送至每位战斗人员。这时候，战斗小组可以释放多个携带侦察和通信组件的仿生扑翼微型飞行器，并操纵它们降落在丛林树木上，在飞行器之间建立通讯网络，并将侦察信息实时反馈给战斗人员(见图 9-6)。

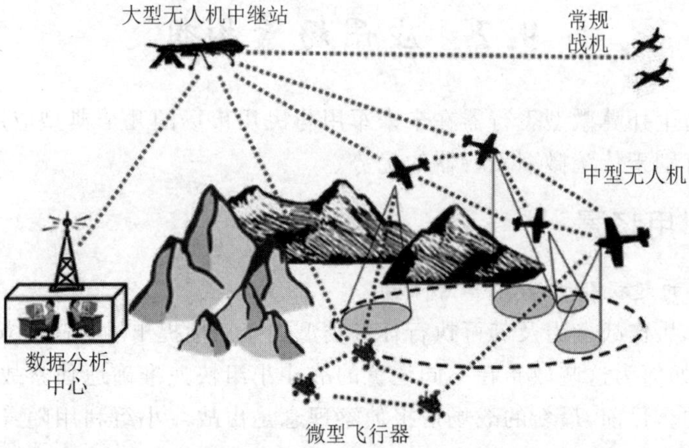

图 9-6　利用仿生扑翼微型飞行器建立战场通讯网络

当仿生扑翼微型飞行器降落在预定侦察点位后，需要展开太阳能帆板来进行充电，以此保证长时间通信的能量供应。这种临时通信网络的布置方式具有灵活度高的特点，随着战斗深入可以随时调整仿生扑翼微型飞行器的侦察点位，实现战斗小组内部和战斗小组之间的实时高效通讯。

在这种场景下，仿生扑翼微型飞行器还可以携带电子干扰组件，在降落至预定侦察点位后，不建立为己方服务的通信网络，而是发射干扰敌方通信的电磁信号。这样便可以实现局部战场的高强度信号干扰，建立己方通信优势。

(3) 多攻击目标搜索、定位与自动跟踪

既然仿生扑翼微型飞行器可以相互协作完成对敌打击或建立通信网络，那么一旦建立飞行器集群，通过合理分工就可以实现对多个目标的同步搜索、定位于自动跟踪。在这个集群内部，有一部分飞行器降落在侦察点，建立人-机和机-机间的通讯网络，实现战场信息共享；还有一部分飞行器待命，等待时机成熟后起飞进行对敌攻击。

此外，还需要有一部分飞行器始终盘旋在战场上空，依据战场后方人员的设置自动搜索行动目标。这种目标搜索可以是一对一的，也可以是相互协作、共同搜索的。一旦发现行动目标，可以指派一个飞行器进行自动跟踪，并将位置和状态的实时信息通过通讯网络反馈给后方战斗人员。待时机成熟，可以命令待命的攻击飞行器起飞，直接对行动目标进行打击。

(4) 人-机协同进攻

在前三个军事应用场景中，仿生扑翼微型飞行器分别完成了侦察、通信、搜索、追踪和打击等任务，实际上已经替代战斗小组进行了大量工作。通过对飞行器进行智能化升级，可以进一步提升战斗人员与仿生扑翼微型飞行器之间的协作能力。这种协作体现在战斗人员与飞行器的语言交流、快速信息共享与行动决策、攻击掩护等。

在理想状态的人-机协同进攻场景中(见图 9-7)，不区分战斗人员与飞行器的角色，向飞行器授予一部分自动决策的权限。这样，既降低了战斗人员判断决策的难度，也提高了飞行器自主进攻的能力，使得飞行器不仅是战斗人员的“眼睛”，也是攻击过程中值得信赖的“伙伴”。

图 9-7　人-机协同进攻的示意图

然而，向仿生扑翼微型飞行器授予决策权时也应考虑其对战斗人员安全性的威胁。从人工智能的角度来说，没有任何一种智能体是值得完全信任的，智能体越级控制的情况也是有可能出现的。而这种情况一旦出现，反而易被敌方利用而对己方造成损失。总之，推动仿生扑翼微型飞行器在战场应用的智能化与自主化是一把“双刃剑”，如何利用优势并尽可能降低威胁是未来需要仔细考虑的问题。

(5) 高密度集群式攻击与骚扰

除了隐蔽性强和飞行机动性高的特点外，仿生扑翼微型飞行器的制造加工成本低，与成本动辄几千万元一枚的导弹相比，它被用作战场打击武器时的单机成本几乎可忽略不计(成本为千元量级)。这样，不妨换一种思路，如果用一枚导弹的成本制造数万架次仿生扑翼微型飞行器，如何合理安排这些飞行器的任务才能产生高于一枚导弹的实际攻击效果呢?

最简单的方式是让大量的飞行器以高密度集群的方式对敌方展开攻击。此时，对于防御方阵地而言，无论雷达是否及时侦察到飞行器攻击集群的逼近，防御如此高密度攻击的难度都是很大的。要知道，每一架仿生扑翼微型飞行器都可以携带一定量的高能量炸药。这种密集、快速且分布面广的投弹方式就像是将一张密密麻麻的“炸药网”直接扑向防御方。

考虑到仿生扑翼微型飞行器的隐蔽性，甚至在战斗开始前分批次预先布置这些攻击飞行器，让它们栖息在树林中，并通过太阳能提供常规通信的能耗。一旦战斗打响，在需要出动攻击集群时，这些飞行器可以“群起而攻之”，令防御方措手不及。此外，也可以让这些飞行器进行分批次攻击，以达到高频率骚扰防御方、干扰其防御部署决策的目的。

9.2.2　民用场景

(1) 路面交通的多点协同监控与通讯

既然仿生扑翼微型飞行器可以在战场建立通信网络，那么也可以将它们的这种能力应用在交通流监控、通信与管理中(见图 9-8)。在北京、上海、广州等大城市，日常交通流管理是一个十分棘手的问题，尤其在早晚高峰、天气状况不理想时尤其严重。比如，交通流管理在实时调控道路交通信号灯间隔时需要预先获取路面车流信息，并结合外界信息(如道路状况、是否存在车祸、天气预报等)进行判断。

目前,交通流管理所依靠的路面车流信息大多依靠固定摄像头、道路下方预埋的车流感应器、驾驶人员的手机信号密度等。这些信息源要么数据不够精确(如驾驶人员的手机信号密度),要么数据采样点位不够灵活(如固定摄像头)。如果在道路发生拥堵时,可以在拥堵路段快速布置仿生扑翼微型飞行器,使其降落在合适监控点位提供实时交通流信息,将为交通管理的决策提供最为准确的信息。

图 9-8　仿生扑翼微型飞行器的交通监控与通讯

若仿生扑翼微型飞行器足够智能,甚至可以直接授予其调控交通信号灯的权限,让其成为真正的"飞行交警"。当某段路面因车祸等原因出现拥堵时,一些飞行器将自动飞往车祸路段附近的道路,协同管理车祸周边的交通信号灯,配合交警快速完成事故现场的处理,尽快恢复道路的正常通行。

(2) 管道、隧道与矿坑内部的安全巡检

仿生扑翼微型飞行器在概念提出初期的一大特色就是狭小空间的飞行能力,因此它们可以被应用于天然气管道、地铁隧道、矿山隧道等密闭空间的安全巡检工作。这些场景的空间相对较小,并且有空气质量差、存在安全隐患等问题,不便于巡检员定期进行长时间巡检。仿生扑翼微型飞行器可以在这些空间内部飞行,并将巡检图像实时传输给后方人员,以此完成安全巡检(见图 9-9)。

那么,与小型旋翼飞行器相比,仿生扑翼微型飞行器在这种场景下有哪些额外优势呢?这仍然体现在扑翼在更低尺寸(和雷诺数)下的较高气动效率。对于小型旋翼飞行器,它们可实现的最低尺寸仍然大于扑翼微型飞行器。因此,仿生扑翼微型飞行器可以完成更加狭小的隧道巡检工作,而小型旋翼飞行器不再适合。

图 9-9　仿生扑翼微型飞行器用于隧道内部巡检

(3) 灾后恶劣环境的勘测与救援

与管道、隧道与矿坑的安全巡检类似,既然仿生扑翼微型飞行器可以在更加狭小的空间内飞行,也可以将它们用于灾后的现场勘测与应急救援。例如,在发生地震后,破损的楼梯会形成许多狭小的内部空间,救援人员无法直接进入,此时,可以操纵仿生扑翼微型飞行器进入这些空间并勘察是否存在受伤人员，便于结合楼内情况部署救援工作。

除了提供灾后现场的实时图像外，仿生扑翼微型飞行器也可以建立受困人员与救援人员的对话通道，不仅有利于救援人员了解受困人员的实际情况，也有助于为受困人员提供精神支持，提高救援的成功率。

此外，仿生扑翼微型飞行器也可以将其快速建立通讯网络的能力应用至灾后救援现场。如常规通信基站在地震后会出现损坏，无法建立小范围局部通信网络，通过布置仿生扑翼微型飞行器建立临时通信网络将为救援提供更多便利，加速救援进程。

(4) 林牧业害虫防治与驱散

仿生扑翼微型飞行器的一大特点是容易通过合适的包装而以假乱真，成为“人造生物”，并且它们完全遵从控制人员的控制指令。利用这一特点，可以将仿生扑翼微型飞行器包装成某些害虫的天敌，用于林牧业的害虫防治。这种包装可以是形态学伪装，也可以是释放人造信息素（如气味信息素、声学信息素等），以此驱赶害虫。

这种应用也可以通过让“人造生物”模仿昆虫行为来带领自然飞行的昆虫完成人类预想的行为。如通过操纵仿生扑翼微型飞行器在飞行时释放吸引害虫的信息素，可以引领害虫飞往集中灭杀区域，实现更加高效的害虫灭杀效果。

(5) 消费级的仿生飞行平台

除了面向特种行业的应用需求外，仿生扑翼微型飞行器在消费级市场的效益也十分巨大。人类永远对自然界充满好奇，而目前市场还未出现一款高度仿生、尺寸微小的扑翼飞行器。这种消费级产品的出现，将引发具有浓厚生物飞行兴趣的爱好者的竞相购买，带来丰厚的市场收益。这类消费级应用场景也可以根据不同消费群体的需求，持续开发玩具级、专业级、探索 DIY 级的飞行平台，逐步发展成为一个产品序列（见图 9－10）。

图 9－10　消费级仿生扑翼微型飞行器

在这些消费级场景下，可以将目前应用在消费级四旋翼飞行平台（如大疆）的技术转移至仿生扑翼微型飞行平台。无论是高清航拍，还是沉浸式 VR，都可以在仿生扑翼微型飞行平台呈现完全不同的用户体验，与传统四旋翼飞行平台展开竞争。考虑到仿生扑翼微型飞行器与自然界生物十分相似，它们的市场竞争力要强于传统四旋翼飞行平台。

本章小结

虽然仿生扑翼微型飞行器在设计时希望具备生物拟态特性，但目前已公布的功能样机大多未完全实现生物原型的飞行性能，亦未使其具备足够多的功能性。为了助推该类飞行器成为军用和民用领域的下一代无人机，本章总结了仿生扑翼微型飞行器仍需重点发展的七个关键技术领域，并针对每一领域提出了未来需要实现的功能或所要具备的性能。在突破上述关键技术后，仿生扑翼微型飞行器的飞行性能和功能性将得到显著提升。本章基于这些特点与功能性，描述了仿生扑翼微型飞行器在未来军用和民用领域的几个独具优势的应用场景。

思考题

1. 仿生扑翼微型飞行器的关键技术有哪些未来发展方向?
2. 仿生扑翼微型飞行器的主被动可控变形技术是什么?
3. 仿生扑翼微型飞行器的隐身性能需要考虑哪些方面?
4. 仿生扑翼微型飞行器在军用与民用领域主要有哪些应用场景?

参考文献

[1] Seo J H,Hedrick T L,Mittal R. Mosquitoes buzz and fruit flies don't a comparative aeroacoustic analysis of wing-tone generation[J]. Bioinspiration & Biomimetics, 2021,16(4):046019.
[2] Seo J H,Hedrick T L,Mittal R. Mechanism and scaling of wing tone generation in mosquitoes[J]. Bioinspiration & biomimetics,2019,15(1):016008.
[3] Geng B,Xue Q,Zheng X,et al. The effect of wing flexibility on sound generation of flapping wings[J]. Bioinspiration & biomimetics,2017,13(1):016010.
[4] Rong J,Liu H. Aeroacoustic interaction between owl-inspired trailing-edge fringes and leading-edge serrations[J]. Physics of Fluids,2022,34(1):011907.
[5] Camille A R,Nicolas L. 协同无人机系统安全性与可靠性[M]. 北京:国防工业出版社,2015.
[6] 张强. 气动声学基础[M]. 北京:国防工业出版社,2012..
[7] 桑建华. 飞行器隐身技术[M]. 北京:航空工业出版社,2013.

附录A 仿生扑翼微型飞行器制作与基础试飞测试

A.1 内容概述

附录A将详细介绍一款相对简单的仿生扑翼微型飞行器的组成、制作方法和试飞过程，旨在让读者亲自参与仿生扑翼微型飞行器的制作和试飞测试过程，加深对仿生扑翼微型飞行器的理解和本书正文部分相关理论和技术的认识。

为了降低难度，附录A介绍的仿生扑翼微型飞行器仅包含基础的扑动机构、仿生翼和动力装置，能够产生足够的升力带动飞行器自身起飞。具有一定动手实践能力和理论基础的低年级本科生在详细阅读完本章内容后即能自主完成仿生扑翼微型飞行器制作与试飞测试工作。

除齿轮外，推荐读者采用3D打印加工仿生扑翼微型飞行器的其他零部件，其他制作材料、制作工具和实验设备需要读者自行购买。

A.2 仿生扑翼微型飞行器的组成和工作原理

图A-1是一款由一套扑动机构、一对仿生翼和一个动力装置(即电机)三部分组成的仿生扑翼微型飞行器。其中扑动机构包含一个底座、两个单层齿轮(型号40-2A，齿数40，模数0.5，轴径2 mm，A表示齿轮与转轴紧配合)、一个双层齿轮(型号3610-2B，下层齿数36，上层齿数10，模数0.5，轴径2 mm，B表示齿轮与转轴松配合)、两个连杆和两个翼杆组成；在每个翼杆中插入一根长约95 mm的圆柱碳纤维杆(规格T700，直径1.0 mm)，在底座与翼杆的连接处同样插入两根长约50 mm的圆柱碳纤维杆(规格T700，直径1.0 mm)。

图A-1 仿生扑翼微型飞行器

将扑动机构翼杆上的圆柱碳纤维杆插入仿生翼的“套筒”结构中，用于将仿生翼安装到扑动机构上，如图A-2所示。当扑动机构运动时，翼杆上的圆柱碳纤维杆带动仿生翼扑动并产生气动力。如图A-3所示，仿生翼由翼膜、翼脉、套筒组成，其中翼膜由聚酰亚胺薄膜裁剪制作(厚度0.025 mm)，一个仿生翼上具有两根长度不等的翼脉，由圆柱碳纤维杆制作(规格T700，直径0.5 mm)，套筒由部分翼膜和聚酰亚胺胶带制作。

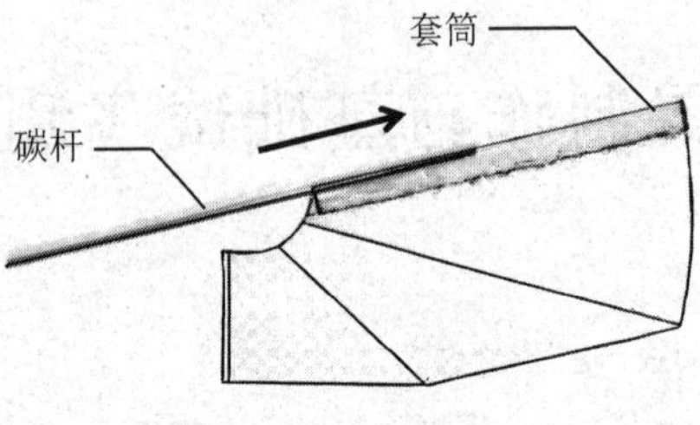

图 A-2　仿生翼安装

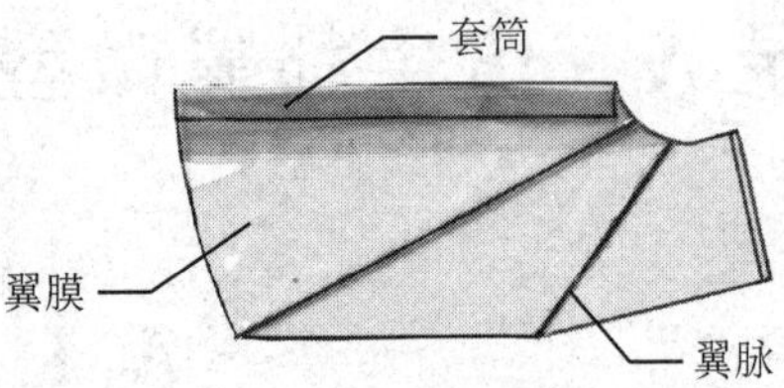

图 A-3　仿生翼的组成

仿生扑翼微型飞行器的动力装置为一个空心杯电机(型号 820),空心杯电机轴上安装一个电机齿轮(型号 8-1A,齿数 8,模数 0.5,轴径 2 mm,A 表示齿轮与转轴紧配合),电机在通电后近似为匀速转动,电机齿轮带动双层齿轮转动,双层齿轮随即带动左侧的单层齿轮转动,左侧单层齿轮一方面带动右侧的单层齿轮反向转动,另一方面通过齿轮上的连杆驱动左侧翼杆扑动,同理右侧单层齿轮也会通过连杆驱动右侧翼杆扑动,整个扑动机构的运动简图如图 A-4 所示。左右两侧翼杆的扑动角定义如图 A-5 所示,则扑动机构输出的理论扑动角曲线如图 A-6 所示。

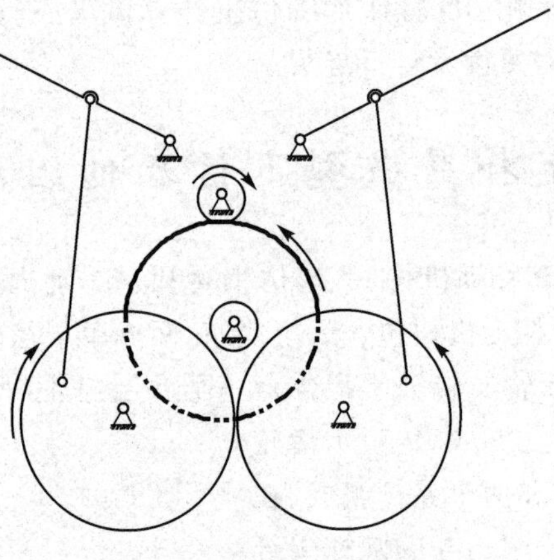

图 A-4　扑动机构的运动简图

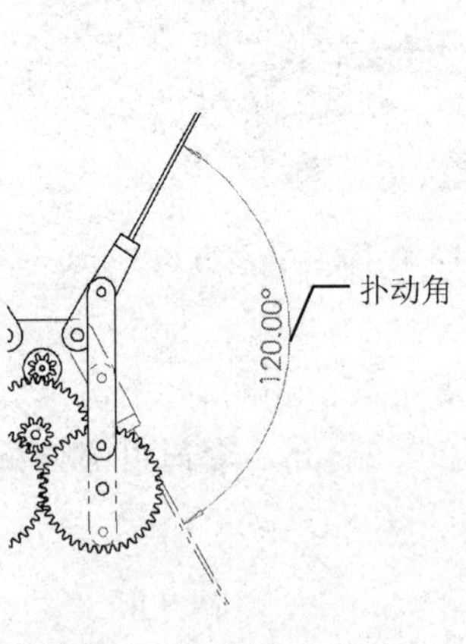

图 A-5　扑动角定义

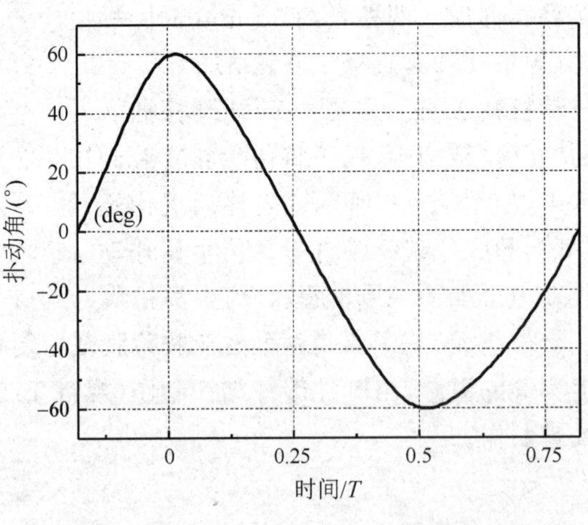

图 A-6　扑动机构输出的理论扑动角曲线

扑动机构实际输出的扑动角幅值会大于理论值，造成扑动角幅值增大的原因主要包括两个方面：一方面是翼杆上安装仿生翼的碳纤维圆柱杆在扑动过程中会受到惯性载荷以及仿生翼传来的载荷的作用，导致该碳纤维圆柱杆会在扑动角的极限位置产生变形，进而导致扑动角幅值增大；另一方面是扑动机构各零部件之间的真实连接关系并不是理想的转动副，即一个零部件并不会精确地绕着与之连接的另一个零部件转动，二者在转轴连接处存在一些微小的间隙，尽管看起来间隙对两个零部件之间的影响是微不足道的，但多个零部件间的间隙经过扑动机构上连杆机构的放大会产生比较明显的影响，进而显著地增大扑动角的幅值。目前来看，扑动角幅值的增大有利于产生更大的升力，同时也需要电机输出更高的功率。

这里的仿生扑翼微型飞行器没有控制系统，正如第 6 章提到的，无尾式仿生扑翼飞行器本身是一个不稳定系统，因此没有控制系统的无尾式仿生扑翼微型飞行器如果自由放飞就无法稳定地飞行，因此在后续的测试和试飞过程中，将对飞行器采取一定的约束以限制其飞行过程。

A.3　仿生扑翼微型飞行器的制作装配

A.3.1　制作装配材料清单

制作仿生扑翼微型飞行器的材料分为制作仿生翼的材料和制作扑动机构的材料两部分。制作仿生翼的材料(见表 A－1)包括：聚酰亚胺薄膜(厚度 25 μm)、圆柱碳纤维杆(直径 1.0 mm 和 0.5 mm)、聚酰亚胺胶带(宽度 8 mm，厚度 0.05 mm)、万能胶(推荐型号为百得 PXT4X 万能胶)、记号笔(推荐防水的油性记号笔，粗细 0.5 mm 为宜)。

表 A－1　制作扑翼的原材料清单

名　称	数　量	图　片	名　称	数　量	图　片
聚酰亚胺薄膜	1		聚酰亚胺胶带	1	
圆柱碳纤维杆(直径 1.0 mm)	4	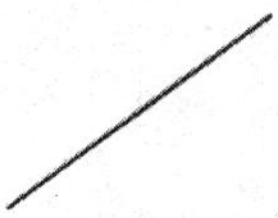	圆柱碳纤维杆(直径 0.5 mm)	4	
万能胶	1		记号笔	1	

装配制作扑动机构所需零部件(见表 A－2)包括:一个底座、两个单层齿轮(型号 40－2A×2)、一个双层齿轮(型号 3610－2B)、一个电机齿轮(型号 8－1A)、两个连杆、两个翼杆、空心铜铆钉(直径 2 mm,长度不短于 10 mm)若干、铝铆钉(直径 2 mm,长度不短于 10 mm;直径 1 mm,长度不短于 10 mm)若干、一个空心杯电机(型号 820)。齿轮、铆钉和电机可以通过购买获得,其他零部件建议采用 3D 打印制作,为了保证 3D 打印得到的零部件具有较好的精度,推荐打印材料为光敏树脂。考虑到在手工装配制作过程中难免出现失误导致零部件损坏,建议多准备一些零部件以备不时之需。

表 A－2　装配机身与运动机构的零部件清单

名　称	数　量	图　片	名　称	数　量	图　片
底座	1		双层齿轮	1	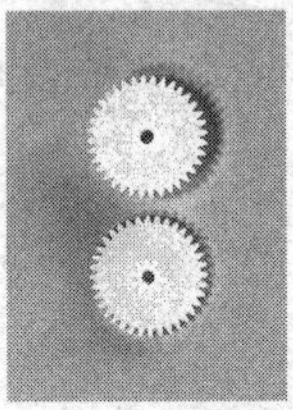
连杆	2		空心铜铆钉(直径 2 mm)	≥2	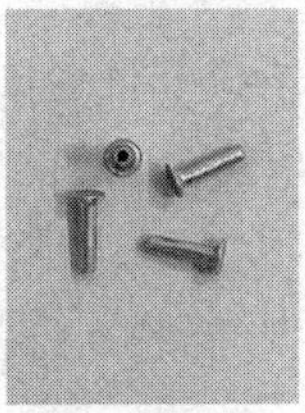
翼杆	2	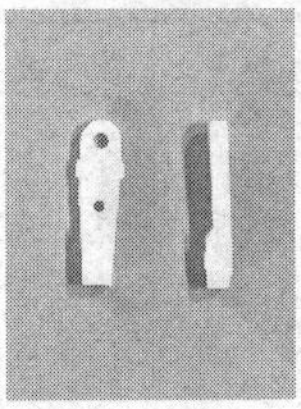	铝铆钉(直径 2 mm)	≥3	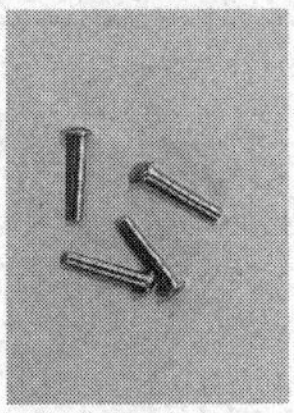
单层齿轮	2	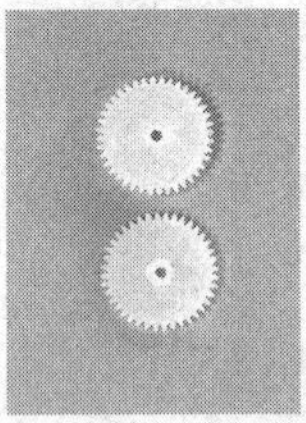	铝铆钉(直径 1.5 mm)	≥4	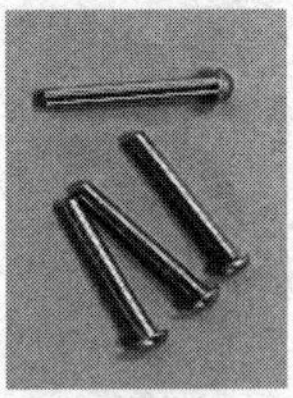
电机齿轮	1		小型空心杯电机	1	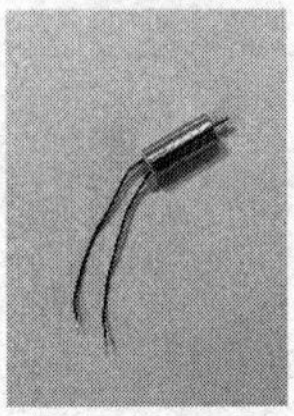

A.3.2　制作装配工具清单

在装配制作微型扑翼飞行器之前需要准备合适的装配工具(见表 A-3),包括:铁砧、三种规格的手钻(钻头直径分别为 1 mm、1.5 mm、2 mm)、锤子、水口钳、尖嘴钳、直尺、502 胶水、剪刀、纸胶带。

表 A-3　装配工具清单

名　称	数　量	图　片	名　称	数　量	图　片
铁砧	1		水口钳	1	
手钻	3	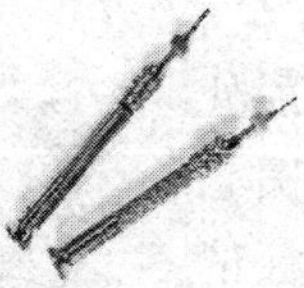	直尺	1	
锤子	1		502 胶水	1	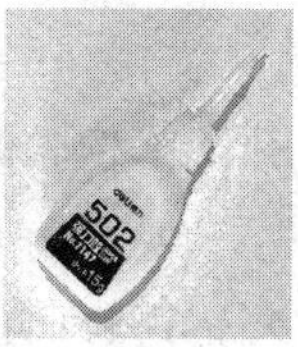
尖嘴钳	1		剪刀	1	
纸胶带	1				

A.3.3　仿生扑翼微型飞行器的制作装配过程

1. 零部件预处理

在装配前,首先用对应孔径的手钻对表 A-2 中除电机与铆钉之外所有零部件的转轴孔进行扩孔,将转轴孔扩大到正确孔径,这是因为 3D 打印得到的零部件的孔径通常小于设计值。

如图 A－7 所示，底座共有 5 个转轴孔，其中转轴孔 1 和 2 用于装配单层齿轮，孔径为 2 mm；转轴孔 3 用于装配双层齿轮，孔径为 2 mm，转轴孔 4 和 5 用于装配翼杆，孔径为2 mm。两种齿轮的转轴孔孔径均为 2 mm，翼杆末端与底座 4 号、5 号安装孔配合的转轴孔径均为 2 mm，其他零部件的转轴孔孔径均为 1.5 mm。正确的扩孔操作如图 A－8 所示。

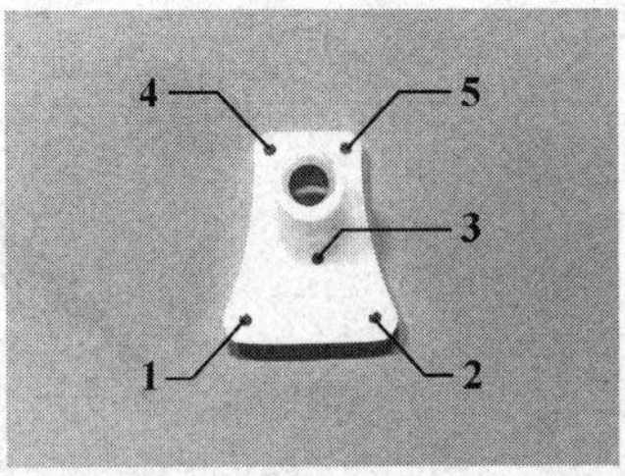

图 A－7　底座上的安装孔编号

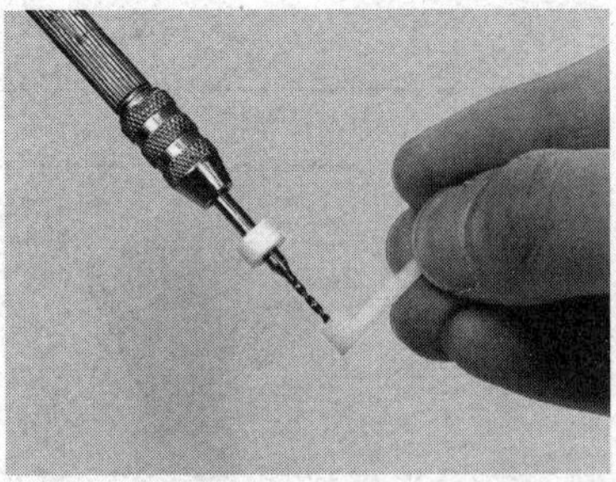

图 A－8　零件扩孔预处理操作示意图

除了给零部件扩孔外，还需要对单层齿轮进行预处理：首先使用直尺和记号笔在单层齿轮上标记一个距圆心 6.5 mm 的点，并使用钻头直径 1.5 mm 的手钻在该标记点钻出一个直径 1.5 mm 的圆孔，此孔作为安装连杆的偏心孔，如图 A－9 所示。

图 A－9　单层齿轮上的偏心孔

2. 扑动机构装配

首先，以底座开始装配扑动机构。

① 将铝铆钉(直径 2 mm)插入底座的 3 号安装孔，如图 A－10 所示。

② 将双层齿轮插入铝铆钉(直径 2 mm)，使用水口钳剪去铆钉多余部分并保证铆钉顶端高出齿轮面 1 到 2 mm，用锤子锤击铆钉直至压溃，装配结果图 A－11 所示。

齿轮的安装正确标准：齿轮绕铆钉转动顺畅、无明显阻力存在，可以接受齿轮出现适当晃动，晃动范围以齿轮不与底座发生接触摩擦为准。

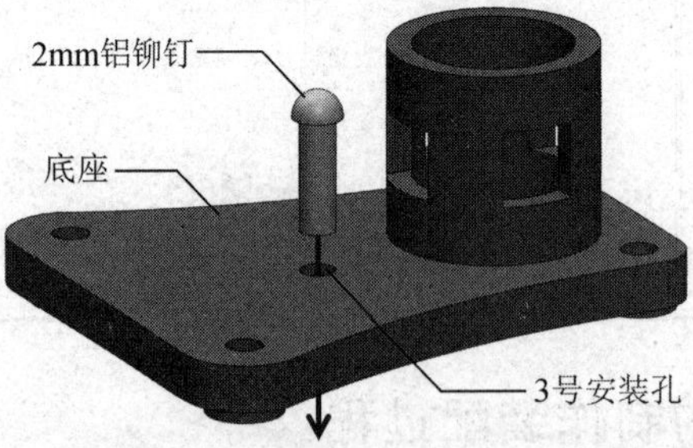

图 A－10　双层齿轮装配在底座
(铝铆钉插入 3 号安装孔)

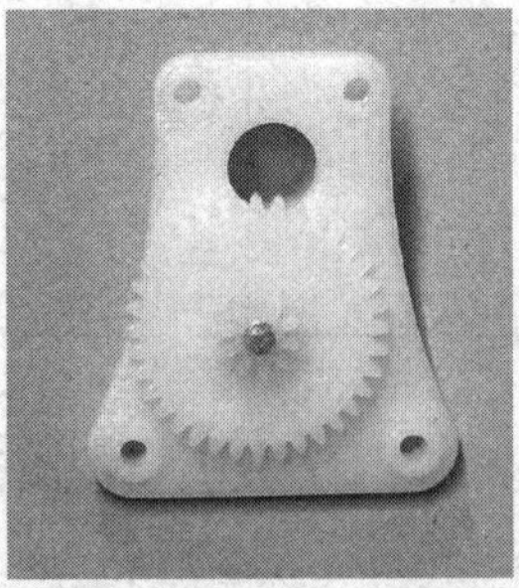

图 A－11　双层齿轮装配结果

③ 装配单层齿轮和连杆：如图 A－12 所示，使用铝铆钉(直径 1.5 mm)连接连杆和单层

齿轮，铆钉从连杆带有短凸台一侧的无凸台面穿入，穿出连杆并插入单层齿轮上直径1.5mm的偏心圆孔。用水口钳剪去直径1.5 mm铝铆钉露出部分至剩余约1mm并用锤子压溃，装配结果如图A-13所示。

安装注意事项：连杆两侧的凸台高度是不同的，安装位置是短凸台的一端；使用水口钳剪掉露出的铆钉长度不应太长（太厚），否则在机构运动过程中会与双层齿轮发生碰撞（干涉）。

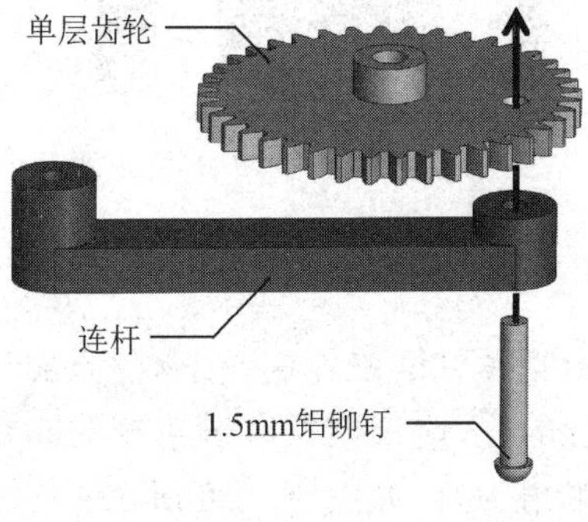

图A-12　单层齿轮与连杆的装配过程

图A-13　单层齿轮与连杆装配结果

④ 如图A-14所示，使用铝铆钉（直径2 mm）将单层齿轮装配在底座上，使用水口钳剪去铝铆钉（直径2 mm）的多余部分至顶端露出齿轮面1 mm，用锤子锤击铆钉直至压溃，装配结果如图A-15所示。

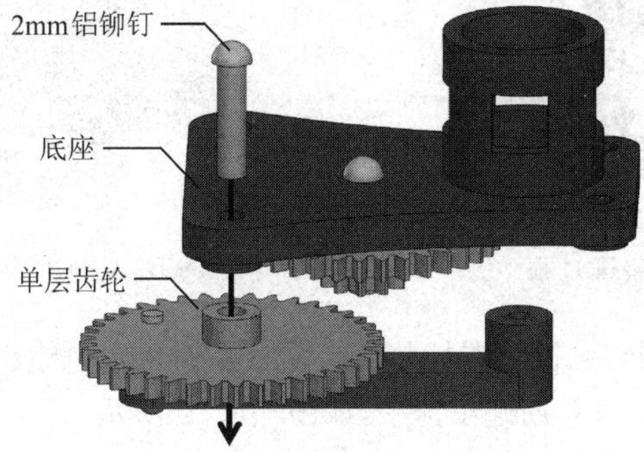

图A-14　单层齿轮与底座装配过程

安装注意事项：由于铝铆钉的硬度较低，在安装单层齿轮时，非常容易将铝铆钉锤弯，因此在锤击前应调整好齿轮角度，使其与底座平行，并用手扶住将其固定在此位置，随后再锤击锤平；安装另一个齿轮时，可以使用手扶住使两个齿轮共面且啮合，然后再锤击锤平铆钉的露出部分。

安装标准：a. 用手拨动齿轮可以正常啮合转动；b. 从侧面观察，单层齿轮、双层齿轮和底座相互平行，铝铆钉（2 mm）与底座垂直；c. 两个单层齿轮的偏心孔相对于底座中性面对称，如图A-16所示，这样才能使左右翼扑动对称。

图 A-15 单层齿轮与底座装配结果

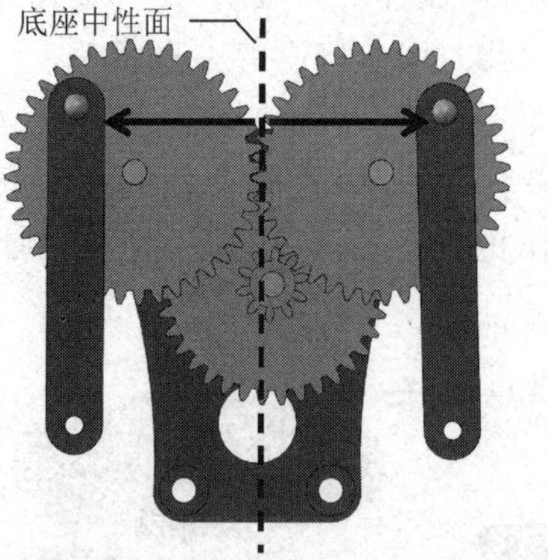

图 A-16 单层齿轮的正确装配位置

⑤ 如图 A-17 所示，使用空心铜铆钉(直径 2 mm)将翼杆装配在底座上(注意翼杆具有不同的两个表面)，然后使用水口钳小心剪去铜铆钉多余部分，使得铜铆钉剩余部分高出翼杆约 1～2 mm，并用锤子轻轻锤平，以翼杆不晃动且转动顺滑为宜，如图 A-18 所示。

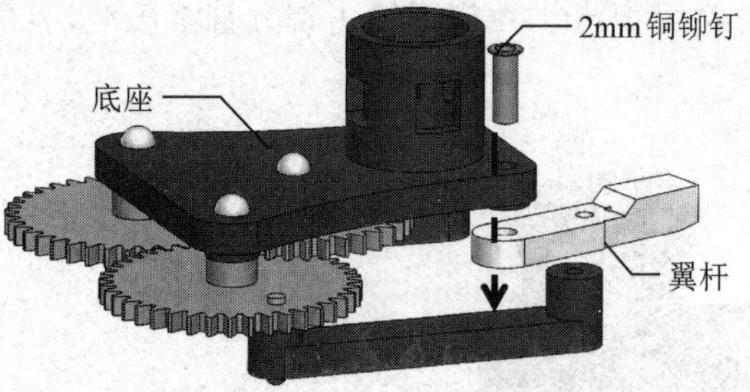

图 A-17 翼杆与底座装配过程

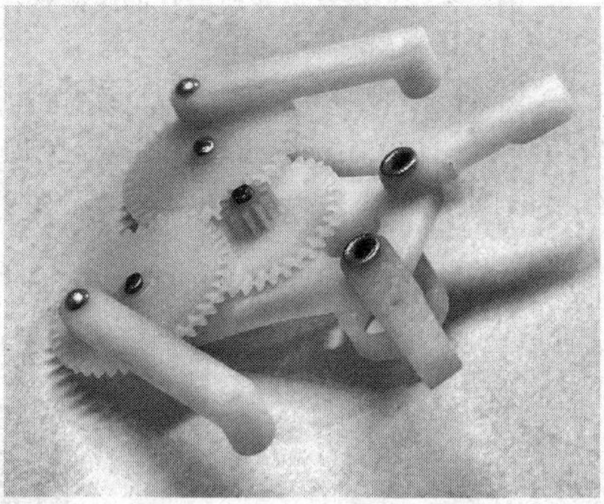

图 A-18 翼杆与底座装配结果

⑥ 如图 A-19 所示，使用铝铆钉将翼杆装配在连杆上。用水口钳将铝铆钉(直径 1.5 mm)露出部分剪去至剩余约 1～2 mm 并用锤子锤平，如图 A-20 所示。

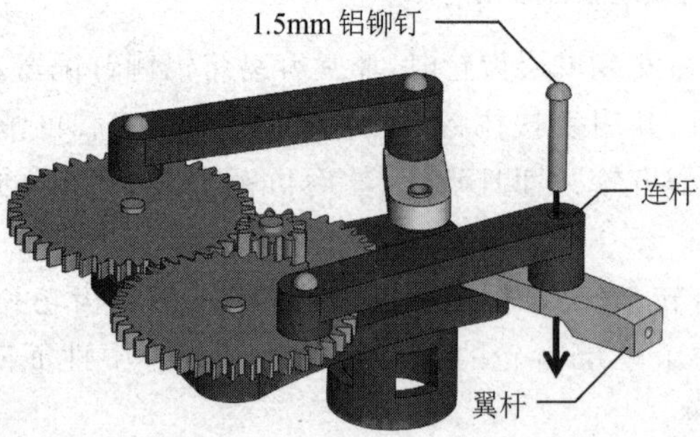

图 A-19 翼杆与连杆装配过程

图 A-20 翼杆与连杆装配结果

⑦ 将电机齿轮安装在空心杯电机的转轴上，然后将空心杯电机插入底座电机安装孔内，如图 A-21 所示。

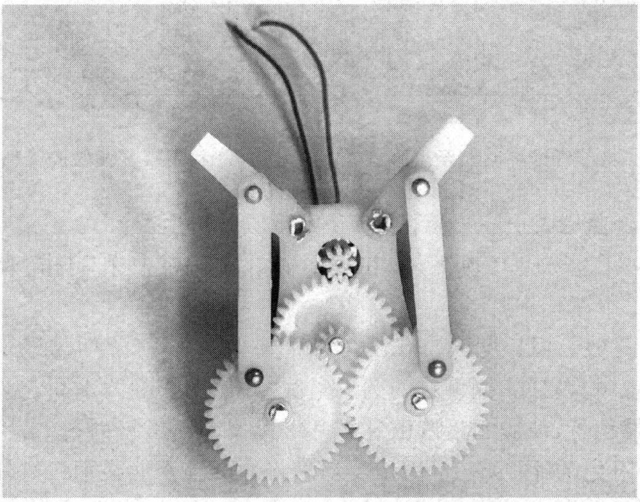

图 A-21 空心杯电机安装示意图

3. 仿生翼制作与装配

① 使用直尺和记号笔在聚酰亚胺薄膜上画出仿生翼的轮廓和翼脉位置，随后使用剪刀将多余部分剪去，如图 A-22 所示。

② 使用水口钳剪裁碳纤维圆柱杆(直径 0.5 mm)，获得与翼脉长度相等的两根翼膜支撑杆，如图 A-23 所示。

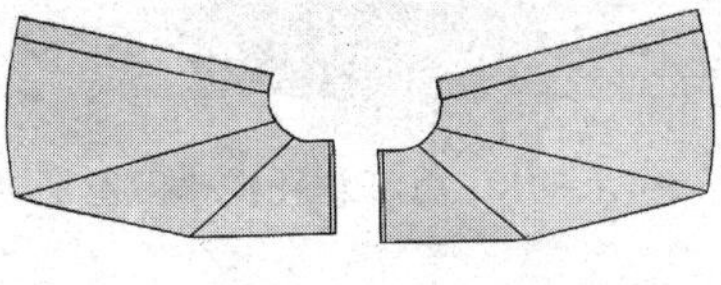

图 A-22 仿生翼的翼膜

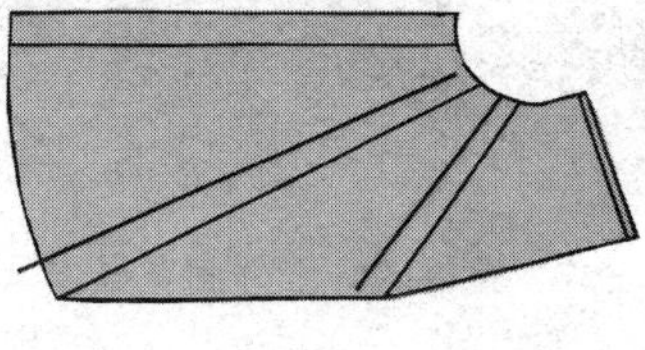

图 A-23 裁剪后碳纤维杆

③ 将裁剪好的碳纤维圆柱杆(直径 0.5 mm)插入万能胶后再缓慢抽出，使其表面黏附一层胶水(注意控制胶水用量，不宜过多)，如图 A-24 所示。

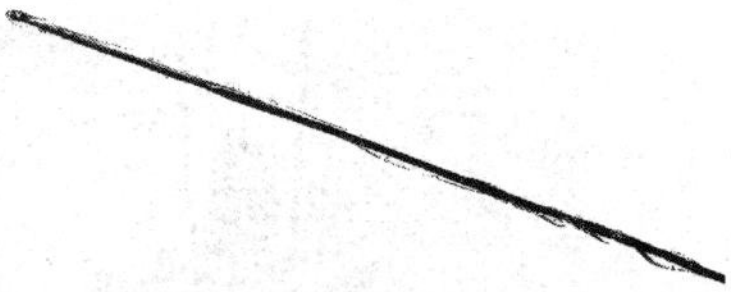

图 A-24 黏附了万能胶的碳纤维杆

④ 将黏附万能胶的碳纤维杆粘贴在聚酰亚胺薄膜对应位置，两根碳纤维杆粘贴完成后静置 5 分钟使万能胶固化。若碳纤维杆末端未粘贴至薄膜，可将少量万能胶涂抹在碳纤维杆末端并重新粘贴，粘贴完成的仿生翼如图 A-25 所示。

⑤ 沿翼膜前缘的直线翻折翼膜，然后使用聚酰亚胺胶带将翻折翼膜重新粘贴到聚酰亚胺薄膜上，使其形成一个“套筒”结构，如图 A-26 所示。

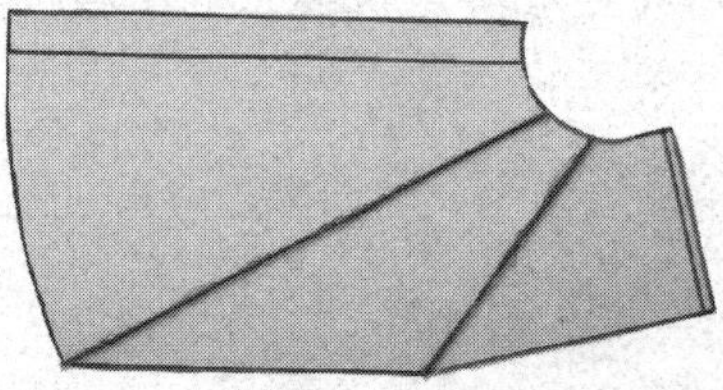

图 A-25　将碳纤维杆粘贴至翼膜

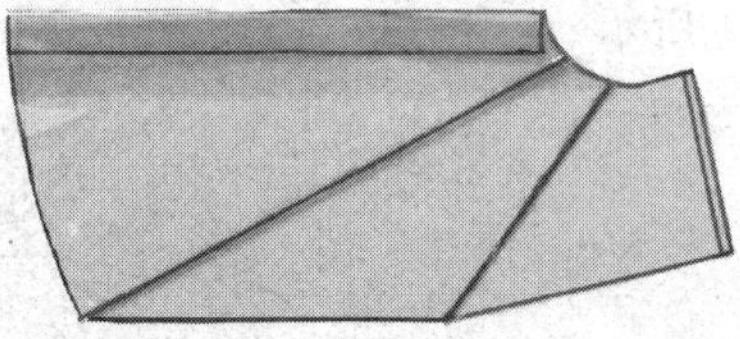

图 A-26　利用聚酰亚胺胶带粘贴的“套筒”结构

⑥ 重复上述制作步骤，制作一对(两个)互为镜像的仿生翼。

制作注意事项：两个翼应互为镜像，在粘贴碳纤维圆柱杆和制作“套筒”结构时应特别留意。

⑦ 使用水口钳裁剪一根长度为 50 mm 的碳纤维圆柱杆(直径 1 mm)，在碳纤维圆柱杆一端缠绕少量的纸胶带，将其插入铜铆钉的圆形空隙，并使用 502 胶水固定。建议将胶水滴在靠近碳纤维圆柱杆末端位置，使胶水沿着碳纤维杆缓慢流入铜铆钉内孔中，滴注 502 胶水后静止 10 分钟以上待胶水固化，如图 A-27 所示。切忌将 502 胶水滴在铜铆钉外侧！

安装注意事项：滴注 502 胶水必须保证胶水瓶配备点滴管，挤压 502 胶水瓶时切勿过于用力。在滴注 502 胶水时，身体应与胶水瓶保持一定距离，建议佩戴护目镜防止胶水溅入眼中。若发现滴注了过量 502 胶水，可使用卫生纸将多余胶水吸附出。

⑧ 使用的手钻(钻头直径 1 mm)钻入翼杆前端圆孔约 3～5 mm 深，如图 A-28 所示。

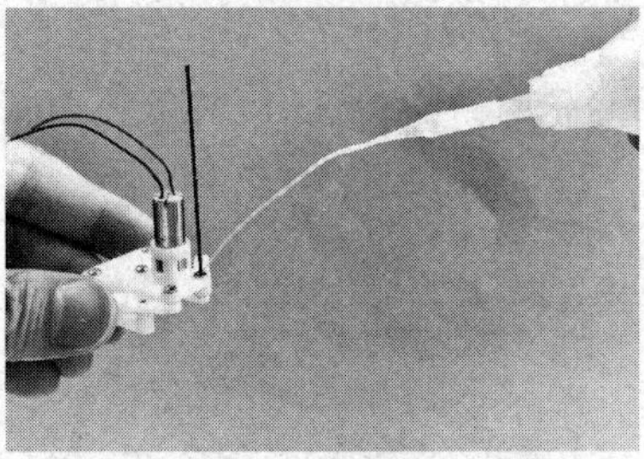

图 A-27　翼根碳纤维杆固定操作示意图

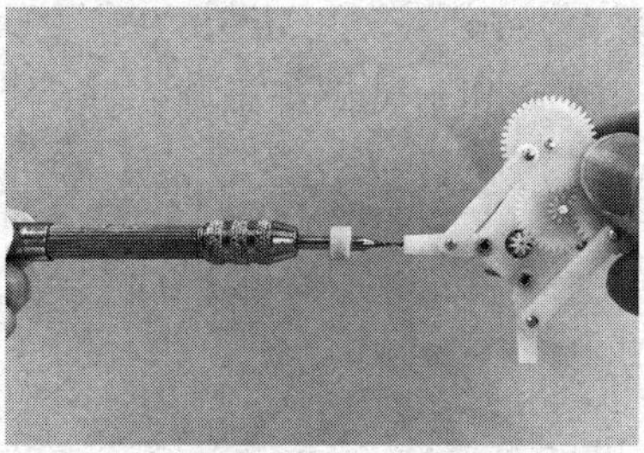

图 A-28　翼杆钻孔操作示意图

⑨ 取长度为 95 mm 的碳纤维圆柱杆(直径 1 mm)，在其末端滴加少量 502 胶水，迅速插入翼杆前端孔，然后等待静止 10 分钟以上待胶水固化，如图 A-29 所示。

⑩ 如图 A-30 所示，在仿生翼的翼根粘贴一条聚酰亚胺胶带，并将多余部分用剪刀剪去。

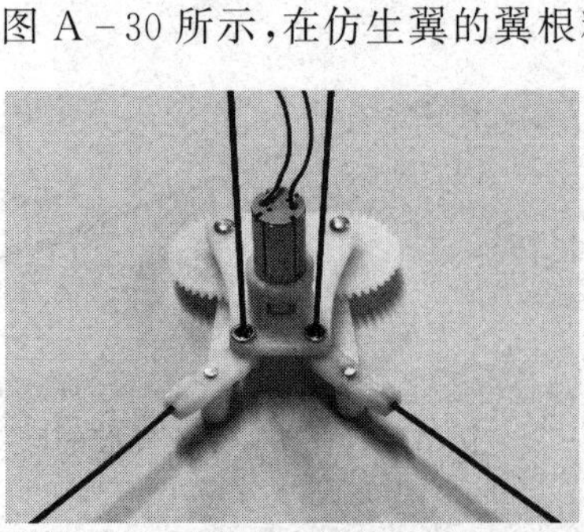

图 A-29　仿生翼展方向碳纤维圆柱杆装配结果

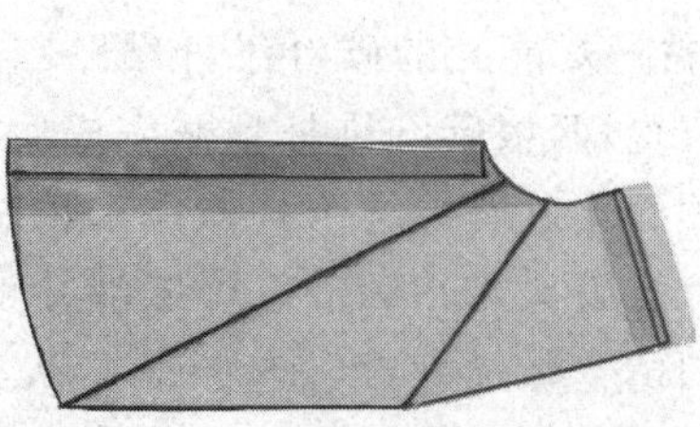

图 A-30　仿生翼的翼根粘贴胶带

⑪ 先将与翼杆相连的碳纤维圆柱杆插入仿生翼的"套筒"中，再将翼根处的聚酰亚胺胶带绕着与底座相连的碳纤维圆柱杆粘贴，使翼根可以绕这根碳纤维圆柱杆自由转动，如图 A-31 所示。

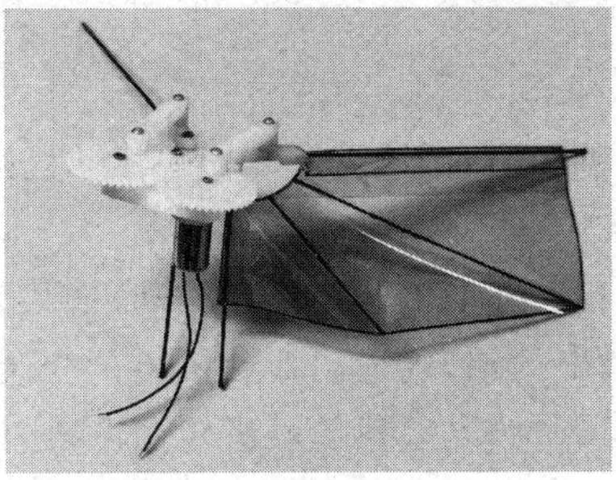

图 A-31 仿生翼根部装配示意图

A.4 仿生扑翼微型飞行器的检测、调试和试飞

A.4.1 检测、调试和试飞工具清单

完成仿生扑翼微型飞行器的制作装配后进入检测、调试和试飞的环节，需要用到的工具如表 A-4 所示。

表 A-4 试飞试验材料和工具清单

名 称	数 量
仿生扑翼机构	1 套
碳纤维管(外径 3 mm，内径 1 mm，长度 30 mm)	1 根
锉刀	1 把
剪刀	1 把
防护手套	1 双
N95 口罩	1 只
直尺	1 把
热熔枪	1 把
铁砧	1 个
尼龙线	1 卷
漆包线(直径 0.5 mm，长 50 cm)	2 根
美工刀	1 把
润滑油	1 瓶
小型注射器	1 个
稳压电源	1 台

A.4.2 仿生扑翼微型飞行器的检测和调试流程

完成仿生扑翼飞行器的制作装配后需要经过检测后才能进行试飞，检测和调试的过程如下。

1. 静态检测

在给仿生扑翼飞行器的电机通电前，首先需要检查扑动机构和仿生翼是否存在问题，这一部分称为静态检测。

① 检查整体扑动机构：用手拨动两个单层齿轮转动，如果发现单层齿轮能比较顺畅地转动，且扑动机构没有明显明显的卡顿感，则证明扑动机构的安装是合理的，可以跳过扑动机构后续的检查部分，直接检查仿生翼；如果发现单层齿轮在转动中受到很大的阻力或具有明显的卡顿感，则需要进一步检查。

② 检查三个齿轮平面是否与底座平行：当齿轮与底座保持平行时扑动机构才能正常运转，检查时将扑动机构置于眼前，从正面和侧面两个方向观察三个齿轮平面是否与底座平行，如图 A-32 所示。导致齿轮平面与底座不平行的主要原因是铝铆钉(直径 2 mm)出现问题，例如在锤击铝铆钉时方向不正确或锤击力度过大导致铝铆钉弯曲变形。

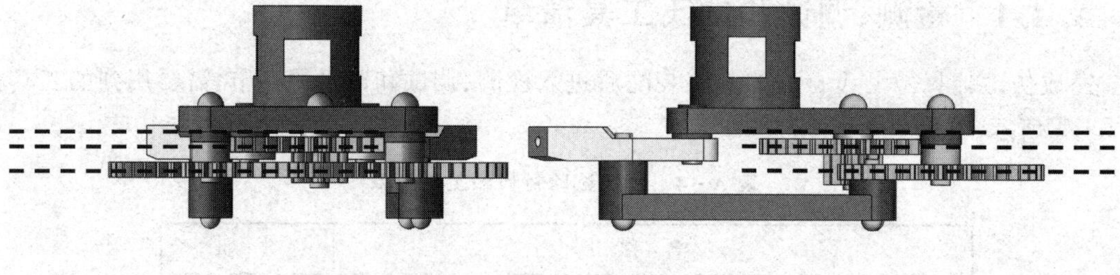

图 A-32 检查三个齿轮面是否与底座平行

③ 检查连杆与单层齿轮连接处的铝铆钉(直径 1.5 mm)：连杆与单层齿轮连接处的铝铆钉露出的长度不宜超过 1.5 mm，否则铆钉很容易与双层齿轮发生干涉；此外需要观察连杆与单层齿轮表面是否能紧密贴合，如果不能紧密贴合则可能存在两点问题：一是在锤击过程中用力过大导致铝铆钉已经弯曲变形，二是连杆的位置安装错误，将长端凸台一段安装在单层齿轮上。此外，还需要检查在单层齿轮上安装铝铆钉的偏心孔位置是否正确，两个单层齿轮的偏心孔是否沿机身对称。

④ 检查与翼杆相连的铆钉是否存在问题：每个翼杆上都有一颗铝铆钉(直径 1.5 mm)和一颗空心铜铆钉(直径 2 mm)，检查翼杆与连杆和底座是否能紧密贴合，如果不能紧密贴合则可能是在锤击过程中用力过大导致铆钉已经弯曲变形。此外，在滴加 502 胶水时如果不慎将胶水滴入铜铆钉的外侧，则可能导致翼杆、铜铆钉和底座被 502 胶水完全固定，如果发生该情况只能重新装配机构。

⑤ 如果上述对扑动机构的检查均未发现明显的问题，但拨动单层齿轮转动仍然具有很大的阻力，则有可能是在制作装配机构前忘记为零部件扩孔或者在装配时锤击铝铆钉的力度过大，这一情况可以在 A.4.2.2 通过润滑机构解决。

⑥ 仿生翼检查：检查一对翼是否互为镜像，如果不是需要重新制作；检查仿生翼的翼膜边缘是否有明显的裂口，如果发现裂开需要重新制作仿生翼；检查翼脉与翼膜的粘贴是否牢固，

如果发现翼脉与翼膜分离的问题需要补加万能胶粘贴;检查套筒是否完好,仿生翼是否能正常绕套筒转动,如果不能则必须将仿生翼拆下并重新制作套筒。

2. 通电检测与调试

① 扑动机构润滑:用小型注射器在所有扑动机构的摩擦接触面和转轴处滴1-2滴润滑机油,使运动机构可以流畅运行,如图A-33所示。

② 通电低频检测:完成润滑后,使用稳压电压向空心杯电机通电,电压为2.5 V,使扑动机构以较低的频率扑动,在低频扑动中润滑油能较好的渗入扑动机构的摩擦接触面和转轴处,有助于润滑的效果,同时也有助于整个扑动机构磨合,如果扑动机构是A.4.2.1节中第5步检查提到的情况,则可以考虑适度增大稳压电源的输出电压,但最多不宜超过4 V。低频通电5分钟后,可以观察仿生翼的左右翼扑动是否是对称,如图A-34所示,如果不对称则需要返回A.4.2.1节重新检测。

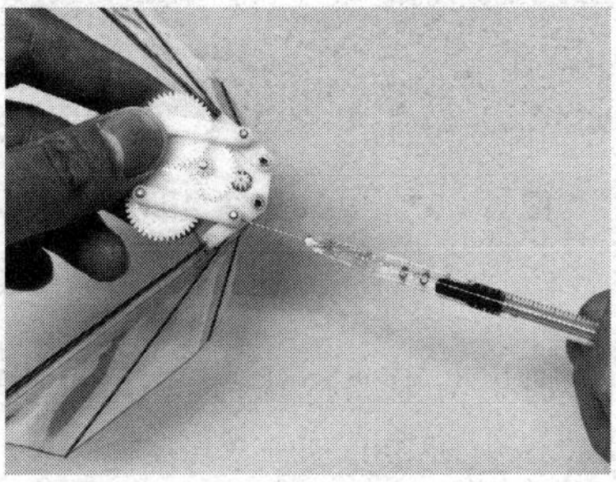

图A-33　润滑操作示意图

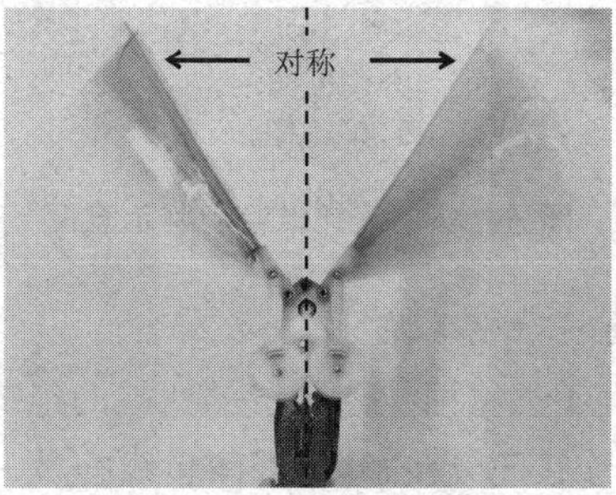

图A-34　观察左右翼的扑动是否对称

③ 通电高频检测:如图A-35所示,手持尖嘴钳夹持住底座的电机固定座,使飞行器位于电子秤上方约8～10 cm处,调整稳压电源使供电电压为6.5 V并通电,观察电子秤的示数并记录。电子秤显示数值近似为仿生扑翼微型飞行器产生的升力。若电子秤的示数大于25 g,即可认为仿生扑翼飞行器装配合格。

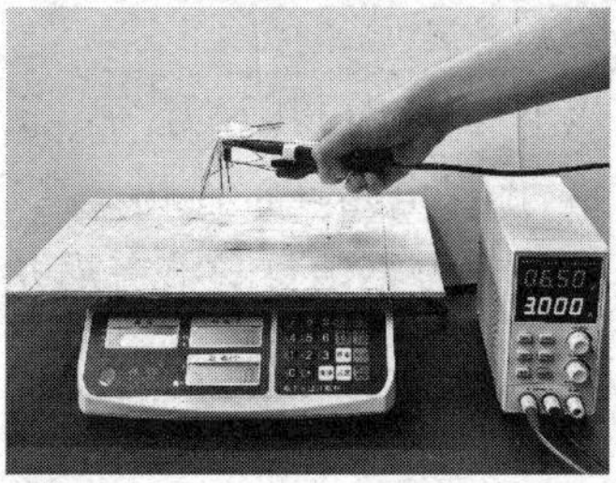

图A-35　通电高频检测示意图

A.4.3　仿生扑翼微型飞行器的试飞流程

完成仿生扑翼微型飞行器的检测与调试后,可进行试飞试验。

在试飞试验中,飞行器脱离地面试验台后,由碳纤维管和尼龙绳约束飞行器的俯仰和滚转自由度,保留飞行器在高度方向的自由度,飞行器能够沿着尼龙绳上下滑动。采用稳压电源对飞行器动力系统供电。当扑翼产生大于自重的升力后,即推动飞行器沿着尼龙绳起飞,证明装配的仿生扑翼微型飞行器具备起飞能力。

(1) 安装系留碳纤维管

穿戴防护手套和N95口罩后,将碳纤维管(外径3 mm、内径1 mm)水平置于桌面,采用直尺量取30 mm的碳纤维管。随后,将碳纤维管置于桌面边缘,利用锉刀切割选定的30 mm长碳纤维管，如图 A-36 所示。飞行器底座设计有一个半圆形凹槽，可利用热熔胶将碳纤维管固定在飞行器的半圆柱凹槽内。

(2) 简易试飞测试台搭建

使用剪刀裁剪总长为 1 m 的尼龙线，尼龙线一端绕铁砧缠绕后固定，另一端穿过飞行器的系留碳纤维管，然后用手将尼龙线拉紧。此时飞行器可沿尼龙线上下滑动，如图 A-37 所示。

安装注意事项：尼龙线穿过系留碳纤维管后，需注意尼龙线不能卡在管壁，导致飞行器上下滑动不顺畅；尼龙线应保持张紧状态，才可使飞行器沿尼龙线顺畅滑动。

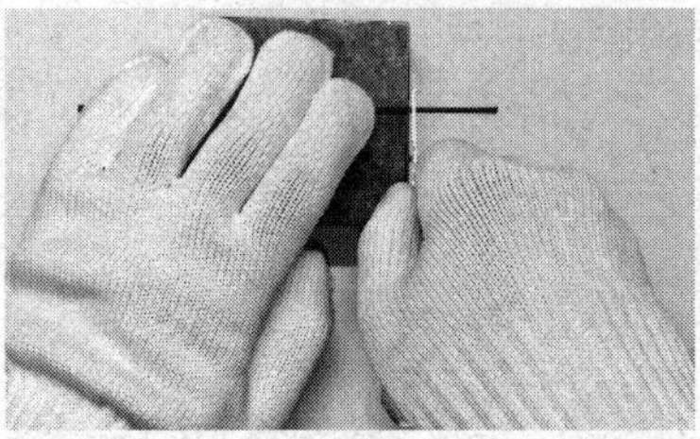

图 A-36　碳纤维管切割示意图

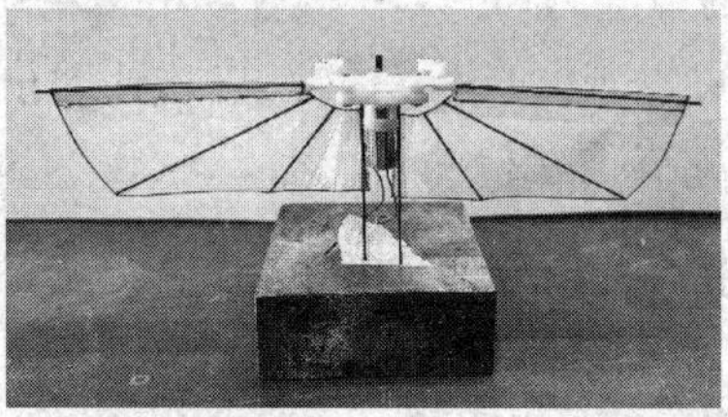

图 A-37　试飞测试台示意图

(3) 连接试飞电路

采用美工刀将两根漆包线的两端的绝缘漆刮掉，分别将两根漆包线与飞行器电机的输入端连接，保证连接充分接触，两根漆包线的另一端分别与稳压电源正负极连接，如图 A-38 所示。

安装注意事项：采用美工刀刮掉漆包线表层时，需注意刀与漆包线呈一定倾斜角，避免刮断漆包线；漆包线与电机两端的缠绕连接一定要紧密，防止断接。

(4) 试飞测试

将稳压电源输出电压设置为 6.5 V，最大输出电流设置为 3 A。再次检查飞行器的稳压电源连接电路，确保电路连接通畅。接通稳压电源为飞行器动力装置供电，仿生翼持续拍动，飞行器产生足够升力驱动自身沿着尼龙线上升，试飞测试完成(见图 A-39)。

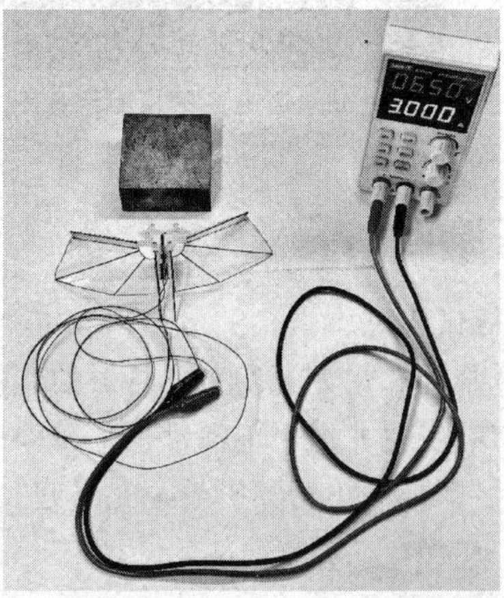

图 A-38　试飞电路示意图

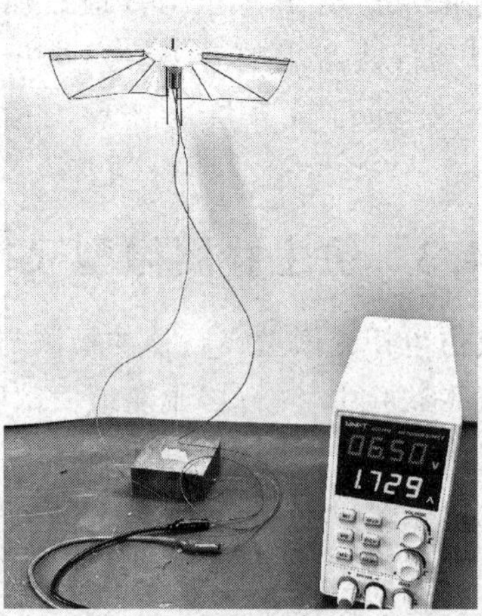

图 A-39　成功起飞的仿生扑翼微型飞行器